“十四五”时期国家重点出版物出版专项规划项目

现代数学基础丛书 208

不可压缩 Navier-Stokes 方程的吸引子问题

韩丕功 刘朝霞 著

科学出版社

北 京

内 容 简 介

无限维耗散动力系统是数学的一个重要分支，与其他数学分支均有广泛的联系，而且在自然科学与工程技术中有广泛的应用. 本书主要介绍无限维耗散动力系统并应用于不可压缩Navier-Stokes方程. 主要内容包括无限维系统的全局吸引子、指数吸引子和惯性流形的基本概念、存在性、构造原理和稳定性，Lyapunov 指数和吸引子的 Hausdorff 维数、分形维数等经典结论. 所用的研究方法主要是算子半群理论、球覆盖定理、弱收敛方法和 Fiber 吸引压缩定理等. 这些研究内容和研究方法可以为读者进一步学习、研究无限维耗散动力系统做必要的理论准备.

本书的主要特点是介绍基本概念和重要理论的来源和背景，强调培养读者运用数学方法解决问题的能力，注重可读性，叙述深入浅出、涉及面广，有利于读者进一步学习.

本书包含丰富的例子与应用，对于读者掌握基础理论有很大的帮助，可作为流体动力学研究领域和动力系统、泛函分析、数学物理、控制论、大气海洋物理等方向的高年级研究生、青年教师及科研人员的教学用书和参考书，也可供自然科学和工程技术领域中的研究人员参考.

图书在版编目(CIP)数据

不可压缩Navier-Stokes方程的吸引子问题 / 韩丕功，刘朝霞著. — 北京：科学出版社，2025. 3. — (现代数学基础丛书). — ISBN 978-7-03-081208-7

I. O175.26

中国国家版本馆 CIP 数据核字第 2025XJ9768 号

责任编辑：李　欣　李香叶 / 责任校对：杨聪敏

责任印制：张　伟 / 封面设计：陈　敬

科学出版社出版

北京东黄城根北街 16 号

邮政编码：100717

http://www.sciencep.com

北京中石油彩色印刷有限责任公司印刷

科学出版社发行　各地新华书店经销

*

2025 年 3 月第　一　版　开本: 720 × 1000　1/16

2025 年 3 月第一次印刷　印张: 23 1/4

字数：468 000

定价: 168.00 元

(如有印装质量问题，我社负责调换)

“现代数学基础丛书”序

在信息时代，数学是社会发展的一块基石.

由于互联网，现在人们获得数学知识和信息的途径之多和便捷性是以前难以想象的. 另一方面，人们通过搜索在互联网获得的数学知识和信息很难做到系统深入，也很难保证在互联网上阅读到的数学知识和信息的质量.

在这样的背景下，高品质的数学书就变得益发重要.

科学出版社组织出版的“现代数学基础丛书”旨在对重要的数学分支和研究方向或专题作系统的介绍，注重基础性和时代性. 丛书的目标读者主要是数学专业的高年级本科生、研究生以及数学教师和科研人员，丛书的部分卷次对其他与数学联系紧密的学科的研究生和学者也是有参考价值的.

本丛书自 1981 年面世以来，已出版 200 卷，介绍的主题广泛，内容精当，在业内享有很高的声誉，深受尊重，对我国的数学人才培养和数学研究发挥了非常重要的作用.

这套丛书已有四十余年的历史，一直得到数学界各方面的大力支持，科学出版社也十分重视，高专业标准编辑丛书的每一卷. 今天，我国的数学水平不论是广度还是深度都已经远远高于四十年前，同时，世界数学的发展也更为迅速，我们对跟上时代步伐的高品质数学书的需求从而更为迫切. 我们诚挚地希望，在大家的支持下，这套丛书能与时俱进，越办越好，为我国数学教育和数学研究的继续发展做出不负期望的重要贡献.

席南华

2024 年 1 月

《现代数学基础丛书》序

前　言

非线性动力学的研究是一个引人入胜的领域, 是理解自然科学许多重要问题的核心. 非线性动力学中最古老、最显著的两类问题是天体力学问题及流体湍流问题. 长期以来, 这两种现象都引起了科学家的兴趣. 第一类问题属于有限维情形, 第二类问题属于无限维情形, 这里的维数是描述系统在给定时刻的配置. 除了这些问题之外, 科学技术的最新发展产生了广泛的非线性湍流现象 (包括有穷维或无限维), 如化学动力学、等离子体物理和激光、非线性光学、燃烧、数字经济、机器人等.

与线性系统相比, 非线性系统的演化遵循复杂的定律, 这些定律通常无法通过纯粹的直觉或基本计算得出. 由于非线性系统的复杂性和对某些变化的敏感性, 它的演化不能仅仅通过计算来预测, 无论是分析的还是数值的. 即使它们提出了可行的解决方案, 也没有提供令人满意的解决方案. 非线性现象是全局性的, 需要对这些现象有一个更为几何的视角, 为计算提供适当的指导. Poincaré 在其关于微分方程的经典著作中指出了计算方法的局限, 展示了将分析方法和几何方法相结合的必要性.

给定从一个特定的初始状态开始的动力系统, 很难预测系统是否会朝着静止状态或简单的静止状态发展, 或者它是否会经历一系列分岔, 从而导致周期状态或准周期状态, 甚至完全混沌状态. 这里的数学问题是研究系统的长时间行为的过渡期后将观察到那个“永久”状态的实际问题. 试图预测动力学系统的长期行为时, 我们遇到了与混沌、分岔和对初始数据的敏感性有关的几个困难, 可以出现混沌 (如湍流) 行为, 以及简单有序的状态. 在许多情况下, 微小的初始变化可能会对系统的最终状态产生很大的变化.

耗散动力系统的混沌行为可以用轨迹收敛为 $t \to \infty$ 的复杂吸引子的存在来解释, 这个集合可以是分形, 像 Cantor 集或 Cantor 集和区间段的乘积. 该吸引子是描述观测到的非平稳流的自然数学对象, 其复杂的结构是感知到混沌 (或表观混沌) 的原因 (或原因之一). 当然, 为了更好地理解它们所描述的流动, 以及发现小尺度混沌背后的流动规律和结构, 了解这些集合是必要的. 已知有限维的系统 (即那些状态由有限数量的参数描述的系统) 会导致复杂的吸引子, 如洛伦兹吸引子在三维空间中的经典例子所示.

对有限维系统中湍流的研究表明, 表象的复杂性水平随着系统的复杂性水平提高而增加. 因此, 我们可能想知道无限维动力系统的复杂性是多少, 比如连续介质力学或连续介质物理学中出现的系统. 幸运的是, 这些系统的自由度是有限的, 尽管它可能很高. 因此, 在无限维中, 运动的复杂性同时归因于大量 (但有限) 的自由度以及其中一些自由度可能的混沌行为.

本书所讨论的材料仅限于无限维耗散动力系统, 所考虑的大部分系统是从与边值问题相关的演化偏微分方程中导出的. 当然, 在对这些系统的研究中, 我们不仅面临着非线性动力学的困难, 还面临着与演化偏微分方程有关的困难. 与常微分方程的情况不同, 这类问题不存在解的存在唯一性的一般定理, 每个偏微分方程都需要进行专门的研究. 通常, 正确处理这些问题需要使用几个不同的函数空间. 毫无疑问, 在众多耗散偏微分方程中, 为了正确地研究各类吸引子, 有一个最引人注目的分析, 即 Navier-Stokes 方程. 尽管 Navier-Stokes 方程不一定能产生这一主题的所有想法和趋势, 但该方程无疑提出了最具挑战性的问题, 仍然需要最仔细的分析.

把动力学系统和演化偏微分方程的理论、方法、问题结合起来是这本书的目的之一, 我们试图填补它们之间的空白, 并使非专业人士能够接触到理论的各个方面.

对于所考虑的方程, 都要解决以下问题:

解的存在唯一性和对初始数据的连续依赖性. 这些初步结果并不新鲜, 但它们是动力系统定义的一部分, 大多数必要的工具也在研究其他部分中需要. 因此, 为了完整起见, 我们将这些结果包括在内.

吸收集的存在性. 这些是对应于不同初始数据的所有轨道最终进入的集合. 这类集合的存在性是证明吸引子存在性的一个步骤, 这也是耗散方程所具有的一个性质. 在有限维中, J. E. Billotti 和 J. P. Lasalle[2] 将其作为耗散性的定义, 不幸的是, 无限维特有的一些困难使耗散性的定义不那么自然.

紧致吸引子的存在性. 结果表明, 方程具有一个所有轨道都向其收敛的吸引子. 有几个形容词被归因于这个吸引子: 全局或普遍吸引子, 因为它描述了给定系统所能产生的所有可能的动力学; 也称它为最大吸引子, 因为它在所有有界吸引子中是最大的 (对于包含关系). 这个集合 $\mathscr{A}$ 吸引所有有界集合, 并且它是轨道流的不变集合. 我们的意思是, $\mathscr{A}$ 的任何点都属于位于 $\mathscr{A}$ 中的完整轨道. 这在无限维中尤其不寻常, 因为在无限维的情况下, 向后初始值问题通常不是适定的. 全局吸引子、普遍吸引子和最大吸引子这三个名称具有相同的含义.

有限维数和吸引子维数的估计. 耗散性的另一个方面是吸引子具有有限的维数, 因此观察到的永久状态取决于有限数量的自由度. 在这里, 除了展示吸引子的有限维之外, 我们根据实际物理数据估计了其维数的上界. 在某些特定情况下, 有迹象表明这些估计界在物理上是相关的. 例如, 在三维湍流中, 我们精确地恢复了由 Kolmogorov 湍流理论预测的自由度估计.

在许多流体力学流动中, 摩擦或阻尼反映在全局的、无限维的相位图中. 如果这些流体流动建模的偏微分方程 (具有适当的边界条件), 在包含吸收集的适当相空间中, 定义了包含吸收的正向规则化流动, 则称这些方程 (具有适当的边界条件) 是耗散的. 一般来说, 一个吸收集是有界集, 是以指数速率在有限时间内吸收所有有界解. 吸收集 B 的存在性可以作为耗散偏微分方程的定义, 但为了发展这一研究领域, 还需要 B 的附加属性. 为了清楚起见, 我们区分了 B 是紧集的情形, 并称这类方程为强耗散的. 二维 Navier-Stokes 方程、Kuramoto-Sivashinsky 方程、复 Ginzburg-Landau 方程和一些反应扩散方程都属于这个更受限制的范畴. 然而, 当耗散是弱阻尼而不是摩擦力 (例如: 弱阻尼 sine-Gordon 方程和阻尼 KdV 方程即是如此) 时, 吸收集就不再需要是紧致的. 由于本书研究的主旨是强耗散系统, 在背景介绍中, 我们不详述那些不是强耗散的系统.

给定一个紧致的吸收集 B, 以及一个关于 B 的正向不变的流动流体, B 在流体流动下的 ω-极限集具有一些有趣的性质, 它是唯一的 (在流体流动下) 正的、负的均不变的紧致集, 并且最终吸引所有轨道. 这样的集合称为全局吸引子, 它是具有这些性质的最大集合. 然而, 我们注意到, 全局吸引子的存在可以在较弱的条件下得到保证, 其中一个使得全局吸引子成为重要研究对象的属性在于有时它们的维数是有限的. 定义的各种维数概念被认为与吸引子是结合在一起的, 其中 Hausdorff 维数和分形维数似乎站得住脚. 一个基本定理 (由 Mallet-Paret[14]) 指出, 如果线性化的流体在较低模的吸引子上是指数衰减的, 则吸引子具有有限的 Hausdorff 维数. 后来这个结果推广到 Banach 空间, 并应用于二维 Navier-Stokes 方程和其他耗散的非线性偏微分方程. 对于二维 Navier-Stokes 方程, 尽管具有有限 Hausdorff 维数的紧致吸引子存在性非常令人惊讶, 但如果引入一个新的工具, 会获得更多的信息. 对于 Hilbert 空间, 其中体积的概念可以很容易表示, 吸引子上的流的 Lyapunov 指数给出了流体流不动下体积演变的精确描述. 根据这一理论, 追踪吸引子的各类维数变得更加容易. 特别地, 二维、三维 Navier-Stokes 和一般耗散方程的结果指出: 如果前 m 个 Lyapunov 指数之和为负, 则不仅吸引子的 Hausdorff 维数小于 m, 而且分形维数是有限的, 并且由 m 估计 (相差一个通用常数意义下). 这一结果可用于获得二维和三维 Navier-Stokes 方程吸引子分形维数的精确估计, 这与完全展开的湍流理论中通过更多的启发式论证得出的一些结果 (二维的结果是基于小尺度意义下估计涡度拟能的平均转移速率) 是一致的. 我们提及该理论的这一特定方面的目的是说明显式维度估计的重要性.

一旦吸引子对耗散偏微分方程的长时间行为的重要性已经建立, 下一阶段就是解开和计算吸引子的全局分岔, 这是一项相当艰巨的任务. 由于吸引子是有限维的, 因此很自然地可以预期它可以是通过求解足够大的常微分方程系统恢复, 即吸引子上的解满足一个常微分方程系统. 获得这样一个系统的直接方法是将吸引子嵌入到光滑的有限维流形中. 惯性流形是一个具有指数吸引性质的光滑有限维流形, 其在流体流动下是正不变的流形. 当惯性流形存在时, 它包含吸引子, 并且在构造上适当地满足上述期望的条件.

为了研究动力学, 可以将偏微分方程约化为惯性流形上的一个相对低维数的常微分方程组——这被称为惯性形式系统. 研究由惯性形式分析引起的常微分方程有几个优点. 最重要的是, 在研究动力学中, 只需要解决一个小得多的系统. 除了执行精确模拟的能力之外, 尺寸的减小便于进行数值分岔分析, 特别是对连接鞍点轨道的稳定和不稳定流形的几何理解.

本书主要介绍无限维系统的全局吸引子、指数吸引子和惯性流形的基本概念、研究方法和最新研究成果, 内容包括全局吸引子、指数吸引子和惯性流形的存在性、构造原理和稳定性, Lyapunov 指数和吸引子的 Hausdorff 维数、分形维数等经典结论. 这些结论含有很多重要的新思想、新方法, 被应用于有物理背景的不可压缩 Navier-Stokes 方程. 在此基础上, 后来很多学者对 Navier-stokes 方程的无界区域和非自治情形及其相关数学模型进行了深入的研究, 取得了许多重要的进展, 获得了很多有意义的研究成果, 这里不再详述.

本书共五章, 对研究的问题, 我们尽可能用通俗易懂的语言和方法来给出系统严谨的论述和逻辑推理证明, 为提高读者的整体数学素质提供了必要的材料, 也为部分读者进一步学习与研究无限维不可压缩黏性流体动力系统 (例如: 不可压缩 Navier-Stokes 方程) 做了理论准备. 本书作为有关流体动力学研究领域的专业人员的阅读材料和作为理工科大学教师、高年级研究生、博士后学习的教材, 也可作为偏微分方程、动力系统、泛函分析、计算数学、数学物理、控制论、大气海洋物理等方向的青年教师及科研人员进行研究的参考书, 以及供自然科学和工程技术领域中的科技工作者参考. 本书在写作过程中, 主要参考了 R. Temam 的系列专著 [16–18], A. Eden 等的专著 [7], 戴正德和郭柏灵的专著 [19] 以及系列论文 [2, 4, 8, 13, 14], 所用到的 Sobolev 空间知识来自于文献 [1], 此外还参阅了国内外同一主题的一些学术论文和著作, 简化了许多证明, 发现并纠正了一些错误, 相信这些对读者有所帮助. 本书的部分内容, 作者在中国科学院数学与系统科学研究院、中国科学院大学和中央民族大学为研究生讲授过多次, 许多师生曾提出过宝贵意见, 兹不一一列举, 在此一并感谢. (注: 本书第一作者韩丕功研究员系中国科学院大学岗位教师)

本书的出版, 得到如下课题资助: 国家重点研发计划 (2021YFA1000800)、国家重大项目子课题 "不可压缩 Navier-Stokes 方程解的正则性"(No. 12494542)、国家自然科学基金 (No. 12371123)、中国科学院数学与系统科学研究院院长基金、中国科学院随机复杂结构与数据科学重点实验室 (No. 2008DP173182). 本书的大部分手稿是第一作者在访问河南大学、哈尔滨工业大学和大连理工大学期间完成的. 江苏海洋大学的王雪雯讲师和海南大学的雷珂珂讲师、中国科学院的硕士研究生王寓炜用 LaTex 软件辛苦录制了本书的大部分手稿, 在此一并致谢.

由于作者学识水平所限, 书中难免有不足之处, 甚至证明疏漏之处在所难免, 热诚欢迎读者批评指正.

作　者

2025 年 3 月

目　录

符 号 表

$\mathbb{R}^1$	实数集
$\mathbb{R}_+$	正实数集
$\mathbb{N}$	正整数集
$x \in \mathbb{R}^n$	x 属于 n 维欧氏空间
x_i	向量 x 的第 i 个分量
$\rightharpoonup$	弱收敛
$\longrightarrow$	强收敛或几乎处处收敛
$\Leftrightarrow$	等价关系
$A \lesssim B$	存在不重要的常数 C, 使得 $A \leqslant CB$
H	Hilbert 空间
X	Banach 空间
X^*	X 的共轭空间
$X \hookrightarrow Y$	Banach 空间 X 连续嵌入到 Banach 空间 Y
$d_H(A)$	集合 A 的 Hausdorff 维数
$d_F(A)$	集合 A 的分形维数
$\mathrm{card}(A)$	集合 A 的元素个数
$n_A(\epsilon)$	覆盖集合 A 的半径为 ϵ 的球的个数的最小数目
$\limsup\limits_{n\longrightarrow\infty} f_n$ $(\liminf\limits_{n\longrightarrow\infty} f_n)$	f_n 的上极限 (下极限)
$\mathrm{Lips}_X(S(t))$	半群 $S(t)$ 在度量空间 X 上的 Lipschitz 常数
$L^p(\Omega)$	在通常意义下的 Lebesgue 空间, $1 \leqslant p \leqslant \infty$
$\dot{L}^p(\Omega)$	积分平均为零的 $L^p(\Omega)$ 空间, $1 \leqslant p \leqslant \infty$
$L^p_\sigma(\Omega)$	$C^\infty_{0,\sigma}(\Omega)$ 在 $L^p(\Omega)$ 空间范数意义下的完备化, $1 \leqslant p < \infty$
$\dot{L}^p_\sigma(\Omega)$	积分平均为零的 $L^p_\sigma(\Omega)$ 空间, $1 \leqslant p < \infty$
$H^m(\Omega)$	通常意义下的 Sobolev 空间, $m \in \mathbb{N}$
$C^\infty_0(\Omega)$	在 Ω 内具有紧支集的实值或复值的 C^∞ 函数空间
$C^\infty_{0,\sigma}(\Omega)$	在 Ω 内散度为零的实值或复值的 C^∞_0 向量函数空间
$H^m_{0,\sigma}(\Omega)$	$C^\infty_{0,\sigma}(\Omega)$ 在 $H^m(\Omega)$ 空间范数意义下的完备化, $m \in \mathbb{N}$
$H^m_{\mathrm{per}}(\Omega)$	$H^m(\Omega)$ 空间中的周期函数, $m \in \mathbb{N}$

第 1 章　全局吸引子

人们通常用一个或多个微分方程或差分方程描述动力系统. 为了确定一个给定动力系统在较长时间内的行为, 往往需要通过分析手段或迭代 (通常借助于计算机) 来对方程进行积分. 物理世界中的动力系统往往产生于耗散系统 (耗散可能来自内部摩擦、热力学损失、材料损失等许多原因), 如果没有某种驱动力, 运动就会停止. 当耗散和驱动力趋于平衡时, 初始瞬态会被消除, 系统进入其典型状态. 与典型状态相对应的动力系统相空间的子集是吸引子. 不变集 (invariant set) 和极限集 (limit set) 的概念与吸引子类似. 不变集是在动力学作用下向自身演化的集合, 它可能包含于吸引子. 极限集是一组点, 这些点存在一定的初始状态, 但是随着最终时间趋近无穷远时将任意接近极限集 (即收敛到集合的每个点). 吸引子是极限集, 但不是所有的极限集都是吸引子.

近年来, 在动力系统理论方面有相当多的工作, 这可能是由几个因素的有利融合导致的: 需要了解科学技术新领域出现的新现象; 计算能力的提高, 使人们对动力系统的行为和混沌行为的描述有了更多的了解; 新思想和新的数学工具, 如 S. Smale 关于吸引子的工作, D. Ruelle 和 F. Takens 提出的湍流解释机制, B. Mandelbrot 对分形集的推广以及后人的研究工作; 关于哈密顿系统的混沌和不可积分性的 Kolmogorov-Arnold-Moser 理论; 区间 $[0,1]$ 上的映射的周期加倍机制, 以及 M. Feigenbaum 发现的相关数字.

具有耗散结构的演化型偏微分方程一般具有有限维吸引子. 在某些情况下, 方程的扩散部分会抑制更高的频率, 触发一个全局吸引子. Ginzburg-Landau 方程、Kuramoto-Sivashinsky 方程和二维 Navier-Stokes 方程都具有有限维的全局吸引子. 对于具有周期性边界条件的三维不可压缩 Navier-Stokes 方程, 如果它具有全局吸引子, 那么该吸引子是有限维的.

本章主要介绍非线性动力系统吸收集和全局吸引子的存在性, 并将这一理论应用于有物理背景的无限维系统: 不可压缩 Navier-Stokes 方程. 全局吸引子理论对于湍流理论研究和预测长时行为等都具有极大的理论意义和实用价值, 它在船舶制造、飞机设计等行业中有着重要的指导意义. 吸收集的存在性是证明吸引子存在性的一个步骤, 这也是耗散方程所具有的一个性质. 紧致吸引子描述了给定系统所能产生的所有可能的动力学, 也称它为最大吸引子, 因为它在所有有界吸引子中是最大的 (对于包含关系). 最后除了给出最大吸引子有限维数的估计、展示最大吸引子的有限维之外, 还根据实际物理数据估计了最大吸引子维数的上界, 因为在某些特定情况下, 有迹象表明这些估计界在物理上是相关的.

1.1 算子半群

设 H 是 Hilbert 空间或 Banach 空间, 动力系统的演化是通过一簇算子 $\{S(t)\}_{t\geqslant 0}$ 来描述的. 这里的 $S(t)$ 满足 $\forall t\geqslant 0, S(t): H\longrightarrow H$ 且常用的半群性质成立:

$$S(t+s)=S(t)S(s),\ \forall s,t\geqslant 0;\quad S(0)=I. \tag{1.1.1}$$

如果 φ 是动力系统在时刻 s 处的状态, 则 $S(t)\varphi$ 是该动力系统在时刻 $t+s$ 处的状态, 并且

$$u(t)=S(t)u(0),\ \ u(t+s)=S(t)u(s)=S(s)u(t),\quad \forall s,t\geqslant 0.$$

在很多情况下, 半群 $S(t)$ 是由微分方程的解决定的, 即 $S(t)$ 表示这些微分方程的解算子. 对于常微分方程, 有一般解的存在性理论, 这可以提供解算子半群 $S(t)$ 的定义. 在无限维情形下, 解的存在唯一性定理一般不存在, 因此当研究一个给定的无限维动力系统时, 必要的第一步就是建立解的存在性、唯一性等相关性质.

本节, 我们假定算子 $S(t)$ 满足下述连续性条件:

$$\forall t\geqslant 0,\ \ S(t): H\longrightarrow H \text{ 是连续的}.$$

算子 $S(t)$ 不一定是单射, 对于动力系统而言, $S(t)$ 的单射性质等价于系统的倒向唯一性质. 当 $S(t)$ $(t>0)$ 一一对应时 (即单射性质成立), 我们将 $S(t)$ 的逆表示为 $S(-t)$, 即 $S(-t)=S(t)^{-1}$, $t>0$; $S(-t): S(t)H\longrightarrow H$. 这样, 我们就得到一簇算子 $S(t)$, $t\in\mathbb{R}^1$ 且在 $\mathbb{R}^1$ 上满足性质 (1.1.1). 需要说明的是, 在无限维情形下, 即使 $S(t)$, $t>0$ 在 H 中处处有定义, 算子 $S(t)$, $t<0$ 通常在 H 中也不能处处定义.

设 $u_0\in H$, 在 u_0 起始的轨道 (orbit) 或弹道 (trajectory) 是指集合 $\bigcup\limits_{t\geqslant 0}\{S(t)u_0\}$; 在 u_0 结束的轨道或弹道是指集合 $\bigcup\limits_{t\leqslant 0}\{u(t)\}$, 其中映射 $u(t):(-\infty,0]\longrightarrow H$ 满足 $u(0)=u_0$, $u(t+s)=S(t)u(s)$, $\forall s,t: s\leqslant 0,\ s+t\leqslant 0,\ t\geqslant 0$ (或等价于 $u(t)=S(-t)u_0$, $\forall t\leqslant 0$); 在 u_0 起始和结束的轨道也分别称为穿过 u_0 的正轨道和负轨道; 包含 u_0 的完整轨道 (complete orbit) 是指穿过 u_0 的正轨道和负轨道的并.

对于 $u_0 \in H, \mathscr{A} \subset H$, 定义 u_0 和 $\mathscr{A}$ 的 ω-极限集如下:

$$\omega(u_0) = \bigcap_{s\geqslant 0} \overline{\bigcup_{t\geqslant s} S(t)u_0},$$

$$\omega(\mathscr{A}) = \bigcap_{s\geqslant 0} \overline{\bigcup_{t\geqslant s} S(t)\mathscr{A}}.$$

上述闭包在 H 中取得. 类似地, 也可以定义 $u_0 \in H, \mathscr{A} \subset H$ 的 α-极限集 (如果存在的话)

$$\alpha(u_0) = \bigcap_{s\leqslant 0} \overline{\bigcup_{t\leqslant s} S(-t)^{-1}u_0},$$

$$\alpha(\mathscr{A}) = \bigcap_{s\leqslant 0} \overline{\bigcup_{t\leqslant s} S(-t)^{-1}\mathscr{A}}.$$

下面的结论在以后的讨论中常用.

设 $\varphi \in \omega(\mathscr{A})$, 当且仅当存在序列 $\{\varphi_n\} \subset \mathscr{A}$, $\{t_n\} \subset \mathbb{R}_+ : t_n \longrightarrow \infty$, 使得当 $n \longrightarrow \infty$ 时, 成立

$$S(t_n)\varphi_n \longrightarrow \varphi. \tag{1.1.2}$$

类似地, $\varphi \in \alpha(\mathscr{A})$ 当且仅当存在序列 $\{\psi_n\}$: 在 H 中, $\psi_n \longrightarrow \varphi$, 以及序列 $t_n \longrightarrow +\infty$, 使得 $\varphi_n = S(t_n)\psi_n \in \mathscr{A}$, $\forall n \in \mathbb{N}$.

我们仅对 (1.1.2) 进行证明. 设

$$\varphi \in \omega(\mathscr{A}) = \bigcap_{s\geqslant 0} \overline{\bigcup_{t\geqslant s} S(t)\mathscr{A}}.$$

从而, $\forall \epsilon\ > 0$, 存在 $\overline{\psi_\epsilon}(s) \in \bigcup\limits_{t\geqslant s} S(t)\mathscr{A}$, 使得

$$|\overline{\psi_\epsilon}\ s\ - \varphi| < \epsilon, \quad \forall s \geqslant 0,$$

或写为

$$\sup_{s\geqslant 0} |\overline{\psi_\epsilon}\ s\ - \varphi| \leqslant \epsilon. \tag{1.1.3}$$

对于 $\overline{\psi_\epsilon}(s) \in \bigcup\limits_{t\geqslant s} S(t)\mathscr{A}$, 存在 $t_\epsilon(s) \geqslant s$, 使得 $\overline{\psi_\epsilon}(s) \in S(t_\epsilon(s))\mathscr{A}$, 进而存在 $\psi_\epsilon \in \mathscr{A}$, 使得 $\overline{\psi_\epsilon}(s) = S(t_\epsilon(s))\psi_\epsilon$. 利用 (1.1.3), 成立

$$\sup_{s\geqslant 0} |S(t_\epsilon(s))\psi_\epsilon - \varphi| \leqslant \epsilon. \tag{1.1.4}$$

在 (1.1.4) 中, 取 $\epsilon = \dfrac{1}{n}$, 记 $\varphi_n = \psi_{\frac{1}{n}} \in \mathscr{A}$, $\tau_n(s) = t_{\frac{1}{n}}(s) \geqslant s$, 成立

$$\sup_{s\geqslant 0} |S(\tau_n(s))\varphi_n - \varphi| \leqslant \frac{1}{n}. \tag{1.1.5}$$

可选取一串序列 $s_n \geqslant 0 : s_n \longrightarrow \infty$ (例如 $s_n = n$), 由 (1.1.5) 式, 可知

$$|S(\tau_n(s_n))\varphi_n - \varphi| \leqslant \frac{1}{n}. \tag{1.1.6}$$

记 $t_n = \tau_n(s_n) \geqslant s_n$, 可知 $t_n \longrightarrow +\infty$, 当 $n \longrightarrow +\infty$ 时. 由 (1.1.6) 式可得 $|S(t_n)\varphi_n - \varphi| \leqslant \dfrac{1}{n}$, 即当 $n \longrightarrow +\infty$ 时, $t_n \longrightarrow +\infty$ 且 $\varphi_n \in \mathscr{A}$, 以及在 H 中, 成立

$$S(t_n)\varphi_n \longrightarrow \varphi. \tag{1.1.7}$$

反之, 设 $\varphi_n \in \mathscr{A}$, $t_n > 0$ 且当 $n \longrightarrow \infty$ 时, $t_n \longrightarrow +\infty$, 以及在 H 中, $S(t_n)\varphi_n \longrightarrow \varphi$. 因此, $\forall s \geqslant 0$, 存在 $n_0 = n_0(s)$, 使得 $\forall n > n_0$, 有 $t_n > s$. 从而

$$S(t_n)\varphi_n \in S(t_n)\mathscr{A} \subseteq \bigcup_{t\geqslant s} S(t)\mathscr{A} \subseteq \overline{\bigcup_{t\geqslant s} S(t)\mathscr{A}}.$$

由于当 $n \longrightarrow \infty$ 时, $S(t_n)\varphi_n \longrightarrow \varphi$, 以及 $\overline{\bigcup\limits_{t\geqslant s} S(t)\mathscr{A}}$ 是闭的, 故有 $\varphi \in \overline{\bigcup\limits_{t\geqslant s} S(t)\mathscr{A}}$, $\forall s \geqslant 0$. 因此, $\varphi \in \bigcap\limits_{s\geqslant 0} \overline{\bigcup\limits_{t\geqslant s} S(t)\mathscr{A}} = \omega(\mathscr{A})$. 至此, (1.1.2) 证毕.

设 $u_0 \in H$, 如果 $S(t)u_0 = u_0, \forall t \geqslant 0$, 则称 u_0 是半群 $S(t)$ 的不动点 (驻点或平衡态点).

由上述定义知, 这类点 u_0 的轨道、ω-极限集和 α-极限集均为 $\{u_0\}$. 假定 $u_0 \in H$ 是半群 $S(t)$ 的一个驻点, u_0 的稳定流形 (可能是空集), 记为 $\mathcal{M}_+(u_0)$, 定义如下:

$$\mathcal{M}_+(u_0) = \left\{ u_* \in \bigcup_{t\in\mathbb{R}^1} \{u(t)\}(\text{完整轨道}); u_* = u(t_0), u(t) = S(t-t_0)u_* \longrightarrow u_0, t \longrightarrow \infty \right\}.$$

u_0 的不稳定流形 (可能为空集), 记为 $\mathcal{M}_-(u_0)$, 定义如下:

$$\mathcal{M}_-(u_0) = \left\{ u_* \in \bigcup_{t\in\mathbb{R}^1} \{u(t)\};\ u(t) \longrightarrow u_0,\ t \longrightarrow -\infty \right\}.$$

如果 $\mathcal{M}_-(u_0)=\varnothing$, 则驻点 u_0 是稳定的; 如果 $\mathcal{M}_+(u_0)=\varnothing$, 则驻点 u_0 是不稳定的.

离散情形 考虑映射 $S:H\longrightarrow H$. 对于任意 $n\in\mathbb{N}$($\mathbb{N}$ 为正整数集), 记 $S(n)=S^n$. 如果 S 是单射, 我们可以定义 $S(-1)=S^{-1}$, 以及 $S(-n)=S^{-n}$, $n\in\mathbb{N}$. 类似连续情形, 也可定义 $u_0\in H$ 的轨道、ω-极限集 $\omega(u_0)=\bigcap\limits_{m\geqslant 0}\overline{\bigcup\limits_{n\geqslant m}S(n)u_0}$, $\mathscr{A}\subset H$ 的 ω-极限集 $\omega(\mathscr{A})=\bigcap\limits_{m\geqslant 0}\overline{\bigcup\limits_{n\geqslant m}S(n)\mathscr{A}}$, 以及 α-极限集 $\alpha(u_0)=\bigcap\limits_{m\leqslant 0}\overline{\bigcup\limits_{n\leqslant m}S(-n)^{-1}u_0}$, $\mathscr{A}\subset H$ 的 $\alpha(\mathscr{A})=\bigcap\limits_{m\leqslant 0}\overline{\bigcup\limits_{n\leqslant m}S(-n)^{-1}\mathscr{A}}$ (如果存在的话).

1.2 泛函不变集

定义 1.2.1 设集合 $X\subseteq H$. 如果 $S(t)X\subseteq X$, $\forall t>0$, 称 X 对半群 $S(t)$ 是正不变的; 如果 $S(t)X\supseteq X$, $\forall t>0$, 称 X 对半群 $S(t)$ 是负不变的; 如果 $S(t)X=X$, $\forall t\geqslant 0$, 称 X 对半群 $S(t)$ 是泛函不变集 (或简称不变集).

若 X 对半群 $S(t)$ 是泛函不变集, 当算子 $S(t)$ 是一一对应的映射时 (即倒向唯一性质成立), 由 $S(t)X=X$, $\forall t\geqslant 0$, 可知 $S(-t)\triangleq S^{-1}(t)$, $t>0$ 在 X 上是有定义的, 即 $\forall t>0$, $S(-t)=S^{-1}(t):X=S(t)X\longrightarrow X$. 从而 $S(t)X=X$, $\forall t\in\mathbb{R}^1$.

记 $X=\{u_0\in H;\ S(t)u_0=u_0,\ \forall t>0\}$, 即 X 是由不动点构成的集合. 显然 $S(t)X=X$, $\forall t\geqslant 0$. 说明 X 是半群 $S(t)$ 的不变集. 若时间周期轨道存在, 则也是一个不变集, 即设 $u_0\in H$, $T>0$, $S(T)u_0=u_0$. 则 $\forall t<0$, 存在充分大的正整数 k, 使得 $t+kT>0$. 定义 $S(t)u_0\triangleq S(t+kT)u_0$, 则 $S(t)u_0$ 在 $t\in\mathbb{R}^1$ 是有定义的, 从而 $X=\{S(t)u_0;\ t\in\mathbb{R}^1\}$ 是 $S(t)$ 在 $\mathbb{R}^1$ 上的不变集, 即 $S(t)X=X$, $\forall t\in\mathbb{R}^1$.

注 如果 X 是 H 中的一个不变集, $u_0\in X$. 再假设 $S(t)$ 是单射, 即 $S^{-1}(t)$ 存在, $t>0$, 且 $t>0$, $S(-t)\triangleq S^{-1}(t):X=S(t)X\longrightarrow X$. 从而 $S(t)u_0$ 在 $\mathbb{R}^1$ 上是存在的. 显然 $X_{u_0}=\{S(t)u_0;\ t\in\mathbb{R}^1\}$ 是 X 中的不变集, 并且这样的两个集合 X_{u_0}, X_{v_0}, 要么不相交, 要么相同. 事实上, 若 $X_{u_0}\cap X_{v_0}\neq\varnothing$, $u_0,v_0\in X$, 则存在 $w_0\in X_{u_0}\cap X_{v_0}$ 且 w_0 可以表示为 $w_0=S(t_1)u_0=S(t_2)v_0$, $t_1,t_2\in\mathbb{R}^1$.

设 $u\in X_{u_0}$. 则 $u=S(t)u_0=S(t)S(-t_1)w_0=S(t-t_1)w_0=S(t-t_1)S(t_2)v_0=S(t-t_1+t_2)v_0\in X_{v_0}$, 即有 $X_{u_0}\subseteq X_{v_0}$; 同理 $X_{v_0}\subseteq X_{u_0}$, 因此 $X_{u_0}=X_{v_0}$. 这样 X 可以表示为 $X=\bigcup\limits_{u_0\in X}X_{u_0}$ 且不同的 X_{u_0} 不相交. 此外, X_{u_0} 是 X 中最小的不变集. 事实上, 若存在不变子集 $X_0\subseteq X_{u_0}$. 由 X_{u_0} 的定义知, 存在 $t_0\in\mathbb{R}^1$, 使得 $S(t_0)u_0=S(t+t_0)u_0\in X_0$, $\forall t\in\mathbb{R}^1$, 这是因为 X_0 是不变子集. 特别地,

取 $t=-t_0$, 有 $u_0\in X_0$, 进而 $S(t)u_0\in X_0$, $\forall t\in\mathbb{R}^1$. 说明 $X_{u_0}\subseteq X_0$, 即得 $X_{u_0}=X_0$.

下面的引理可以提供一些其他重要的不变集.

引理 1.2.2 假定集合 $\mathscr{A}\subset H$, $\mathscr{A}\neq\varnothing$, 且存在 $t_0>0$, 集合 $\bigcup\limits_{t\geqslant t_0}S(t)\mathscr{A}$ 在 H 中是相对紧的, 则 $\omega(\mathscr{A})$ 是非空的、紧的、不变的. 类似地, 如果集合 $S(t)^{-1}\mathscr{A}$, $t\geqslant 0$, 是非空的, 并且对于某个 $t_0>0$, $\bigcup\limits_{t\geqslant t_0}S(t)^{-1}\mathscr{A}$ 是相对紧的, 则 $\alpha(\mathscr{A})$ 是非空的、紧的、不变的.

证明 由于 $\mathscr{A}\neq\varnothing$, 设 $u_0\in\mathscr{A}$, 则 $\forall s\geqslant 0$, $S(t)u_0\in S(t)\mathscr{A}$, $\forall t\geqslant s$. 故 $\forall s\geqslant 0$, 集合 $\bigcup\limits_{t\geqslant s}S(t)\mathscr{A}\neq\varnothing$. 自然地, $\forall s\geqslant 0$, $\overline{\bigcup\limits_{t\geqslant s}S(t)\mathscr{A}}\neq\varnothing$. 因此, $\omega(\mathscr{A})=\bigcap\limits_{s\geqslant 0}\overline{\bigcup\limits_{t\geqslant s}S(t)\mathscr{A}}\neq\varnothing$.

已知 $\bigcup\limits_{t\geqslant t_0}S(t)\mathscr{A}$ 是 H 中的相对紧集, 故 $\overline{\bigcup\limits_{t\geqslant t_0}S(t)\mathscr{A}}$ 是 H 中的紧集, 对于 $s\geqslant t_0$, 成立

$$\overline{\bigcup_{t\geqslant s}S(t)\mathscr{A}}\subseteq\overline{\bigcup_{t\geqslant t_0}S(t)\mathscr{A}},$$

因此, $\overline{\bigcup\limits_{t\geqslant s}S(t)\mathscr{A}}$ 对 $s\geqslant t_0$ 仍是紧集.

在 Hausdorff 空间中, 一族紧集的交集仍然是紧集, 故 $\bigcap\limits_{s\geqslant t_0}\overline{\bigcup\limits_{t\geqslant s}S(t)\mathscr{A}}$ 是 H 中的紧集. 又由于

$$\omega(\mathscr{A})=\bigcap_{s\geqslant 0}\overline{\bigcup_{t\geqslant s}S(t)\mathscr{A}}\subseteq\bigcap_{s\geqslant t_0}\overline{\bigcup_{t\geqslant s}S(t)\mathscr{A}},$$

说明 $\omega(\mathscr{A})$ 是 H 中的紧集.

下面验证 $\omega(\mathscr{A})$ 是不变集, 即 $S(t)\omega(\mathscr{A})=\omega(\mathscr{A})$, $\forall t>0$.

事实上, 设 $\psi\in S(t)\omega(\mathscr{A})$, $t>0$, 则存在 $\varphi\in\omega(\mathscr{A})$, 使得 $\psi=S(t)\varphi$. 利用集合 $\omega(\mathscr{A})$ 的刻画 (即 (1.1.2) 式), 存在序列 $\varphi_n\in\mathscr{A}$, 以及 $t_n\longrightarrow+\infty$, 使得在 H 中成立

$$S(t_n)\varphi_n\longrightarrow\varphi.$$

再利用 $S(t):H\longrightarrow H$ 的连续性, $\forall t>0$, 可得

$$S(t+t_n)\varphi_n=S(t)S(t_n)\varphi_n\longrightarrow S(t)\varphi=\psi.$$

记 $\tau_n=t+t_n$. 则上式可写为 $S(\tau_n)\varphi_n\longrightarrow\psi$, 并且 $\tau_n\longrightarrow+\infty$. 再利用 (1.1.2)

式, 可知 $\psi \in \omega(\mathscr{A})$. 说明

$$S(t)\omega(\mathscr{A}) \subseteq \omega(\mathscr{A}), \quad \forall t > 0.$$

设 $\varphi \in \omega(\mathscr{A})$. 利用 (1.1.2) 式, 存在序列 $\varphi_n \in \mathscr{A}$, 以及 $t_n \longrightarrow +\infty$, 使得在 H 中成立

$$S(t_n)\varphi_n \longrightarrow \varphi.$$

对于 $t > 0$, 存在 $n_0 = n_0(t) > 0$, 使得 $\forall n > n_0$, 有 $t_n > t_0 + t$. 由于 $S(t_n - t)\varphi_n \in \bigcup\limits_{t\geqslant t_0} S(t)\mathscr{A}$, $\forall n > n_0$, 以及假设条件 $\bigcup\limits_{t\geqslant t_0} S(t)\mathscr{A}$ 是 H 中的相对紧集, 故 $\{S(t_n - t)\varphi_n\}_{n\geqslant n_0}$ 在 H 中也是相对紧的. 因此, 存在子列 $t_{n_i} \longrightarrow +\infty$ 以及 $\psi \in H$, 使得当 $n_i \longrightarrow +\infty$ 时, 成立

$$S(t_{n_i} - t)\varphi_{n_i} \longrightarrow \psi.$$

由于 $\varphi_{n_i} \in \mathscr{A}$, $\tau_{n_i} = t_{n_i} - t \longrightarrow +\infty$. 利用 (1.1.2) 式知, $\psi \in \omega(\mathscr{A})$. 再利用 $S(t) : H \longrightarrow H$ 的连续性, 可得当 $n_i \longrightarrow \infty$ 时, 成立

$$S(t)S(t_{n_i} - t)\varphi_{n_i} \longrightarrow S(t)\psi.$$

又由于

$$S(t)S(t_{n_i} - t)\varphi_{n_i} = S(t_{n_i})\varphi_{n_i} \longrightarrow \varphi,$$

故 $\varphi = S(t)\psi \in S(t)\omega(\mathscr{A})$, $t > 0$, 即有 $\omega(\mathscr{A}) \subseteq S(t)\omega(\mathscr{A})$, $t > 0$.

上述讨论表明: $\forall t > 0$, 成立

$$S(t)\omega(\mathscr{A}) = \omega(\mathscr{A}).$$

引理第二部分的证明类似, 此处略去证明. □

注 为了验证主要的假设条件 $\bigcup\limits_{t\geqslant t_0} S(t)\mathscr{A}$ 在 H 中是相对紧的, 我们通常证明: 若 H 是有限维的, 验证 $\bigcup\limits_{t\geqslant t_0} S(t)\mathscr{A}$ 在 H 中有界; 若 H 是无限维的, 验证 $\bigcup\limits_{t\geqslant t_0} S(t)\mathscr{A}$ 在 W 中有界, 这里 W 是一个子空间且 $W \hookrightarrow H$ 是紧嵌入的.

1.3 吸收集和吸引子

定义 1.3.1 称集合 $\mathscr{A} \subset H$ 是一个吸引子, 如果下述性质成立:

(1) $\mathscr{A}$ 是一个不变集 (即 $S(t)\mathscr{A} = \mathscr{A}$, $\forall t \geqslant 0$);

(2) 存在 $\mathscr{A}$ 的一个开邻域 U, 对任意 $u_0 \in U$, 当 $t \longrightarrow +\infty$ 时, $d(S(t)u_0, \mathscr{A}) \longrightarrow 0$.

如果 $\mathscr{A}$ 是一个吸引子, 满足 (2) 的最大开集 U 称为 $\mathscr{A}$ 的吸引力盆地.

如果当 $t \longrightarrow \infty$ 时, 成立 $d(S(t)B, \mathscr{A}) \longrightarrow 0$, 称 $\mathscr{A}$ 一致吸引集合 $B, B \subset U$, 其中 $d(A, B)$ 是两个集合的半距离, 即 $d(A, B) = \sup\limits_{x\in A}\inf\limits_{y\in B} d(x, y)$.

在不引起混淆的情况下, $\mathscr{A}$ 一致吸引集合 B 有时也称 $\mathscr{A}$ 吸引 B. 此外, 称为 $\mathscr{A}$ 吸引 U 的有界集 (或紧集), 如果 $\mathscr{A}$ 一致吸引 U 中的每一个有界集 (或紧集). 一个吸引子不一定有这种性质.

在无限维情形下, 我们需要在不同的拓扑下进行研究. 考虑 $W(W \subset H)$ 中的吸引子 $\mathscr{A}$, 即 $\mathscr{A} \subset W, S(t)\mathscr{A} = \mathscr{A}$, 并且 (2) 在 W 的拓扑下成立, 即 U 是 W 中的开集, 且收敛性 $\mathrm{dist}(S(t)u_0, \mathscr{A}) \longrightarrow 0$ 是在 W 的拓扑意义下. 一个重要的概念是半群的整体或全局吸引子.

定义 1.3.2　称 $\mathscr{A} \subset H$ 是半群 $\{S(t)_{t\geqslant 0}\}$ 的一个整体 (或全局) 吸引子, 如果 $\mathscr{A}$ 是一个紧的吸引子且吸引 H 中的有界集.

注　(i) 整体吸引子一定是唯一的.

事实上, 设 $\mathscr{A}' \subset H$ 是 $\{S(t)_{t\geqslant 0}\}$ 的另一个全局吸引子, 则 $\mathscr{A}' \subset H$ 是 H 中的有界集, 并且 $\mathscr{A}$ 吸引 $\mathscr{A}'$, 即有 $d(S(t)\mathscr{A}', \mathscr{A}) \longrightarrow 0$, 当 $t \longrightarrow \infty$ 时. 由于 $S(t)\mathscr{A}' = \mathscr{A}'$, $\forall t \geqslant 0$, 即得 $d(\mathscr{A}', \mathscr{A}) = 0$, 这里 d 是半距离. 从而有 $\mathscr{A}' \subseteq \mathscr{A}$. 事实上, 存在 $x_0 \in \mathscr{A}'$, 使得 $x_0 \notin \mathscr{A}$. 由于 $\mathscr{A}$ 是 H 中紧集, 故 $d(x_0, \mathscr{A}) > 0$, 即 $\inf\limits_{y\in\mathscr{A}} d(x_0, y) > 0$. 从而, $d(\mathscr{A}', \mathscr{A}) = \sup\limits_{x\in\mathscr{A}'}\inf\limits_{y\in\mathscr{A}} d(x, y) \geqslant \inf\limits_{y\in\mathscr{A}} d(x_0, y) > 0$, 与 $d(\mathscr{A}', \mathscr{A}) = 0$ 矛盾. 同理, $\mathscr{A} \subseteq \mathscr{A}'$. 因此, $\mathscr{A} = \mathscr{A}'$.

(ii) 在有界吸引子和有界泛函不变集中, 整体吸引子都是最大的, 即设 $\mathscr{A}'$ 是 H 中任一有界吸引子, 都有 $\mathscr{A}' \subseteq \mathscr{A}$. 这里 $\mathscr{A}$ 是 H 中的整体吸引子.

事实上, 由于整体吸引子 $\mathscr{A}$ 吸引 H 中每一个有界集, 故 $\mathscr{A}$ 吸引 $\mathscr{A}'$, 即当 $t \longrightarrow \infty$ 时, $d(S(t)\mathscr{A}', \mathscr{A}) \longrightarrow 0$. 由于 $\mathscr{A}' \subseteq H$ 是吸引子, 成立 $S(t)\mathscr{A}' = \mathscr{A}'$, $\forall t \geqslant 0$. 因此有 $d(\mathscr{A}', \mathscr{A}) = 0$, 故 $\mathscr{A}' \subseteq \mathscr{A}$.

由上述证明过程可知, 若 $\mathscr{A}'$ 是 H 中任一有界泛函不变集, 也成立 $\mathscr{A}' \subseteq \mathscr{A}$. 由于这个原因, 我们也称整体吸引子为最大吸引子.

为了建立吸引子的存在性, 下面给出与吸引集有关的概念.

定义 1.3.3　设 $\mathcal{B}$ 是 H 中的一个集合, $\mathcal{U} \subset H$ 是包含 $\mathcal{B}$ 的一个开集. 称 $\mathcal{B}$ 在 $\mathcal{U}$ 中是吸收的, 如果 $\mathcal{U}$ 中任一有界的轨道在一定时间后进入 $\mathcal{B}$ 中, 即设 $\mathcal{B}_0 \subset \mathcal{U}$ 是任一有界集, 存在 $t_1(\mathcal{B}_0)$, 使得 $S(t)\mathcal{B}_0 \subset \mathcal{B}$, $\forall t \geqslant t_1(\mathcal{B}_0)$. 也称 $\mathcal{B}$ 吸收 $\mathcal{U}$ 中的有界集.

若半群 $\{S(t)\}_{t\geqslant 0}$ 存在整体吸引子 $\mathscr{A}$, 则一定存在吸收集. 事实上, 对于 $\epsilon >$

0, 记 $V_\epsilon = \bigcup\limits_{x\in\mathscr{A}} B_\epsilon(x)$ 为 $\mathscr{A}$ 的 ϵ-邻域. 对于任一有界集 $\mathcal{B}_0 \subset H$, 由于整体吸引子 $\mathscr{A}$ 吸引 H 中的有界集, 故当 $t \longrightarrow \infty$ 时, 成立 $d(S(t)\mathcal{B}_0, \mathscr{A}) \longrightarrow 0$. 因此, 存在 $t_1 = t_1(\epsilon, \mathcal{B}_0)$, 使得 $d(S(t)\mathcal{B}_0, \mathscr{A}) < \epsilon/2$, $\forall t \geqslant t_1$. 从而, $S(t)\mathcal{B}_0 \subset V_\epsilon$, $\forall t \geqslant t_1$. 说明 V_ϵ 是一个吸收集.

反之, 我们将证明: 若半群有一个吸收集且满足一些其他性质, 则整体吸引子存在. 吸收集的存在性是和动力系统的耗散性相关联的. 在无限维情形下, 对于一些物理上认为有耗散性质的系统 (例如, 三维 Navier-Stokes 方程), 吸收集的存在性是不清楚的.

下面对半群 $S(t)$ 作进一步假设.

对于大的时间 t, 算子 $S(t)$ 是一致紧的, 即对任一有界集 $\mathcal{B}$, 存在 $t_0 = t_0(\mathcal{B}) \geqslant 0$, 使得

$$\bigcup_{t\geqslant t_0} S(t)\mathcal{B} \text{ 在 } H \text{ 中是相对紧的.} \tag{1.3.1}$$

H 是 Banach 空间,

$$S(t) = S_1(t) + S_2(t), \quad t \geqslant 0, \tag{1.3.2}$$

其中 $S_1(t)$ 对于大的时间 t 是一致紧的 (即 $S_1(t)$ 满足 (1.3.1)); $S_2(t) : H \longrightarrow H$ 是连续映射, 并且对任一有界集 $\mathcal{C} \subset H$, 当 $t \longrightarrow \infty$ 时, 成立

$$\gamma_{\mathcal{C}}(t) = \sup_{\varphi\in\mathcal{C}} |S_2(t)\varphi| \longrightarrow 0.$$

定理 1.3.4 假设 H 是一个度量空间, 给定算子 $S(t) : H \longrightarrow H$ 是连续的且 (1.1.1) 成立, 要么 (1.3.1) 成立, 要么 (1.3.2) 成立. 还假定存在开集 $\mathcal{U}$ 和有界集 $\mathcal{B} \subset \mathcal{U}$, 使得 $\mathcal{B}$ 在 $\mathcal{U}$ 中是吸收的, 则 $\mathcal{B}$ 的 ω-极限集 $\mathscr{A} = \omega(\mathcal{B})$ 是一个紧的吸引子且吸收 $\mathcal{U}$ 中的有界集. 它是 $\mathcal{U}$ 中最大的有界吸引子. 进一步, 如果 H 是 Banach 空间, $\mathcal{U}$ 是凸的 (可以仅假定 $\mathcal{U}$ 是连通的), 并且对任一 $u_0 \in H$, $S(t)u_0 : \mathbb{R}_+ \longrightarrow H$ 是连续的, 那么 $\mathscr{A}$ 是连通的.

在给定定理 1.3.4 的证明前, 先介绍一些引理.

引理 1.3.5 若半群 $S(t) : H \longrightarrow H$ 是连续的, $t > 0$, 且满足 (1.1.1), (1.3.1) 或 (1.3.2), 则对任意有界集 $\mathcal{B}_0 \subset H$, $\omega(\mathcal{B}_0)$ 是非空的、紧的和不变的.

证明 假定 (1.3.1) 成立, 即 $S(t)$ 是一致紧的, 存在 $t_0 = t_0(\mathcal{B}_0)$, 使得 $\bigcup\limits_{t\geqslant t_0} S(t)\mathcal{B}_0$ 在 H 中是相对紧的. 应用引理 1.2.2 知, $\omega(\mathcal{B}_0)$ 是非空的、紧的、不变的.

假设 (1.3.2) 成立, 下述结论在证明中将被重复使用.

设 $\{\varphi_n\} \subset H$ 是有界的, 且 $\lim\limits_{n\longrightarrow\infty} t_n = +\infty$. 则 $\lim\limits_{n\longrightarrow\infty} S_2(t_n)\varphi_n = 0$. 并且 $S_1(t_n)\varphi_n$ 收敛当且仅当 $S(t_n)\varphi_n$ 收敛.

事实上, 记集合 $\mathcal{C} = \{\varphi_n; n \in \mathbb{N}\}$, 则 $\mathcal{C} \subset H$ 是有界的, 并且由 (1.3.2) 知, 当 $n \longrightarrow \infty$ 时, 成立

$$|S_2(t_n)\varphi_n| \leqslant \gamma_{\mathcal{C}}(t_n) \longrightarrow 0.$$

利用 $S(t_n)\varphi_n = S_1(t_n)\varphi_n + S_2(t_n)\varphi_n$, 可知 $S(t_n)\varphi_n$ 收敛, 当且仅当 $S_2(t_n)\varphi_n$ 收敛, 且收敛极限相同. 记

$$\omega(\mathcal{B}_0) = \bigcap_{s \geqslant 0} \overline{\bigcup_{t \geqslant s} S(t)\mathcal{B}_0}, \quad \omega_1(\mathcal{B}_0) = \bigcap_{s \geqslant 0} \overline{\bigcup_{t \geqslant s} S_1(t)\mathcal{B}_0}.$$

这里 $S_1(t)$ 不一定是半群, 但是 $\omega_1(\mathcal{B}_0)$ 的定义和 $\mathcal{B}_0$ 的 ω-极限集定义相同.

下证: $\omega(\mathcal{B}_0) = \omega_1(\mathcal{B}_0)$.

对于 $\omega_1(\mathcal{B}_0)$, 类似的性质 (1.1.2) 也成立, 即 $\varphi \in \omega_1(\mathcal{B}_0)$, 当且仅当存在序列 $\varphi_n \in \mathcal{B}_0$ 以及当 $n \longrightarrow \infty$ 时, $t_n \longrightarrow \infty$, 且使得 $S_1(t_n)\varphi_n \longrightarrow \varphi$. 该性质的证明完全类似于 (1.1.2) 的证明, 这是因为在 (1.1.2) 的证明过程中没有用到半群的性质 (1.1.1).

设 $\varphi \in \omega(\mathcal{B}_0)$, 利用 (1.1.2) 知, 存在序列 $\varphi_n \in \mathcal{B}_0$ 和 $t_n \longrightarrow \infty$, 使得

$$\lim_{n \longrightarrow \infty} |S(t_n)\varphi_n - \varphi| = 0.$$

由于 $\mathcal{B}_0$ 是 H 中的有界集, 故 $\{\varphi_n\}$ 在 H 中有界. 又由于

$$\lim_{n \longrightarrow \infty} |S_2(t_n)\varphi_n - \varphi| = 0,$$

从而

$$\lim_{n \longrightarrow \infty} |S_1(t_n)\varphi_n - \varphi| = 0.$$

进一步有 $\varphi \in \omega_1(\mathcal{B}_0)$. 说明 $\omega(\mathcal{B}_0) \subset \omega_1(\mathcal{B}_0)$. 同理, $\omega_1(\mathcal{B}_0) \subset \omega(\mathcal{B}_0)$. 因此, $\omega_1(\mathcal{B}_0) = \omega(\mathcal{B}_0)$.

由于 $\mathcal{B}_0 \neq \varnothing$, 故对任意 $s \geqslant 0$, $S_1(s)\mathcal{B}_0 \neq \varnothing$. 因为

$$S_1(s)\mathcal{B}_0 \subseteq \bigcup_{t \geqslant s} S_1(t)\mathcal{B}_0 \subseteq \overline{\bigcup_{t \geqslant s} S_1(t)\mathcal{B}_0},$$

从而对 $\forall s \geqslant 0$, $\overline{\bigcup_{t \geqslant s} S_1(t)\mathcal{B}_0}$ 是非空闭集. 因此, $\omega_1(\mathcal{B}_0) = \bigcap_{s \geqslant 0} \overline{\bigcup_{t \geqslant s} S_1(t)\mathcal{B}_0}$ 是非空闭

集. 利用假设条件: $\overline{\bigcup_{t\geqslant t_0} S_1(t)\mathcal{B}_0}$ 是紧集, 这里 $t_0 = t_0(\mathcal{B}_0) > 0$, 以及

$$\omega_1(\mathcal{B}_0) = \bigcap_{s\geqslant 0}\overline{\bigcup_{t\geqslant s} S_1(t)\mathcal{B}_0} \subseteq \bigcap_{s\geqslant t_0}\overline{\bigcup_{t\geqslant s} S_1(t)\mathcal{B}_0} \subseteq \overline{\bigcup_{t\geqslant t_0} S_1(t)\mathcal{B}_0}.$$

故 $\omega_1(\mathcal{B}_0)$ 在 H 中是紧的. 利用 $\omega_1(\mathcal{B}_0) = \omega(\mathcal{B}_0)$, 即知 $\omega(\mathcal{B}_0)$ 是非空的、闭的紧集.

下面证明: $\omega(\mathcal{B}_0)$ 关于 $S(t)$ 是不变的.

设 $\psi \in S(t)\omega(\mathcal{B}_0)$, $t > 0$, 则存在 $\varphi \in \omega(\mathcal{B}_0)$, 使得 $\psi = S(t)\varphi$. 利用 (1.1.2) 知, 存在 $\varphi_n \in \mathcal{B}_0$, $t_n \longrightarrow \infty$, 使得

$$S(t_n)\varphi_n \longrightarrow \varphi.$$

利用 $S(t) : H \longrightarrow H$ 的连续性, 可知

$$S(t + t_n)\varphi_n = S(t)S(t_n)\varphi_n \longrightarrow S(t)\varphi = \psi.$$

再利用 (1.1.2) 知, $\psi \in \omega(\mathcal{B}_0)$. 说明

$$S(t)\omega(\mathcal{B}_0) \subseteq \omega(\mathcal{B}_0), \quad \forall t > 0.$$

下面验证

$$\omega(\mathcal{B}_0) \subseteq S(t)\omega(\mathcal{B}_0), \quad \forall t > 0.$$

设 $\varphi \in \omega(\mathcal{B}_0)$. 由 (1.1.2) 知, 存在序列 $\varphi_n \in \mathcal{B}_0, t_n \longrightarrow \infty$, 使得 $S(t_n)\varphi_n \longrightarrow \varphi$, 当 $n \longrightarrow \infty$ 时. 当 $t_n \geqslant t$ 时, 有

$$S(t_n - t)\varphi_n = S_1(t_n - t)\varphi_n + S_2(t_n - t)\varphi_n.$$

已知 $S_1(t_n - t)\varphi_n$ 在 H 中是相对紧的, 故存在一串子列 $S_1(t_{n_i} - t)\varphi_{n_i}$, 以及 $\psi \in H$, 使得 $S_1(t_{n_i} - t)\varphi_{n_i} \longrightarrow \psi$, 当 $n_i \longrightarrow \infty$ 时. 利用假设条件 (1.3.2) 知, $S_2(t_{n_i} - t)\varphi_{n_i} \longrightarrow 0$, 当 $n_i \longrightarrow \infty$ 时. 因此, $S(t_{n_i} - t)\varphi_{n_i} \longrightarrow \psi$, 当 $n_i \longrightarrow \infty$ 时. 再利用 (1.1.2) 知, $\psi \in \omega(B_0)$ 且

$$\varphi = \lim_{n_i\longrightarrow\infty} S(t_{n_i})\varphi_{n_i} = \lim_{n_i\longrightarrow\infty} S(t)S(t_{n_i} - t)\varphi_{n_i} = S(t)\psi \in S(t)\omega(\mathcal{B}_0),$$

即有

$$\omega(\mathcal{B}_0) \subseteq S(t)\omega(\mathcal{B}_0), \quad t > 0.$$

上述讨论表明

$$\omega(\mathcal{B}_0) = S(t)\omega(\mathcal{B}_0), \quad \forall t > 0.$$

□

引理 1.3.6　设 $\mathcal{U}$ 是 H 中一个开的凸集, $K \subset \mathcal{U}$ 是一个紧的不变集且吸引 $\mathcal{U}$ 中紧集, 则 K 是连通的.

证明　回忆经典的 Mazur 定理: 若 K 是 Banach 空间 H 中的紧子集, 则 K 的闭凸包 $\overline{\mathrm{conv}(K)}$ 也是紧的, 这里

$$\mathrm{conv}(K) = \left\{ \sum_{i=1}^{n} a_i e_i;\ \ a_i \geqslant 0,\ \ \sum_{i=1}^{n} a_i = 1,\ e_i \in K \right\}.$$

注意到凸包 $\mathrm{conv}(K)$ 是连通集, 连通集的闭包也是连通的. 因此, 对本引理中的紧集 K, 其闭凸包 $\overline{\mathrm{conv}(K)}$ 是紧的、连通的. 又由于 $K \subset \mathcal{U}$, $\mathcal{U}$ 是开的凸集, 故 $\overline{\mathrm{conv}(K)} \triangleq \mathcal{B} \subset U$. 由于 K 吸引 $\mathcal{U}$ 中紧集, 所以 K 吸引 $\mathcal{B}$, 即 $d(S(t)\mathcal{B}, K) \longrightarrow 0$, 当 $t \longrightarrow \infty$ 时. 假设 K 不是连通的, 则存在两个开集 $\mathcal{U}_1,\mathcal{U}_2$, $\mathcal{U}_1 \cap \mathcal{U}_2 = \varnothing$, $K \subset \mathcal{U}_1 \cup \mathcal{U}_2$, 且 $\mathcal{U}_1 \cap K \neq \varnothing, \mathcal{U}_2 \cap K \neq \varnothing$. 由于 $K \subset \mathcal{B}, K$ 是不变集, 故

$$K = S(t)K \subset S(t)\mathcal{B}.$$

利用 $S(t)$ 的连续性以及 K 的连通性, 可知 $S(t)\mathcal{B}$ 也是连通的, $t > 0$. 因此, $\varnothing \neq K \cap \mathcal{U}_i \subset S(t)\mathcal{B} \cap \mathcal{U}_i$, $i = 1, 2$, 即 $\mathcal{U}_i \cap S(t)\mathcal{B} \neq \varnothing$, $i = 1, 2$, 且 $\mathcal{U}_1 \cup \mathcal{U}_2$ 不能覆盖 $S(t)\mathcal{B}$, $t > 0$. 因此, 对任意的 $t > 0$, 存在 $x_t \in S(t)\mathcal{B}$, 但 $x_t \notin \mathcal{U}_1 \cup \mathcal{U}_2$. 特别地, 取 $t = n \in \mathbb{N}$, $x_n \in S(n)\mathcal{B}$, 但 $x_n \notin \mathcal{U}_1 \cup \mathcal{U}_2$.

在假定条件 (1.3.1) 下, 对于 $\mathcal{B}$, 存在 $t_0 = t_0(\mathcal{B})$, 使得 $\bigcup\limits_{t \geqslant t_0} S(t)\mathcal{B}$ 是 H 中的相对紧集. 故有 $\{x_n\}_{n \geqslant t_0} \subset \bigcup\limits_{t \geqslant t_0} S(t)\mathcal{B}$. 从而, $\{x_n\}_{n \geqslant t_0}$ 在 H 中是相对紧的.

在假定条件 (1.3.2) 下, 由于 $x_n \in S(n)\mathcal{B}$, 可知存在 $y_n \in \mathcal{B}$, 使得 $x_n = S(n)y_n$, 故

$$x_n = S(n)y_n = S_1(n)y_n + S_2(n)y_n.$$

已知当 $n \longrightarrow \infty$ 时, 序列 $S_2(n)y_n$ 满足

$$|S_2(n)y_n| \leqslant \gamma_{\mathcal{C}}(n) \longrightarrow 0,$$

这里 $\mathcal{C} = \{y_n\} \subset \mathcal{B}$ 是有界的. 而序列 $S_1(n)y_n$ 在 H 中是相对紧的. 从而, x_n 在 H 中也是相对紧的. 因此, 必要时抽取一串子列 $\{x_n\}$, 使得 $x_n \longrightarrow x$, $x \in H$.

由于当 $n \longrightarrow \infty$ 时, 成立

$$d(x_n, K) = d(S(n)y_n, K) \leqslant \sup_{y \in \mathcal{B}} d(S(n)y, K) = d(S(n)\mathcal{B}, K) \longrightarrow 0.$$

上述证明用 K 吸引 $\mathcal{B}$, 即当 $t \longrightarrow \infty$ 时, $d(S(t)\mathcal{B}, K) \longrightarrow 0$.

从而可得 $d(x,K)=0$. 因此, $x\in\overline{K}=K\subset\mathcal{U}_1\cup\mathcal{U}_2$, 但是 $x\notin\mathcal{U}_1\cup\mathcal{U}_2$ (这由 $x_n\notin\mathcal{U}_1\cup\mathcal{U}_2$ 得到). 矛盾. □

定理 1.3.4 的证明 在假设条件 (1.3.1) 或 (1.3.2) 成立下, 应用引理 1.3.5, 可知 $\omega(\mathcal{B})$ 是非空的、紧的不变集合. 下面验证: $\mathscr{A}=\omega(\mathcal{B})$ 是 $\mathcal{U}$ 中的吸引子且吸引 U 中的有界集.

反证法: 假设存在 $\mathcal{U}$ 中的有界集 $\mathcal{B}_0$, 使得 $d(S(t)\mathcal{B}_0,\mathscr{A})\nrightarrow 0$, 当 $t\longrightarrow\infty$ 时. 因此, 存在 $\delta>0$ 和序列 $t_n\longrightarrow+\infty$, 使得

$$d(S(t_n)\mathcal{B}_0,\mathscr{A})\geqslant\delta>0,\quad \forall n\in\mathbb{N}.$$

对每一个 n, 存在 $b_n\in\mathcal{B}_0$ 满足

$$d(S(t_n)b_n,\mathscr{A})\geqslant\frac{\delta}{2}. \tag{1.3.3}$$

由于 $\mathcal{B}$ 在 $\mathcal{U}$ 中是吸收的, 故对于 $\mathcal{B}_0\subset\mathcal{U}$, 存在 $t_1(\mathcal{B}_0)$, 使得 $S(t_n)\mathcal{B}_0\subset\mathcal{B}$, 其中 n 充分大, 使得 $t_n\geqslant t_1(\mathcal{B}_0)$. 在假设条件 (1.3.1) 下 (即 $S(t)$ 是一致紧的), 可知 $S(t_n)b_n$ 是相对紧的, 故存在 $\beta\in H$ 以及一串子列 $\{n_i\}$: $n_i\longrightarrow\infty$, 使得

$$\beta=\lim_{n_i\longrightarrow\infty}S(t_{n_i})b_{n_i}=\lim_{n_i\longrightarrow\infty}S(t_{n_i}-t_1)S(t_1)b_{n_i},$$

其中 $t_1=t_1(\mathcal{B}_0)$.

由于 $S(t_1)b_{n_i}\in\mathcal{B}$, 利用 ω-极限集的性质刻画 (1.1.2), 可知 $\beta\in\omega(\mathcal{B})=\mathscr{A}$. 另一方面, 由 (1.3.3) 式知, $d(S(t_{n_i})b_{n_i},\mathscr{A})\geqslant\dfrac{\delta}{2}$. 令 $n_i\longrightarrow\infty$, 成立 $d(\beta,\mathscr{A})\geqslant\dfrac{\delta}{2}$, 说明 $\beta\notin\mathscr{A}$. 矛盾.

在假设条件 (1.3.2) 下, 由于 $S(t_n)b_n=S_1(t_n)b_n+S_2(t_n)b_n$, 以及 $b_n\in\mathcal{B}_0$ 是有界的. 从而当 $t_n\longrightarrow\infty$ 时, 成立 $|S_2(t_n)b_n|\longrightarrow 0$.

此外, $S_1(t_n)b_n$ 在 H 中是相对紧的, 因此, $S(t_n)b_n$ 在 H 中也是相对紧的, 接下来的证明过程完全与在假设条件 (1.3.1) 下的证明过程相同. 这样我们就证明了 $\mathscr{A}=\omega(\mathcal{B})$ 吸引 $\mathcal{U}$ 中的有界集.

现在证明: $\mathscr{A}=\omega(\mathcal{B})$ 是 U 中最大的有界吸引子.

假定 $\mathscr{A}'$ 是 U 中任一有界吸引子, 可知 $S(t)\mathscr{A}'=\mathscr{A}'$, $\forall t>0$. 又因 $\mathcal{B}\subset\mathcal{U}$ 吸收 $\mathcal{U}$ 中的有界集, 故存在 $t_0=t_0(\mathscr{A}')$, 使得 $\mathscr{A}'=S(t)\mathscr{A}'\subset\mathcal{B}$, $\forall t\geqslant t_0$. 从而

$$\omega(\mathscr{A}')\subseteq\omega(\mathcal{B})=\mathscr{A}.$$

利用 $S(t)\mathscr{A}'=\mathscr{A}'$, $\forall t\geqslant 0$, 可知

$$\omega(\mathscr{A}')=\bigcap_{s\geqslant 0}\overline{\bigcup_{t\geqslant s}S(t)\mathscr{A}'}=\mathscr{A}'.$$

因此, $\mathscr{A}' \subseteq \mathscr{A}$. 由于 $\mathscr{A}'$ 是 $\mathcal{U}$ 中任一有界吸引子, 故 $\mathscr{A}$ 是 $\mathcal{U}$ 中最大的有界吸引子. 最后, 利用引理 1.3.6 知, $\mathscr{A}$ 是连通的. □

注 (i) 定理 1.3.4 中的假设条件 (1.3.1), 可以用以下更弱的假设条件代替:

$$\text{对某个 } t_1 > 0,\ S(t_1) \text{ 是紧的}, \tag{1.3.1$'$}$$

这里 $S(t_1)$ 是紧的, 是指对 H 中的任意有界集 A, $S(t_1)A$ 在 H 中是相对紧的.

事实上, 在定理 1.3.4 的证明过程中, 对于吸收集 $\mathcal{B}$, 在 (1.3.1)$'$ 假设条件下, 只需验证: 存在 $t_* = t_*(\mathcal{B})$, 使得 $\bigcup\limits_{t \geqslant t_*} S(t)\mathcal{B}$ 在 H 中是相对紧的. 利用吸收集的定义知, 存在 $t_0 = t_0(\mathcal{B})$, 使得 $S(t)\mathcal{B} \subseteq \mathcal{B}$, $\forall t \geqslant t_0$. 从而, 对任意 $t \geqslant t_* \triangleq t_0 + t_1$,

$$S(t)\mathcal{B} = S(t_1)S(t - t_1)\mathcal{B} \subseteq S(t_1)\mathcal{B},$$

这里用到 $t - t_1 \geqslant t_0$, 成立 $S(t - t_1)\mathcal{B} \subseteq \mathcal{B}$.

因此

$$\bigcup_{t \geqslant t_*} S(t)\mathcal{B} \subseteq S(t_1)\mathcal{B}.$$

由假设条件 (1.3.1)$'$ 知, $S(t_1)\mathcal{B}$ 在 H 中是相对紧的, 故 $\bigcup\limits_{t \geqslant t_*} S(t)\mathcal{B}$ 在 H 中也是相对紧的.

(ii) 定理 1.3.4 中的假设条件 (1.3.2) 可替换为更弱的条件: 半群 $\{S(t)\}_{t \geqslant 0}$ 是渐近紧的, 即

$$\begin{aligned}&\text{对 } H \text{ 中的任意有界序列 } \{x_k\} \text{ 和每一个序列 } \{t_k\} : t_k \longrightarrow \infty, \\ &\{S(t_k)x_k\} \text{ 在 } H \text{ 中是相对紧的}.\end{aligned} \tag{1.3.4}$$

此时定理 1.3.4 的证明过程仍然有效.

事实上, 由于在定理 1.3.4 的证明过程中, 序列 $\{t_n\}$ 要求满足: 当 $n \longrightarrow \infty$ 时, $t_n \longrightarrow \infty$. 唯一的不同之处是验证: $\mathscr{A} \triangleq \omega(\mathcal{B})$ 是非空的. 在 (1.3.4) 的假设条件下, 这是成立的. 事实上, 因为 $\mathcal{B} \neq \varnothing$, 在 $\mathcal{B}$ 中可以取一串序列 $\{x_k\}$(有可能是有限序列). 对任意 $t_k \longrightarrow \infty$, 利用 (1.3.4) 知, $\{S(t_k)x_k\}$ 在 H 中是相对紧的. 从而存在 $\psi \in H$ 以及一串子列 $\{S(t_{k_j})x_{k_j}\}$, 使得 $S(t_{k_j})x_{k_j} \longrightarrow \psi$. 由于 $\mathcal{B}$ 是 H 中的吸收集, 对于 $x_{k_j} \in \mathcal{B}$, 当 j 很大时, 有 $S\left(\dfrac{1}{2}t_{k_j}\right)x_{k_j} \in \mathcal{B}$. 再利用 (1.1.2) 以及下述收敛:

$$S\left(\frac{1}{2}t_{k_j}\right)S\left(\frac{1}{2}t_{k_j}\right)x_{k_j} = S(t_{k_j})x_{k_j} \longrightarrow \psi,$$

可知 $\psi \in \omega(\mathcal{B})$, 即 $\omega(\mathcal{B}) \neq \varnothing$.

(iii) 在定理 1.3.4 中, 当 H 是一致凸的 Banach 空间且假定存在有界吸收集 $\mathcal{B}$, 则下述三个条件是等价的.

(a) 假设条件 (1.3.2) (即分解 $S = S_1 + S_2$);

(b) 假设条件 (1.3.4) (渐近紧性);

(c) 存在紧集 $K \subset H$, 使得 $d(S(t)\mathcal{B}, K) \longrightarrow 0$, 当 $t \longrightarrow \infty$ 时.

验证 (a)$\Longrightarrow$(b). 设 $\{x_k\} \subset H$ 是任一有界序列以及 $\{t_k\}: t_k \longrightarrow \infty$, 当 $k \longrightarrow \infty$ 时. 利用假设条件 (1.3.2):

$$S(t_k)x_k = S_1(t_k)x_k + S_2(t_k)x_k,$$

其中 S_1 是一致紧的. 从而, $\{S_1(t_k)x_k\}$ 在 H 中是相对紧的, 即存在子列 $\{S_1(t_{k_j})x_{k_j}\}$ 以及 $\varphi \in H$, 使得 $S_1(t_{k_j})x_{k_j} \longrightarrow \varphi$.

记 $\mathcal{C} = \{x_{k_j}\}$. 则 $\mathcal{C} \subset H$ 是有界集, 且当 $t_{k_j} \longrightarrow \infty$ 时,

$$|S_2(t_{k_j})| \leqslant \gamma_{\mathcal{C}}(t_{k_j}) \longrightarrow 0.$$

从而, 当 $t_{k_j} \longrightarrow \infty$ 时,

$$S(t_{k_j})x_{k_j} = S_1(t_{k_j})x_{k_j} + S_2(t_{k_j})x_{k_j} \longrightarrow \varphi,$$

即 $\{S(t_k)x_k\}$ 在 H 中是相对紧集.

(b) $\Longrightarrow$(a). 利用注中 (ii) 结论知, $\mathscr{A} = \omega(\mathcal{B})$ 是半群 $\{S(t)\}_{t\geqslant 0}$ 的整体吸引子. 记 $K = \overline{\mathrm{conv}\mathscr{A}}$, 由于 $\mathscr{A}$ 是紧集, K 也是紧的子空间. 考虑投影算子 $\Pi_K: H \longrightarrow K$. 对于任意的 $\varphi \in H$, 令

$$\begin{cases} S_1(t)\varphi = \Pi_K(S(t)\varphi) \in K, \\ S_2(t)\varphi = S(t)\varphi - \Pi_K(S(t)\varphi). \end{cases}$$

由于 K 是紧集, S_1 是一致紧的. 下面验证: 对任一紧集 $\mathcal{C} \subset H$, 当 $t \longrightarrow \infty$ 时, 成立

$$\sup_{\varphi\in\mathcal{C}} |S_2(t)\varphi| \longrightarrow 0.$$

反证法: 设 $\delta > 0$, 存在有界序列 $\{\varphi_j\} \subset H$ 以及 $t_j \longrightarrow \infty$, 使得 $|S_2(t_j)\varphi_j| \geqslant \delta$. 利用 (b), 可知存在一串子列 (仍记为 t_j) 以及 $\varphi \in H$, 使得 $S(t_j)\varphi_j \longrightarrow \varphi$, 当 $j \longrightarrow \infty$ 时. 由于 $\mathcal{B}$ 是 H 中的吸收集 (取 $\mathcal{U} = H$, 因为这里 H 是一致凸的

Banach 空间), 故当 j 很大时, 对于 $\varphi \in H$, 有 $S\left(\frac{1}{2}t_j\right)\varphi_j \in \mathcal{B}$. 由于当 $j \longrightarrow \infty$ 时, 成立

$$S\left(\frac{1}{2}t_j\right)S\left(\frac{1}{2}t_j\right)\varphi_j = S(t_j)\varphi_j \longrightarrow \varphi.$$

利用 ω-极限集的性质刻画 (1.1.2), 知

$$\varphi \in \omega(\mathcal{B}) = \mathscr{A} \subset \overline{\mathrm{conv}\mathscr{A}} = K.$$

由于投影算子 $\Pi_K : H \longrightarrow K$ 是连续的, 可得

$$S_1(t_j)\varphi_j = \Pi_K(S(t_j)\varphi_j) \longrightarrow \Pi_K\varphi = \varphi.$$

因此, 当 $j \longrightarrow \infty$ 时, 可知

$$S_2(t_j)\varphi_j = S(t_j)\varphi_j - S_1(t_j)\varphi_j \longrightarrow 0,$$

这与 $|S_2(t_j)\varphi_j| \geqslant \delta > 0$ 矛盾.

(b)$\Longrightarrow$(c). 利用 (ii) 知, 定理 1.3.4 的结论成立, $\mathscr{A} = \omega(\mathcal{B})$ 是 H 中的紧的吸引子 (这里 $\mathcal{U} = H$, H 是一致凸的 Banach 空间) 且吸引 H 中的有界集, 即 $\mathscr{A} = \omega(\mathcal{B})$ 是半群 $\{S(t)\}_{t\geqslant 0}$ 的整体吸引子. 由于 $\mathcal{B}$ 是 H 中的有界吸引集, 因此, $d(S(t)\mathcal{B}, \mathscr{A}) \longrightarrow 0$, 当 $t \longrightarrow \infty$ 时. 故 (c) 成立, 取 $K = \mathscr{A}$.

(c)$\Longrightarrow$(a). 假定存在紧集 $K \subset H$, 使得当 $t \longrightarrow \infty$ 时, $d(S(t)\mathcal{B}, K) \longrightarrow 0$. 令 $\widetilde{K} = \overline{\mathrm{conv}K}$, 则 $\widetilde{K}$ 仍然是紧集. 考虑投影算子 $\Pi_{\widetilde{K}} : H \longrightarrow \widetilde{K}$. 对任意的 $\varphi \in H$, 令

$$\begin{cases} S_1(t)\varphi = \Pi_{\widetilde{K}}(S(t)\varphi) \in \widetilde{K} \quad (\text{这里 } \widetilde{K} \text{ 为紧集}), \\ S_2(t)\varphi = S(t)\varphi - \Pi_{\widetilde{K}}(S(t)\varphi), \end{cases}$$

这里 $S_1(t)$ 是一致紧的. 事实上, 对任意 H 中的有界集 A, 成立

$$\bigcup_{t\geqslant 0} S_1(t)A = \bigcup_{t\geqslant 0} \Pi_{\widetilde{K}}(S(t)A) = \Pi_{\widetilde{K}}\left(\bigcup_{t\geqslant 0} S(t)A\right) \subset \widetilde{K}.$$

由于 $\widetilde{K}$ 是 H 中的紧集, 故 $\bigcup\limits_{t\geqslant 0} S_1(t)A$ 是 H 中的相对紧集.

下证: 对任一有界集 $\mathcal{C} \subset H$, 成立 $\sup\limits_{\varphi\in\mathcal{C}} |S_2(t)\varphi| \longrightarrow 0$, 当 $t \longrightarrow \infty$ 时.

反证法: 假定存在一串有界序列 $\{\varphi_j\} \subset H$ 以及 $t_j \longrightarrow \infty$, 当 $j \longrightarrow \infty$ 时, 使得

$$|S_2(t_j)\varphi_j| \geqslant \delta, \quad \text{这里 } \delta > 0 \text{ 与 } j \text{ 无关}. \tag{1.3.5}$$

由于 $\mathcal{B}$ 吸收 H 中的有界集. 记 $A = \{\varphi_j\}_{j\geqslant 1}$, 则 $A \subset H$ 为有界集. 故存在 $t_0 = t_0(A)$, 使得 $S(t)A \subseteq \mathcal{B}$, $\forall t \geqslant t_0$. 又因为 $t_j \longrightarrow \infty$, 当 $j \longrightarrow \infty$ 时. 因此, 存在 $j_0 = j_0(A)$, 使得 $t_j \geqslant 2t_0$, $\forall j \geqslant j_0$. 从而, $S\left(\frac{t_j}{2}\right) A \subseteq \mathcal{B}$, $\forall j \geqslant j_0$. 自然有 $S\left(\frac{t_j}{2}\right) \varphi_j \in \mathcal{B}$, $\forall j \geqslant j_0$. 因此

$$S(t_j)\varphi_j = S\left(\frac{t_j}{2}\right) S\left(\frac{t_j}{2}\right) \varphi_j \in S\left(\frac{t_j}{2}\right) \mathcal{B}, \quad \forall j \geqslant j_0.$$

利用假设条件: 当 $t \longrightarrow \infty$ 时, $d(S(t)\mathcal{B}, K) \longrightarrow 0$. 可知

$$d\left(S\left(\frac{t_j}{2}\right)\mathcal{B}, K\right) \longrightarrow 0, \quad j \longrightarrow \infty.$$

从而, 当 $j \longrightarrow \infty$ 时, 成立

$$d(S(t_j)\varphi_j, K) \leqslant d\left(S\left(\frac{t_j}{2}\right)\mathcal{B}, K\right) \longrightarrow 0. \tag{1.3.6}$$

记 $d_j = d(S(t_j)\varphi_j, K)$. 则 $\lim\limits_{j \longrightarrow \infty} d_j = 0$. 对任意的 $j \geqslant j_0$, 存在 $b_j \in K$, 使得

$$|S(t_j)\varphi_j - b_j| < d_j + \frac{1}{j}.$$

由于 $K \subset H$ 是紧集, 存在 $\{b_j\}$ 的一串子列, 记为 $\{b_{j_m}\}$, 使得当 $m \longrightarrow \infty$ 时, 成立 $j_m \longrightarrow \infty$ 以及 $b_{j_m} \longrightarrow b, b \in H$. 从而, 当 $m \longrightarrow \infty$ 时,

$$|S(t_{j_m})\varphi_{j_m} - b| \leqslant |S(t_{j_m})\varphi_{j_m} - b_{j_m}| + |b_{j_m} - b| < d_{j_m} + \frac{1}{j_m} + |b_{j_m} - b| \longrightarrow 0,$$

即当 $m \longrightarrow \infty$ 时, 成立

$$S(t_{j_m})\varphi_{j_m} \longrightarrow b. \tag{1.3.7}$$

利用 (1.3.6), (1.3.7) 可知, $d(b, K) = 0$. 从而, $b \in K \subset \widetilde{K}$.

由于 $\Pi_{\widetilde{K}}: H \longrightarrow \widetilde{K}$ 是连续的, 当 $m \longrightarrow \infty$ 时, 可得

$$S_1(t_{j_m})\varphi_{j_m} = \Pi_{\widetilde{K}}(S(t_{j_m})\varphi_{j_m}) \longrightarrow \Pi_{\widetilde{K}} b = b.$$

因此, 当 $m \longrightarrow \infty$ 时, 成立

$$S_2(t_{j_m})\varphi_{j_m} = S(t_{j_m})\varphi_{j_m} - S_1(t_{j_m})\varphi_{j_m} \longrightarrow b - b = 0,$$

这与 (1.3.5) 式矛盾. □

1.4 吸引子的稳定性

本节中, 考虑半群 $S(t)$ 的一簇扰动 $S_\eta(t)$, 这些扰动可能由各种原因引起. 例如, 重要参数的变动, 数据中的变化或误差 (像微分算子系数等); 还可以来自于逼近过程, 例如, 在数值计算中的有限维逼近. 尽管一般的不变集关于扰动可以整体不稳定, 但是吸引子却具有一些稳定性质. 下面介绍这样一个稳定性结果.

设 H 是 Banach 空间, 半群 $\{S(t)\}_{t\geqslant 0}$ 满足 (1.1.1) 且 $\forall t \geqslant 0$, $S(t): H \longrightarrow H$ 是连续的. 假定半群 $\{S(t)\}_{t\geqslant 0}$ 有一个吸引子 $\mathscr{A}$, 且吸引一个开邻域 $\mathcal{U}$ (即 $\mathscr{A} \subset \mathcal{U}$, $\mathcal{U}$ 不一定是 $\mathscr{A}$ 的吸引力盆地, 仅是 $\mathscr{A}$ 的一个开邻域, 且 $\lim\limits_{t\longrightarrow\infty} d(S(t)\mathcal{U}, \mathscr{A}) = 0$).

考虑 H 中的一簇闭子空间 H_η, $0 < \eta \leqslant \eta_0$, 使得 $\bigcup\limits_{0<\eta\leqslant\eta_0} H_\eta$ 在 H 中稠密. 对于 $\eta > 0$, 考虑一簇依赖于参数 η 的 (扰动) 半群算子 $\{S_\eta(t)\}_{t\geqslant 0}$, 算子 $S_\eta(t)$ 满足 (1.1.1) 且 $\forall t > 0$, $S_\eta(t): H_\eta \longrightarrow H_\eta$ 是连续的.

假定在 $\mathbb{R}_+$ 的有界集上, 当 $\eta \longrightarrow 0$ 时, S_η 一致逼近 S, 即对任意紧集 $I \subset (0+\infty)$, 当 $\eta \longrightarrow 0$ 时, 成立

$$\delta_\eta(I) = \sup_{u_0\in\mathcal{U}\cap H_\eta} \sup_{t\in I} d(S_\eta(t)u_0, S(t)u_0) \longrightarrow 0. \tag{1.4.1}$$

还假定

$$\begin{aligned}&\text{对任意 } \eta > 0,\ S_\eta \text{ 具有一个吸引子 } \mathscr{A}_\eta \text{ 且吸引 } \mathcal{U}' \cap H_\eta,\\ &\text{其中 } \mathcal{U}' \text{ 是 } \mathscr{A}_\eta \cup \mathscr{A} \text{ 的一个开邻域, 与 } \eta \text{ 无关.}\end{aligned} \tag{1.4.2}$$

定理 1.4.1 在上述条件下, 当 $\eta \longrightarrow 0$ 时, 成立 $d(\mathscr{A}_\eta, \mathscr{A}) \longrightarrow 0$. 这里 $d(\cdot,\cdot)$ 表示两个集合的半距离, 即 $d(\mathscr{A}_\eta, \mathscr{A}) = \sup\limits_{x\in\mathscr{A}_\eta} \inf\limits_{y\in\mathscr{A}} d(x,y)$.

证明 由于假设半群 $\{S(t)\}_{t\geqslant 0}$ 的吸引子 $\mathscr{A}$ 吸引一个开邻域 $\mathcal{U}$, 即当 $t \longrightarrow \infty$ 时, $\mathscr{A} \subset \mathcal{U}$ 且 $d(S(t)\mathcal{U}, \mathscr{A}) \longrightarrow 0$. 从而对任一集合 $\mathcal{B} \subset \mathcal{U}$, 当 $t \longrightarrow \infty$ 时, 成

立 $d(S(t)\mathcal{B},\mathscr{A})\leqslant d(S(t)\mathcal{U},\mathscr{A})\longrightarrow 0$. 因此, 存在 $t_0=t_0(\mathcal{B},\mathscr{A})$, 使得 $\forall t\geqslant t_0$, 成立 $S(t)\mathcal{B}\subset\mathcal{U}$, 即 $\mathcal{U}$ 是 $\mathscr{A}$ 的一个吸收集. 事实上, 我们证明了这样一个结论: 假定半群 $\{S(t)\}_{t\geqslant 0}$ 存在一个吸引子 $\mathscr{A}$, 且吸引 $\mathscr{A}$ 的一个开邻域 $\mathcal{U}$, 则 $\mathcal{U}$ 是一个吸收集.

利用上述结论, 证明定理 1.4.1, 只需证明: 对任意的 $\epsilon>0$, 存在 $\eta(\epsilon),\zeta(\epsilon)>0$, 使得对任意的 $0<\eta\leqslant\eta(\epsilon)$, $t\geqslant\tau(\epsilon)$, 成立

$$S_\eta(t)(\mathcal{U}\cap\mathcal{U}'\cap H_\eta)\subset\mathcal{V}_\epsilon(\mathscr{A}),\tag{1.4.3}$$

其中 $\mathcal{V}_\epsilon(\mathscr{A})$ 表示 $\mathscr{A}$ 的 ϵ 邻域, 即 $\mathcal{V}_\epsilon(\mathscr{A})=\bigcup\limits_{x\in\mathscr{A}}B_\epsilon(x)$, $B_\epsilon(x)$ 是以 x 为中心, ϵ 为半径的 H 中的开球. 事实上, 由于 $\mathcal{U}'\cap H_\eta$ 是包含 $\mathscr{A}_\eta$ 的一个开邻域且在假设条件 (1.4.2) 中, 吸引子 $\mathscr{A}_\eta$ 吸引 $\mathcal{U}'\cap H_\eta$, 故成立

$$d(S_\eta(t)(\mathcal{U}\cap\mathcal{U}'\cap H_\eta),\mathscr{A}_\eta)\leqslant d(S_\eta(t)(\mathcal{U}'\cap H_\eta),\mathscr{A}_\eta)\longrightarrow 0,\ \ t\longrightarrow\infty.$$

结合 (1.4.3) 式知, 当 t 充分大时, 成立

$$\mathscr{A}_\eta\subseteq\mathcal{V}_\epsilon(\mathscr{A}),\ \ 0<\eta\leqslant\eta(\epsilon).$$

因此

$$d(\mathscr{A}_\eta,\mathscr{A})\leqslant\epsilon,\ \ 0<\eta\leqslant\eta(\epsilon).\tag{1.4.4}$$

现在证明 (1.4.3) 式成立. 令 $\mathcal{U}''=\mathcal{U}\cap\mathcal{U}'$. 由于 $\mathcal{U}$ 是 $\mathscr{A}$ 的一个开邻域, $\mathcal{U}'$ 是 $\mathscr{A}\cup\mathscr{A}_\eta$ 的一个开邻域 ($\mathcal{U}'$ 与 η 无关, 见假设条件 (1.4.2)), 故 $\mathcal{U}''$ 是 $\mathscr{A}$ 的一个开邻域. 因此, 存在充分小 $r_0>0$, 使得 $\mathcal{V}_{r_0}(\mathscr{A})\subset\mathcal{U}''$. 由于 $\mathscr{A}$ 吸引 $\mathcal{U}$(假设条件) 以及 $\mathcal{U}''\subset U$, 故当 $t\longrightarrow\infty$ 时,

$$d(S(t)\mathcal{U}'',\mathscr{A})\subseteq d(S(t)\mathcal{U},\mathscr{A})\longrightarrow 0.$$

因此, 对于 $0<\epsilon<r_0$, 存在 $\tau_0=\tau_0(\epsilon)$, 使得对任意 $t\geqslant\tau_0$, 成立

$$S(t)\mathcal{U}''\subset\mathcal{V}_{\frac{\epsilon}{2}}(\mathscr{A}).\tag{1.4.5}$$

令 $I=[\tau_0,2\tau_0]$, 应用假设条件 (1.4.1), 存在 $\eta_0=\eta_0(\epsilon)$, 使得对任意的 $t\in[\tau_0,2\tau_0]$, $0<\eta\leqslant\eta_0(\epsilon)$, $u_0\in\mathcal{U}''\cap H_\eta$, 成立

$$d(S_\eta(t)u_0,S(t)u_0)\leqslant\frac{\epsilon}{2}.\tag{1.4.6}$$

利用 (1.4.5), (1.4.6), 对任意的 $t\in[\tau_0,2\tau_0]$, $0<\eta\leqslant\eta_0(\epsilon)$ 以及 $u_0\in\mathcal{U}''\cap H_\eta=\mathcal{U}\cap\mathcal{U}'\cap H_\eta$, 成立

$$d(S_\eta(t)u_0,\mathscr{A})\leqslant d(S_\eta(t)u_0,S(t)u_0)+d(S(t)u_0,\mathscr{A})\leqslant\frac{\epsilon}{2}+\frac{\epsilon}{2}=\epsilon.$$

进而

$$d(S_\eta(t)(\mathcal{U}\cap\mathcal{U}'\cap H_\eta),\mathscr{A})=\sup_{u_0\in\mathcal{U}\cap\mathcal{U}'\cap H_\eta} d(S_\eta(t)u_0,\mathscr{A})\leqslant\epsilon.$$

说明 (1.4.3) 式对于 $t\in[\tau_0,2\tau_0]$, $0<\eta\leqslant\eta_0(\epsilon)$ 成立.

为了证明 (1.4.3) 式对于 $[2\tau_0,+\infty]$ 也成立 (其中 $0<\eta\leqslant\eta_0(\epsilon)$). 我们用归纳法验证. 假设 (1.4.3) 式对于 $[\tau_0,n\tau_0]$ 成立. 则对于 $t\in[n\tau_0,(n+1)\tau_0]$, 记 $t=(n-1)\tau_0+\tau$, $\tau\in[\tau_0,2\tau_0]$. 由于 $S_\eta(t)u_0=S_\eta(\tau)S_\eta((n-1)\tau_0)u_0$, 其中 $u_0\in\mathcal{U}\cap\mathcal{U}'\cap H_\eta, 0<\eta\leqslant\eta_0(\epsilon)$. 利用归纳假设知: $S_\eta((n-1)\tau_0)u_0\in\mathcal{V}_\epsilon(\mathscr{A})\subset\mathcal{V}_{r_0}(\mathscr{A})\subset\mathcal{U}''$. 又因为 $S_\eta:H_\eta\longrightarrow H_\eta$, 所以, $S_\eta((n-1)\tau_0)u_0\in\mathcal{U}''\cap H_\eta$. 利用在 $[\tau_0,2\tau_0]$ 上 (1.4.3) 式成立, 得 $S_\eta(t)u_0\in\mathcal{V}_\epsilon(\mathscr{A})$. 这样就完成了 (1.4.3) 式的证明. 从而 (1.4.4) 式成立, 自然可得 $\lim\limits_{\eta\longrightarrow 0} d(\mathscr{A}_\eta,\mathscr{A})=0$. □

1.5　二维 Navier-Stokes 方程

本节研究流体动力学中的 Navier-Stokes 方程的吸引子, 限制在二维有界区域上, 三维情形极为复杂, 放在后面的章节中考虑. 在进入数学环节前, 我们先解释吸引子的物理重要性. 考虑在定常外力场 f 驱动下的黏性流体, 基于流体动力学的实验证据, 对于给定的黏性系数和几何结构, 驱动外力 f 比较“弱小”, 当 $t\longrightarrow\infty$ 时, 人们猜测流体 (方程的解) 收敛到相应定常问题的解. 但是, 如果外力 f(在某种适当意义下) 非常强的话, 流体速度场将一直与时间相关, 处于湍流状态. 如果 u_0 是速度场的初始值, 则 u_0 的 ω-极限集 $\omega(u_0)$, 在数学上是描述长时间渐近行为的目标, 即由于最大吸引子 $\mathscr{A}$ 是包含了所有初始值的 ω-极限集, 它是有可能描述了所有可观测到的流体速度场长时间行为的性质. 基于这个原因, C. Foias 和 R. Temam 将 $\mathscr{A}$ 称为 Navier-Stokes 方程的全局吸引子 (universal attractor).

1.5.1　方程和数学框架

设 Ω 是 $\mathbb{R}^2$ 中开的有界区域, 其边界记为 Γ. 考虑不可压缩黏性流体 Navier-Stokes 方程:

$$\rho_0(\partial_t u+(u\cdot\nabla)u)-\nu\Delta u+\nabla p=f, \tag{1.5.1}$$

$$\operatorname{div} u=0, \tag{1.5.2}$$

其中 $u=(u_1,u_2)(x,t)$, $p=p(x,t)$ 分别表示在 t 时刻, x 处流体的速度场和压强; $\nu>0$ 是运动黏度, f 表示对流体施加的体积力; $\rho_0>0$ 是常数, 表示流体的密度, 通常取为 $\rho_0=1$. (1.5.1) 是动量守恒得出的方程, 称为动量守恒方程; 而 (1.5.2) 是由质量守恒导出的方程, 称为质量守恒方程 (不可压缩条件). 对于 $\rho_0=1$, 方程

(1.5.1) 可以看作是 Navier-Stokes 方程的无量纲形式, 其中 u, p, f 均为无量纲化的量, ν 可以用 Re 代替, 这里 $Re = \dfrac{UL}{\nu}$ 是 Reynolds 数, U, L 是用作无量纲化的速度和长度.

方程 (1.5.1), (1.5.2) 的边界条件, 通常如下两种.

$$\text{无滑边界条件: } u|_{\Gamma} = 0; \tag{1.5.3}$$

空间周期情形: u, p 以及 u 的一阶空间变量导数是 Ω-周期的, 这里

$$\Omega = (0, L_1) \times (0, L_2). \tag{1.5.4}$$

在周期情形下, 进一步假设平均流消失, 即

$$\int_{\Omega} u dx = 0. \tag{1.5.5}$$

考虑初边值问题时, 还需要给出如下初始条件:

$$u(x, 0) = u_0(x), \quad x \in \Omega.$$

对于研究方程 (1.5.1), (1.5.2) 的数学框架, 考虑 Hilbert 空间 H, 其为 $L^2(\Omega)$ 中的一个闭子空间. 在无滑情形下,

$$H = \{u \in L^2(\Omega);\ \operatorname{div} u = 0, u \cdot \nu|_{\Gamma} = 0\};$$

在周期情形下,

$$H = \{u \in \dot{L}^2(\Omega);\ \operatorname{div} u = 0,\ u_i|_{x_i=0} = -u_i|_{x_i=L_i},\ i = 1, 2\},$$

其中 $\dot{L}^2(\Omega)$ 表示 $L^2(\Omega)$ 中的元素满足 (1.5.5).

另一个有用的空间 V, 其为 $H^1(\Omega)$ 中的一个闭子空间. 在无滑条件下,

$$V = \{u \in H_0^1(\Omega);\ \operatorname{div} u = 0\};$$

在周期情形下,

$$V = \{u \in \dot{H}_{\text{per}}^1(\Omega);\ \operatorname{div} u = 0\},$$

其中

$$\dot{H}_{\text{per}}^1(\Omega) = \left\{ u \in H^1(\Omega);\ \int_{\Omega} u dx = 0,\ u_i|_{x_i=0} = -u|_{x_i=L_i},\ i = 1, 2 \right\}.$$

在上述两种情形下, V 被赋予数量内积

$$((u,v)) = \sum_{i,j=1}^{2} (\partial_j u_i, \partial_j v_i),$$

其范数为

$$||u|| = ((u,u))^{\frac{1}{2}} = |\nabla u|,$$

在 H 中的无界线性算子 A, 定义如下:

$$(Au, v) = ((u,v)), \quad \forall u, v \in V.$$

用 $D(A)$ 表示算子 A 在 H 中的区域. A 是自伴的正算子且 $A: D(A) \longrightarrow H(= H')$ 是同构的. 利用线性椭圆方程组的正则性理论可知: 在无滑条件下, $D(A) = H^2 \cap V$; 在周期情形下, $D(A) = H^2_{\text{per}} \cap V$; 进一步, $|Au|, u \in D(A)$ 是 $D(A)$ 上的范数, 等价于 $H^2(\Omega)$ 范数.

令 V' 为 V 的对偶, 则下述连续且稠密的包含关系成立:

$$D(A) \subset V \subset H \subset V'.$$

在空间周期情形下, $Au = -\Delta u, \forall u \in D(A)$; 而在无滑条件下, $Au = -\underline{P}\Delta u, \ \forall u \in D(A)$, 其中 $P: L^2(\Omega) \longrightarrow H$ 是正交投影算子. $Au = f$, $u \in D(A)$, $f \in H$ 等价于存在 $p \in H^1(\Omega)$, 使得

$$\begin{cases} -\Delta u + \nabla p = f, & x \in \Omega, \\ \operatorname{div} u = 0, & x \in \Omega, \\ u = 0, & x \in \partial\Omega. \end{cases}$$

算子 $A^{-1}: H \longrightarrow D(A)$ 是连续的. 由于 $H^1(\Omega) \subset L^2(\Omega)$ 是紧嵌入, 故 $V \hookrightarrow H$ 也是紧嵌入. 因此, $A^{-1}: H \longrightarrow H$ 是自伴的连续紧算子, 利用经典的谱定理知, 存在一串数列 $\{\lambda_j\}: 0 < \lambda_1 \leqslant \lambda_2 \leqslant \cdots$, 且当 $j \longrightarrow \infty$ 时, 有 $\lambda_j \longrightarrow \infty$. 还存在一串元素 $\{w_j\} \subset D(A)$, 其在 H 中是正交的且

$$Aw_j = \lambda_j w_j, \quad j = 1, 2, \cdots.$$

Navier-Stokes 方程 (1.5.1), (1.5.2) 的弱形式如下:

$$\frac{d}{dt}(u,v) + \nu((u,v)) + b(u,u,v) = (f,v), \quad \forall v \in V, \tag{1.5.6}$$

其中

$$b(u,v,w)=\int_\Omega (u\cdot\nabla)v\cdot w dx.$$

关于三元线性形式 b, 下述不等式成立:

$$|b(u,v,w)|\leqslant c_1\begin{cases}|u|^{\frac{1}{2}}\|u\|^{\frac{1}{2}}\|v\|^{\frac{1}{2}}|Av|^{\frac{1}{2}}|w|, & \forall u\in V,\ v\in D(A),\ w\in H,\\ |u|^{\frac{1}{2}}|Au|^{\frac{1}{2}}\|v\||w|, & \forall u\in D(A),\ v\in V,\ w\in H,\\ |u|\|v\||w|^{\frac{1}{2}}|Aw|^{\frac{1}{2}}, & \forall u\in H,\ v\in V,\ w\in D(A),\\ |u|^{\frac{1}{2}}\|u\|^{\frac{1}{2}}\|v\||w|^{\frac{1}{2}}\|w\|^{\frac{1}{2}}, & \forall u,\ v,\ w\in V,\end{cases}$$

其中 $c_1>0$ 是一适当常数.

定义双线性算子 $B:V\times V\longrightarrow V'$ 如下:

$$(B(u,v),w)=b(u,v,w),\quad \forall u,v,w\in V.$$

特别地, 记

$$B(u)=B(u,u),\quad \forall u\in V'.$$

容易验证: (1.5.6) 等价于如下方程

$$\frac{du}{dt}+\nu Au+B(u)=f. \tag{1.5.7}$$

在 (1.5.7) 中的 u 在 $t=0$ 时的值记为 u_0, 即

$$u(0)=u_0. \tag{1.5.8}$$

假定 f 与时间 t 无关, 即 $f(t)=f\in H$, $\forall t\geqslant 0$. 此时, 称系统 (1.5.8) 是自治的. 问题 (1.5.7), (1.5.8) 的解存在唯一性是已知的. 下面的方程收集了一些经典的结果.

定理 1.5.1 设 $f,u_0\in H$, 问题 (1.5.7), (1.5.8) 存在唯一的解 $u\in C([0,\infty);H)\cap L^2(0,\infty;V)$. 进一步, 对于 $t>0$, u 关于 t 是解析的 (取值于 $D(A)$), 且映射: $H\longrightarrow D(A);u_0\longmapsto u(t)$, $t>0$ 是连续的. 最后, 若 $u_0\in V$, 则 $u\in C([0,\infty);V)\cap L^2(0,\infty;D(A))$.

定理 1.5.1 的证明可以参见 R. Temam[16]. 利用定理 1.5.1, 可以定义算子 $S(t)$, $t\geqslant 0$ 如下:

$$S(t):u\longmapsto u(t).$$

这些算子满足半群性质 (1.1.1), 且对于 $t\geqslant 0$, $S(t):H\longrightarrow H$ 是连续的; 进一步, 对于任意 $t>0$, $S(t)\colon H\longrightarrow D(A)$ 是连续的.

1.5.2 吸收集和吸引子

由方程 (1.5.7), 结合 $u \in V$, 可得 $(B(u), u) = b(u, u, u) = 0$, 以及如下微分等式成立:

$$\frac{1}{2}\frac{d}{dt}|u|^2 + \nu||u||^2 = (f, u), \tag{1.5.9}$$

由于

$$|(f, u)| \leqslant |f||u| \leqslant \lambda_1^{-\frac{1}{2}}|f|||u|| \leqslant \frac{\nu}{2}||u||^2 + \frac{1}{2\nu\lambda_1}|f|^2, \tag{1.5.10}$$

其中 λ_1 为算子 A 的第一个特征值.

将 (1.5.10) 代入 (1.5.9) 中, 成立

$$\frac{d}{dt}|u|^2 + \nu||u||^2 \leqslant \frac{1}{\nu\lambda_1}|f|^2. \tag{1.5.11}$$

再由 $||u||^2 \geqslant \lambda_1|u|^2$, $u \in V$, 可知

$$\frac{d}{dt}|u|^2 + \lambda_1\nu|u|^2 \leqslant \frac{1}{\nu\lambda_1}|f|^2.$$

应用 Gronwall 不等式, 可得

$$|u(t)|^2 \leqslant |u_0|^2 e^{-\nu\lambda_1 t} + \frac{1}{\nu^2\lambda_1^2}|f|^2(1 - e^{-\nu\lambda_1 t}). \tag{1.5.12}$$

记 $\rho_0 = \dfrac{1}{\nu\lambda_1}|f|$, 可知

$$\varlimsup_{t \longrightarrow +\infty} |u(t)| \leqslant \rho_0. \tag{1.5.13}$$

设 $\rho \geqslant \rho_0$. 则 $B_H(0, \rho)$ 关于半群 $S(t)$ 是正的、不变的, 即

$$S(t)B_H(0, \rho) \subseteq B_H(0, \rho), \quad \forall t \geqslant 0. \tag{1.5.14}$$

事实上, 对于 $u_0 \in B_H(0, \rho)$, 记 $u(t) = S(t)u_0$, $t \geqslant 0$. 则由 (1.5.12) 式, 可得

$$|u(t)|^2 \leqslant \rho^2 e^{-\nu\lambda_1 t} + \rho_0^2(1 - e^{-\nu\lambda_1 t}) = (\rho^2 - \rho_0^2)e^{-\nu\lambda_1 t} + \rho_0^2 < \rho^2 - \rho_0^2 + \rho_0^2 = \rho^2, \ \forall t \geqslant 0,$$

即

$$|S(t)u_0| = |u(t)| < \rho, \quad \forall t \geqslant 0.$$

说明 (1.5.14) 式成立.

记 $\mathcal{B}_0 = B_H(0, \rho_0')$, 其中 $\rho_0' > \rho_0$. 则 $\mathcal{B}_0$ 是 H 中的吸收集. 事实上, 设 $\mathcal{B}$ 是 H 中任一有界集, 取 $R > 0$, 使得 $\mathcal{B} \subset B_H(0, R)$, 利用 (1.5.12) 式, 对任意 $u_0 \in \mathcal{B}$, 成立

$$|u(t)|^2 \leqslant R^2 e^{-\nu\lambda_1 t} + \rho_0^2(1 - e^{-\nu\lambda_1 t}) < R^2 e^{-\nu\lambda_1 t} + \rho_0^2, \quad \forall t \geqslant 0.$$

令 $R^2 e^{-\nu\lambda_1 t_0} + \rho_0^2 = \rho_0'^2$, 即有

$$t_0 = \frac{1}{\nu\lambda_1} \log \frac{R^2}{\rho'^2 - \rho_0^2}.$$

从而, 对任意 $t \geqslant t_0$ 及任意 $u_0 \in \mathcal{B}$, 成立

$$|S(t)u_0| = |u(t)| < \rho_0'. \tag{1.5.15}$$

说明

$$S(t)\mathcal{B} \subset \mathcal{B}_0, \quad \forall t \geqslant t_0.$$

至此, 我们验证了: 对任意 $\rho' > \rho_0$, $\mathcal{B}_0 = B_H(0, \rho')$ 是 H 中的吸收集.

下面证明: V 中存在吸收集.

继续沿用上面的记号, 在 (1.5.11) 式两边关于 t 积分, 可得

$$\nu \int_t^{t+r} ||u(s)||^2 ds \leqslant \frac{r}{\nu\lambda_1}|f|^2 + |u(t)|^2, \quad \forall r > 0. \tag{1.5.16}$$

结合 (1.5.13) 式, 可知

$$\overline{\lim_{t\longrightarrow\infty}} \int_t^{t+r} ||u(s)||^2 ds \leqslant \frac{r}{\nu^2\lambda_1}|f|^2 + \frac{1}{\nu}\rho_0^2 = \frac{r}{\nu^2\lambda_1}|f|^2 + \frac{1}{\nu^3\lambda_1^2}|f|^2.$$

对任意的 $u_0 \in \mathcal{B} \subset B_H(0, R)$ 及 $t \geqslant t_0$, 由 (1.5.15), (1.5.16), 可得

$$\int_t^{t+r} ||u(s)||^2 ds \leqslant \frac{r}{\nu^2\lambda_1}|f|^2 + \frac{1}{\nu}\rho_0'^2. \tag{1.5.17}$$

由于

$$(Au, u') = ((u, u')) = \frac{1}{2}\frac{d}{dt}||u||^2,$$

由方程 (1.5.8), 可得

$$\frac{1}{2}\frac{d}{dt}||u||^2 + \nu|Au|^2 + (B(u), Au) = (f, Au). \tag{1.5.18}$$

利用前面关于 $b(u,v,w)$ 中的第二个估计式, 可知

$$|(B(u),Au)| = |b(u,u,Au)| \leqslant c_1|u|^{\frac{1}{2}}||u|||Au|^{\frac{3}{2}} \leqslant \frac{\nu}{4}|Au|^2 + \frac{c_1'}{\nu^3}|u|^2||u||^4.$$

此外

$$(f,Au) \leqslant |f||Au| \leqslant \frac{\nu}{4} + \frac{1}{\nu}|f|^2.$$

结合 (1.5.18) 式, 成立

$$\frac{d}{dt}||u||^2 + \nu|Au|^2 \leqslant \frac{2}{\nu}|f|^2 + \frac{2c_1'}{\nu^3}|u|^2||u||^4. \tag{1.5.19}$$

注意到

$$||\varphi|| \leqslant \lambda_1^{-\frac{1}{2}}|A\varphi|, \quad \forall \varphi \in D(A).$$

由 (1.5.19), 成立

$$\frac{d}{dt}||u||^2 + \nu\lambda_1||u||^2 \leqslant \frac{2}{\nu}|f|^2 + \frac{2c_1'}{\nu^3}|u|^2||u||^4. \tag{1.5.20}$$

令

$$y(t) = ||u(t)||^2, \;\; g(t) = \frac{2c_1'}{\nu^3}|u(t)|^2||u(t)||^2, \;\; h(t) = \frac{2}{\nu}|f|^2.$$

则 (1.5.20) 式可改写为

$$y'(t) \leqslant g(t)y(t) + h(t). \tag{1.5.21}$$

记

$$a_1 = \frac{2G'}{\nu^3}\rho_0' a_3, \;\; a_2 = \frac{2r}{\nu}|f|^2, \;\; a_3 = \frac{r}{\nu^2\lambda_1}|f|^2 + \frac{1}{\nu}\rho_0'^2.$$

设 $u_0 \in \mathcal{B} \subset B_H(0,R)$, $R = R(\mathcal{B}) > 0$, 则对任意的 $t \geqslant t_0 = t_0(\mathcal{B},\rho_0')$, $\rho' > \rho_0$, 以及任意的 $r > 0$, 利用 (1.5.15), (1.5.17), 成立

$$\begin{aligned}
\int_t^{t+r} g(s)ds &= \frac{2c_1'}{\nu^3}\int_t^{t+r} |u(s)|^2||u(s)||^2 ds \\
&\leqslant \frac{2c_1'}{\nu^3}\rho_0'^2 \int_t^{t+r} ||u(s)||^2 ds \\
&\leqslant \frac{2c_1'}{\nu^3}\rho_0' \left(\frac{r}{\nu^2\lambda_1}|f|^2 + \frac{1}{\nu}\rho_0'^2\right) \\
&= \frac{2c_1'}{\nu^3}\rho_0' a_3 = a_1;
\end{aligned}$$

$$\int_t^{t+r} h(s)ds = \frac{2}{\nu}|f|^2 r = a_2;$$

$$\int_t^{t+r} y(s)ds = \int_t^{t+r} ||u(s)||^2 ds \leqslant \frac{r}{\nu^2\lambda_1}|f|^2 + \frac{1}{\nu}\rho_0'^2 = a_3.$$

对 (1.5.21) 应用一致 Gronwall 不等式 (见附录 D 中定理 D.1), 可得

$$||u(t)||^2 \leqslant \left(\frac{a_3}{r} + a_2\right) e^{a_1} \triangleq \rho_1^2, \quad \forall t \geqslant t_0 + r.$$

说明: 对任意的 $u_0 \in \mathcal{B} \subset B_H(0, R)$, $R = R(\mathcal{B}) > 0$. 成立

$$||S(t)u_0|| \leqslant \rho_1, \quad \forall t \geqslant t_0 + r.$$

记 $\mathcal{B}_1 = B_V(0, \rho_1)$. 则对上述 H 中的任意有界集 $\mathcal{B}$, 成立

$$S(t)\mathcal{B} \subseteq \mathcal{B}_1, \quad \forall t \geqslant t_0 + r.$$

固定 $r > 0$, 则 $\mathcal{B}_1 = B_V(0, \rho_1)$ 是 V 中吸收集, 吸收 H 中的有界集, 由于 $V \hookrightarrow H$ 是紧的嵌入, 故 $\mathcal{B}_1$ 是 H 中的相对紧集. 从而对于取定的 $t_1 \geqslant t_0 + r$, $S(t_1)\mathcal{B} \subseteq \mathcal{B}_1$ 也是 H 中的相对紧集, 说明算子 $S(t)$ 是一致紧的.

至此, 我们验证了定理 1.3.4 中的所有假设条件成立 (其中 $\mathcal{U} = H$). 由定理 1.3.4 知, 问题 (1.5.1), (1.5.2) 存在最大吸引子. 具体内容如下:

定理 1.5.2 二维 Navier-Stokes 方程 (1.5.1), (1.5.2), 赋予边值条件 (1.5.3) 或 (1.5.4) 后, 拥有一个吸引子 $\mathscr{A}$, $\mathscr{A}$ 是紧的、连通的且是最大的吸引子 (在 H 中). $\mathscr{A}$ 吸收 H 中的有界集, 在 H 中的有界泛函不变集中, $\mathscr{A}$ 也是最大的.

注 (1) 外力 f 的强度可以用以下无量纲数 G 来测量:

$$G = \frac{|f|}{\nu^2\lambda_1}, \quad \text{这里的 } G \text{ 称为广义 Grashof 数.}$$

有时也称无量纲数

$$Re = \frac{|f|^{\frac{1}{2}}}{\nu\lambda_1^{\frac{1}{2}}} \tag{1.5.22}$$

为 Reynolds 数, 这个术语没有被完全验证, 因为在湍流中还没有典型的速度起到 $Re = \dfrac{UL}{\nu}$ 中的 U 的角色. 这里 U, L 分别是用作无量纲化的典型速度和长度. 在 (1.5.22) 中, 如果 $|f|^{\frac{1}{2}}$, 而不是 $\lambda_1^{-\frac{1}{2}}$ 起到典型长度的角色, 自然可以用其他典型的长度代替 $\lambda_1^{-\frac{1}{2}}$, 比如 Ω 的直径 $\operatorname{diam}\Omega$, 或 $|\Omega|^{\frac{1}{2}}$, 其中 $|\Omega|$ 表示 Ω 的测度 (即在二维情形下, Ω 的面积).

(2) 用同样的方式, 可以处理带有其他经典边值条件的 Navier-Stokes 方程 (1.5.1), (1.5.2).

$$(u\cdot\nu)|_\Gamma=0,\quad (\operatorname{curl}u\times\nu)|_\Gamma=0. \tag{1.5.23}$$

(1.5.23) 中第一个边值条件是非穿透性边值条件, 而第二个边值条件即为下述形式:

$$(\sigma\cdot\nu)_\tau|_\Gamma=0,$$

其中 $\sigma=\sigma(u)$ 是引力张量, 其元素为

$$\sigma_{ij}(u)=2\nu\varepsilon_{ij}(u)-p\delta_{ij},\quad \varepsilon_{ij}(u)=\frac{1}{2}(\partial_j u_i+\partial_i u_j),$$

$(\sigma\cdot\nu)_\tau$ 表示 $(\sigma\cdot\nu)_\Gamma$ 的切向部分.

在边界条件 (1.5.23) 下, 选取的函数空间如下:

$$\widetilde{H}=\{u\in L^2(\Omega);\ \operatorname{div}u=0,\ (u\cdot\nu)|_\Gamma=0\},$$

$$\widetilde{V}=\{u\in H^1(\Omega);\ \operatorname{div}u=0,\ (u\cdot\nu)|_\Gamma=0\},$$

$$\widetilde{D}(A)=\{u\in H^2(\Omega);\ \operatorname{div}u=0,\ (u\cdot\nu)|_\Gamma=0,\ (\operatorname{curl}u\times\nu)|_\Gamma=0\}.$$

用相同的方式, 可以证明同样的结果 (即定理 1.5.1、定理 1.5.2). 在证明的过程中, 区别之一是 Poincaré 不等式的应用. 不能使用经典的 Poincaré 不等式: $|u|\leqslant\lambda_1^{-\frac{1}{2}}||u||$, 而是用到如下形式的不等式:

$$|u|\leqslant c\left(||u||+\int_\Gamma|u\cdot\nu|ds\right).$$

因此, 对于任意的 $u\in\widetilde{V}$, 有 $\int_\Gamma|u\cdot\nu|ds=0$, 从而成立

$$|u|\leqslant c||u||,\quad \forall u\in\widetilde{V}.$$

此外, $||\varphi||\leqslant\lambda_1^{-\frac{1}{2}}||A\varphi||,\ \forall\varphi\in D(A)$, 需要改写为

$$||\varphi||\leqslant\lambda_1'^{-\frac{1}{2}}||A\varphi||,\quad \forall\varphi\in\widetilde{D}(A),$$

这里 λ_1' 是 A 的第一个特征值.

1.6 二维 Navier-Stokes 方程: 无界区域

在前面研究吸引子时, 都假定区域 Ω 是有界的, 这样就可以获得两个函数空间 V, H 之间的嵌入 $V \hookrightarrow H$ 是紧的, 这在前面半群 $S(t)$ 满足一致紧性或渐近紧性是需要的. 当 Ω 无界时, 嵌入 : $V \hookrightarrow H$ 就不再是紧的, 即紧性缺失, 这在验证吸引子存在性定理 (定理 1.5.1) 的假设条件时会带来很大困难. 克服这类困难的一种方法是在加权的 Sobolev 空间中考虑问题, 即

$$L^2_\alpha(\mathbb{R}^n) = \left\{ u : \mathbb{R}^n \longrightarrow \mathbb{R}^1;\ \int_{\mathbb{R}^n} (1+|x|^2)^\alpha |u(x)|^2 dx < \infty \right\},$$

$$H^1_{\alpha,\beta} = \left\{ u \in L^2_\alpha(\mathbb{R}^n);\ \partial_i u \in L^2_\beta(\mathbb{R}^n),\ i = 1, 2, \cdots, n \right\},$$

其中 α, β 取适当的值, 可以保证嵌入映射: $H^1_{\alpha,\beta} \hookrightarrow L^2_\alpha(\mathbb{R}^n)$ 是紧的. 这类方法的缺点是偏微分方程理论在加权 Sobolev 空间里相较通常 Sobolev 空间更加复杂. 进一步, 依赖于这些证明技巧、初始数据以及外力场函数等一般也要求属于加权 Sobolev 空间里, 建立起的吸引子应该也包含在这样的加权空间里.

在无界区域情形下, 人们在通常 (非加权) Sobolev 空间里发展了其他一些方法, 用来得到吸引子. 其中一种方法就是将半群 $S(t)$ 进行适当分解: $S(t) = S_1(t) + S_2(t)$, 来研究半群 $S(t)$ 的一致紧性. 另一种方法也是我们本节中要展示的, 是基于能量方程的利用和各种强、弱收敛方法, 建立半群 $S(t)$ 的渐近紧性.

1.6.1 预备知识

设 $\Omega \subset \mathbb{R}^2$ 是带有边界 Γ 的一个区域, Navier-Stokes 方程描述了密度为常数的黏性不可压缩流体的运动规律, 我们用 $u(x,t) \in \mathbb{R}^2$, $p(x,t) \in \mathbb{R}^1$ 分别表示流体在 $x \in \Omega$ 处和时刻 $t \geqslant 0$ 的速度场与压强, 具体表示为如下初边值问题:

$$\begin{cases} \partial_t u - \nu \Delta u + (u \cdot \nabla) u + \nabla p = f, & (x,t) \in \Omega \times (0,\infty), \\ \nabla \cdot u = 0, & (x,t) \in \Omega \times (0,\infty), \\ u = 0, & (x,t) \in \partial\Omega \times (0,\infty), \\ u(\cdot, 0) = u_0, & x \in \Omega, \end{cases} \tag{1.6.1}$$

其中 $\nu > 0$ 是流体的运动黏度, $f = f(x) \in \mathbb{R}^2$ 是外力场 (假定与时间无关). 区域 Ω 可以是 $\mathbb{R}^2$ 中一个任意有界或无界区域, 边界 Γ 不要求任何正则性. 唯一假设 Poincaré 不等式成立, 即存在 $\lambda_1 > 0$, 使得

$$\int_\Omega \phi^2 dx \leqslant \frac{1}{\lambda_1} \int_\Omega |\nabla \phi|^2 dx, \quad \forall \phi \in H^1_0(\Omega). \tag{1.6.2}$$

问题 (1.6.1) 的数学框架本质上是和有界区域情形相同, 分别对 $(L^2(\Omega))^2$, $(H_0^1(\Omega))^2$ (分别简写为 $L^2(\Omega)$, $H_0^1(\Omega)$) 赋予内积

$$(u,v)=\int_\Omega u\cdot v dx,\quad \forall u,v\in L^2(\Omega);$$

$$((u,v))=\int_\Omega\sum_{j=1}^2\nabla u_j\cdot\nabla u_j dx,\quad \forall u,v\in H_0^1(\Omega),$$

以及相应范数: $|\cdot|=(\cdot,\cdot)^{\frac12}$, $||\cdot||=((\cdot))^{\frac12}$.

由于假设条件 (1.6.2), 范数 $||\cdot||$ 等价于 $H_0^1(\Omega)$ 上的常用范数. 记

$$C_{0,\sigma}^\infty(\Omega)=\{v\in C_0^\infty(\Omega);\ \nabla\cdot v(x)=0,\ \ x\in\Omega\},$$

$$V=C_{0,\sigma}^\infty(\Omega)\ \text{在}\ H_0^1(\Omega)\ \text{中的闭包},$$

$$H=C_{0,\sigma}^\infty(\Omega)\ \text{在}\ L^2(\Omega)\ \text{中的闭包}.$$

并且分别赋予 V,H 相应的 $L^2(\Omega)$, $H_0^1(\Omega)$ 上的内积和范数. 由 (1.6.2), 可得

$$|u|^2\leqslant\frac{1}{\lambda_1}||u||^2,\quad \forall u\in V.\tag{1.6.3}$$

考虑 (1.6.1) 的弱形式 (即弱解 u 的定义): 寻找

$$u\in L^\infty(0,T;H)\cap L^2(0,T;V),\quad \forall T>0,\tag{1.6.4}$$

使得

$$\frac{d}{dt}(u,v)+v((u,v))+b(u,u,v)=\langle f,v\rangle,\quad \forall v\in V,\ \forall t>0\tag{1.6.5}$$

和

$$u(x,0)=u_0,\tag{1.6.6}$$

其中 $b:V\times V\times V\longrightarrow\mathbb{R}^1$ 定义如下:

$$b(u,v,w)=\sum_{i,j=1}^2\int_\Omega u\partial_i v_j w_j dx;\tag{1.6.7}$$

$H=H'$(同构意义下), 以及 $\langle\cdot,\cdot\rangle$ 表示 V' 和 V 的对偶积; 为简单起见, 假定 $f\in V'$. (1.6.5) 的弱形式等价于如下泛函方程 (在 V' 中):

$$u'+\nu Au+B(u)=f,\quad t>0,\tag{1.6.8}$$

其中 $u' = \dfrac{du}{dt}, A: V \longrightarrow V'$ 是 Stokes 算子, 定义如下:

$$\langle Au, v\rangle = ((u, v)), \quad \forall u, v \in V; \tag{1.6.9}$$

$B(u) = B(u, u)$ 是双线性算子 $B: V \times V \longrightarrow V'$, 定义如下:

$$\langle B(u, v), w\rangle = b(u, v, w), \quad \forall u, v, w \in V.$$

利用 Lax-Milgram 定理知, Stokes 算子 $A: V \longrightarrow V'$ 是同构的, 并且 $||Au||_{V'} \leqslant ||u||, \forall u \in V$. 算子 $B: V \times V \longrightarrow V'$ 有下述估计:

$$||B(u)||_{V'} \leqslant \sqrt{2}|u|\,||u||, \quad \forall u \in V. \tag{1.6.10}$$

事实上,

$$\begin{aligned} |\langle B(u), v\rangle| &= |b(u, u, v)| \leqslant ||u||_{L^4}^2 ||v|| \\ &\leqslant (2^{\frac{1}{4}}|u|^{\frac{1}{2}}||u||^{\frac{1}{2}})^2 ||v|| \\ &= 2^{\frac{1}{2}}|u|\,||u||\,||v||, \quad \forall u, v \in V, \end{aligned}$$

即有

$$||B(u)||_{V'} \leqslant 2^{\frac{1}{2}}|u|||u||, \quad \forall u \in V.$$

下述结论是经典的, 其证明可参见 R. Temam[16].

定理 1.6.1 设 $f \in V', u_0 \in H$, 则存在唯一的 $u \in L^\infty(\mathbb{R}_+; H) \cap L^2(0, T; V)$, $\forall T > 0$, 使得 (1.6.5) (因此 (1.6.8)) 和 (1.6.6) 成立. 并且 $u' \in L^2(0, T; V')$, $\forall T > 0$, 以及 $u \in C([0, \infty); H)$.

设 $u = u(t)$ 是定理 1.6.1 中给出的 (1.6.5) 的解. 由于 $u \in L^2(0, T; V)$, $u' \in L^2(0, T; V')$, 可得

$$\frac{1}{2}\frac{d}{dt}|u|^2 = \langle u', u\rangle. \tag{1.6.11}$$

结合 (1.6.8), (1.6.11), 成立

$$\frac{1}{2}\frac{d}{dt}|u|^2 = \langle f - \nu Au - B(u), u\rangle = \langle f, u\rangle - \nu||u||^2 - b(u, u, u).$$

利用已知的正交性质:

$$b(u, u, v) = 0, \quad \forall u, v \in V, \tag{1.6.12}$$

可得

$$\frac{d}{dt}|u|^2 + 2\nu||u||^2 = 2\langle f, u\rangle, \ \ \forall t > 0 \tag{1.6.13}$$

在 $\mathbb{R}_+$ 的分布意义下, 由 (1.6.13) 知, $\forall t>0$, 成立

$$\frac{d}{dt}|u|^2+2\nu\|u\|^2\leqslant 2||f||_{V'}||u||\leqslant \nu||u||^2+\frac{1}{\nu}||f||_{V'}^2,$$

即 $\frac{d}{dt}|u|^2+\nu||u||^2\leqslant\frac{1}{\nu}||f||_{V'}^2$, $\forall t>0$. 再结合 (1.6.3), 可得

$$\frac{d}{dt}|u|^2+\nu\lambda_1|u|^2\leqslant\frac{1}{\nu}||f||_{V'}^2,\quad \forall t>0.$$

对上述微分不等式应用 Gronwall 不等式, 可知

$$|u(t)|^2\leqslant|u_0|^2e^{-\nu\lambda_1 t}+\frac{1}{\nu^2\lambda_1}||f||_{V'}^2,\quad \forall t\geqslant 0, \tag{1.6.14}$$

以及

$$\frac{1}{t}\int_0^t||u(s)||^2ds\leqslant\frac{1}{t\nu}|u_0|^2+\frac{1}{\nu^2}||f||_{V'}^2,\quad \forall t>0, \tag{1.6.15}$$

利用定理 1.6.1 知, 对于 $u(0)=u_0\in H$, 结合解 $u(t)$ 的唯一性, $u(t)\in C([0,\infty);H)$ 定义了 H 上的一个连续半群 $\{S(t)\}_{t\geqslant 0}: S(t)u_0=u(t)$. 记

$$\rho_0=\frac{1}{\nu}\sqrt{\frac{2}{\lambda_1}}||f||_{V'},\quad 以及\quad \mathcal{B}=\overline{B_H(0,\rho_0)}. \tag{1.6.16}$$

对 H 中任意有界集 A, 取 $R=R(A)>0$, 使得 $A\subset B_H(0,R)$. 设 $u_0\in A$, 利用 (1.6.14), 可得

$$|S(t)u_0|^2=|u(t)|^2\leqslant R^2e^{-\nu\lambda_1 t}+\frac{1}{\nu^2\lambda_1}||f||_{V'}^2=R^2e^{-\nu\lambda_1 t}+\frac{1}{2}\rho_0^2,\ \forall t\geqslant 0.$$

令 $t_0=\frac{1}{\nu\lambda_1}\log\frac{2R^2}{\rho_0^2}$. 则 $\forall t\geqslant t_0$, 有 $R^2e^{-\nu\lambda_1 t}\leqslant\frac{1}{2}\rho_0^2$. 从而

$$|S(t)u_0|\leqslant\rho_0,\quad \forall t\geqslant t_0.$$

说明

$$S(t)A\subseteq\mathcal{B},\quad \forall t\geqslant t_0,$$

即 $\mathcal{B}$ 是 H 中吸收集且吸收 H 中有界集.

在给出半群 $\{S(t)\}_{t\geqslant 0}$ 的弱连续性质前, 下面介绍一个紧性定理, 证明参见 R. Temam[17].

假设 X, Y 为两个 Banach 空间 (不一定是自反的), 且 $Y \hookrightarrow X$ 是连续的紧嵌入. 设 $p > 1$, $G \subset L^1(\mathbb{R}^1, Y) \cap L^p(\mathbb{R}^1; X)$ 是有界的, 且

$$\lim_{t \longrightarrow 0} \sup_{g \in G} \int_{\mathbb{R}^1} ||g(t+s) - g(s)||_X^p ds = 0,$$

这里 $g \in G$ 且关于 t 具有紧支集, 即 $\text{supp} g \subset (-L, L)$, $L > 0$.

则 G 是 $L^p(\mathbb{R}^1; X)$ 中的相对紧集.

引理 1.6.2 设 $\{u_{0n}\} \subset H, u_0 \in H$ 满足 $u_{0n} \rightharpoonup u_0$ (在 H 中弱收敛), 当 $n \longrightarrow \infty$ 时. 则

$$S(t)u_{0n} \rightharpoonup S(t)u_0 \ (\text{在 } H \text{ 中弱收敛}), \quad \forall t \geqslant 0; \tag{1.6.17}$$

$$S(t)u_{0n} \rightharpoonup S(t)u_0 \ (\text{在 } L^2(0,T;V) \text{ 中弱收敛}), \quad \forall T > 0. \tag{1.6.18}$$

证明 记 $u_n(t) = S(t)u_{0n}$, $u(t) = S(t)u_0$, $t \geqslant 0$. 利用假设条件: $u_{0n} \rightharpoonup u_0$ (在 H 中弱收敛), 可知 $\sup\limits_n |u_{0n}| \leqslant C(|u_0|)$. 再利用 (1.6.14), (1.6.15), 对任意 $0 < T < \infty$, 可得

$$\sup_{0 \leqslant t \leqslant T} |u_n(t)|^2 \leqslant |u_{0n}|^2 + \frac{1}{\nu^2 \lambda_1} ||f||_{V'}^2 \leqslant C(|u_0|)^2 + \frac{1}{\nu^2 \lambda_1} ||f||_{V'}^2;$$

$$\int_0^T ||u_n(s)||^2 ds \leqslant \frac{1}{\nu} C(|u_0|)^2 + \frac{T}{\nu^2} ||f||_{V'}^2.$$

说明

$$\{u_n\} \ \text{在} \ L^2(0,T;V) \cap L^\infty(0,T;H) \ \text{中有界}, \quad T > 0. \tag{1.6.19}$$

注意到 $A: V \longrightarrow V'$ 是有界线性算子, 且

$$\begin{aligned} ||A||_{\mathcal{L}(V,V')} &= \sup_{u \in V, u \neq 0} \frac{||Au||_{V'}}{||u||_V} \\ &= \sup_{u \in V, u \neq 0} \sup_{v \in V, v \neq 0} \frac{|\langle Au, v \rangle|}{||u||||v||} \\ &= \sup_{u,v \in V, u,v \neq 0} \frac{|((u,v))|}{||u||||v||} \\ &\leqslant \sup_{u,v \in V, u,v \neq 0} \frac{||u||||v||}{||u||||v||} = 1. \end{aligned}$$

利用 B 满足的估计式 (1.6.10): $||B(u)||_{V'} \leqslant 2^{\frac{1}{2}}|u|||u||,\ \forall u \in V$. 可知

$$||B(u_n)||_{V'} \leqslant 2^{\frac{1}{2}}|u_n|||u_n|| \leqslant 2^{\frac{1}{2}}\left(C(|u_0|)+\frac{1}{\nu\lambda_1^{\frac{1}{2}}}||f||_{V'}\right)||u_n||.$$

因此, $B(u_n)$ 在 $L^2(0,T;V')$ 中有界. 从而, $u_n' = f-\nu Au_n - B(u_n)$ 在 $L^2(0,T;V')$ 中有界, $T>0$.

记

$$||u_n'||_{L^2(0,T;V')} \leqslant C_T. \tag{1.6.20}$$

则对所有的 $v \in V$, $0 \leqslant t \leqslant t+a \leqslant T$, $T>0$, 成立

$$\begin{aligned}(u_n(t+a)-u_n(t),v) &= \int_t^{t+a}\langle u_n'(s),v\rangle ds\\ &\leqslant \int_t^{t+a}||u_n'(s)||_{V'}ds||v||\\ &\leqslant \left(\int_0^T ||u_n'(s)||_{V'}^2 ds\right)^{\frac{1}{2}}||v||a^{\frac{1}{2}}\\ &\leqslant C_T||v||a^{\frac{1}{2}}.\end{aligned} \tag{1.6.21}$$

注意到, 对几乎处处的 t, $v = u_n(t+a)-u_n(t) \in V$. 因此, 由 (1.6.21), 成立

$$|u_n(t+a)-u_n(t)|^2 \leqslant C_T a^{\frac{1}{2}}||u_n(t+a)-u_n(t)||.$$

从而

$$\begin{aligned}&\int_0^{T-a}|u_n(t+a)-u_n(t)|^2dt\\ &\leqslant C_T a^{\frac{1}{2}}\int_0^{T-a}||u_n(t+a)-u_n(t)||dt\\ &\leqslant C_T a^{\frac{1}{2}}\left(\int_0^{T-a}||u_n(t+a)-u_n(t)||^2dt\right)^{\frac{1}{2}}T^{\frac{1}{2}}.\end{aligned} \tag{1.6.22}$$

利用 (1.6.19) 式, 可知存在 $\widetilde{C}_T$ (与 n 无关), 由 (1.6.22), 成立

$$\int_0^{T-a}|u_n(t+a)-u_n(t)|^2dt \leqslant \widetilde{C}_T a^{\frac{1}{2}}.$$

因此

$$\lim_{a\longrightarrow 0}\sup_n\int_0^{T-a}|u_n(t+a)-u_n(t)|^2dt=0.$$

自然也成立

$$\lim_{a\longrightarrow 0}\sup_n\int_0^{T-a}||u_n(t+a)-u_n(t)||_{L^2(\Omega_r)}^2dt=0, \tag{1.6.23}$$

其中 $\Omega_r=\Omega\cap\{x\in\mathbb{R}^2;\ |x|<r\},r>0$ 为任意的数.

由 (1.6.19) 式, 可知

$$\{u_n|_{\Omega_r}\}\text{ 在 }L^2(0,T;H^1(\Omega_r))\cap L^\infty(0,T;L^2(\Omega_r))\text{ 中是有界的 (与 }n\text{ 无关).} \tag{1.6.24}$$

由于我们不假定 Ω 的正则性, 尽管 Ω_r 是有界的, 但 $H^1(\Omega_r)\hookrightarrow L^2(\Omega_r)$ 不一定是紧嵌入. 为此, 取截断函数 $\psi\in C^1(\mathbb{R}_+)$, 满足

$$\psi(s)=1,\ \forall s\in[0,1];\ \psi(s)=0,\ \ \forall s\in[2,+\infty);\ 0\leqslant\psi(s)\leqslant 1,\ \ |\psi'(s)|\leqslant 2,\ \forall s\geqslant 0.$$

对任意 $r>0$, 定义 $v_{n,r}(x,t)=\psi\left(\dfrac{|x|^2}{r^2}\right)u_n(x,t)$. 由 (1.6.23), 可得

$$\lim_{a\longrightarrow 0}\sup_n\int_0^{T-a}||v_{n,r}(t+a)-v_{n,r}(t)||_{L^2(\Omega_r)}^2dt=0,\quad \forall T>0,\ r>0. \tag{1.6.25}$$

注意到

$$\partial_{x_i}v_{n,r}=\psi\left(\frac{|x|^2}{r^2}\right)\partial_{x_i}u_n+\frac{2x_iu_n}{r^2}\psi'\left(\frac{|x|^2}{r^2}\right).$$

从而

$$|\nabla v_{n,r}|=|\nabla u_n|+\frac{2}{r}|\psi'||u_n|\leqslant|\nabla u_n|+\frac{4}{r}|u_n|.$$

由 (1.6.24), $\forall T>0,\ \forall r>0$, 可知

$$\{v_{n,r}\}\text{ 在 }L^2(0,T;H_0^1(\Omega_{2r}))\cap L^\infty(0,T;L^2(\Omega_{2r}))\text{ 中是有界的 (界与 }n\text{ 无关).} \tag{1.6.26}$$

由 (1.6.25), (1.6.26), 以及 $H_0^1(\Omega_{2r})\hookrightarrow L^2(\Omega_{2r})$ 是紧嵌入, 可以利用紧性引理, 其中取 $X=L^2(\Omega_{2r})$, $Y=L^2(\Omega_{2r})$, $p=2$, 可知

$$\{v_{n,r}\}\text{ 在 }L^2(0,T;L^2(\Omega_{2r}))\text{ 中是相对紧的},\quad \forall T>0,\ \forall r>0. \tag{1.6.27}$$

由于截断函数 $\psi(x)\equiv 1,\ \forall|x|\leqslant 1$. 由 (1.6.27) 可得

$$\{u_{n,r}\}\text{ 在 }L^2(0,T;L^2(\Omega_r))\text{ 中是相对紧的},\quad \forall T>0,\ \forall r>0. \tag{1.6.28}$$

由 (1.6.19) 和 (1.6.28), 可以抽取一串子列, 记为 $\{u'_n\}$, 使得

$$\begin{aligned} &u'_n \rightharpoonup \widetilde{u} \text{ 在 } L^\infty(\mathbb{R}_+, H), \quad L^2_{\mathrm{loc}}(\mathbb{R}_+; V) \text{ 中弱收敛;} \\ &u'_n \longrightarrow \widetilde{u} \text{ 在 } L^2_{\mathrm{loc}}(\mathbb{R}_+; L^2(\Omega_r)) \text{ 中强收敛}, \ \forall r > 0, \end{aligned} \tag{1.6.29}$$

其中 $\widetilde{u} \in L^\infty(\mathbb{R}_+; H) \cap L^2_{\mathrm{loc}}(\mathbb{R}_+; V)$.

对 $u'_n(t) = S(t)u_{0n'}$ 满足的方程弱形式取极限, 利用 (1.6.29) 式以及假设条件: $u_{0n} \rightharpoonup u_0$ (在 H 中弱收敛), 可知 $\widetilde{u}$ 是 (1.6.5) 的解, $\widetilde{u}(0) = u_0$. 再利用解的唯一性, 可知 $\widetilde{u} = u$. 利用反证法, 结合解的唯一性可知, 整个序列 $\{u_n\}$ 都在 (1.6.29) 式意义下收敛到 u. 因此, (1.6.18) 式成立.

下面验证 (1.6.17) 式.

由 (1.6.29) 知, 对几乎处处的 $t \geqslant 0$ 以及任意的 $r > 0$, $u_n(t) \longrightarrow u(t)$ 在 $L^2(\Omega_r)$ 中强收敛. 因此, 对几乎处处的 $t \geqslant 0$, 成立

$$(u_n(t), v) \longrightarrow (u(t), v), \quad \forall v \in C^\infty_{0,\sigma}(\Omega).$$

并且, 由 (1.6.19) 知, $\{(u_n(t), v)\}$ 是一致有界的, 即

$$\sup_n ||(u_n(t), v)||_{L^\infty(0,\infty)} < \infty.$$

由 (1.6.21) 知, $\forall T > 0$, $\{(u_n(t), v)\}$ 在 $[0, T]$ 上是等度连续的, 即

$$\lim_{a \longrightarrow 0} \sup_n ||(u_n(t+a), v) - (u_n(t), v)||_{L^\infty(0,T)} = 0.$$

利用 Arzela-Ascoli 定理知, 可以找到一串子列 $\{u_{n'}\}$, 使得对任意的 $T > 0$, 成立

$$\sup_{0 \leqslant t \leqslant T} |(u_{n'}(t), v) - (u(t), v)| \longrightarrow 0, \quad \forall v \in C^\infty_{0,\sigma}(\Omega).$$

同样, 运用反证法讨论可知, 对整个序列 $\{u_n\}$, 都有

$$\sup_{0 \leqslant t \leqslant T} |(u_n(t), v) - (u(t), v)| \longrightarrow 0, \quad \forall v \in C^\infty_{0,\sigma}(\Omega). \tag{1.6.30}$$

对任意 $\epsilon > 0$, 由于 $C^\infty_{0,\sigma}(\Omega)$ 在 H 中稠密, 故对于 $v \in H$, 存在 $v_\epsilon \in C^\infty_{0,\sigma}(\Omega)$, 使得 $|v - v_\epsilon| < \epsilon$. 从而, 对任意 $0 \leqslant t \leqslant T$, 成立

$$\begin{aligned} |(u_n(t) - u(t), v)| &\leqslant |(u_n(t) - u(t), v - v_\epsilon)| + |(u_n(t) - u(t), v_\epsilon)| \\ &\leqslant ||u_n - u||_{L^\infty(0,T;H)} |v - v_\epsilon| + \sup_{0 \leqslant t \leqslant T} |(u_n(t) - u(t), v_\epsilon)|. \end{aligned}$$

利用 (1.6.19) 和 (1.6.29), $\forall T > 0$, 可得

$$\lim_{n\longrightarrow\infty}\sup_{0\leqslant t\leqslant T}|(u_n(t)-u(t),v)|\leqslant C(T)\epsilon,\quad v\in H.$$

由 $\epsilon > 0$ 和 $T > 0$ 的任意性知

$$(u_n(t),v)\longrightarrow(u(t),v),\quad \forall t\in\mathbb{R}_+,\ \forall v\in H.$$

此即为 (1.6.17) 式. □

1.6.2 整体吸引子

本节中, 我们主要验证半群 $S(t)_{t\geqslant 0}$ 在 H 中是渐近紧的, 即设 $\{u_n\}\subset H$ 是有界序列, $t_n\longrightarrow+\infty$, 则 $\{S(t_n)u_n\}$ 在 H 中是相对紧的. 然后利用抽象的结论 (即定理 1.3.4), 可以得到整体吸引子的存在性.

定义算子 $[\cdot,\cdot]:V\times V\longrightarrow\mathbb{R}^1$ 如下:

$$[u,v]=\nu((u,v))-\nu\frac{\lambda_1}{2}(u,v),\quad \forall u,v\in V.$$

显然, $[\cdot,\cdot]$ 是双线性对称算子. 并且由 (1.6.3), 成立

$$[u]^2\equiv[u,u]=\nu||u||^2-\nu\frac{\lambda_1}{2}|u|^2\geqslant\nu||u||^2-\frac{\nu}{2}||u||^2=\frac{\nu}{2}||u||^2,\quad \forall u\in V.$$

因此

$$\frac{\nu}{2}||u||^2\leqslant[u]^2\leqslant\nu||u||^2,\quad \forall u\in V.$$

将 $2\nu||u||^2=2[u]^2+\lambda_1\nu|u|^2$ 代入 (1.6.13) 式中, 可得

$$\frac{d}{dt}|u|^2+\nu\lambda_1|u|^2+2[u]^2=2\langle f,u\rangle,$$

其中 $u=u(t)=S(t)u_0, u_0\in H$.

从而

$$|u(t)|^2=|u_0|^2e^{-\nu\lambda_1 t}+2\int_0^t e^{-\nu\lambda_1(t-s)}(\langle f,u(s)\rangle-[u(s)]^2)ds,\quad \forall t\geqslant 0.$$

上式可以改写为: 对任意 $u_0\in H$, $t\geqslant 0$, 成立

$$|S(t)u_0|^2=|u_0|^2e^{-\nu\lambda_1 t}+2\int_0^t e^{-\nu\lambda_1(t-s)}(\langle f,S(s)u_0\rangle-[S(s)u_0]^2)ds. \tag{1.6.31}$$

设 B 是 H 中的有界集, $\{u_n\}\subset B$ 以及 $\{t_n\}$, $t_n\geqslant 0$, $t_n\longrightarrow\infty$. 由于 (1.6.16) 中定义的 $\mathcal{B}$ 是吸收集, 吸收 H 中的有界集, 故存在 $T(B)>0$, 使得 $S(t)B\subseteq\mathcal{B}$, $\forall t\geqslant T(B)$. 从而, 对于 $t_n\geqslant T(B)$, 成立 $S(t_n)u_n\in\mathcal{B}$. 由于 $\mathcal{B}=\overline{B_H(0,\rho_0)}\subset H$ 是闭的凸集, 以及 $\{S(t_n)u_n\}$ 在 H 中 (弱拓扑意义下) 是相对紧的, 故存在一串子列 $\{S(t_{n'})u_{n'}\}$ 及 $w\in\mathcal{B}$, 使得

$$S(t_{n'})u_{n'}\rightharpoonup w \text{ 在 } H \text{ 中弱收敛.} \tag{1.6.32}$$

类似地, 对于 $t_{n'}\geqslant T+T(B)$, $\forall T>0$, 成立 $S(t_{n'}-T)u_{n'}\in\mathcal{B}$. 因此, $\{S(t_{n'}-T)u_{n'}\}$ 在 H 中也是相对紧的 (弱拓扑意义下). 故存在一串子列, 不妨仍记为 $\{S(t_{n'}-T)u_{n'}\}$ 及 $w_T\in\mathcal{B}$, 使得

$$S(t_{n'}-T)u_{n'}\longrightarrow w_T \text{ 在 } H \text{ 中弱收敛},\quad T>0. \tag{1.6.33}$$

下面的极限 $\lim\limits_{n'\to\infty}\cdot$ 表示在 H 的弱拓扑意义下取的极限. 由 (1.6.31), (1.6.32) 和引理 1.6.2, 可得

$$\begin{aligned} w&=\lim_{n'\to\infty}S(t_{n'})u_{n'}=\lim_{n'\to\infty}S(T)S(t_n-T)u_{n'}\\ &=S(T)\lim_{n'\to\infty}S(t_n-T)u_{n'}=S(T)w_T, \end{aligned}$$

即

$$w=S(T)w_T,\quad \forall T>0.$$

利用 (1.6.31) 和弱下半连续性, 成立

$$|w|\leqslant\liminf_{n'\longrightarrow\infty}|S(t_{n'})u_{n'}|. \tag{1.6.34}$$

下面证明:

$$\limsup_{n'\longrightarrow\infty}|S(t_{n'})u_{n'}|\leqslant|w|. \tag{1.6.35}$$

设 $T>0$, $t_n>T$. 由 (1.6.30), 成立

$$\begin{aligned} |S(t_n)u_n|^2&=|S(T)S(t_n-T)u_n|^2\\ &=|S(t_n-T)u_n|^2e^{-\nu\lambda_1T}+2\int_0^T e^{-\nu\lambda_1(T-s)}\\ &\quad\times\{\langle f,S(s)S(t_n-T)u_n\rangle-[S(s)S(t_n-T)u_n]^2\}ds. \end{aligned} \tag{1.6.36}$$

对于 $t_{n'} > T + T(B)$, 有 $S(t_{n'} - T)u_n \in \mathcal{B} = \overline{B_H(0,\rho_0)}$. 从而

$$\limsup_{n' \longrightarrow \infty} \left(e^{-\nu\lambda_1 T}|S(t_{n'} - T)u_{n'}|^2\right) \leqslant \rho_0^2 e^{-v\lambda_1 T}. \tag{1.6.37}$$

由 (1.6.32), 结合引理 1.6.2, 成立

$$S(\cdot)S(t_{n'} - T)u_{n'} \longrightarrow S(\cdot)w_T \text{ 在 } L^2(0,T;V) \text{ 中弱收敛}. \tag{1.6.38}$$

又因为 $s \mapsto e^{-\nu\lambda_1(T-s)}f \in L^2(0,T;V')$, 结合 (1.6.37) 式, 可得

$$\begin{aligned}
&\lim_{n' \longrightarrow \infty} \int_0^T e^{-v\lambda_1(T-s)}\langle f, S(s)S(t_{n'} - T)u_{n'}\rangle ds \\
=& \int_0^T e^{-\nu\lambda_1(T-s)}\langle f, w_T\rangle ds.
\end{aligned} \tag{1.6.39}$$

由于 $[\cdot]$ 是 V 上的一个范数且等价于 $\|\cdot\|$, 以及

$$0 < e^{-\nu\lambda_1 T} \leqslant e^{-\nu\lambda_1(T-s)} \leqslant 1, \quad \forall s \in [0,T].$$

可得

$$e^{-\nu\lambda_1 T}\left(\int_0^T [\cdot]^2 ds\right)^{\frac{1}{2}} \leqslant \left(\int_0^T e^{-\nu\lambda_1(T-s)}[\cdot]^2 ds\right)^{\frac{1}{2}} \leqslant \left(\int_0^T [\cdot]^2 ds\right)^{\frac{1}{2}}.$$

说明

$$\left(\int_0^T e^{-\nu\lambda_1(T-s)}[\cdot]^2 ds\right)^{\frac{1}{2}}$$

是 $L^2(0,T;V)$ 上的一个范数且等价于通常的范数: $\left(\int_0^T \|\cdot\|^2 ds\right)^{\frac{1}{2}}$. 利用范数的弱下半连续性, 由 (1.6.37) 式, 可得

$$\int_0^t e^{-v\lambda_1(T-s)}[S(s)w_T]^2 ds \leqslant \liminf_{n' \longrightarrow \infty} \int_0^T e^{-\nu\lambda_1(T-s)}[S(s)S(t_{n'} - T)u_{n'}]^2 ds.$$

因此

$$\begin{aligned}
&\limsup_{n' \longrightarrow \infty} -2\int_0^T e^{-\nu\lambda_1(T-s)}[S(s)S(t_{n'} - T)u_{n'}]^2 ds \\
=& -2\liminf_{n' \longrightarrow \infty} \int_0^T e^{-\nu\lambda_1(T-s)}[S(s)S(t_{n'} - T)u_{n'}]^2 ds
\end{aligned}$$

$$\leqslant -2\int_0^T e^{-\nu\lambda_1(T-s)}[S(s)w_T]^2 ds. \tag{1.6.40}$$

将 (1.6.36), (1.6.38) 和 (1.6.39) 代入 (1.6.35) 中, 可得

$$\begin{aligned}&\limsup_{n'\longrightarrow\infty}|S(t_{n'})u_{n'}|^2\\&\leqslant \rho_0^2 e^{-\nu\lambda_1 T}+2\int_0^T e^{-\nu\lambda_1(T-s)}\{\langle f,S(s)w_T\rangle-[S(s)w_T]^2\}ds.\end{aligned} \tag{1.6.41}$$

另一方面, 将 (1.6.30) 应用于 $w=S(T)w_T$, $T>0$, 可知

$$\begin{aligned}|w|^2&=|S(T)w_T|^2\\&=e^{-\nu\lambda_1 T}|w_T|^2+2\int_0^T e^{-\nu\lambda_1(T-s)}\{\langle f,S(s)w_T\rangle-[S(s)w_T]^2\}ds.\end{aligned} \tag{1.6.42}$$

由 (1.6.40) 式、(1.6.41) 式, 可得

$$\limsup_{n'\longrightarrow\infty}|S(t_{n'})u_{n'}|^2\leqslant |w|^2+(\rho_0^2-|w_T|^2)e^{-\nu\lambda_1 T}\leqslant |w|^2+\rho_0^2 e^{-\nu\lambda_1 T},\quad \forall T>0.$$

在上式中, 令 $T\longrightarrow\infty$, 可知

$$\limsup_{n'\longrightarrow\infty}|S(t_{n'})u_{n'}|^2\leqslant |w|^2,$$

此即为 (1.6.34) 式.

由 (1.6.33) 式、(1.6.34) 式, 可知

$$\lim_{n'\longrightarrow\infty}|S(t_{n'})u_{n'}|^2=|w|^2.$$

结合 (1.6.31) 式, 即可得 $S(t_{n'})u_{n'}\longrightarrow w$ 在 H 中强收敛. 这样, 我们就证明了 $\{S(t_n)u_n\}$ 在 H 中是相对紧的. 因此, $\{S(t)\}_{t\geqslant 0}$ 在 H 中是渐近紧的. 又因为 $\{S(t)\}_{t\geqslant 0}$ 在 H 中有一个吸收集 $\mathcal{B}=\overline{B_H(0,\rho_0)}$, 其吸收 H 中的有界集. 由定理 1.3.4 及其注 3, 即知整体吸引子的存在性. 总结如下:

定理 1.6.3 设 Ω 是 $\mathbb{R}^2$ 中的一个区域, 满足 (1.6.2), 以及假定 $f\in V'$. 则 Navier-Stokes 方程 (1.6.5) 相关的动力系统 (非线性解算子半群) $\{S(t)\}_{t\geqslant 0}$ 在 H 中存在一个整体吸引子, 即在 H 中存在一个紧的不变集 $\mathscr{A}$, 吸引 H 中的一切有界集. 并且, $\mathscr{A}$ 在 H 中是连通的, 且在所有 H 中的有界泛函不变集中是最大的 (包含关系意义下).

1.6.3 整体吸引子维数

设 $u_0 \in H$, 令 $u(t) = S(t)u_0$, $t \geqslant 0$. 由 (1.6.8) 知, 围绕 u 的线性化流 U, 是由下列方程给出的 (在 V' 中):

$$\begin{cases} U' + \nu AU + B(u,U) + B(U,u) = 0, \\ U(0) = \xi. \end{cases} \tag{1.6.43}$$

对于上述线性化问题 (1.6.43), 类似于经典 Navier-Stokes 方程 ($n = 2$) 的证明, 有类似结论, 即设 $\xi \in H$, 问题 (1.6.43) 存在唯一解 $U \in L^\infty(0,T;H) \cap L^2(0,T;V)$, $\forall T > 0$. 并且, $U' \in L^2(0,T;V)$, $U \in C([0,T];H)$, $\forall T > 0$. 这样就可以定义一个线性算子 $L(t;u_0) : H \longrightarrow H$, $L(t;u_0)\xi = U(t)$. 进一步可知, $L(t;u_0)$ 是有界的. 事实上, 由 (1.6.15) 式知, 对任意 $t > 0$, 成立

$$\int_0^t ||u(s)||^2 ds \leqslant \frac{1}{\nu}|u_0|^2 + \frac{t}{\nu^2}||f||_{V'}^2. \tag{1.6.44}$$

在 (1.6.43) 中的方程两端和 U 作内积, 可得

$$\begin{aligned} \frac{1}{2}\frac{d}{dt}|U|^2 + \nu||U||^2 &= -b(U,u,U) \leqslant ||U||_{L^4}^2||u|| \\ &\leqslant 2^{\frac{1}{2}}|U|||U||||u|| \leqslant \frac{\nu}{2}||U||^2 + \frac{1}{\nu}|U|^2||u||^2. \end{aligned}$$

从而

$$\frac{d}{dt}|U|^2 + \nu||U||^2 \leqslant \frac{2}{\nu}|U|^2||u||^2.$$

进一步可得

$$|U(t)|^2 \leqslant |U(0)|^2 e^{\frac{2}{\nu}\int_0^t ||u(s)||^2 ds} = |\xi|^2 e^{\frac{2}{\nu}\int_0^t ||u(s)||^2 ds}.$$

结合 (1.6.44), 可知

$$||L(t;u_0)||_{\mathcal{L}(H \longrightarrow H)} \leqslant e^{\frac{1}{\nu}\int_0^t ||u(s)||^2 ds} \leqslant e^{\frac{1}{\nu^2}|u_0|^2 + \frac{t}{\nu^3}||f||_{V'}^2}, \quad \forall t > 0.$$

设 $\mathscr{A}$ 是由定理 1.6.3 中给出的全局吸引子, 则 $\{S(t)\}_{t\geqslant 0}$ 在 $\mathscr{A}$ 上是一致可微的, 即

$$\lim_{\epsilon \longrightarrow 0} \sup_{\substack{u_0,v_0 \in \mathscr{A} \\ 0<|u_0-v_0|<\epsilon}} \frac{|S(t)v_0 - S(t)u_0 - L(t;u_0)\cdot(v_0-u_0)|}{|v_0-u_0|} = 0. \tag{1.6.45}$$

现在验证 (1.6.45) 式.

设 $u_0, v_0 \in \mathscr{A}$, 记 $v = S(t)v_0$, $u = S(t)u_0$, $\bar{v} = L(t; u_0)v_0$, $\bar{u} = L(t; u_0)$. 则

$$\begin{cases} \partial_t v + \nu A v + B(v, v) = f, \\ \partial_t u + \nu A u + B(u, u) = f, \\ v(0) = v_0, \quad u(0) = u_0, \end{cases} \tag{1.6.46}$$

$$\begin{cases} \partial_t \overline{v} + \nu A \overline{v} + B(u, \overline{v}) + B(\overline{v}, u) = 0, \\ \partial_t \overline{u} + \nu A \overline{u} + B(u, \overline{u}) + B(\overline{u}, u) = 0, \\ \overline{v}(0) = v_0, \quad \overline{u}(0) = u_0. \end{cases} \tag{1.6.47}$$

令 $w = v - u$, $\overline{w} = \overline{v} - \overline{u} = L(t; u_0)(v_0 - u_0)$. 则由 (1.6.46), (1.6.47), 成立

$$\begin{cases} \partial_t w + \nu A w + B(w, w) + B(u, w) + B(w, u) = 0, \\ w(0) = v_0 - u_0 \end{cases} \tag{1.6.48}$$

和

$$\begin{cases} \partial_t \overline{w} + \nu A \overline{w} + B(u, \overline{w}) + B(\overline{w}, u) = 0, \\ \overline{w}(0) = v_0 - u_0. \end{cases} \tag{1.6.49}$$

记 $R(t) = w - \overline{w}$, 则由 (1.6.48), (1.6.49), 可得

$$\begin{cases} \partial_t R + \nu A R + B(w, w) + B(u, R) + B(R, u) = 0, \\ R(0) = w_0 - \overline{w}_0 = v_0 - u_0 = 0. \end{cases} \tag{1.6.50}$$

在 (1.6.50) 中方程的两端用 R 作内积, 可得

$$\begin{aligned} \frac{1}{2}\frac{d}{dt}|R|^2 + \nu||R||^2 &= -b(w, w, R) - b(R, u, R) \\ &= b(w, R, w) - b(R, u, R) \\ &\leqslant ||w||_{L^4}^2 ||R|| + ||R||_{L^4}^2 ||u|| \\ &\leqslant 2^{\frac{1}{2}}(|w|||w|| + |R|||u||)||R|| \\ &\leqslant \frac{\nu}{2}||R||^2 + \frac{2}{\nu}(|w|^2||w||^2 + |R|^2||u||^2). \end{aligned}$$

从而成立

$$\frac{d}{dt}|R|^2 + \nu||R||^2 \leqslant \frac{4}{\nu}(|w|^2||w||^2 + |R|^2||u||^2), \quad \forall t > 0.$$

自然成立

$$\frac{d}{dt}|R|^2 \leqslant \frac{4}{\nu}||u||^2|R|^2 + \frac{4}{\nu}|w|^2||w||^2, \quad \forall t > 0.$$

注意到 $R(0) = 0$, 对上式应用 Gronwall 不等式, 可得

$$|R(t)|^2 \leqslant \frac{4}{\nu}\int_0^t |w(s)|^2||w(s)||^2 ds\, e^{\frac{4}{\nu}\int_0^t ||u(s)||^2}, \quad \forall t > 0. \tag{1.6.51}$$

在 (1.6.48) 式中, 方程两边用 w 作内积, 可得

$$\begin{aligned}\frac{1}{2}\frac{d}{dt}|w|^2 + \nu||w||^2 &= -b(w, u, w)\\ &\leqslant ||w||_{L^4}^2||u||\\ &\leqslant 2^{\frac{1}{2}}|w|||w||||u||\\ &\leqslant \frac{\nu}{2}||w||^2 + \frac{1}{\nu}|w|^2||u||^2.\end{aligned}$$

从而

$$\frac{d}{dt}|w|^2 + \nu||w||^2 \leqslant \frac{2}{\nu}|w|^2||u||^2, \quad \forall t > 0. \tag{1.6.52}$$

自然也成立

$$\frac{d}{dt}|w|^2 \leqslant \frac{2}{\nu}|w|^2||u||^2, \quad \forall t > 0.$$

应用 Gronwall 不等式, 可得

$$|w(t)|^2 \leqslant |w(0)|^2 e^{\frac{2}{\nu}\int_0^t ||u(s)||^2 ds}.$$

将 $w(0) = v_0 - u_0$ 代入上式, 可知

$$|w(t)| \leqslant |v_0 - u_0| e^{\frac{1}{\nu^2}|u_0|^2 + \frac{t}{\nu^3}||f||_{V'}^2}, \quad \forall t > 0. \tag{1.6.53}$$

再利用 (1.6.52), 可知

$$|w(t)|^2 + \nu\int_0^t ||w(s)||^2 ds \leqslant |w(0)|^2 + \frac{2}{\nu}\int_0^t |w(s)|^2||u(s)||^2 ds, \quad \forall t > 0.$$

从而, 结合 (1.6.44), (1.6.53) 成立

$$\int_0^t ||w(s)||^2 \leqslant \frac{1}{\nu}|w(0)|^2 + \frac{2}{\nu}|v_0 - u_0|^2 e^{\frac{2}{\nu^2}|u_0|^2 + \frac{2t}{\nu^3}||f||_{V'}^2}\int_0^t ||u(s)||^2 ds$$

$$\leqslant |v_0-u_0|^2\left(\frac{1}{\nu}+\frac{2}{\nu}e^{\frac{2}{\nu^2}|u_0|^2+\frac{2t}{\nu^3}\|f\|_{V'}^2}\left(\frac{1}{\nu}|u_0|^2+\frac{t}{\nu^2}\|f\|_{V'}^2\right)\right),\quad \forall t>0. \quad (1.6.54)$$

将 (1.6.53), (1.6.54) 代入 (1.6.51) 中, 可得

$$|R(t)|\leqslant C(t,|u_0|,\|f\|_{V'},\nu)|v_0-u_0|^2,\quad \forall t>0.$$

从而, 当 $\epsilon \longrightarrow 0$ 时, 成立

$$\sup_{\substack{v_0,u_0\in\mathscr{A}\\ 0<|v_0-u_0|<\epsilon}}\frac{|R(t)|}{|v_0-u_0|}\leqslant C(t,|u_0|,\|f\|_{V'},\nu)\epsilon\longrightarrow 0.$$

说明 (1.6.45) 式成立.

将 (1.6.43) 式写为

$$U'=F'(u)U\triangleq -\nu AU-B(u,U)-B(U,u). \quad (1.6.55)$$

对于正整数 m, 定义 q_m 如下:

$$q_m=\lim_{t\longrightarrow\infty}\sup_{u_0\in\mathscr{A}}\sup_{\substack{\xi_i\in H,|\xi_i|\leqslant 1\\ i=1,2,\cdots,m}}\frac{1}{t}\int_0^t \mathrm{Tr}(F'(S(\tau)u_0)\circ Q_m(\tau))d\tau, \quad (1.6.56)$$

其中

$$Q_m(\tau)=Q_m(\tau;u_0,\xi_1,\cdots,\xi_m):H\longrightarrow \mathrm{span}\{L(t,u_0)\xi_1,\cdots,L(t,u_0)\xi_m\}$$

是正交投影.

通过正交投影 $Q_m(\tau)$, 在 (1.6.56) 中定义的迹是有定义的 (至少对几乎处处的 $t>0$). 如果对某个正整数 m, $q_m<0$, 利用一般性结论 (见第 2 章 2.3 节中的定理 2.3.5), 可知整体吸引子 $\mathscr{A}$ 有有限的 Hausdorff 维数和分形维数, 并且下述估计成立:

$$\dim_H(\mathscr{A})\leqslant m; \quad (1.6.57)$$

$$\dim_F(\mathscr{A})\leqslant m\left(1+\max_{1\leqslant j\leqslant m}\frac{(q_j)_+}{|q_m|}\right). \quad (1.6.58)$$

下面估计 (1.6.56) 中定义的 q_m.

设 $u_0\in\mathscr{A},\xi_1,\cdots,\xi_m\in H$. 令 $u(t)=S(t)u_0$, $U_j(t)=L(t,u_0)\xi_j$, $t\geqslant 0$. 在张成的子空间 $\mathrm{span}\{U_1(t),\cdots,U_m(t)\}\subset H$ 中取一组标准正交基 $\{\varphi_j(t)\}_{j=1}^m$, $t\geqslant 0$, 即 $(\varphi_i,\varphi_j)=\delta_{ij}$, $1\leqslant i,j\leqslant m$. 通过 Gram-Schmidt 正交化过程, 这样的 $\{\varphi_j(t)\}$

是可以找到的, 并且由于 $U_j(t) \in V$ (至少对几乎处处的 $t > 0$), 可以得知 $\varphi_j(t) \in V$. 因此, 可得

$$\begin{aligned}\operatorname{Tr}(F'(u(\tau)) \circ Q_m(\tau)) &= \sum_{j=1}^{m} \langle F'(u(\tau))\varphi_j, \varphi_j\rangle \\ &= \sum_{j=1}^{m} \langle -\nu A\varphi_j - B(u, \varphi_j) - B(\varphi_j, u), \varphi_j\rangle \\ &= \sum_{j=1}^{m} (-\nu||\varphi_j||^2 - b(u, \varphi_j, \varphi_j) - b(\varphi_j, u, \varphi_j)) \\ &= \sum_{j=1}^{m} (-\nu||\varphi_j||^2 - b(\varphi_j, u, \varphi_j)). \end{aligned} \tag{1.6.59}$$

记 $\rho(x) = \sum\limits_{j=1}^{m} |\varphi_j(x,t)|^2$. 则

$$\begin{aligned}\left|\sum_{j=1}^{m} b(\varphi_j, u, \varphi_j)\right| &= \left|\sum_{j=1}^{m} \int_\Omega (\varphi_j \cdot \nabla)u \cdot \varphi_j dx\right| \\ &\leqslant \int_\Omega \sum_{j=1}^{m} |\varphi_j|^2 |\nabla u| dx \\ &= \int_\Omega \rho |\nabla u| dx \leqslant ||u|| |\rho|_{L^2(\Omega)}. \end{aligned} \tag{1.6.60}$$

下面回顾 Lieb-Thirring 不等式 (见 R. Temam[17] 的附录):

设 $\varphi_1, \varphi_2, \cdots, \varphi_m \in H^1(\mathbb{R}^n)$, 满足 $(\varphi_i, \varphi_j)_{L^2(\Omega)} = \delta_{ij}$, $1 \leqslant i, j \leqslant n$. 则对任意的 $p : \max\left\{1, \dfrac{n}{2}\right\} < p \leqslant 1 + \dfrac{n}{2}$, 存在 $k = k(n,p)$, 使得

$$\left(\int_{\mathbb{R}^n} \left(\sum_{j=1}^{m} \varphi_j^2\right)^{\frac{p}{p-1}} dx\right)^{\frac{2(p-1)}{n}} \leqslant k \sum_{j=1}^{m} \int_{\mathbb{R}^n} |\nabla \varphi_j|^2 dx.$$

由于 (1.6.59) 中的 $\{\varphi_j\}_{j=1}^{m} \subset V \subset H_0^1(\Omega)$, 且 $(\varphi_i, \varphi_j)_H = \delta_{ij}$. 自然有 $(\varphi_i, \varphi_j)_{L^2(\Omega)} = \delta_{ij}$, $1 \leqslant i, j \leqslant m$.

在应用上述 Lieb-Thirring 不等式中, 取 $n = 2$, $p = 2$, 可得

$$|\rho|_{L^2(\Omega)}^2 = \int_\Omega \rho^2 dx = \int_\Omega \left(\sum_{j=1}^{m} \varphi_j^2\right)^2 dx \leqslant \kappa \sum_{j=1}^{m} ||\varphi_j||^2, \tag{1.6.61}$$

其中 κ 是一个绝对常数.

将 (1.6.61) 代入 (1.6.60) 中, 成立

$$\left|\sum_{j=1}^{m} b(\varphi_j, u, \varphi_j)\right| \leqslant ||u|| \left(\kappa \sum_{j=1}^{m} ||\varphi_j||^2\right)^{\frac{1}{2}} \leqslant \frac{\kappa}{2\nu}||u||^2 + \frac{\nu}{2}\sum_{j=1}^{m}||\varphi_j||^2.$$

将上式代入 (1.6.59) 中, 可得

$$\begin{aligned} T_r F'(u(\tau)) \circ Q_m(\tau) &\leqslant -\frac{\nu}{2}\sum_{j=1}^{m}||\varphi_j||^2 + \frac{\kappa}{2\nu}||u||^2 \\ &\leqslant -\frac{\nu\lambda_1}{2}\sum_{j=1}^{m}|\varphi_j|^2 + \frac{\kappa}{2\nu}||u||^2 \\ &= -\frac{\nu\lambda_1}{2}m + \frac{\kappa}{2\nu}||u||^2. \end{aligned} \tag{1.6.62}$$

定义能量耗散通量:

$$\varepsilon = \nu\lambda_1 \limsup_{t \longrightarrow \infty} \sup_{u_0 \in \mathscr{A}} \frac{1}{t}\int_0^t ||S(\tau)u_0||^2 d\tau. \tag{1.6.63}$$

由 (1.6.15) 式, 可知上述定义的 ε 是有限的. 将 (1.6.62), (1.6.63) 代入 (1.6.56) 中, 成立

$$q_m \leqslant -\frac{\nu\lambda_1}{2}m + \frac{\kappa}{2\nu^2\lambda_1}\varepsilon, \tag{1.6.64}$$

其中 m 为任意正整数. 因此, 如果正整数 m' 满足

$$m' - 1 \leqslant \frac{\kappa}{\nu^3\lambda_1^2}\varepsilon < m',$$

则 $q_{m'} < 0$. 由 (1.6.57) 式, 可得

$$\dim_H(\mathscr{A}) \leqslant m' \leqslant 1 + \frac{\kappa\varepsilon}{\nu^3\lambda_1^2}. \tag{1.6.65}$$

另一方面, 如果正整数 m'' 满足

$$m'' - 1 < \frac{2\kappa}{\nu^3\lambda_1^2}\varepsilon \leqslant m'', \tag{1.6.66}$$

此时, 自然有

$$\frac{\kappa}{\nu^3\lambda_1^2}\varepsilon < \frac{2\kappa}{\nu^3\lambda_1^2}\varepsilon \leqslant m''.$$

因此, $q_{m''} < 0$. 对于满足 (1.6.66) 式这样的 m'', 还有

$$\frac{(q_j)_+}{|q_{m''}|} \leqslant 1, \quad j = 1, 2, \cdots, m'' \quad (\text{见第 2 章 2.3 节中的定理 2.3.5}).$$

由 (1.6.58), (1.6.66), 成立

$$\dim_F(\mathscr{A}) \leqslant m''\left(1 + \max_{1\leqslant j\leqslant m''} \frac{(q_j)_+}{|q_{m''}|}\right) \leqslant 2m'' < 2 + \frac{4\kappa}{\nu^3\lambda_1^2}\varepsilon. \tag{1.6.67}$$

利用 (1.6.15) 式, 可知 (1.6.63) 式中定义的能量耗散通量 ε 有如下估计:

$$\varepsilon \leqslant \frac{\lambda_1}{\nu}||f||_{V'}^2. \tag{1.6.68}$$

回忆假设条件 (1.6.3): $|u| \leqslant \lambda_1^{-\frac{1}{2}}||u||$, $\forall u \in V$. 对于外力场 $f \in V'$, 如果取 $\lambda_1^{-\frac{1}{2}}$ 作为一个特征长度 L, 我们可以将 $||f||_{V'}^{\frac{1}{2}}\lambda_1^{\frac{1}{4}}$ 看作一个特征速度 U, 从而定义 Reynolds 数如下:

$$Re = \frac{UL}{\nu} = \frac{|f||_{V'}^{\frac{1}{2}}}{\nu\lambda_1^{\frac{1}{4}}}. \tag{1.6.69}$$

注 Reynolds 数 Re 的定义: $Re = \dfrac{UL}{\nu}$, 其中 U, L 是分别用作无量纲化的典型 (或特征) 速度和长度. 有了 Reynolds 数的定义, 还可以定义广义 Grashof 数 $G = Re^2$, 即

$$G = \frac{||f||_{V'}}{\nu^2\lambda_1^{\frac{1}{2}}}. \tag{1.6.70}$$

由 (1.6.65), (1.6.67)—(1.6.70), 可得到用 Reynolds 数和 Grashof 数表达的 Hausdorff 维数与分形维数的估计.

$$\begin{aligned}
\dim_H(\mathscr{A}) &\leqslant 1 + \frac{\kappa\varepsilon}{\nu^3\lambda_1^2} \leqslant 1 + \frac{\kappa}{\nu^3\lambda_1^2}\cdot\frac{\lambda_1}{2}||f||_{V'}^2 \\
&= 1 + \frac{\kappa}{\nu^4\lambda_1}||f||_{V'}^2 = 1 + \frac{\kappa}{\nu^4\lambda_1}(\nu^2\lambda_1^{\frac{1}{2}}G)^2 \\
&= 1 + \kappa G^2 = 1 + \kappa Re^2;
\end{aligned}$$

$$\begin{aligned}
\dim_F(\mathscr{A}) &< 2 + \frac{4\kappa}{\nu^3\lambda_1^2}\varepsilon \leqslant 2 + \frac{4\kappa}{\nu^3\lambda_1^2}\cdot\frac{\lambda_1}{2}||f||_{V'}^2 \\
&= 2 + \frac{4\kappa}{\nu^4\lambda_1}||f||_{V'}^2 = 2 + \frac{4\kappa}{\nu^4\lambda_1}(\nu^2\lambda_1^{\frac{1}{2}}G)^2
\end{aligned}$$

$$= 2 + 4\kappa G^2 = 2(1 + 2\kappa Re^4).$$

将上述讨论的结果总结如下.

定理 1.6.4 在定理 1.6.3 中建立的整体吸引子 $\mathscr{A}$, 具有有限的 Hausdorff 维数和有限的分形维数, 均可以通过 (1.6.69) 中定义的 Reynolds 数 Re 和 (1.6.70) 中定义的 Grashof 数 G 进行估计:

$$\dim_H(\mathscr{A}) \leqslant 1 + \kappa G^2 = 1 + \kappa Re^4;$$

$$\dim_F(\mathscr{A}) < 2(1 + 2\kappa G^2) = 2(1 + 2\kappa Re^4),$$

其中 κ 是一个绝对常数.

第 2 章 Lyapunov 指数和吸引子维数

关于吸引子和泛函集的结构研究, 本章包含本质的定义和结果, 即关于吸引子和泛函集维数, 有 Lyapunov 数、Lyapunov 指数和一般抽象结果. Lyapunov 数有一个几何解释, 其表明: 在半群作用下, 在 m 维空间中体积是如何被扭曲的, 即在吸引子上, 半群在一些方向上可以是收缩的, 在其他一些方向上可以是扩张的, 导致了一个复杂的动力系统. 因 Lyapunov 数标示了一维空间中的长度、二维空间中的面积、三维空间中的体积等的指数变化率, 故 Lyapunov 数为动力系统提供了有价值的信息.

吸引子和泛函集是非常复杂的, 目前关于它们的描述和几何性质的研究, 可用的工具极少. 本质上, 维数的概念是为数不多的信息之一. 关于复杂集合维数的定义, 本节介绍两个, 即 Hausdorff 维数和分形维数 (也称容量).

2.1 线性和多线性代数

本节包含线性和多线性代数的一些预备知识, 包括 Hilbert 空间的外积概念和一些重要的性质, 研究作用在外积上一些线性和多线性算子; 还研究在 Hilbert 空间中, 一个线性算子作用在一个球上的像集, 在算子是紧的情形下, 这是容易的, 但在非紧情形下, 是非常复杂的.

2.1.1 Hilbert 空间的外积

设 E 是一个 Hilbert 空间, 其内积和范数分别表示为 $(\cdot,\cdot)_E$, $|\cdot|_E$; 在不引起混淆的情况下, 指标 E 会省略.

对 $\varphi_1,\varphi_2,\cdots,\varphi_m\in E$, 我们用 $\varphi_1\otimes\varphi_2\otimes\cdots\otimes\varphi_m$ 表示 E 上的 m 元线性形式, 定义如下:

$$(\varphi_1\otimes\varphi_2\otimes\cdots\otimes\varphi_m)(\psi_1,\cdots,\psi_m)\triangleq\prod_{i=1}^{m}(\varphi_i,\psi_i),\quad \forall\psi_1,\cdots,\psi_m\in E.$$

这种 m 元形式 $\varphi_1\otimes\varphi_2\otimes\cdots\otimes\varphi_m$ 是 $\varphi_1\cdots\varphi_m$ 的张量积. 所有的这种 m 元形式 (或张量积) 张成的空间, 记为 $\otimes^m E$. 其内积定义如下: $\forall\varphi_1,\cdots,\varphi_m,\ \psi_1,\cdots,\psi_m\in E$,

$$(\varphi_1\otimes\cdots\otimes\varphi_m,\psi_1\otimes\cdots\otimes\psi_m)_{\otimes^m E}\triangleq\prod_{i=1}^{m}(\varphi_i,\psi_i)_E.\tag{2.1.1}$$

容易验证: (2.1.1) 中定义的内积是有很好的定义的 (即 $(\xi,\eta)_{\otimes^m E}$ 不依赖于 $\xi,\eta\in\otimes^m E$ 的表达式), 并且是正定的, 所以 $\{(\xi,\xi)_{\otimes^m E}\}^{\frac{1}{2}}$ 是 $\otimes^m E$ 上的一个范数; 用 $\hat{\otimes}^m E$ 表示 $\otimes^m E$ 在这类范数下的完备化, 即 $\hat{\otimes}^m E$ 是 m 元张量积的 Hilbert 空间, 其内积和范数分别表示为 $(\cdot,\cdot)_{\hat{\otimes}^m E}, |\cdot|_{\hat{\otimes}^m E}$. 在不引起混淆的情况下, 省略下指标 $\hat{\otimes}^m E$.

显然, 映射 $\{\varphi_1,\cdots,\varphi_m\}\longrightarrow\varphi_1\otimes\cdots\otimes\varphi_m$ 是一个 $E\longrightarrow\otimes^m E$(或 $\hat{\otimes}^m E$) 的 m 元线性映射, 即对任意的 $\varphi_1,\varphi_1',\varphi_2,\cdots,\varphi_m\in E$, $\alpha,\alpha'\in\mathbb{R}^1$, 成立

$$(\alpha\varphi_1+\alpha'\varphi_1')\otimes\varphi_2\otimes\cdots\otimes\varphi_m=\alpha\varphi_1\otimes\varphi_2\otimes\cdots\otimes\varphi_m+\alpha'\varphi_1'\otimes\varphi_2\otimes\cdots\otimes\varphi_m, \quad (2.1.2)$$

(2.1.2) 式对其他任意指标 i, $1\leqslant i\leqslant m$ 也有上述相同关系.

如果 $\{e_i\}_{i\in I}$ 是 E 的一组正交基, 则 $e_{i_1}\otimes e_{i_2}\otimes\cdots\otimes e_{i_m}, i_1,i_2,\cdots,i_m\in I$, 构成 $\otimes^m E$ 的一组正交基; 如果 $\{e_i\}_{i\in I}$ 是 E 的一组 Hilbert 正交基, 则 $e_{i_1}\otimes e_{i_2}\otimes\cdots\otimes e_{i_m}$, $i_\alpha\in I$, 构成 $\hat{\otimes}^m E$ 的一组 Hilbert 正交基.

如果 $E_1,\cdots,E_m$ 是 m 个 Hilbert 空间, 用类似方式, 可以定义 $E_1\otimes\cdots\otimes E_m$(或 $E_1\hat{\otimes}\cdots\hat{\otimes}E_m$) 上的张量积 $\varphi_1\otimes\cdots\otimes\varphi_m, \varphi_i\in E_i$.

记 $\wedge^m E=\underbrace{E\wedge\cdots\wedge E}_{m个}$. 这是 m 张量积空间 $\otimes^m E$ 的子空间, 是由下述元素张成的空间:

$$\varphi_1\wedge\cdots\wedge\varphi_m\triangleq\sum_\sigma(-1)^\sigma\varphi_{\sigma(1)}\otimes\cdots\otimes\varphi_{\sigma(m)}, \quad (2.1.3)$$

其中 $\varphi_1,\cdots,\varphi_m\in E,\sigma$ 是 $\{1,2,\cdots,m\}$ 的一个置换函数. (2.1.3) 中的求和是对所有的 $\{1,\cdots,m\}$ 上的置换函数求和 ($(-1)^\sigma$ 是 σ 的符号). (2.1.3) 中的 $\varphi_1\wedge\cdots\wedge\varphi_m$ 称为 $\varphi_1,\cdots,\varphi_m$ 的外积. 由 (2.1.2) 可知, 通常的多线性法则成立, 即

$$\forall\varphi_1,\varphi_1',\varphi_2,\cdots,\varphi_m\in E,\quad\alpha,\alpha'\in\mathbb{R}^1,$$

成立

$$(\alpha\varphi_1+\alpha'\varphi_1')\wedge\varphi_2\wedge\cdots\wedge\varphi_m=\alpha\varphi_1\wedge\varphi_2\wedge\cdots\wedge\varphi_m+\alpha'\varphi_1'\wedge\varphi_2\wedge\cdots\wedge\varphi_m. \quad (2.1.4)$$

(2.1.4) 中同样的关系对其他指标 $1\leqslant i\leqslant m$ 也成立.

此外, 对任意的 $\varphi_1,\cdots,\varphi_m\in E$, 若 $\varphi_i=\varphi_j$, $i\neq j$, 成立

$$\varphi_1\wedge\cdots\wedge\varphi_m=0. \quad (2.1.5)$$

此蕴含着

$$\varphi_1\wedge\cdots\wedge\varphi_i\wedge\cdots\wedge\varphi_j\wedge\cdots\wedge\varphi_m$$

$$= -\varphi_1 \wedge \cdots \wedge \varphi_j \wedge \cdots \wedge \varphi_i \wedge \cdots \wedge \varphi_m, \quad \forall 1 \leqslant i, j \leqslant m. \tag{2.1.6}$$

在 $\wedge^m E$ 上, 定义内积 $(\cdot,\cdot)_{\wedge^m E}$ 如下:

$\forall \varphi_1, \cdots, \varphi_m, \psi_1, \cdots, \psi_m \in E$, 定义

$$(\varphi_1 \wedge \cdots \wedge \varphi_m, \psi_1 \wedge \cdots \wedge \psi_m)_{\wedge^m E} \triangleq \det\{(\varphi_i, \psi_j)_E\}_{1\leqslant i,j\leqslant m}. \tag{2.1.7}$$

可以验证, 上述定义的内积有很好的定义, 即 $(\xi,\eta)_{\wedge^m E}$ 不依赖于 (2.1.7) 中 $\xi, \eta \in \wedge^m E$ 的表达式. 上述内积是正定的, 即

$$(\xi,\xi)_{\wedge^m E} > 0, \quad \forall \xi \in \wedge^m E, \quad \xi \neq 0.$$

因此, $\{(\xi,\xi)_{\wedge^m E}\}^{\frac{1}{2}}$ 是 $\wedge^m E$ 上的一个范数. $\wedge^m E$ 在此范数下的完备化, 记为 $\hat{\wedge}^m E$, 其内积和范数分别记为 $(\cdot,\cdot)_{\hat{\wedge}^m E}$, $|\cdot|_{\hat{\wedge}^m E}$.

记 $\{e_i\}_{i\in I}$ 是 E 的一组正交基, 其中指标集 I 假定是全序的 (一般取 $I = \mathbb{N}$ 或者当 E 是有限维空间时, $I \subset \mathbb{N}$ 是有限集). 下面的外积集合构成了 $\wedge^m E$ 的一组正交基:

$$\{e_{i_1} \wedge e_{i_2} \wedge \cdots \wedge e_{i_m};\ i_1 < i_2 < \cdots < i_m,\ i_\alpha \in I\}. \tag{2.1.8}$$

类似地, 若 $\{e_i\}_{i\in I}$ 是 E 的一组 Hilbert 基, 则外积集合 (2.1.8) 也构成 $\hat{\wedge}^m E$ 的一组 Hilbert 基. 例如, 设

$$\varphi_1, \cdots, \varphi_m \in E, \quad \varphi_i = \sum_{j_i \in I} a_{ij_i} e_{j_i}, \quad i = 1, 2, \cdots, m,\ I \subset \mathbb{N}.$$

由 (2.1.4)—(2.1.6), 成立

$$\begin{aligned} \varphi_1 \wedge \cdots \wedge \varphi_m &= \left(\sum_{j_1\in I} a_{ij_1} e_{j_1}\right) \wedge \cdots \wedge \left(\sum_{j_m \in I} a_{mj_m} e_{j_m}\right) \\ &= \sum_{i_1<\cdots<i_m} k_{i_1\cdots i_m} e_{i_1} \wedge \cdots \wedge e_{i_m}, \end{aligned} \tag{2.1.9}$$

其中求和是对所有 $i_1 < \cdots < i_m, i_\alpha \in I$; $k_{i_1\cdots i_m}$ 是 $m\times m$ 矩阵 $(a_{\alpha\beta})$ 的行列式, $\alpha = 1, 2, \cdots, m$, $\beta = i_1, \cdots, i_m$, 即

$$k_{i_1\cdots i_m} = \det \begin{pmatrix} a_{1i_1} & a_{1i_2} & \cdots & a_{1i_m} \\ a_{2i_1} & a_{2i_2} & \cdots & a_{2i_m} \\ \vdots & \vdots & & \vdots \\ a_{mi_1} & a_{mi_2} & \cdots & a_{mi_m} \end{pmatrix}_{m\times m}. \tag{2.1.10}$$

利用 (2.1.5) 式知, 外积 $\varphi_1\wedge\cdots\wedge\varphi_m\neq 0$ 当且仅当 $\varphi_1,\cdots,\varphi_m$ 在 E 中是线性无关的. 若 $\{\varphi_1,\cdots,\varphi_m\},\{\psi_1,\cdots,\psi_m\}$ 是 E 中两组线性无关的元素集合, 则

$$\operatorname{span}\{\varphi_1,\cdots,\varphi_m\}=\operatorname{span}\{\psi_1,\cdots,\psi_m\},$$

当且仅当外积 $\varphi_1\wedge\cdots\wedge\varphi_m$ 与 $\psi_1\wedge\cdots\wedge\psi_m$ 是成比例的, 即存在 $\lambda_m\in\mathbb{R}^1$, 使得

$$\varphi_1\wedge\cdots\wedge\varphi_m=\lambda_m\psi_1\wedge\cdots\wedge\psi_m.$$

更一般地, 对任意 $\varphi\in\wedge^m E,\psi\in\wedge^n E$, 可以定义 $\varphi\wedge\psi\in\wedge^{m+n}E$ 如下:

$\forall\theta_1,\cdots,\theta_{m+n}\in E$, 成立

$$(\varphi\wedge\psi)(\theta_1,\cdots,\theta_{m+n})\triangleq\sum_{\sigma}(-1)^{\sigma}\varphi(\theta_{\sigma(1)},\cdots,\theta_{\sigma(m)})\psi(\theta_{\sigma(m+1)},\cdots,\theta_{\sigma(m+n)}),\tag{2.1.11}$$

其中求和 $\sum$ 是关于所有置换 σ (在 $\{1,\cdots,m+n\}$ 上), 使得 $\sigma(1)<\cdots<\sigma(m)<\sigma(m+1)<\cdots<\sigma(m+n)$.

外积的基本性质 (2.1.4)—(2.1.6) 可以推广如下:

(2.1.11)中定义的外积 $\wedge$ 在 $\wedge^m E\times\wedge^n E$上是双线性连续的, (2.1.12)

$$\alpha\wedge\beta=(-1)^{mn}\beta\wedge\alpha,\tag{2.1.13}$$

$$\alpha\wedge(\beta\wedge\gamma)=(\alpha\wedge\beta)\wedge\gamma.\tag{2.1.14}$$

由 (2.1.12) 的连续性, 可知 (2.1.11) 中定义的外积可以拓广为 $\hat{\wedge}^m E\times\hat{\wedge}^n E$ 上的双线性连续算子, 并且性质 (2.1.13), (2.1.14) 成立.

外积和体积的关系: 设 $\varphi_1,\cdots,\varphi_m\in E$, 则 $\varphi_1\wedge\cdots\wedge\varphi_m\in\wedge^m E$ 的范数是由 $\varphi_1,\cdots,\varphi_m$ 生成的平行六面体的 m 维体积, 这里的平行六面体是指集合

$$\{\lambda_1\varphi_1+\cdots+\lambda_m\varphi_m;\ 0\leqslant\lambda_i\leqslant 1,\ \forall i=1,\cdots,m\}.$$

事实上, 设 $e_1,\cdots,e_m$ 是 $\operatorname{span}\{\varphi_1,\cdots,\varphi_m\}$ 的一组标准正交基, 即 $(e_i,e_j)_E=\delta_{ij},\ 1\leqslant i,j\leqslant m$, 这里已假定 $\varphi_1,\cdots,\varphi_m$ 是线性无关的.

记 $\varphi_i=\sum_{j=1}^m a_{ij}e_j, 1\leqslant i\leqslant m$. 利用 (2.1.9), (2.1.10), 可知

$$\varphi_1\wedge\cdots\wedge\varphi_m=\det(a_{ij})_{1\leqslant i,j\leqslant m}(e_1\wedge\cdots\wedge e_m).$$

由于 (见 (2.1.7) 式)

$$|e_1\wedge\cdots\wedge e_m|^2_{\wedge^m E}=(e_1\wedge\cdots\wedge e_m,e_1\wedge\cdots\wedge e_m)_{\wedge^m E}$$

$$
\begin{aligned}
&= \det\{(e_i, e_j)_E\}_{1\leqslant i,j\leqslant m} \\
&= \det\{\delta_{ij}\}_{1\leqslant i,j\leqslant m} \\
&= 1,
\end{aligned}
$$

可得

$$|\varphi_1\wedge\cdots\wedge\varphi_m| = |\det(a_{ij})_{1\leqslant i,\, j\leqslant m}||e_1\wedge\cdots\wedge e_m| = |\det(a_{ij})_{1\leqslant i,j\leqslant m}|. \quad (2.1.15)$$

利用 (2.1.15) 式知, $\det(a_{ij})_{1\leqslant i,\; j\leqslant m}\neq 0$.

记.

$$A=(a_{ij})_{1\leqslant i,j\leqslant m},\quad B=AA^{\mathrm{T}}.$$

可知 $B=(b_{ij})_{1\leqslant i,j\leqslant m}$ 为对称矩阵且

$$\det B=\det A\det A^{\mathrm{T}}=[\det A]^2>0.$$

$\forall\xi\in\mathbb{R}^m/\{0\}$, 成立

$$
\begin{aligned}
\xi B\xi^{\mathrm{T}} &= \sum_{i,j=1}^m b_{ij}\xi_i\xi_j = \sum_{i,j,k=1}^m a_{ik}a_{jk}\xi_i\xi_j \\
&= \sum_{k=1}^m\left(\sum_{i=1}^m \xi_i a_{ik}\right)\left(\sum_{j=1}^m \xi_j a_{jk}\right) \\
&= \sum_{k=1}^m\left(\sum_{i=1}^m \xi_i a_{ik}\right)^2 \geqslant 0.
\end{aligned}
$$

说明 B 是对称的、半正定矩阵. 又已知 $\det B>0$, 故 B 是对称的正定矩阵. 对于对称的正定矩阵 B, 有如下结论成立:

$$\det B\leqslant b_{11}b_{22}\cdots b_{mm}.$$

事实上, 令

$$P=(p_{ij})_{1\leqslant i,j\leqslant m}=\operatorname{diag}\left(\frac{1}{\sqrt{b_{11}}},\frac{1}{\sqrt{b_{22}}},\cdots,\frac{1}{\sqrt{b_{mm}}}\right),$$

记 $C=PBP^{\mathrm{T}}=(c_{ij})_{1\leqslant i,j\leqslant m}$. 则对于任意 $1\leqslant i\leqslant m$, 成立

$$c_{ii}=\sum_{k,j=1}^m p_{ik}b_{kj}p_{ij}=\sum_{k,j=1}^m\frac{1}{\sqrt{b_{ii}}}\delta_{ik}b_{kj}\frac{1}{\sqrt{b_{ii}}}\delta_{ij}=\frac{1}{b_{ii}}\sum_{k,j=1}^m\delta_{ik}\delta_{ij}b_{kj}=\frac{1}{b_{ii}}b_{ii}=1,$$

即矩阵 C 对角线元素 $c_{ii}=1,\ i=1,\cdots,m$.

设 $\lambda_1,\cdots,\lambda_m$ 为矩阵 C 的 m 个特征值, 则

$$\det C=\lambda_1\cdots\lambda_m\leqslant\left(\frac{\lambda_1+\cdots+\lambda_m}{m}\right)^m=\left(\frac{\mathrm{tr}(C)}{m}\right)^m=\left(\frac{\sum_{i=1}^m c_{ii}}{m}\right)^m=1.$$

又因为

$$\det C=\det P\det B\det P^{\mathrm{T}}=\frac{\det B}{b_{11}b_{22}\cdots b_{mm}},$$

所以成立

$$\det B\leqslant b_{11}b_{22}\cdots b_{mm}.$$

对于 $B=AA^{\mathrm{T}}$, 成立

$$b_{ij}=\sum_{k=1}^m a_{ik}a_{jk},\quad 1\leqslant i,j\leqslant m.$$

利用 $\varphi_i=\sum\limits_{j=1}^m a_{ij}e_j$ 可知

$$a_{ik}=(\varphi_i,e_k)_E\quad 且\quad |\varphi_i|^2=\sum_{k=1}^m(\varphi_i,e_k)_E^2,\quad 1\leqslant i,\ k\leqslant m.$$

从而

$$b_{ii}=\sum_{k=1}^m(a_{ik})^2=\sum_{k=1}^m(\varphi_i,e_k)_E^2=|\varphi_i|^2.$$

利用上述关于对称正定矩阵 B 的结论, 以及取 $B=AA^{\mathrm{T}}$, 可得

$$(\det A)^2=\det A\det A^{\mathrm{T}}=\det(AA^{\mathrm{T}})=\det B\leqslant\prod_{i=1}^m b_{ii}=\prod_{i=1}^m|\varphi_i|^2,$$

即

$$|\det A|\leqslant\prod_{i=1}^m|\varphi_i|_E.$$

从而, 利用 (2.1.15) 式, 成立

$$|\varphi_1\wedge\varphi_2\wedge\cdots\wedge\varphi_m|_{\wedge^m E}\leqslant|\varphi_1||\varphi_2|\cdots|\varphi_m|.\tag{2.1.16}$$

继续沿用上述 $B=(b_{ij})_{m\times m}=AA^{\mathrm{T}}$. 利用 (2.1.15), 可知

$$|\varphi_1\wedge\cdots\wedge\varphi_m|^2_{\wedge^m E}=(\det A)^2=\det A\det A^{\mathrm{T}}=\det(AA^{\mathrm{T}})=\det B.$$

由于 $\varphi_i=\sum\limits_{j=1}^m a_{ij}e_j$, 可得

$$\begin{aligned}(\varphi_i,\varphi_j)_E&=\left(\sum_{k=1}^m a_{ik}e_k,\sum_{l=1}^m a_{jl}e_l\right)_E\\&=\sum_{k,l=1}^m a_{ik}a_{jl}(e_k,e_l)_E\\&=\sum_{k,l=1}^m a_{ik}a_{jl}\delta_{kl}\\&=\sum_{k=1}^m a_{ik}a_{jk},\quad 1\leqslant i,j\leqslant m.\end{aligned}$$

另一方面,

$$b_{ij}=\sum_{k=1}^m a_{ik}a_{jk},\quad 1\leqslant i,j\leqslant m,$$

从而

$$b_{ij}=(\varphi_i,\varphi_j),\quad 1\leqslant i,j\leqslant m.$$

因此, 成立

$$|\varphi_1\wedge\cdots\wedge\varphi_m|^2_{\wedge^m E}=\det(\varphi_i,\varphi_j)_{1\leqslant i,\ j\leqslant m}.$$

当 $m=2$ 时,

$$\begin{aligned}|\varphi_1\wedge\varphi_2|^2_{\wedge^m E}&=\det\begin{pmatrix}(\varphi_1,\varphi_1)_E&(\varphi_1,\varphi_2)_E\\(\varphi_2,\varphi_1)_E&(\varphi_2,\varphi_2)_E\end{pmatrix}\\&=|\varphi_1|^2_E|\varphi_2|^2_E-(\varphi_1,\varphi_2)^2_E\\&=|\varphi_1|^2_E|\varphi_2|^2_E(1-\cos^2\theta)\\&=\sin^2\theta|\varphi_1|^2_E|\varphi_2|^2_E,\end{aligned}$$

其中 θ 是 φ_1,φ_2 的夹角, 满足

$$\cos\theta=\frac{(\varphi_1,\varphi_2)_E}{|\varphi_1|_E|\varphi_2|_E},$$

$|\varphi_1\wedge\varphi_2|_{\wedge^2E}=\sin\theta|\varphi_1|_E|\varphi_2|_E$ 表示由向量 φ_1,φ_2 为边构成的平行四边形面积. 对于 $m\geqslant 3$, 显式的表达关系非常复杂, 此处不讨论.

2.1.2　多重线性算子和外积

假定 E 是一个可分的 Hilbert 空间, L 是 E 上一个线性连续算子. 我们研究与 L 有关的两类多重线性连续算子, 即 $\wedge^mL$ 和 L_m.

算子 $\wedge^mL$　首先定义一个 m 重线性连续算子 $\wedge^mL:E^m\longrightarrow\wedge^mE$ 如下:

$$(\wedge^mL)(\varphi_1,\cdots,\varphi_m)=L\varphi_1\wedge\cdots\wedge L\varphi_m,\quad\forall(\varphi_1,\cdots,\varphi_m)\in E^m.\tag{2.1.17}$$

显然算子 $\wedge^mL$ 是 m 重线性算子. 利用 (2.1.16) 式, $\forall\varphi_1,\cdots,\varphi_m\in E$, 成立

$$\begin{aligned}|(\wedge^mL)(\varphi_1,\cdots,\varphi_m)|_{\wedge^mE}&=|L\varphi_1\wedge\cdots\wedge L\varphi_m|_{\wedge^mE}\\&\leqslant|L\varphi_1|_E\cdots|L\varphi_m|_E\\&\leqslant||L||^m_{\mathcal{L}(E)}|\varphi_1|_E\cdots|\varphi_m|_E.\end{aligned}\tag{2.1.18}$$

说明 $\wedge^mL$ 是连续的.

m 重线性算子 $\wedge^mL:E^m\longrightarrow\wedge^mE$ 的范数定义如下:

$$||\wedge^mL||_{\mathcal{L}(E^m,\wedge^mE)}=\sup_{\substack{\varphi_1,\cdots,\varphi_m\in E\\|\varphi_i|_E\leqslant 1}}|(\wedge^mL)(\varphi_1,\cdots,\varphi_m)|_{\wedge^mE}.\tag{2.1.19}$$

根据 (2.1.18) 式, 可知

$$||\wedge^mL||_{\mathcal{L}(E^m,\wedge^mE)}\leqslant||L||^m_{\mathcal{L}(E)}.\tag{2.1.20}$$

设 $\varphi,\psi\in E\backslash\{0\}$, 则 $\varphi\wedge\psi=0$, 当且仅当 φ,ψ 线性相关. 事实上, 若 φ,ψ 线性相关, 利用外积性质可知 $\varphi\wedge\psi=0$. 若 $\varphi\wedge\psi=0$, 已证

$$|\varphi\wedge\psi|_{\wedge^2E}=\sin\theta|\varphi|_E|\psi|_E,$$

其中 θ 为 φ 与 ψ 的夹角, 满足

$$\frac{(\varphi,\psi)_E}{|\varphi|_E|\psi|_E}=\cos\theta.$$

从而

$$\sin\theta|\varphi|_E|\psi|_E=0.$$

由于 $|\varphi|_E\neq 0$, $|\psi|\neq 0$, 可得 $\sin\theta=0$, $\cos\theta=1$, 即有

$$(\varphi,\psi)_E=|\varphi|_E|\psi|_E\neq 0.$$

说明 φ, ψ 是线性无关的.

验证: m 重线性算子 $\wedge^m L(\varphi_1, \cdots, \varphi_m)$ 仅依赖于 $\varphi_1 \wedge \cdots \wedge \varphi_m$, 而不是 $\varphi_1, \cdots, \varphi_m$.

事实上, 设 $\varphi_1 \wedge \cdots \wedge \varphi_m = \psi_1 \wedge \cdots \wedge \psi_m$. 若 $\varphi \wedge \cdots \wedge \varphi_m = 0$, 则至少有一个元素, 不妨设 φ_m 可以由其他元素的线性组合表达出来, 从而 $L\varphi_m$ 也是 $L\varphi_1, \cdots, L\varphi_m$ 的线性组合, 利用外积性质, 可得

$$L\varphi_1 \wedge \cdots \wedge L\varphi_m = 0,$$

即

$$(\wedge^m L)(\varphi_1, \cdots, \varphi_m) = 0.$$

由于

$$\psi_1 \wedge \cdots \wedge \psi_m = \varphi_1 \wedge \cdots \wedge \varphi_m = 0,$$

同样的证明过程可得

$$(\wedge^m L)(\psi_1, \cdots, \psi_m) = 0.$$

若 $\varphi_1 \wedge \cdots \wedge \varphi_m \neq 0$, 则成立

$$\mathrm{span}\{\varphi_1, \cdots, \varphi_m\} = \mathrm{span}\{\psi_1, \cdots, \psi_m\}.$$

事实上, $\forall \varphi \in \mathrm{span}\{\varphi_1, \cdots, \varphi_m\}$, 存在 $\lambda_1, \cdots, \lambda_m \in \mathbb{R}^1$, 使得 $\varphi = \sum\limits_{i=1}^{m} \lambda_i \varphi_i$. 利用外积性质, 可得

$$\varphi \wedge (\varphi_1 \wedge \cdots \wedge \varphi_m) = 0.$$

从而 $\varphi \wedge (\psi_1 \wedge \cdots \wedge \psi_m) = 0$. 说明 φ 与 $\psi \triangleq \psi_1 \wedge \cdots \wedge \psi_m$ 是线性相关的. 因此, $\varphi \in \mathrm{span}\{\psi_1, \cdots, \psi_m\}$. 从而

$$\mathrm{span}\{\varphi_1, \cdots, \varphi_m\} \subseteq \mathrm{span}\{\psi_1, \cdots, \psi_m\}.$$

同理

$$\mathrm{span}\{\psi_1, \cdots, \psi_m\} \subseteq \mathrm{span}\{\varphi_1, \cdots, \varphi_m\}.$$

这样就验证了

$$\mathrm{span}\{\psi_1, \cdots, \psi_m\} = \mathrm{span}\{\varphi_1, \cdots, \varphi_m\}.$$

进一步, 可以写成下述形式

$$\psi_i = \sum_{j=1}^{m} a_{ij} \varphi_j, \quad i = 1, \cdots, m. \tag{2.1.21}$$

利用外积性质, 成立

$$\begin{aligned}\psi_1\wedge\cdots\wedge\psi_m&=\left(\sum_{j_1=1}^m a_{1j_1}\varphi_{j_1}\right)\wedge\cdots\wedge\left(\sum_{j_m=1}^m a_{mj_1}\varphi_{j_m}\right)\\&=\sum_{j_1=1}^m\cdots\sum_{j_m=1}^m a_{1j_1}\cdots a_{mj_m}\varphi_{j_1}\wedge\cdots\wedge\varphi_{j_m}\\&=\det(a_{ij})\varphi_1\wedge\cdots\wedge\varphi_m.\end{aligned}$$

进一步地

$$|\psi_1\wedge\cdots\wedge\psi_m|=\det(a_{ij})|\varphi_1\wedge\cdots\wedge\varphi_m|.$$

说明 $\det(a_{ij})=1$.

从而, 结合 (2.1.17), (2.1.21), 成立

$$\begin{aligned}(\wedge^m L)(\psi_1,\cdots,\psi_m)&=L\psi_1\wedge\cdots\wedge L\psi_m\\&=\left(\sum_{j_1=1}^m a_{1j_1}L\varphi_1\right)\wedge\cdots\wedge\left(\sum_{j_m=1}^m a_{mj_m}L\varphi_{j_m}\right)\\&=\det(a_{ij})L\varphi_1\wedge\cdots\wedge L\varphi_m\\&=L\varphi_1\wedge\cdots\wedge L\varphi_m\\&=(\wedge^m L)(\varphi_1,\cdots,\varphi_m),\end{aligned}$$

即

$$(\wedge^m L)(\psi_1,\cdots,\psi_m)=(\wedge^m L)(\varphi_1,\cdots,\varphi_m). \tag{2.1.22}$$

上述讨论表明 $(\wedge^m L)(\psi_1,\cdots,\psi_m)$ 确实仅依赖于 $\psi_1\wedge\cdots\wedge\psi_m$.

注意, 由 $\varphi_1\wedge\cdots\wedge\varphi_m=\psi_1\wedge\cdots\wedge\psi_m$, 得不到 $\varphi_i=\psi_i, i=1,\cdots,m$. 反之成立. 此外, $\wedge^m L$ 还诱导出一个在 $\wedge^m E$ 上的线性算子, 仍记为 $\wedge^m L$, 即 $(\wedge^m L)(\varphi_1\wedge\cdots\wedge\varphi_m)\triangleq(\wedge^m L)(\varphi_1,\cdots,\varphi_m)$.

对任意的 $L\in\mathcal{L}(E)$ 以及非负整数 m, 令

$$\alpha_m(L)=\sup_{\substack{F\subset E\\ \dim F=m}}\inf_{\substack{\varphi\in F\\ |\varphi|_E=1}}|L\varphi|_E, \tag{2.1.23}$$

$$\omega_m(L)=\alpha_1(L)\cdots\alpha_m(L). \tag{2.1.24}$$

则 $\alpha_m(L)$ 关于 m 是非增的.

事实上, 记 F_m 为 E 中 m 维子空间, 设 $F_{m+1} \subset E$. 取一个 $F_m \subset F_{m+1}$, 可得

$$\alpha_m(L) \geqslant \inf_{\substack{\varphi \in F_m \\ |\varphi|_E=1}} |L\varphi|_E \geqslant \inf_{\substack{\varphi \in F_{m+1} \\ |\varphi|_E=1}} |L\varphi|_E.$$

利用 F_{m+1} 为 E 中任一 $m+1$ 维子空间, 可知

$$\alpha_m \geqslant \sup_{F_{m+1} \subset E} \inf_{\substack{\varphi \in F_{m+1} \\ |\varphi|_E=1}} |L\varphi|_E = \alpha_{m+1}.$$

此外, 成立

$$\alpha_1(L) = ||L||_{\mathcal{L}(E)},$$

其中

$$||L||_{\mathcal{L}(E)} = \sup_{\substack{\varphi \in E \\ |\varphi|_E=1}} |L\varphi|_E.$$

验证: 对任意的子空间 $F \subset E, \dim F = 1$, 以及对任意的 $\varphi \in F$, $|\varphi|_E = 1$, 成立

$$\sup_{\substack{\varphi \in E \\ |\varphi|_E=1}} |L\varphi|_E \geqslant |L\varphi|_E \geqslant \inf_{\substack{\varphi \in F \\ |\varphi|_E=1}} |L\varphi|.$$

由 $F \subset E, \dim F = 1$ 的任意性, 成立

$$\sup_{\substack{\varphi \in E \\ |\varphi|_E=1}} |L\varphi|_E \geqslant \sup_{\substack{F \subset E \\ \dim F=1}} \inf_{\substack{\varphi \in F \\ |\varphi|_E=1}} |L\varphi| = \alpha_1(L).$$

另一方面,

$$\alpha_1(L) = \sup_{\substack{F \subset E \\ \dim F=1}} \inf_{\substack{\varphi \in F \\ |\varphi|_E=1}} |L\varphi| \leqslant \sup_{\substack{F \subset E \\ \dim F=1}} \sup_{\substack{\varphi \in F \\ |\varphi|_E=1}} |L\varphi| = \sup_{\substack{\varphi \in E \\ |\varphi|_E=1}} |L\varphi|.$$

综上讨论知

$$\alpha_1(L) = \sup_{\substack{\varphi \in E \\ |\varphi|_E=1}} |L\varphi| \ (= ||L||_{\mathcal{L}(E)}).$$

下面的引理表明诱导出的线性算子 $\wedge^m L : \wedge^m E \longrightarrow \wedge^m E$ 是连续的.

引理 2.1.1 设 $L \in \mathcal{L}(E)$, 线性算子 $\wedge^m L : \wedge^m E \longrightarrow \wedge^m E$ 的定义如下:

$$(\wedge^m L)(\varphi_1 \wedge \cdots \wedge \varphi_m) \triangleq L\varphi_1 \wedge \cdots \wedge L\varphi_m, \quad \forall \varphi_1 \wedge \cdots \wedge \varphi_m \in \wedge^m E.$$

则 $\wedge^m L$ 在范数 $|\cdot|_{\wedge^m E}$ 意义下是连续的, $\wedge^m L$ 可以连续延拓为 $\hat{\wedge}^m E$ 上的一个线性连续算子, 并且

$$\| \wedge^m L\|_{\mathcal{L}(\wedge^m E)} \leqslant \omega_m(L). \tag{2.1.25}$$

证明 令 $\{e_i\}_{i\in I}$ 是 E 的一组正交基, 由 (2.1.8) 知

$$e_{i_1} \wedge e_{i_2} \wedge \cdots \wedge e_{i_m}, \quad i_1 < i_2 < \cdots < i_m, \quad i_\alpha \in I.$$

构成 $\wedge^m E$ 的一组正交基. 设 $\varphi \in \wedge^m E$, 则 φ 有如下表达式:

$$\varphi = \sum_{i_1<\cdots<i_m} a_{i_1\cdots i_m} e_{i_1} \wedge \cdots \wedge e_{i_m}. \tag{2.1.26}$$

(2.1.26) 中的求和是有限的, 在 (2.1.26) 式中出现的最大 i_α, 记为 M. 令

$$F_M = \operatorname{span}\{e_1, \cdots, e_m\}.$$

二次形式 $|L\psi|_E^2$, $\psi \in F_M$ 是有很好定义的, 在 F_M 上是连续的、非负的. 因此, 存在 F_M 中一组正交基 $\{\psi_i\}_{i=1}^M$ 且构成这个二次型的特征向量, 即

$$(L\psi_i, L\psi_j) = r_i \delta_{ij},$$

其中 $r_1 \geqslant r_2 \geqslant \cdots \geqslant r_m$ 是特征向量 $\psi_1, \psi_2, \cdots, \psi_M$ 的相应特征值. 此外, 基的变换公式是标准的:

$$e_i = \sum_{j=1}^M a_{ij} \psi_j,$$

$$e_{i_1} \wedge \cdots \wedge e_{i_m} = \sum_{j_1<\cdots<j_m} K_{j_1,\cdots,j_m}^{i_1,\cdots,i_m} \psi_{j_1} \wedge \cdots \wedge \psi_{j_m}, \quad \forall i_1 < \cdots < i_m \quad (\leqslant M),$$

其中, 根据 (2.1.10), $K_{j_1,\cdots,j_m}^{i_1,\cdots,i_m}$ 是矩阵 $(a_{\alpha\beta})$, $\alpha = i_1, \cdots, i_m$, $\beta = j_1, \cdots, j_m$ 的行列式.

利用 (2.1.15), (2.1.26), 成立

$$|\varphi|_{\wedge^m E}^2 = \sum_{i_1<\cdots<i_m} |a_{i_1\cdots i_m}|^2,$$

$$|e_{i_1} \wedge \cdots \wedge e_{i_m}|_{\wedge^m E}^2 = 1 = \sum_{j_1<\cdots<j_m} |K_{j_1,\cdots,j_m}^{i_1,\cdots,i_m}|^2.$$

利用 (2.1.26), 成立

$$(\wedge^m L)(\varphi) = \sum_{i_1<\cdots<i_m} a_{i_1\cdots i_m} L(e_{i_1} \wedge \cdots \wedge e_{i_m})$$

$$= \sum_{i_1<\cdots<i_m} \sum_{j_1<\cdots<j_m} a_{i_1\cdots i_m} K_{j_1\cdots j_m}^{i_1\cdots i_m} L(\psi_{j_1} \wedge \cdots \wedge \psi_{j_m})$$
$$= \sum_{i_1<\cdots<i_m} \sum_{j_1<\cdots<j_m} a_{i_1\cdots i_m} K_{j_1\cdots j_m}^{i_1\cdots i_m} L\psi_{j_1} \wedge \cdots \wedge L\psi_{j_m}.$$

由于

$$(\psi_i, \psi_j) = \delta_{ij}, \quad (L\psi_i, L\psi_j) = r_i \delta_{ij},$$

可知

$$L\psi_{j_1} \wedge \cdots \wedge L\psi_{j_m}, \quad j_1 < \cdots < j_m$$

在 $\wedge^m E$ 中是正交的. 从而, $\forall j_1 < \cdots < j_m \leqslant M$, 成立

$$|L\psi_{j_1} \wedge \cdots \wedge L\psi_{j_m}|_{\wedge^m E}^2 = |L\psi_{j_1}|_E^2 \cdots |L\psi_{j_m}|_E^2 = r_{j_1} \cdots r_{j_m}.$$

因此

$$\begin{aligned}
|(\wedge^m L)(\varphi)|_{\wedge^m E}^2 &= \sum_{i_1<\cdots<i_m} \sum_{j_1<\cdots<j_m} |a_{i_1\cdots i_m} K_{j_1\cdots j_m}^{i_1\cdots i_m}|^2 r_{j_1} \cdots r_{j_m} \\
&\leqslant r_1 \cdots r_m \sum_{i_1<\cdots<i_m} \sum_{j_1<\cdots<j_m} |a_{i_1\cdots i_m} K_{j_1\cdots j_m}^{i_1\cdots i_m}|^2 \\
&= r_1 \cdots r_m \sum_{i_1<\cdots<i_m} |a_{i_1\cdots i_m}|^2 \left(\sum_{j_1<\cdots<j_m} |K_{j_1\cdots j_m}^{i_1\cdots i_m}|^2 \right) \\
&= r_1 \cdots r_m \sum_{i_1<\cdots<i_m} |a_{i_1\cdots i_m}|^2 \\
&= r_1 \cdots r_m |\varphi|_{\wedge^m E}^2.
\end{aligned}$$

说明

$$\| \wedge^m L \|_{\mathcal{L}(\wedge^m E)}^2 \leqslant r_1 \cdots r_m. \tag{2.1.27}$$

利用在有限维空间上, 对称算子特征值的经典极大极小理论, 成立

$$r_j = \max_{\substack{G \subset F_M \\ \dim G = j}} \min_{\substack{\theta \in G \\ |\theta|_{F_M} = 1}} |L\theta|^2, \quad j = 1, 2, \cdots, M. \tag{2.1.28}$$

注意 α_j 的定义 (2.1.23):

$$\alpha_j(L) = \sup_{\substack{F \subset E \\ \dim F = j}} \inf_{\substack{\theta \in F \\ |\varphi|_E = 1}} |L\theta|_E, \quad 1 \leqslant j \leqslant M.$$

结合 (2.1.28), 成立

$$r_j = \alpha_j^2(L), \quad j = 1, \cdots, M. \tag{2.1.29}$$

由 (2.1.27), (2.1.29) 可得

$$|| \wedge^m L||_{\mathcal{L}(\wedge^m E)} \leqslant \alpha_1(L) \cdots \alpha_m(L). \tag{2.1.30}$$

利用 (2.1.24), (2.1.30), 可知 (2.1.25) 成立. □

注　设 $\varphi_1, \cdots, \varphi_m \in E$ 且 $|\varphi_j|_E \leqslant 1$, $\forall j = 1, \cdots, m$, 成立

$$\begin{aligned}
|(\wedge^m L)(\varphi_1, \cdots, \varphi_m)|_{\wedge^m E} &= |L\varphi_1 \wedge \cdots \wedge L\varphi_m|_{\wedge^m E} \\
&= |(\wedge^m L)(\varphi_1 \wedge \cdots \wedge \varphi_m)|_{\wedge^m E} \\
&= || \wedge^m L||_{\mathcal{L}(\wedge^m E)} |\varphi_1 \wedge \cdots \wedge \varphi_m|_{\wedge^m E} \\
&\leqslant || \wedge^m L||_{\mathcal{L}(\wedge^m E)} |\varphi_1|_E \cdots |\varphi_m|_E \\
&\leqslant || \wedge^m L||_{\mathcal{L}(\wedge^m E)}.
\end{aligned}$$

结合 (2.1.25), 可得

$$|| \wedge^m L||_{\mathcal{L}(E^m, \wedge^m E)} \leqslant || \wedge^m L||_{\mathcal{L}(\wedge^m E)} \leqslant \omega_m(L). \tag{2.1.31}$$

在后面, 我们将证明 (2.1.31) 中三个量是相等的.

算子 L_m　现在定义 m 重线性连续算子 $L_m : E^m \longrightarrow \wedge^m E$ 如下. 对任意的 $\varphi_1, \cdots, \varphi_m \in E$, 定义

$$\begin{aligned}
L_m(\varphi_1, \cdots, \varphi_m) \triangleq\, & L\varphi_1 \wedge \varphi_2 \wedge \cdots \wedge \varphi_m + \varphi_1 \wedge L\varphi_2 \wedge \cdots \wedge \varphi_m \\
& + \cdots + \varphi_1 \wedge \cdots \wedge \varphi_{m_1} \wedge L\varphi_m.
\end{aligned} \tag{2.1.32}$$

利用 (2.1.16) 式, 成立

$$|L_m(\varphi_1, \cdots, \varphi_m)|_{\wedge^m E} \leqslant m||L||_{\mathcal{L}(E)} |\varphi_1|_E \cdots |\varphi_m|_E,$$

因此, $L_m : E^m \longrightarrow \wedge^m E$, $\forall \varphi_1, \cdots, \varphi_m \in E$ 是连续的, 并且其范数 (定义见 (2.1.19)) 满足

$$||L_m|| \leqslant m||L||_{\mathcal{L}(E)}. \tag{2.1.33}$$

设 $\varphi_1, \cdots, \varphi_m \in E$. 若 $\varphi_i = \varphi_j$, $i \neq j$, 则

$$L_m(\varphi_1, \cdots, \varphi_m) = 0. \tag{2.1.34}$$

事实上, 由 (2.1.32) 和外积性质知

$$\begin{aligned}L_m(\varphi_1,\cdots,\varphi_m) &= \cdots+\varphi_1\wedge\cdots\wedge L\varphi_i\wedge\cdots\wedge\varphi_j\wedge\cdots\wedge\varphi_m+\cdots\\&\quad+\varphi_1\wedge\cdots\wedge\varphi_i\wedge\cdots\wedge L\varphi_j\wedge\cdots\wedge\varphi_m+\cdots\\&=\cdots+\varphi_1\wedge\cdots\wedge L\varphi_j\wedge\cdots\wedge\varphi_i\wedge\cdots\wedge\varphi_m+\cdots\\&\quad+\varphi_1\wedge\cdots\wedge\varphi_i\wedge\cdots\wedge L\varphi_j\wedge\cdots\wedge\varphi_m+\cdots\\&=0,\end{aligned}$$

此即为 (2.1.34) 式.

若 $\varphi_1\wedge\cdots\wedge\varphi_m=0$, 则至少其中一个向量, 不妨设 φ_m 可由其余向量的线性组合表示, 即存在 $a_i\in\mathbb{R}^1$, 使得 $\varphi_m=\sum\limits_{i=1}^{m-1}a_i\varphi_i$. 利用 (2.1.34) 式, 成立

$$L_m(\varphi_1,\cdots,\varphi_{m-1},\varphi_m)=\sum_{i=1}^{m-1}a_iL_m(\varphi_1,\cdots,\varphi_{m-1},\varphi_i)=0.$$

设 $\psi_1,\cdots,\psi_m\in E$, 使得

$$\psi_1\wedge\psi_2\wedge\cdots\wedge\psi_m=\varphi_1\wedge\varphi_2\wedge\cdots\wedge\varphi_m.$$

前面已证: $\mathrm{span}\{\psi_1,\cdots,\psi_m\}=\mathrm{span}\{\varphi_1,\cdots,\varphi_m\}$. 记 $\psi_i=\sum_{j=1}^m a_{ij}\varphi_j$, 这里不妨设 $\varphi_1\wedge\cdots\wedge\varphi_m\neq 0$, 则

$$\psi_1\wedge\cdots\wedge\psi_m=\det(a_{ij})\varphi_1\wedge\cdots\wedge\varphi_m,$$

其中 $\det(a_{ij})=1$.

从而

$$\begin{aligned}L_m(\psi_1,\cdots,\psi_m)&=\sum_{i=1}^m\psi_1\wedge\cdots\wedge L\psi_i\wedge\cdots\wedge\psi_m\\&=\sum_{i=1}^m\left(\sum_{j_1=1}^m a_{1j_1}\varphi_{j_1}\right)\wedge\cdots\wedge\left(\sum_{j_i=1}^m a_{ij_i}L\varphi_{j_i}\right)\\&\quad\wedge\cdots\wedge\left(\sum_{j_m=1}^m a_{mj_m}L\varphi_{j_m}\right)\\&=\sum_{i=1}^m\sum_{j_1,\cdots,j_m=1}^m a_{1j_1}\cdots a_{mj_m}\varphi_{j_1}\wedge\cdots\wedge L\varphi_{j_i}\wedge\cdots\wedge\varphi_{j_m}\end{aligned}$$

$$
\begin{aligned}
&= \det(a_{ij}) \sum_{i=1}^{m} \varphi_1 \wedge \cdots \wedge L\varphi_i \wedge \cdots \wedge \varphi_m \\
&= \det(a_{ij}) L_m(\varphi_1, \cdots, \varphi_m) \\
&= L_m(\varphi_1, \cdots, \varphi_m),
\end{aligned}
$$

即

$$
L(\psi_1, \cdots, \psi_m) = L_m(\varphi_1, \cdots, \varphi_m). \tag{2.1.35}
$$

说明 $L_m(\varphi_1, \cdots, \varphi_m)$ 仅依赖于 $\varphi_1 \wedge \cdots \wedge \varphi_m$, 而不是 $\varphi_1, \cdots, \varphi_m$. 因此, L_m 诱导出一个定义在外积空间 $\wedge^m E$ 上的一个线性算子 (仍记为 L_m). 如果 L 不是自伴算子, 我们不清楚 L_m 是否在 $\wedge^m E$ 范数意义下是连续的, 自然也不清楚是否可连续延拓到空间 $\hat{\wedge}^m E$ 上.

下述代数性质的引理在接下来的讨论中特别有用.

引理 2.1.2　设 $\varphi_1, \cdots, \varphi_m \in E$, 成立

$$
(L_m(\varphi_1, \cdots, \varphi_m), \varphi_1 \wedge \cdots \wedge \varphi_m)_{\wedge^m E} = |\varphi_1 \wedge \cdots \wedge \varphi_m|^2_{\wedge^m E} \mathrm{Tr}(L \circ Q), \tag{2.1.36}
$$

其中 $Q : E \longrightarrow \mathrm{span}\{\varphi_1, \cdots, \varphi_m\}$ 是投影算子, $\mathrm{Tr}(L \circ Q)$ 是有限阶算子 $L \circ Q$ 的迹.

证明　设 $\varphi_1, \cdots, \varphi_m \in E$. 若 $\varphi_1 \wedge \cdots \wedge \varphi_m = 0$, (2.1.36) 式显然成立. 设 $\varphi_1 \wedge \varphi_2 \wedge \cdots \wedge \varphi_m \neq 0$, 即 $\varphi_1, \varphi_2, \cdots, \varphi_m$ 是线性无关的, 进行 Gram-Schmidt 正交化过程, 可得

$$
\psi_1 = \varphi_1, \quad \psi_i = \varphi_i - \sum_{j=1}^{i-1} \frac{(\varphi_i, \psi_j)}{(\psi_j, \psi_j)} \psi_j, \quad 2 \leqslant i \leqslant m.
$$

此时, $(\psi_i, \psi_j) = 0$, $\forall i \neq j$. 并且

$$
\begin{aligned}
\varphi_1 \wedge \varphi_2 \wedge \cdots \wedge \varphi_m &= \psi_1 \wedge (\psi_2 + c_{21}\psi_1) \wedge \cdots \wedge \left(\psi_m + \sum_{j=1}^{m-1} c_{mj} \psi_j \right) \\
&= \psi_1 \wedge \psi_2 \wedge \cdots \wedge \psi_m,
\end{aligned}
$$

其中 $c_{ij} = \dfrac{(\varphi_i, \psi_j)}{(\psi_j, \psi_j)}$, $2 \leqslant i, j \leqslant m$.

由 (2.1.35) 式, 成立

$$
L_m(\psi_1 \wedge \cdots \wedge \psi_m) = L_m(\varphi_1 \wedge \cdots \wedge \varphi_m).
$$

因此, (2.1.36) 式对于上述 $\psi_1,\cdots,\psi_m$ 有相同的等式关系. 所以不妨假设 $\varphi_1,\cdots,\varphi_m$ 是正交的. 从而可知

$$|\varphi_1\wedge\cdots\wedge\varphi_m|^2_{\wedge^m E}=|\varphi_1|^2_E\cdots|\varphi_m|^2_E,$$

以及

$$\begin{aligned}
&(L_m(\varphi_1\wedge\cdots\wedge\varphi_m),\varphi_1\wedge\cdots\wedge\varphi_m)_{\wedge^m E}\\
=&(L\varphi_1\wedge\varphi_2\wedge\cdots\wedge\varphi_m,\varphi_1\wedge\cdots\wedge\varphi_m)+\cdots\\
&+(\varphi_1\wedge\varphi_2\wedge\cdots\wedge\varphi_{m-1}\wedge L\varphi_m,\varphi_1\wedge\cdots\wedge\varphi_m)\\
=&(L\varphi_1,\varphi_1)|\varphi_2|^2_E\cdots|\varphi_m|^2_E+\cdots+|\varphi_1|^2_E\cdots|\varphi_{m-1}|^2_E(L\varphi_m,\varphi_m)_E\\
=&|\varphi_1|^2_E\cdots|\varphi_m|^2_E\sum_{j=1}^m\left(L\frac{\varphi_j}{|\varphi_j|_E},\frac{\varphi_j}{|\varphi_j|_E}\right)_E\\
=&|\varphi_1\wedge\cdots\wedge\varphi_m|^2_{\wedge^m E}\mathrm{Tr}\,(L\circ Q).
\end{aligned}$$
□

如果 $L\in\mathcal{L}(E)$ 是自伴算子, 则 L_m 在 $\wedge^m E$ 上是线性连续算子, 并且可以被连续延拓到 $\hat{\wedge}^m E$ 上.

引理 2.1.3 假定 $L\in\mathcal{L}(E)$ 是自伴的. 对任意的 $\varphi_1\wedge\cdots\wedge\varphi_m\in\wedge^m E$, 定义算子 $L_m:\wedge^m E\longrightarrow\wedge^m E$ 如下:

$$L_m(\varphi_1\wedge\cdots\wedge\varphi_m)\triangleq L\varphi_1\wedge\varphi_2\wedge\cdots\wedge\varphi_m+\cdots+\varphi_1\wedge\cdots\wedge\varphi_{m-1}\wedge L\varphi_m.$$

则 L_m 是自伴算子且在 $\wedge^m E$ 上是连续的 (在范数 $|\cdot|_{\wedge^m E}$), 并且可以被连续延拓为 $\hat{\wedge}^m E$ 上的一个线性连续算子, 且成立

$$||L_m||_{\mathcal{L}(\hat{\wedge}^m E)}\leqslant\alpha_1(L)+\cdots+\alpha_m(L).\tag{2.1.37}$$

证明 首先证明 L_m 在 $\wedge^m E$ 上是自伴的, 即

对任意的 $\varphi_1\wedge\cdots\wedge\varphi_m,\ \psi_1\wedge\cdots\wedge\psi_m\in\wedge^m E$, 成立

$$(L_m(\varphi_1\wedge\cdots\wedge\varphi_m),\psi_1\wedge\cdots\wedge\psi_m)_{\wedge^m E}=(\varphi_1\wedge\cdots\wedge\varphi_m,L_m(\psi_1\wedge\cdots\wedge\psi_m))_{\wedge^m E}.$$

事实上,

$$\begin{aligned}
&(L_m(\varphi_1\wedge\cdots\wedge\varphi_m),\psi_1\wedge\cdots\wedge\psi_m)_{\wedge^m E}\\
=&(L\varphi_1\wedge\varphi_2\wedge\cdots\wedge\varphi_m,\psi_1\wedge\cdots\wedge\psi_m)_{\wedge^m E}+\cdots\\
&+(\varphi_1\wedge\cdots\wedge\varphi_{m-1}\wedge L\varphi_m,\psi_1\wedge\cdots\wedge\psi_m)_{\wedge^m E}
\end{aligned}$$

$$
\begin{aligned}
&= \det \begin{pmatrix} (L\varphi_1, \psi_1) & (L\varphi_1, \psi_2) & \cdots & (L\varphi_1, \psi_m) \\ (\varphi_2, \psi_1) & (\varphi_2, \psi_2) & \cdots & (\varphi_2, \psi_m) \\ \vdots & \vdots & & \vdots \\ (\varphi_m, \psi_1) & (\varphi_m, \psi_2) & \cdots & (\varphi_m, \psi_m) \end{pmatrix} \\
&\quad + \cdots \\
&\quad + \det \begin{pmatrix} (\varphi_1, \psi_1) & (\varphi_1, \psi_2) & \cdots & (\varphi_1, \psi_m) \\ (\varphi_2, \psi_1) & (\varphi_2, \psi_2) & \cdots & (\varphi_2, \psi_m) \\ \vdots & \vdots & & \vdots \\ (L\varphi_m, \psi_1) & (L\varphi_m, \psi_2) & \cdots & (L\varphi_m, \psi_m) \end{pmatrix} \\
&= \det \begin{pmatrix} (\varphi_1, L\psi_1) & (\varphi_1, L\psi_2) & \cdots & (\varphi_1, L\psi_m) \\ (\varphi_2, \psi_1) & (\varphi_2, \psi_2) & \cdots & (\varphi_2, \psi_m) \\ \vdots & \vdots & & \vdots \\ (\varphi_m, \psi_1) & (\varphi_m, \psi_2) & \cdots & (\varphi_m, \psi_m) \end{pmatrix} \\
&\quad + \cdots \\
&\quad + \det \begin{pmatrix} (\varphi_1, \psi_1) & (\varphi_1, \psi_2) & \cdots & (\varphi_1, \psi_m) \\ (\varphi_2, \psi_1) & (\varphi_2, \psi_2) & \cdots & (\varphi_2, \psi_m) \\ \vdots & \vdots & & \vdots \\ (\varphi_m, L\psi_1) & (\varphi_m, L\psi_2) & \cdots & (\varphi_m, L\psi_m) \end{pmatrix} \\
&= (\varphi_1 \wedge \cdots \wedge \varphi_m, L\psi_1 \wedge \psi_2 \wedge \cdots \wedge \psi_m) \\
&\quad + \cdots \\
&\quad + (\varphi_1 \wedge \cdots \wedge \varphi_m, \psi_1 \wedge \cdots \wedge \psi_{m-1} \wedge L\psi_m) \\
&= (\varphi_1 \wedge \cdots \wedge \varphi_m, L_m(\psi_1 \wedge \cdots \wedge \psi_m))_{\wedge^m E}.
\end{aligned}
$$

设 $\{e_i\}_{i\in I}$ 是 E 中一组标准正交基, $\varphi \in E$. 记

$$
\varphi = \sum_{i_1<\cdots<i_m} a_{i_1\cdots i_m} e_{i_1} \wedge \cdots \wedge e_{i_m}, \quad e_i = \sum_{j=1}^{M} \beta_{ij}\psi_j,
$$

其中

$$
(L\psi_i, L\psi_j) = r_i\delta_{ij}, \ \ 1 \leqslant i, j \leqslant M,
$$

成立

$$e_{i_1}\wedge\cdots\wedge e_{i_m}=\sum_{j_1<\cdots<j_m}K_{j_1\cdots j_m}^{i_1\cdots i_m}\psi_{j_1}\wedge\cdots\wedge\psi_{j_m},\quad \forall i_1<\cdots<i_m.$$

由于 $L\in\mathcal{L}(E)$ 是自伴算子, 设 L 在 $F_M=\text{span}\{e_1,\cdots,e_M\}$ 上的特征值, 特征向量为 $\{\lambda_i,\eta_j\}_{j=1}^M$, 即

$$L\eta_j=\lambda_j\eta_j,\quad 1\leqslant j\leqslant M.$$

从而

$$L^2\eta_j=\lambda_j^2\eta_j,\quad 1\leqslant j\leqslant M.$$

由于

$$L^2\psi_j=r_j\psi_j,\quad 1\leqslant j\leqslant M,$$

故

$$\lambda_j^2=r_j,\ \ \eta_j=\psi_j,\quad 1\leqslant j\leqslant M.$$

从而成立

$$L\psi_i=r_i^{\frac{1}{2}}\psi_i,\ \ (L\psi_i,\psi_j)_E=r_i^{\frac{1}{2}}\delta_{ij},\quad 1\leqslant i\leqslant M. \tag{2.1.38}$$

因此

$$\begin{aligned}L_m(\varphi)&=\sum_{i_1<\cdots i_m}a_{i_1\cdots i_m}L_m(e_{i_1}\wedge\cdots\wedge e_{i_m})\\&=\sum_{i_1<\cdots<i_m}\sum_{j_1<\cdots j_m}a_{i_1\cdots i_m}K_{j_1\cdots j_m}^{i_1\cdots i_m}L_m(\psi_{j_1}\wedge\cdots\wedge\psi_{j_m}).\end{aligned}$$

利用 (2.1.7), (2.1.32), (2.1.38) 可知, 对任意的 $i_1<\cdots<i_m$, $j_1<\cdots<j_m$, $(i_1,\cdots,i_m)\neq(j_1,\cdots,j_m)$, 成立

$$(L_m(\psi_{i_1}\wedge\cdots\wedge\psi_{i_m}),L_m(\psi_{j_1}\wedge\cdots\wedge\psi_{j_m}))_{\wedge^m E}=0.$$

事实上, 利用 (2.1.7), (2.1.32), (2.1.38), 可得

$$\begin{aligned}L_m(\psi_{i_1}\wedge\cdots\wedge\psi_{i_m})&=L\psi_{i_1}\wedge\cdots\wedge\psi_{i_m}+\cdots+\psi_{i_1}\wedge\cdots\wedge L\psi_{i_m}\\&=\left(r_{i_1}^{\frac{1}{2}}+\cdots+r_{i_m}^{\frac{1}{2}}\right)\psi_{i_1}\wedge\cdots\wedge\psi_{i_m}.\end{aligned}$$

从而

$$(L_m(\psi_{i_1}\wedge\cdots\wedge\psi_{i_m}),L_m(\psi_{j_1}\wedge\cdots\wedge\psi_{j_m}))_{\wedge^m E}$$

$$
\begin{aligned}
&= \left(r_{i_1}^{\frac{1}{2}} + \cdots + r_{i_m}^{\frac{1}{2}}\right)\left(r_{j_1}^{\frac{1}{2}} + \cdots + r_{j_m}^{\frac{1}{2}}\right)(\psi_{i_1} \wedge \cdots \wedge \psi_{i_m}, \psi_{j_1} \wedge \cdots \wedge \psi_{j_m}) \\
&= \left(r_{i_1}^{\frac{1}{2}} + \cdots + r_{i_m}^{\frac{1}{2}}\right)\left(r_{j_1}^{\frac{1}{2}} + \cdots + r_{j_m}^{\frac{1}{2}}\right)\det(\psi_{i_k}, \psi_{j_l})_{1\leqslant k,l\leqslant m} \\
&= \left(r_{i_1}^{\frac{1}{2}} + \cdots + r_{i_m}^{\frac{1}{2}}\right)\left(r_{j_1}^{\frac{1}{2}} + \cdots + r_{j_m}^{\frac{1}{2}}\right)\det(\delta_{i_k j_l})_{1\leqslant k,l\leqslant m} \\
&= 0.
\end{aligned}
$$

原因: 由于 $(i_1, \cdots, i_m) \neq (j_1, \cdots, j_m)$, 可知 (不妨设) 存在 $1 \leqslant n \leqslant m$, 使得 $i_n \neq j_n$ 且 $i_k = j_k$, $\forall 1 \leqslant k \leqslant n-1$. 从而可知, 矩阵 $(\delta_{i_k j_l})_{1\leqslant k,l\leqslant m}$ 的行列式为 0.

对于 $(i_1, \cdots, i_m) = (j_1, \cdots, j_m)$, 利用上述证明的结论有

$$
|L_m(\psi_{i_1\wedge\cdots\wedge\psi_{i_m}})|^2_{\wedge^m E} = (r_{i_1}^{\frac{1}{2}} + \cdots + r_{i_m}^{\frac{1}{2}})^2 \leqslant (r_1^{\frac{1}{2}} + \cdots + r_m^{\frac{1}{2}}), \tag{2.1.39}
$$

这是因为 $r_1 \geqslant r_2 \geqslant \cdots \geqslant r_m \geqslant \cdots \geqslant r_M$.

因此

$$
\begin{aligned}
|L_m(\varphi)|^2_{\wedge^m E} &= \sum_{i_1<\cdots<i_m}\sum_{j_1<\cdots<j_m}\left(a_{i_1\cdots i_m}K^{i_1\cdots i_m}_{j_1\cdots j_m}\right)^2 \\
&\quad \times (L_m(\psi_{j_1} \wedge \cdots \wedge \psi_{j_m}), L_m(\psi_{j_1} \wedge \cdots \wedge \psi_{j_m}))_{\wedge^m E} \\
&= \sum_{i_1<\cdots<i_m}\sum_{j_1<\cdots<j_m}(a_{i_1\cdots i_m}K^{i_1\cdots i_m}_{j_1\cdots j_m})^2\left(r_{j_1}^{\frac{1}{2}} + \cdots + r_{j_m}^{\frac{1}{2}}\right)^2 \\
&\leqslant \left(r_1^{\frac{1}{2}} + \cdots + r_m^{\frac{1}{2}}\right)^2 \sum_{i_1<\cdots<i_m} a^2_{i_1\cdots i_m} \sum_{j_1<\cdots<j_m}\left(K^{i_1\cdots i_m}_{j_1\cdots j_m}\right)^2 \\
&= \left(r_1^{\frac{1}{2}} + \cdots + r_m^{\frac{1}{2}}\right)^2 \sum_{i_1<\cdots<i_m} a^2_{i_1\cdots i_m} \\
&= \left(r_1^{\frac{1}{2}} + \cdots + r_m^{\frac{1}{2}}\right)^2 |\varphi|^2_{\wedge^m E} \\
&= (\alpha_1(L) + \cdots + \alpha_m(L))^2\, |\varphi|^2_{\wedge^m E}, \quad \forall \varphi \in \wedge^m E.
\end{aligned}
$$

从而可知 (2.1.37) 成立. 这里用到前面已证结论: 对于 $i_1 < \cdots < i_m$, $\alpha = i_1 \cdots i_m$, $\beta = j_1 \cdots j_m$, $a_{\alpha\beta} = (e_\alpha, \psi_\beta)$, $K^{i_1\cdots i_m}_{j_1\cdots j_m}$ 是矩阵 $(a_{\alpha\beta})$ 的行列式, 并且 $\sum_{i_1<\cdots<i_m}(K^{i_1\cdots i_m}_{j_1\cdots j_m})^2 = 1$. □

注 在引理 2.1.3 的假设条件下, 设 $\varphi_1, \cdots, \varphi_m$ 在 E 中是标准正交的, 即 $(\varphi_i, \varphi_j)_E = \delta_{ij}$. 则

$$
|\varphi_1 \wedge \cdots \wedge \varphi_m|_{\wedge^m E} = |\varphi_1|_E \cdots |\varphi_m|_E = 1.
$$

利用 (2.1.36) 和 (2.1.37), 成立

$$\begin{aligned}\mathrm{Tr}(L\circ Q)&=(L_m(\varphi_1\wedge\cdots\wedge\varphi_m),\varphi_1\wedge\cdots\wedge\varphi_m)_{\wedge^m E}\\&\leqslant|L_m(\varphi_1\wedge\cdots\wedge\varphi_m)|_{\wedge^m E}|\varphi_1\wedge\cdots\wedge\varphi_m|_{\wedge^m E}\\&=|L_m(\varphi_1\wedge\cdots\wedge\varphi_m)|_{\wedge^m E}\\&\leqslant(\alpha_1(L)+\cdots+\alpha_m(L))|\varphi_1\wedge\cdots\wedge\varphi_m|_{\wedge^m E}\\&=\alpha_1(L)+\cdots+\alpha_m(L).\end{aligned}$$

这里, L 是自伴算子, $\alpha_1(L),\cdots,\alpha_m(L)$ 是 L 的 m 个最大特征值 (见 2.1.3 节的详细说明).

2.1.3 线性算子作用在球上的集合

令 L 是 Hilbert 空间 E 上的一个线性算子, 本节的目标是描述 E 中的单位球 B, 在 L 的作用下的像集合 $L(B)$.

1. 紧算子情形

设 $T\in\mathcal{L}(E)$ 为非负自伴算子, 若 $R\in\mathcal{L}(E)$ 满足 $R^2=T$, 则称 R 为 T 的平方根算子. 若 R 是非负的, 则 R 是唯一的, 并且 R 也是自伴的, 即 $R^*=R$. 事实上, 由于 $T\in\mathcal{L}(E)$ 为自伴算子, 成立

$$T^*=(RR)^*=R^*R^*=(R^*)^2=T=R^2.$$

从而 $R^*=R$, 记为 $R=T^{\frac{1}{2}}$.

假定 L 是 $E\longrightarrow E$ 的紧算子, 则 L^*L 是 E 上的一个紧的非负自伴算子, 可以定义 L^*L 的平方根算子, 记为 $(L^*L)^{\frac{1}{2}}$.

因此, $(L^*L)^{\frac{1}{2}}$ 也是紧的非负自伴算子. 从而存在一组正交基 $\{e_i\}_{i\in I}\subset E$, 其为 $(L^*L)^{\frac{1}{2}}$ 的特征向量, 相应的特征值记为 $\alpha_i=\alpha_i(L)$, 即

$$\begin{cases}\alpha_1(L)\geqslant\alpha_2(L)\geqslant\cdots\geqslant 0,\\(L^*L)^{\frac{1}{2}}e_i=\alpha_i e_i,\quad\forall i=1,2,\cdots.\end{cases}\tag{2.1.40}$$

对于紧的非负自伴算子, 即 $(L^*L)^{\frac{1}{2}}$, 利用经典的 Courant-Fischer 极小-极大公式 (2.1.23):

$$\alpha_i(L)=\sup_{\substack{F\subset E\\\dim F=i}}\inf_{\substack{\varphi\in F\\|\varphi|_E=1}}|L\varphi|_E,$$

可知, 这与 (2.1.40) 中定义的特征值 $\alpha_i(L)$ 是一致的.

注意到

$$(Le_i, Le_j)_E = (L^*Le_i, e_j)_E = \alpha_i^2(e_i, e_j)_E = \alpha_i^2\delta_{ij}. \tag{2.1.41}$$

说明 $\{Le_i\}$ 是正交的且 $|Le_i|_E = \alpha_i$. 并且 $Le_i \neq 0$ 当且仅当 $\alpha_i \neq 0$. 从而可以将 E 正交分解为两个空间之和, 即

$$E = E_0 \oplus E_1, \tag{2.1.42}$$

其中 $E_0 = \{\varphi \in E; L\varphi = 0\}$, E_1 为向量 $e_i : Le_i \neq 0$ (即 $\alpha_i \neq 0$) 张成的空间.

设 $\varphi \in E$, $\varphi = \sum\limits_i a_i e_i$. 由 (2.1.42), 成立

$$L\varphi = \sum_{\alpha_i>0} a_i Le_i = \sum_{\alpha_i>0} a_i\alpha_i \frac{Le_i}{\alpha_i} = \sum_{\alpha_i>0} \xi_i\eta_i,$$

其中 $\xi_i = a_i\alpha_i$, $\eta_i = \dfrac{Le_i}{\alpha_i}$ 满足 $(\eta_i, \eta_j)_E = \delta_{ij}$.

因此

$$\varphi \in \overline{B_1(0)} = B \Longleftrightarrow \sum_i a_i^2 \leqslant 1 \Longleftrightarrow \sum_{\alpha_i>0} \frac{\xi_i^2}{\alpha_i^2} \leqslant 1,\ \xi_i = 0 \text{ 或 } \alpha_i = 0.$$

从而, 当 L 是紧算子时, $L(B)$ 是 E_1 中的椭球体, 相应的轴为向量 Le_i $\left(\text{单位轴为 } \eta_i = \dfrac{Le_i}{\alpha_i}, \alpha_i > 0\right)$, 要求 $\alpha_i > 0$ 轴的长度为 α_i.

2. 非紧算子情形

假定 L 是非紧算子. 此时 $T = L^*L$ 是非负的、自伴的、连续的, 但不再是紧的. 一般讲, 我们无法找到 T 的一组特征向量, 使其构成 E 的一组正交基. 现在设 T 为 E 的任一自伴线性连续算子, 定义

$$\mu_n(T) = \inf_{\substack{F\subset E\\ \dim F\leqslant n-1}} \sup_{\substack{\varphi\in F^\perp\\ |\varphi|_E=1}} (T\varphi, \varphi)_E,\ \ n \geqslant 1. \tag{2.1.43}$$

容易验证, (2.1.43) 中的下确界可以替换为 $F \subset E$, $\dim F = n-1$. 此外, $\mu_n(T)$ 关于 n 是非增的. 事实上, $\forall\epsilon > 0$, 存在 $F_{n-1}(\epsilon) \subset E$, $\dim F_{n-1}(\epsilon) \leqslant n-1$, 使得

$$\sup_{\substack{\varphi\in F_{n-1}^\perp(\epsilon)\\ |\varphi|_E=1}} (T\varphi, \varphi) < \mu_n(T) - \epsilon.$$

取 $F_n \supset F_{n-1}(\epsilon)$, $\dim F_n \leqslant n$, 从而, $F_n^\perp \subset F_{n-1}^\perp(\epsilon)$. 利用 $\mu_{n+1}(T)$ 定义, 可知

$$\mu_{n+1}(T) \leqslant \sup_{\substack{\varphi \in F_n^\perp \\ |\varphi|_E=1}} (T\varphi, \varphi) \leqslant \sup_{\substack{\varphi \in F_{n-1}^\perp(\epsilon) \\ |\varphi|_E=1}} (T\varphi, \varphi) < \mu_n(T) - \epsilon.$$

由 $\epsilon > 0$ 的任意性, 可得 $\mu_{n+1}(T) \leqslant \mu_n(T)$.

如果 T 是紧算子, 利用经典的 Courant-Fischer 极小-极大公式可知, $\mu_n(T)$ 为 T 的特征值. 在目前非紧情形下, 部分结论仍然成立, 见下面的命题 2.1.4.

令

$$\mu_\infty(T) = \lim_{n \longrightarrow \infty} \mu_n(T) = \inf_{n \geqslant 1} \mu_n(T). \tag{2.1.44}$$

命题 2.1.4 设 T 是 E 上一个连续的线性自伴算子, 即 $T \in \mathcal{L}(E)$, $T = T^*$.

(1) 如果存在 n, 使得 $\mu_n(T) > \mu_\infty(T)$, 则 $\mu_1(T), \cdots, \mu_n(T)$ 是 T 的 n 个特征值.

(2) $E = E_v \oplus E_v^\perp$, 并且

$$(T\varphi, \varphi)_E \leqslant \mu_\infty(T)|\varphi|_E^2, \quad \forall \varphi \in E_v^\perp, \tag{2.1.45}$$

其中

$$E_v = \mathrm{span}\{e_i;\ Te_i = \mu_i(T)e_i \text{ 且 } \mu_i(T) \geqslant \mu_\infty(T),\ \ \forall i\},$$

即 E_v 是所有 T 的特征向量张成的空间, 这里的 E_v 可以是整个空间 E, 也可以是 $\{0\}$.

证明 首先回顾谱集 $\sigma(T)$ 的定义. 设 $T \in \mathcal{L}(E)$, 预解集 $\rho(T)$ 是指

$$\rho(T) = \{\lambda \in \mathbb{R}^1;\ (T - \lambda I) \text{ 是 } E \longrightarrow E \text{ 的双射}\}.$$

谱集 $\sigma(T)$ 是预解集 $\rho(T)$ 的余集, 即 $\sigma(T) = \mathbb{R}^1 \backslash \rho(T)$. 称 λ 是 T 的特征值, 如果 $N(T - \lambda I) \neq \{0\}$. 此时, $\lambda \in \sigma(T)$. 其中 $N(T - \lambda I) = \{v \in E;\ (T - \lambda I)v = 0\}$ 称为对应于 λ 的特征空间. 利用开映射定理, 可知如果 $\lambda \in \rho(T)$, 则 $(T - \lambda I)^{-1} \in \mathcal{L}(E)$.

现在对 n 进行归纳证明 (1): 设当 $n = 1$ 时, $\mu_1(T) > \mu_\infty(T)$. 下面证明 $\mu_1(T)$ 是 T 的一个特征值.

首先证明 $\mu_1 \in \sigma(T)$. 反证法: 设 $\mu_1 \in \rho(T)$. 则 $\mu_1 - T$ 是可逆的且 $(\mu_1 - T)^{-1} \in \mathcal{L}(E)$. 利用 μ_1 的定义, 可知

$$\mu_1 = \inf_{\substack{F \subset E \\ \dim F \leqslant 0}} \sup_{\substack{\varphi \in F^\perp \\ |\varphi|_E=1}} (T\varphi, \varphi)$$

$$
\begin{aligned}
&= \sup_{\substack{\varphi\in E\\ |\varphi|_E=1}} (T\varphi,\varphi)\\
&= \sup_{\substack{\varphi\in E\\ \varphi\neq 0}} \left(T\left(\frac{\varphi}{|\varphi|_E}\right),\frac{\varphi}{|\varphi|_E}\right)\\
&\geqslant \left(T\left(\frac{\varphi}{|\varphi|_E}\right),\frac{\varphi}{|\varphi|_E}\right)\\
&= \frac{1}{|\varphi|_E^2}(T\varphi,\varphi),\quad \forall \varphi\in E,\ \varphi\neq 0.
\end{aligned}
$$

从而

$$
\mu_1|\varphi|_E^2 \geqslant (T\varphi,\varphi),\quad \forall\varphi\in E,
$$

或写为

$$
((\mu_1-T)\varphi,\varphi)\geqslant 0,\quad \forall\varphi\in E.
$$

记

$$
a(u,v)=((\mu_1-T)u,v),\quad u,v\in E.
$$

利用上述已证结论知

$$
a(u,u)\geqslant 0,\ \forall u\in E.
$$

从而对任意 $u,v\in E,\ t\in\mathbb{R}^1$, 成立

$$
t^2a(u,v)+2ta(u,v)+a(u,v)=a(tu+v,tu+v)\geqslant 0.
$$

因此成立

$$
|a(u,v)|\leqslant a(u,u)^{\frac12}a(v,v)^{\frac12},\quad \forall u,v\in E,
$$

即

$$
\begin{aligned}
|((\mu_1-T)u,v)| &\leqslant ((\mu_1-T)u,u)^{\frac12}((\mu_1-T)v,v)^{\frac12}\\
&\leqslant ((\mu_1-T)u,u)^{\frac12}||\mu_1-T||^{\frac12}|v|,\quad \forall u,v\in E.
\end{aligned}
$$

说明

$$
|(\mu_1-T)u|\leqslant ((\mu_1-T)u,u)^{\frac12}||\mu_1-T||^{\frac12},\ \forall u\in E.
$$

利用

$$
\mu_1=\sup_{\substack{\varphi\in E\\ |\varphi|_E=1}}(T\varphi,\varphi),
$$

可知存在 $\varphi_n \in E, |\varphi_n|_E = 1$, 使得

$$\mu_1 = \lim_{n \longrightarrow \infty} (T\varphi_n, \varphi_n),$$

或写为

$$\lim_{n \longrightarrow \infty} ((\mu_1 - T)\varphi_n, \varphi_n) = 0.$$

利用上述已证结论可知

$$|(\mu_1 - T)\varphi_n| \leqslant ((\mu_1 - T)\varphi_n, \varphi_n)^{\frac{1}{2}} ||\mu_1 - T||^{\frac{1}{2}}.$$

再利用 $(\mu_1 - T)^{-1} \in \mathcal{L}(E)$, 可得

$$\begin{aligned}
|\varphi_n|_E &= |(\mu_1 - T)^{-1}(\mu_1 - T)\varphi_n|_E \\
&\leqslant ||(\mu_1 - T)^{-1}|||(\mu_1 - T)\varphi_n|_E \\
&\leqslant ||(\mu_1 - T)^{-1}||||\mu_1 - T||^{\frac{1}{2}}((\mu_1 - T)\varphi_n, \varphi_n)^{\frac{1}{2}}.
\end{aligned}$$

说明

$$\lim_{n \longrightarrow \infty} |\varphi_n|_E = 0,$$

这与 $|\varphi_n|_E = 1$ 矛盾. 故 $\mu_1 \in \sigma(T)$. 利用特征值定义, 还需验证特征子空间$N(\mu_1 - T) \neq \{0\}$, 即 $\mu_1 - T$ 不是单射.

设 F 是 E 中任一有限维子空间, 令

$$\mu(F) = \sup_{\substack{\varphi \in F^{\perp} \\ |\varphi|_E = 1}} (T\varphi, \varphi)_E,$$

其中 $F^{\perp}$ 是 F 在 E 中的直交补, 故 $F^{\perp}$ 是 E 中的闭子空间.

反证法: 假设 $\mu_1 - T$ 是单射, 则 $\mu(F) = \mu_1$, 其中 F 是 E 中任一有限维子空间. 事实上, $\mu(F) \leqslant \mu_1$. 令 $\delta = \mu_1 - \mu(F)$. 则 $\delta \geqslant 0$. 令 $A = \mu_1 - T$. 如果 $\delta > 0$, 则

$$\begin{aligned}
\inf_{\substack{\varphi \in F^{\perp} \\ |\varphi|_E = 1}} (A\varphi, \varphi)_E &= \inf_{\substack{\varphi \in F^{\perp} \\ |\varphi|_E = 1}} ((\mu_1 - T)\varphi, \varphi)_E \\
&= \mu_1 - \sup_{\substack{\varphi \in F^{\perp} \\ |\varphi|_E = 1}} (T\varphi, \varphi)_E \\
&= \mu_1 - \mu(F)
\end{aligned}$$

$$= \delta > 0.$$

从而

$$(A\varphi, \varphi)_E \geqslant \delta|\varphi|_E^2, \quad \forall \varphi \in F^\perp.$$

故由上式可得

$$\delta|\varphi|_E^2 \leqslant |A\varphi|_E|\varphi|_E.$$

由于 $A = \mu_1 - T$ 是可逆的, 可得

$$|A^{-1}(A\varphi)|_E = |\varphi|_E \leqslant \delta^{-1}|A\varphi|_E, \ \forall \varphi \in F^\perp,$$

即

$$|A^{-1}\psi|_E \leqslant \delta^{-1}|\psi|_E, \quad \forall \psi \in AF^\perp.$$

由于已假设 $A = \mu_1 - T$ 是单射, 可知 $A = \mu_1 - T$ 不是满射 (否则 $A = \mu_1 - T$ 是双射, 则有 $\mu_1 \in \rho(T)$, 与 $\mu_1 \in \sigma(T)$ 矛盾), 从而 $A^{-1} : E \longrightarrow E$ 是线性无界算子, 由于线性算子的有界性和连续性是等价的, 故 $A^{-1} : E \longrightarrow E$ 是不连续的. 因此, 存在 $\psi_n \in E$, 满足 $|\psi_n|_E \longrightarrow 0$, 当 $n \longrightarrow \infty$ 时. 但是 $\lim\limits_{n\longrightarrow\infty} \inf|A^{-1}\psi_n|_E > 0$. 令

$$\hat{\psi}_n = \psi_n/|A^{-1}\psi_n|_E, \quad c_0 = \liminf_{n\longrightarrow\infty}|A^{-1}\psi_n|_E > 0,$$

成立

$$\lim_{n\longrightarrow\infty}|\hat{\psi}_n|_E \leqslant c_0^{-1}\lim_{n\longrightarrow\infty}|\psi_n|_E = 0,$$

但是 $|A^{-1}\hat{\psi}_n|_E = 1$. 故不妨设 $\psi_n \in E : \lim\limits_{n\longrightarrow\infty}|\psi_n|_E = 0$, 但是 $|A^{-1}\psi_n|_E = 1$, $\forall n \geqslant 1$. 令 $\varphi_n = A^{-1}\psi_n$. 则 $\varphi_n \in E, |\varphi_n|_E = 1$, 但是 $\lim\limits_{n\longrightarrow\infty}|A\varphi_n|_E = 0$.

记

$$\varphi_n = \varphi_n^1 + \varphi_n^2, \quad \varphi_n^1 \in F^\perp, \ \varphi_n^2 \in F.$$

由于 $E = F \oplus F^\perp$, 可知

$$|\varphi_n^1|_E^2 + |\varphi_n^2|_E^2 = |\varphi_n|_E^2 = 1.$$

说明

$$|\varphi_n^1|_E \leqslant 1, \ |\varphi_n^2| \leqslant 1, \ \forall n \geqslant 1.$$

由于 $F \subset E$ 是有限维的, $F^\perp$ 是 E 中闭子空间, $\{\varphi_n^1\}$, $\{\varphi_n^2\}$ 中存在一串子列, 仍记为 $\{\varphi_n^1\}$, $\{\varphi_n^2\}$, 以及 $\varphi^1 \in F^\perp$, $\varphi^2 \in F$, 使得

$$\varphi_n^1 \rightharpoonup \varphi^1 \text{ (在 } E \text{ 中弱收敛)},$$

$$\varphi_n^2 \rightharpoonup \varphi^2 \ (\text{在 } E \text{ 中弱收敛}).$$

由于 $A \in \mathcal{L}(E)$ 是自伴的, 故当 $n \longrightarrow \infty$ 时, 成立

$$(A\varphi_n^1, \psi) = (\varphi_n^1, A\psi) \longrightarrow (\varphi^1, A\psi) = (A\varphi^1, \psi), \quad \forall \psi \in E;$$

$$A\varphi_n^2 \rightharpoonup A\varphi^2 \ (\text{在 } E \text{ 中弱收敛}).$$

由于 $|A\varphi_n|_E \longrightarrow 0$, 故

$$\begin{aligned}(A\varphi^1 + A\varphi^2, \psi)_E &= (A\varphi^1, \psi)_E + (A\varphi^2, \psi)_E \\ &= \lim_{n\longrightarrow\infty}(A\varphi_n^1, \psi)_E + \lim_{n\longrightarrow\infty}(A\varphi_n^2, \psi)_E \\ &= \lim_{n\longrightarrow\infty}(A\varphi_n^1 + A\varphi_n^2, \psi)_E \\ &= \lim_{n\longrightarrow\infty}(A\varphi_n, \psi)_E = 0, \quad \forall \psi \in E.\end{aligned}$$

说明

$$A(\varphi^1 + \varphi^2) = A\varphi^1 + A\varphi^2 = 0.$$

又由于 A 是单射, 故 $\varphi^1 + \varphi^2 = 0$.

此外

$$\begin{aligned}|A\varphi_n^1 - A\varphi^1|_E &= |A\varphi_n - A\varphi_n^2 + A\varphi_E^2|_E \\ &= |A\varphi_n - A(\varphi_n^2 - \varphi^2)|_E \\ &\leqslant |A\varphi_n|_E + |A(\varphi_n^2 - \varphi^2)|_E.\end{aligned}$$

已知

$$|A\varphi_n|_E \longrightarrow 0, \quad |A(\varphi_n^2 - \varphi^2)|_E \longrightarrow 0,$$

故 $|A\varphi_n^1 - A\varphi^1|_E \longrightarrow 0$.

利用已证结论:

$$|\psi|_E \leqslant \delta^{-1}|A\psi|_E, \quad \forall \psi \in F^\perp,$$

以及 $\varphi_n^1, \varphi^1 \in F^\perp$, 可得

$$|\varphi_n^1 - \varphi^1|_E \leqslant \delta^{-1}|A\varphi_n^1 - A\varphi^1|_E \longrightarrow 0.$$

又已知

$$|\varphi_n^2 - \varphi^2|_E \longrightarrow 0, \quad \varphi^1 + \varphi^2 = 0,$$

因此成立

$$|\varphi_n|_E = |\varphi_n^1 + \varphi_n^2 - (\varphi^1 + \varphi^2)|_E \leqslant |\varphi_n^1 - \varphi^1|_E + |\varphi_n^2 - \varphi^2|_E \longrightarrow 0.$$

这与 $|\varphi_n|_E = 1$ 矛盾. 故 $\delta = 0$, 即对任意有限维子空间 $F \subset E$, 成立 $\mu(F) = \mu_1$, 显然这是不正确的. 至此, 我们证明了 $A = \mu_1 - T$ 不是单射, 即 $N(\mu_1 - T) \neq \{0\}$. 说明 μ_1 确实是 T 的一个特征值.

假设结论 (1) 对 $n \geqslant 1$ 成立, 我们接下来证明 (1) 对 $n+1$ 也成立. 因此, 我们假定 $\mu_{n+1} > \mu_\infty$. 由于 μ_j 关于 j 是非增的, 可知

$$\mu_j \geqslant \mu_{n+1} > \mu_\infty, \quad j = 1, 2, \cdots, n.$$

并且由归纳假设, $\mu_1, \cdots, \mu_n$ 是 T 的特征值, 相对应的特征向量记为 $e_1, \cdots, e_n$, 即

$$Te_j = \mu_j e_j, \quad (e_i, e_j)_E = \delta_{ij}, \quad 1 \leqslant i, j \leqslant n.$$

令

$$G = \text{span}\{e_1, \cdots, e_n\}.$$

则 $G^\perp$ 是 E 中的闭子空间, 并且

$$\mu_{n+1} = \sup_{\substack{\varphi \in G^\perp \\ |\varphi|_E = 1}} (T\varphi, \varphi)_E \triangleq \mu(G).$$

事实上, 如果 $\mu_{n+1} = \mu_n$, 则 μ_{n+1} 是 T 的一个特征值, 故不妨设 $\mu_{n+1} < \mu_n$. 由于 $\mu_{n+1} \leqslant \mu(G)$. 若 $\mu_{n+1} < \mu(G)$. 利用 μ_{n+1} 定义知, 存在 $F \subset E$, $\dim F = n$, 使得

$$\mu_{n+1} \leqslant \mu(F) < \min\{\mu(G), \mu_n\}.$$

说明 $F \neq G$. 因此存在 $\theta \in G \cap F^\perp$, $|Q|_E = 1$. 从而

$$(T\theta, \theta)_E \leqslant \mu(F) < \min\{\mu(G), \mu_n\}.$$

另一方面, 记 $\theta = \sum_{k=1}^n \beta_k e_k$, 成立

$$(T\theta, \theta)_E = \sum_{k=1}^n \mu_k \beta_k^2 \geqslant \mu_n \sum_{k=1}^n \beta_k^2 = \mu_n (\theta, \theta)_E = \mu_n.$$

这样我们得到一个矛盾:

$$\mu_n \leqslant (T\theta, \theta)_E < \min\{\mu(G), \mu_n\}.$$

由于 $\mu_{n+1} > \mu_\infty$, 将 T 限制在 $G^\perp$ 上, 重复 $n=1, \mu_1 > \mu_\infty$ 情形 (即证 μ_1 是 T 的特征值), 可知 μ_{n+1} 是 T 的一个特征值. 到目前为止, 我们完成了 (1) 的全部证明.

现在证明命题 2.1.4 的第二部分. 关于 $\mu_n = \mu_n(T)$, 两种情形可以发生, 即要么

$$\mu_1(T) \geqslant \cdots \geqslant \mu_n(T) > \mu_{n+1}(T) = \mu_m(T) = \mu_\infty(T), \quad \forall m \geqslant n+1; \tag{2.1.46}$$

要么

$$\mu_m(T) > \mu_\infty(T), \quad \forall m \geqslant 1. \tag{2.1.47}$$

利用 (1) 的结论, 在 (2.1.46) 情形下, $\mu_1, \cdots, \mu_n$ 是 T 的特征值; 在 (2.1.47) 情形下, 每一个 μ_m 都是 T 的特征值, 故在 (2.1.46) 或 (2.1.47) 情形下, $E = E_v \oplus E_v^\perp$, 其中

$$E_v = \mathrm{span}\{e_i;\ \ Te_i = \mu_i e_i,\ i \in J\},$$

其中 E_v 中元素 e_i 为 T 的特征向量, μ_i 为相应的特征值. 当 (2.1.46) 发生时, $J = \{1, \cdots, n\}$; 当 (2.1.47) 成立时, $J = \mathbb{N}$. 当然, 也有可能 $E_v = \{0\}$ 或 $E_v = E$.

现在验证 (2.1.45) 式成立.

若 (2.1.47) 式成立, 则 $J = \mathbb{N}$, $E_v = \mathrm{span}\{e_1, e_2, \cdots\} = E, E_v^\perp = \{0\}$. 此时 (2.1.45) 式显然成立.

若 (2.1.46) 式成立, 即存在 $n \geqslant 1$, 使得

$$\mu_1 \geqslant \mu_2 \geqslant \cdots \geqslant \mu_n > \mu_{n+1} = \mu_\infty.$$

利用已证结论 (1) 知, $\mu_1, \cdots, \mu_n$ 为 T 的特征值, 此时, $E_v = \mathrm{span}\{e_1, \cdots, e_m\}$. 下面验证

$$\mu_{n+1} = \mu(E_v).$$

事实上, 利用 μ_{n+1} 的定义知, $\mu_{n+1} \leqslant \mu(E_v)$. 若 $\mu_{n+1} < \mu(E_v)$, 则存在 $F \subset E$, 满足 $\dim F \leqslant n$, 使得

$$\mu_{n+1} \leqslant \mu(F) < \mu(E_v).$$

说明 $F \neq E_v$. 从而存在 $\theta \in E_v \cap F^\perp$, $|\theta|_E = 1$. 因此

$$(T\theta, \theta)_E \leqslant \mu(F) < \min\{\mu(E_v), \mu_n\}.$$

另一方面, 记 $\theta = \sum_{k=1}^n \beta_k e_k$, 可得

$$(T\theta, \theta)_E = \sum_{k=1}^n \mu_k \beta_k^2 \geqslant \mu_n \sum_{k=1}^n \beta_k^2 = \mu_n (\theta, \theta)_E = \mu_n.$$

从而

$$\mu_n \leqslant (T\theta, \theta)_E < \min\{\mu(E_v), \mu_n\} \leqslant \mu_n,$$

这是一个矛盾. 故

$$\mu(E_v) = \mu_{n+1} = \mu_\infty.$$

利用 $\mu(E_v)$ 的定义, 即

$$\mu(E_v) = \sup_{\substack{\varphi \in E_v^\perp \\ |\varphi|_E = 1}} (T\varphi, \varphi),$$

可知

$$(T\varphi, \varphi)_E \leqslant \sup_{\substack{\varphi \in E_v^\perp \\ |\varphi|_E = 1}} (T\varphi, \varphi) = \mu(E_v) = \mu_\infty, \ \ \forall \varphi \in E_v^\perp : |\varphi|_E = 1.$$

说明

$$(T\varphi, \varphi)_E \leqslant \mu_\infty(T)|\varphi|_E^2, \ \ \forall \varphi \in E_v^\perp,$$

此即为 (2.1.45) 式. □

当算子 $T \in \mathcal{L}(E)$ 是紧算子时, T 的特征值 μ_n 可以通过 Courant-Fischer 极小-极大公式表达出来, 即

$$\mu_n(T) = \lambda_n(T), \quad \forall n \geqslant 1,$$

其中

$$\lambda_n(T) = \sup_{\substack{F \subset E \\ \dim F = n}} \inf_{\substack{\varphi \in F \\ |\varphi|_E = 1}} (T\varphi, \varphi)_E. \tag{2.1.48}$$

当 $T \in \mathcal{L}(E)$ 是自伴算子时, 同样的结论也成立.

命题 2.1.5　设 $T \in \mathcal{L}(E)$ 是自伴算子, 则成立

$$\lambda_n(T) = \mu_n(T), \ \ \forall n \geqslant 1. \tag{2.1.49}$$

证明　设 F, G 为 E 中两个任意子空间且 $\dim F = n-1$, $\dim G = n$. 则 $G \cap F^\perp \neq \{0\}$. 取 $\varphi_0 \in G \cap F^\perp$, $|\varphi_0|_E = 1$. 从而

$$\inf_{\substack{\varphi \in G \\ |\varphi|_E = 1}} (T\varphi, \varphi)_E \leqslant (T\varphi_0, \varphi_0)_E \leqslant \sup_{\substack{\varphi \in F^\perp \\ |\varphi|_E = 1}} (T\varphi, \varphi).$$

利用 $F, G \subset E$ 的任意性, 成立

$$\lambda_n(T) \leqslant \mu_n(T), \ \ \forall n \geqslant 1.$$

另一方面, 设 G 是 E 的任一子空间且 $\dim G = n$. 取 $\psi_0 \in G, |\psi_0|_E = 1$, 使得

$$(T\psi_0, \psi_0)_E = \inf_{\substack{\varphi\in G\\ |\varphi|_E=1}} (T\varphi, \varphi)_E.$$

需要指出的是, 由于 G 是有限维子空间, 上述下确界是可达的.

令

$$F_0 = \{\psi \in G; (\psi, \psi_0)_E = 0\}.$$

则

$$F_0^\perp = \mathrm{span}\{\psi_0\}, \quad F_0 \oplus F_0^\perp = G, \quad \dim F_0 = n-1, \quad F_0^\perp \cap G = \mathbb{R}^1\psi_0.$$

从而成立

$$\begin{aligned}\sup_{\substack{\varphi\in F_0^\perp\\ |\varphi|_E=1}} (T\varphi, \varphi)_E &= \sup_{\substack{t\in\mathbb{R}^1\\ |t|=1}} (T(t\psi_0), t\psi_0)_E \\ &= \sup_{\substack{t\in\mathbb{R}^1\\ |t|=1}} t^2(T\psi_0, \psi_0)_E \\ &= (T\psi_0, \psi_0)_E \\ &= \inf_{\substack{\varphi\in G\\ |\varphi|_E=1}} (T\varphi, \varphi)_E \\ &\leqslant \lambda_n(T), \quad \forall n \geqslant 1.\end{aligned}$$

因此

$$\inf_{\substack{F\subset E\\ \dim F=n-1}} \sup_{\substack{\varphi\in F^\perp\bigcap G\\ |\varphi|_E=1}} (T\varphi, \varphi) \leqslant \sup_{\substack{\varphi\in F_0^\perp\bigcap G\\ |\varphi|_E=1}} (T\varphi, \varphi) \leqslant \lambda_n(T).$$

由于 $G \subset E$ 是 n 维的任意子空间, 令 $G = F \cup \mathrm{span}\{\eta_0\}$, 其中向量 $\eta_0 \in E\backslash F$ 且 η_0 与 F 中的一组基线性无关, 可知 $G^\perp \subset F^\perp$, $F^\perp \cap G = F^\perp$. 由上式即可得

$$\mu_n(T) \leqslant \lambda_n(T).$$

结合已证: $\mu_n(T) \geqslant \lambda_n(T)$, 可知 (2.1.49) 式成立. □

设 $L \in \mathcal{L}(E), L$ 不一定是自伴算子. 令 $T = L^*L$, 则 $T \in \mathcal{L}(E)$ 是自伴的正算子, $E = E_v \oplus E_v^\perp$ (见命题 2.1.4). 设 $e_i \in E$, $i \in J$ 表示算子 T 得一组正交特征向量, 其构成 E_v 的一组基. 注意到 $\{Le_i\}_{i\in J}$ 是相互正交的, 即

$$(Le_i, Le_j)_E = (L^*Le_i, e_j)_E = (Te_i, e_j)_E = \mu_i(e_i, e_j) = \mu_i\delta_{ij}, \quad \forall i, j \in J. \tag{2.1.50}$$

$L(E_v)$ 和 $L(E_v^\perp)$ 也是垂直的, 即 $\forall \varphi \in E_v^\perp, L\varphi \in L(E_v^\perp)$, 成立

$$(Le_i, L\varphi)_E = (L^*Le_i, \varphi)_E = \mu_i(e_i, \varphi) = 0, \ \forall i \in J. \tag{2.1.51}$$

此外, 利用 (2.1.45) 式, 成立

$$(T\varphi, \varphi)_E = (L^*L\varphi, \varphi)_E = (L\varphi, L\varphi)_E = |L\varphi|_E^2 \leqslant \mu_\infty |\varphi|_E^2, \ \forall \varphi \in E_v^\perp. \tag{2.1.52}$$

回忆 (2.1.23) 中, 对于 $L \in \mathcal{L}(E)$, $\alpha_m(L)$ 的定义:

$$\alpha_m(L) = \sup_{\substack{F\subset E \\ \dim F = m}} \inf_{\substack{\varphi\in F \\ |\varphi|_E=1}} |L\varphi|_E,$$

以及 $\mu_m(T)$ ($T \in \mathcal{L}(E)$ 为自伴算子) 的定义 (见 (2.1.43)):

$$\mu_m(T) = \inf_{\substack{F\subset E \\ \dim F = m-1}} \sup_{\substack{\varphi\in F^\perp \\ |\varphi|_E=1}} (T\varphi, \varphi)_E.$$

利用命题 2.1.5 的结论 (2.1.44):

$$\lambda_m(T) = \mu_m(T), \ \forall m \geqslant 1,$$

这里 $T \in \mathcal{L}(E)$ 为自伴算子, $\lambda_m(T)$ 定义如下 (见 (2.1.48)):

$$\lambda_m(T) = \sup_{\substack{F\subset E \\ \dim F = m}} \inf_{\substack{\varphi\in F \\ |\varphi|_E=1}} (T\varphi, \varphi)_E.$$

因此, 取 $T = L^*L$, $L \in \mathcal{L}(E)$, 可得

$$(T\varphi, \varphi)_E = (L\varphi, L\varphi)_E = |L\varphi|_E^2, \ \forall \varphi \in E.$$

从而成立

$$\alpha_m(L) = \mu_m((L^*L)^{\frac{1}{2}}) = \sup_{\substack{F\subset E \\ \dim F = m}} \inf_{\substack{\varphi\in F \\ |\varphi|_E=1}} |L\varphi|_E, \tag{2.1.53}$$

其中

$$\mu_m((L^*L)^{\frac{1}{2}}) = \mu_m^{\frac{1}{2}}(L^*L) = \mu_m^{\frac{1}{2}}(T).$$

记

$$\omega_m(L) = \alpha_1(L) \cdots \alpha_m(L). \tag{2.1.54}$$

设 $B \subset E$ 为一单位球, 则

$$L(B) \subset E = E_v \oplus E_v^\perp.$$

由于 $(e_i, e_j)_E = \delta_{ij},\ i, j \in J$, 以及

$$(Le_i, Le_j)_E = (L^*Le_i, e_j) = \mu_i(L^*L)(e_i, e_j) = \mu_i^2((L^*L)^{\frac{1}{2}})\delta_{ij} = \alpha_i^2(L)\delta_{ij},\quad i, j \in J.$$

故 $\left\{\dfrac{Le_i}{\alpha_i}\right\}_{i\in J}$ 构成 E_v 的一组标准正交基.

设

$$\varphi \in B,\ \ \varphi = \varphi^1 + \varphi^2,$$

其中

$$\varphi^1 = \sum_{i\in J} a_i e_i \in E_v,\ \ \varphi^2 \in E_v^{\perp}.$$

则

$$L\varphi = L\varphi^1 + L\varphi^2,\quad L\varphi^1 = \sum_{i\in J} a_i\alpha_i \frac{Le_i}{\alpha_i} \in E_v.$$

记 $\xi_i = a_i\alpha_i$. 由于

$$|\varphi^1|_E^2 + |\varphi^2|_E^2 = |\varphi|_E^2 \leqslant 1,\quad |\varphi^1|_E^2 = \sum_{i\in J} a_i^2,$$

可知

$$\sum_{i\in J} \frac{\xi_i^2}{\alpha_i^2} = \sum_{i\in J} a_i^2 \leqslant 1.$$

此外, 利用 (2.1.45) 式, 成立

$$|L\varphi^2|_E \leqslant \mu_\infty((L^*L)^{\frac{1}{2}})|\varphi^2|_E \leqslant \mu_\infty((L^*L)^{\frac{1}{2}}) = \alpha_\infty(L), \tag{2.1.55}$$

这里用到 $|\varphi^2|_E \leqslant |\varphi|_E \leqslant 1$.

将上述结论总结如下:

命题 2.1.6 设 E 是 Hilbert 空间, $B \subset E$ 为一单位球, $L \in \mathcal{L}(E)$, 则 $L(B)$ 包含在一个椭球体 $\mathcal{E}$ 中:

(i) 若 $E_v = E$ (此时 L 可以是紧算子, 也可以不是), 椭球体 $\mathcal{E}$ 的坐标轴方向为 Le_i, 其轴长度为 $\alpha_i(L)$, e_i 为算子 L^*L 的特征向量.

(ii) 若 L 不是紧算子且 $E_v \neq E$, $\mathcal{E}$ 是由两部分表示出来的, 即 $\mathcal{E} = \mathcal{E}_1 \times \mathcal{E}_2$, 其中 $\mathcal{E}_1 = B(0, \alpha_\infty(L)) \subset E_v^{\perp}$, $\mathcal{E}_2$ 是 E_v 中的椭球体, 坐标轴方向为 Le_i, 其轴长度为 $\alpha_i(L)$, e_i 是算子 L^*L 的特征向量, 这些特征向量张成空间 E_v.

命题 2.1.7 设 $L \in \mathcal{L}(E)$. 则对任意整数 $m \geqslant 1$,

$$\omega_m(L) = || \wedge^m L||_{\mathcal{L}(\wedge^m E)} = || \wedge^m L||_{\mathcal{L}(E^m, \wedge^m E)},$$

即

$$\omega_m(L) = \sup_{\substack{\varphi\in\wedge^m E\\ |\varphi|_{\wedge^m E}=1}} |\wedge^m L(\varphi)|_{\wedge^m E} = \sup_{\substack{\varphi_1,\cdots,\varphi_m\in E\\ |\varphi_i|_E=1,1\leqslant i\leqslant m}} |L\varphi_1\wedge\cdots\wedge L\varphi_m|_{\wedge^m E}. \quad (2.1.56)$$

证明　利用归纳法证明. 当 $m=1$ 时, 前面已证 $\alpha_1(L)=||L||_{\mathcal{L}(E)}$.

假定 (2.1.56) 式对于 $m-1\,(m\geqslant 2)$ 成立, 下证 (2.1.56) 对 m 也成立. 利用 (2.1.31) 式, 成立

$$||\wedge^m L||_{\mathcal{L}_m}\leqslant ||\wedge^m L||_{\mathcal{L}(\wedge^m E)}\leqslant \omega_m(L)=\omega_{m-1}(L)\alpha_m(L), \quad (2.1.57)$$

其中 $\mathcal{L}_m$ 代表 $\mathcal{L}(E^m,\wedge^m E)$.

根据归纳假设

$$||\wedge^{m-1} L||_{\mathcal{L}_{m-1}}=\alpha_1(L)\cdots\alpha_{m-1}(L)=\omega_{m-1}(L).$$

若 $\omega_{m-1}(L)=0$, (2.1.56) 式显然成立. 因此假定 $||\wedge^{m-1}||_{\mathcal{L}_{m-1}}=\omega_{m-1}(L)>0$. 对任意的 $0<\epsilon<\omega_{m-1}^2(L)$, 利用 (2.1.19) 中 $||\wedge^{m-1} L||_{\mathcal{L}_{m-1}}$ 的定义知, 存在 $\varphi_1,\cdots,\varphi_{m-1}\in E:|\varphi_i|_E\leqslant 1,\ 1\leqslant i\leqslant m-1$, 使得

$$|(\wedge^{m-1}L)(\varphi_1,\cdots,\varphi_{m-1})|_{\wedge^{m-1}E}^2\geqslant ||\wedge^{m-1} L||_{\mathcal{L}_{m-1}}^2-\epsilon=\omega_{m-1}^2(L)-\epsilon.$$

由 (2.1.17) 知

$$(\wedge^{m-1}L)(\varphi_1,\cdots,\varphi_{m-1})=L\varphi_1\wedge\cdots\wedge L\varphi_{m-1}.$$

从而

$$|L\varphi_1\wedge\cdots\wedge L\varphi_{m-1}|^2\geqslant\omega_{m-1}^2(L)-\epsilon>0. \quad (2.1.58)$$

设 $\psi_1,\cdots,\psi_{m-1}$ 是正交的自伴线性连续算子 L^*L 限制在 $\mathrm{span}\{\varphi_1,\cdots,\varphi_{m-1}\}$ 上的 $m-1$ 个特征向量, 则 $\{\psi_i\}_{i=1}^{m-1}$ 是相互正交的, 不妨设 $|\psi_i|_E=1, 1\leqslant i\leqslant m-1$, 否则用 $\psi_i/|\psi_i|$ 代替 ψ_i. 记 $\varphi_i=\sum\limits_{j=1}^{m-1}b_{ij}\psi_j$, 则

$$\varphi_1\wedge\cdots\wedge\varphi_{m-1}=\det(b_{ij})\psi_1\wedge\cdots\wedge\psi_{m-1}.$$

从而

$$\begin{aligned}|\varphi_1\wedge\cdots\wedge\varphi_{m-1}|_{\wedge^{m-1}E}^2&=[\det(b_{ij})]^2|\psi_1\wedge\cdots\wedge\psi_{m-1}|_{\wedge^{m-1}E}^2\\&=[\det(b_{ij})]^2|\psi_1|_E^2\cdots|\psi_{m-1}|_E^2\end{aligned}$$

$$= [\det(b_{ij})]^2.$$

另一方面, 已知 $|\varphi_i|_E \leqslant 1$, $i = 1, \cdots, m-1$. 故成立

$$|\varphi_1 \wedge \cdots \wedge \varphi_{m-1}|_{\wedge^{m-1}E} \leqslant |\varphi_1|_E \cdots |\varphi_{m-1}|_E \leqslant 1.$$

因此

$$|\det(b_{ij})| \leqslant 1.$$

从而

$$\begin{aligned}
|L\varphi_1 \wedge \cdots \wedge L\varphi_{m-1}|_{\wedge^{m-1}E} &= |(\wedge^{m-1}L)(\varphi_1 \wedge \cdots \wedge \varphi_{m-1})|_{\wedge^{m-1}E} \\
&= |\det(b_{ij})||(\wedge^{m-1}L)(\psi_1 \wedge \cdots \wedge \psi_{m-1})|_{\wedge^{m-1}E} \\
&= |\det(b_{ij})||L\psi_1 \wedge \cdots \wedge L\psi_{m-1}|_{\wedge^{m-1}E} \\
&\leqslant |L\psi_1 \wedge \cdots \wedge L\psi_{m-1}|_{\wedge^{m-1}E}.
\end{aligned}$$

结合 (2.1.58), 可得

$$\begin{aligned}
\omega_{m-1}(L)^2 = || \wedge^{m-1} L||^2_{\mathcal{L}_{m-1}} &\geqslant |L\psi_1 \wedge \cdots \wedge L\psi_{m-1}|^2_{\wedge^{m-1}E} \\
&\geqslant |L\varphi_1 \wedge \cdots \wedge L\varphi_{m-1}|^2_{\wedge^{m-1}E} \\
&\geqslant \omega^2_{m-1}(L) - \epsilon.
\end{aligned}$$

由于

$$(L\psi_i, L\psi_j)_E = (L^*L\psi_i, \psi_j)_E = \alpha_i^2(L)(\psi_i, \psi_j)_E = 0, \quad \forall i \neq j, \ 1 \leqslant i, j \leqslant m-1,$$

可知

$$|L\psi_1 \wedge \cdots \wedge L\psi_{m-1}|^2_{\wedge^{m-1}E} = |L\psi_1|^2_E \cdots |L\psi_{m-1}|^2_E.$$

因此

$$|L\psi_1|^2_E \cdots |L\psi_{m-1}|^2_E \geqslant \omega^2_{m-1}(L) - \epsilon. \tag{2.1.59}$$

令 $G = \operatorname{span}\{\psi_1, \cdots, \psi_{m-1}\}$, 可知

$$\alpha_m(L) = \inf_{\substack{F \subset E \\ \dim F = m-1}} \sup_{\substack{\varphi \in F^\perp \\ |\varphi|_E = 1}} |L\varphi|_E \leqslant \sup_{\varphi \in G^\perp} |L\varphi|_E.$$

从而, 对于 $0 < \epsilon < \min\{\omega^2_{m-1}(L), \alpha^2_m(L)\}$, 存在 $\psi \in G^\perp$ 且 $|\psi|_E = 1$, 使得

$$|L\psi|^2_E \geqslant \alpha^2_m(L) - \epsilon.$$

结合 (2.1.59), 成立

$$
\begin{aligned}
|L\psi_1\wedge\cdots\wedge L\psi_{m-1}\wedge L\psi|^2_{\wedge^m E}&=|L\psi_1|^2_E\cdots|L\psi_{m-1}|^2_E|L\psi|^2_E\\
&\geqslant(\omega^2_{m-1}(L)-\epsilon)(\alpha^2_m(L)-\epsilon).
\end{aligned}
$$

由于 $|\psi_j|_E\leqslant 1, 1\leqslant j\leqslant m-1, |\psi|_E\leqslant 1$, 可知

$$
\|\wedge^m L\|^2_{\mathcal{L}_m}\geqslant|L\psi_1\wedge\cdots\wedge L\psi_{m-1}\wedge L\psi|^2.
$$

因此

$$
\|\wedge^m L\|^2_{\mathcal{L}_m}\geqslant(\omega^2_{m-1}(L)-\epsilon)(\alpha^2_m(L)-\epsilon).
$$

令 $\epsilon\longrightarrow 0$, 可得

$$
\|\wedge^m L\|_{\mathcal{L}_m}\geqslant\omega_{m-1}(L)\alpha_m(L)=\omega_m(L).
$$

结合 (2.1.57) 式, 可知

$$
\|\wedge^m L\|_{\mathcal{L}_m}=\omega_m(L).
$$

由于在 (2.1.31) 中已证: $\forall m\geqslant 1$, 成立

$$
\|\wedge^m L\|_{\mathcal{L}_m}\leqslant\|\wedge^m L\|_{\mathcal{L}(\wedge^m E)}\leqslant\omega_m(L).
$$

因此, 对任意整数 $m\geqslant 1$, 都成立

$$
\|\wedge^m L\|_{\mathcal{L}_m}=\|\wedge^m L\|_{\mathcal{L}(\wedge^m E)}=\omega_m(L).
$$

□

推论 2.1.8　设 $L, L'\in\mathcal{L}(E)$. 则对任意整数 $m\geqslant 1$, 成立

$$
\omega_m(LL')\leqslant\omega_m(L)\omega_m(L'). \tag{2.1.60}
$$

证明　对任意的 $\varphi_1,\cdots,\varphi_m\in E$, 成立

$$
\begin{aligned}
\wedge^m(LL')(\varphi_1\wedge\cdots\wedge\varphi_m)&=(LL')\varphi_1\wedge\cdots\wedge(LL')\varphi_m\\
&=L(L'\varphi_1)\wedge\cdots\wedge L(L'\varphi_m)\\
&=\wedge^m(L)(L'\varphi_1\wedge\cdots\wedge L'\varphi_m)\\
&=(\wedge^m(L)\circ\wedge^m(L'))(\varphi_1\wedge\cdots\wedge\varphi_m).
\end{aligned}
$$

因此, 在 $\mathcal{L}(\wedge^m E)$ 中成立

$$
\wedge^m(LL')=\wedge^m(L)\circ\wedge^m(L'). \tag{2.1.61}
$$

从而由 (2.1.61) 式, 可得

$$\| \wedge^m (LL')\|_{\mathcal{L}(\wedge^m E)} \leqslant \| \wedge^m L\|_{\mathcal{L}(\wedge^m E)}\| \wedge^m L'\|_{\mathcal{L}(\wedge^m E)}. \tag{2.1.62}$$

又已证 (见命题 2.1.7): 设 $T \in \mathcal{L}(E)$, 成立

$$\| \wedge^m T\|_{\mathcal{L}(\wedge^m E)} = \| \wedge^m T\|_{\mathcal{L}_m},$$

这里 $\mathcal{L}(\wedge^m E) = \mathcal{L}(E^m, \wedge^m E)$.

因此, 由 (2.1.62) 式, 成立

$$\| \wedge^m (LL')\|_{\mathcal{L}_m} \leqslant \| \wedge^m L\|_{\mathcal{L}_m}\| \wedge^m L'\|_{\mathcal{L}_m}. \tag{2.1.63}$$

由 (2.1.62)(或 (2.1.63)) 和命题 2.1.7, 可得

$$\omega_m(LL') \leqslant \omega_m(L)\omega_m(L'). \qquad \square$$

注 设 $L \in \mathcal{L}(E)$, $d \in \mathbb{R}_+$, $d = n + s$, $n \geqslant 1$ 为整数, $0 < s < 1$, 定义 $\omega_d(L)$ 如下:

$$\omega_d(L) = \omega_n^{1-s}(L)\omega_{n+1}^s(L). \tag{2.1.64}$$

当 $s = 0, 1$ 时, 此时 d 为整数, 在 (2.1.64) 中关于 $\omega_d(L)$ 的定义显然是与已定义的整数情形一致的.

对于 $d \in [1, \infty)$, (2.1.60) 式也是成立的, 即设 $L, L' \in \mathcal{L}(E)$, 成立

$$\omega_d(LL') \leqslant \omega_d(L)\omega_d(L').$$

事实上, 设 $d = n + s$, $n \geqslant 1$ 为整数, $0 < s < 1$. 利用 (2.1.60), (2.1.64), 成立

$$\begin{aligned}\omega_d(LL') &= \omega_n^{1-s}(LL')\omega_{n+1}^s(LL') \\ &\leqslant [\omega_n(L)\omega_n(L')]^{1-s}[\omega_{n+1}(L)\omega_{n+1}(L')]^s \\ &= \omega_n^{1-s}(L)\omega_{n+1}^s(L)\omega_n^{1-s}(L')\omega_{n+1}^s(L') \\ &= \omega_d(L)\omega_d(L').\end{aligned}$$

此外, $\omega_d(L)^{\frac{1}{d}}$ 关于 $d \in [1, \infty)$ 是非增的, 即对任意的 $d, d' \in [1, \infty)$, $d > d'$, 成立

$$\omega_d^{\frac{1}{d}}(L) \leqslant \omega_{d'}^{\frac{1}{d'}}(L). \tag{2.1.65}$$

验证 下面分四种情形讨论.

(i) $d = n + 1$, $d' = n$, $n \geqslant 1$ 为整数.

注意到

$$\omega_{n+1}^{\frac{1}{n+1}}(L) \leqslant \omega_n^{\frac{1}{n}}(L) \Longleftrightarrow \omega_{n+1}(L) \leqslant \omega_n^{\frac{n+1}{n}}(L) = \omega_n(L)\omega_n^{\frac{1}{n}}(L)$$

$$\Longleftrightarrow \alpha_{n+1}(L) \leqslant \omega_n^{\frac{1}{n}}(L)$$

$$\Longleftrightarrow \alpha_{n+1}^n(L) \leqslant \omega_n(L).$$

由于 $\alpha_n(L)$ 关于 n 是非增的, 可知

$$\alpha_{n+1}^n(L) \leqslant \alpha_1(L)\cdots\alpha_n(L) = \omega_n(L).$$

因此, (2.1.65) 式成立.

(ii) $d = n+s$, $d' = n+s'$, $1 > s > s' > 0$.

由于

$$\omega_d^{\frac{1}{d}}(L) \leqslant \omega_{d'}^{\frac{1}{d'}}(L) \Longleftrightarrow [\omega_n^{1-s}(L)\omega_{n+1}^s(L)]^{\frac{1}{n+s}} \leqslant [\omega_n^{1-s'}(L)\omega_{n+1}^{s'}(L)]^{\frac{1}{n+s'}}$$

$$\Longleftrightarrow \omega_n(L)\alpha_{n+1}^s(L) \leqslant [\omega_n(L)\alpha_{n+1}^{s'}(L)]^{\frac{n+s}{n+s'}}$$

$$\Longleftrightarrow [\alpha_{n+1}(L)]^{s-\frac{n+s}{n+s'}s'} \leqslant [\omega_n(L)]^{\frac{n+s}{n+s'}-1}$$

$$\Longleftrightarrow [\alpha_{n+1}(L)]^{\frac{(s-s')n}{n+s'}} \leqslant [\omega_n(L)]^{\frac{s-s'}{n+s'}}$$

$$\Longleftrightarrow [\alpha_{n+1}(L)]^n \leqslant \omega_n(L).$$

在 (i) 中已证 $[\alpha_{n+1}(L)]^n \leqslant \omega_n(L)$. 这样就完成了 (2.1.65) 的验证.

(iii) $d = n+1+s$, $d' = n+s$, $n \geqslant 1$ 为整数, $0 < s < 1$.

$$\omega_d^{\frac{1}{d}}(L) \leqslant \omega_{d'}^{\frac{1}{d'}}(L)$$

$$\Longleftrightarrow \omega_d(L) \leqslant \omega_{d'}^{\frac{d}{d'}}(L)$$

$$\Longleftrightarrow \omega_{n+1}^{1-s}(L)\omega_{n+2}^s(L) \leqslant [\omega_n^{1-s}(L)\omega_{n+1}^s(L)]^{\frac{n+1+s}{n+s}}$$

$$\Longleftrightarrow [\omega_n(L)\alpha_{n+1}(L)]^{1-s}[\omega_n(L)\alpha_{n+1}(L)\alpha_{n+2}(L)]^s \leqslant [\omega_n(L)\alpha_{n+1}^s(L)]^{\frac{n+1+s}{n+s}}$$

$$\Longleftrightarrow \omega_n(L)\alpha_{n+1}(L)[\alpha_{n+2}(L)]^s \leqslant \omega_n(L)\alpha_{n+1}^s(L)[\omega_n(L)\alpha_{n+1}^s(L)]^{\frac{1}{n+s}}$$

$$\Longleftrightarrow \alpha_{n+1}(L)[\alpha_{n+2}(L)]^s \leqslant [\alpha_{n+1}(L)]^s[\omega_n(L)\alpha_{n+1}^s(L)]^{\frac{1}{n+s}}. \tag{2.1.66}$$

由于 $\alpha_{n+2}(L) \leqslant \alpha_{n+1}(L)$, 因此, 只需验证

$$\alpha_{n+1}(L) \leqslant [\omega_n(L)\alpha_{n+1}^s(L)]^{\frac{1}{n+s}} \Longleftrightarrow [\alpha_{n+1}(L)]^{1-\frac{s}{n+s}} \leqslant [\omega_n(L)]^{\frac{1}{n+s}}$$

$$\Longleftrightarrow [\alpha_{n+1}(L)]^n \leqslant \omega_n(L).$$

已知 $[\alpha_{n+1}(L)]^n \leqslant \alpha_1(L)\cdots\alpha_n(L) = \omega_n(L)$, 所以 (2.1.66) 式成立.

(iv) $d = n+k+s$, $d' = n+s'$, $n, k \geqslant 1$ 为整数, $1 > s > s' > 0$.

利用 (ii), (iii), 可知

$$\omega_d^{\frac{1}{d}}(L) = \omega_{n+k+s}^{\frac{1}{n+k+s}}(L) \leqslant \omega_{n+k+s-1}^{\frac{1}{n+k+s-1}}(L) \leqslant \cdots \leqslant \omega_{n+s}^{\frac{1}{n+s}}(L) \leqslant \omega_{n+s'}^{\frac{1}{n+s'}}(L) = \omega_{d'}^{\frac{1}{d'}}(L).$$

上述 (i)—(iv) 的讨论表明 (2.1.65) 式成立. □

2.2 Lyapunov 指数和 Lyapunov 数

对于由半群 $\{S(t)\}_{t\geqslant 0}$ 描述的一个动力系统情形 (连续情形: $t \in \mathbb{R}^1$ 或离散情形: $t \in \mathbb{N}$), 我们主要研究距离、面积和更一般的 m 维体积的扭曲, 即当 t 增加时, 我们想知道围绕点 u_0, 一个无穷小的 m 维体积元是如何逐渐演化的. 然后展示, 这是如何与线性算子的某些性质联系在一起的. 为此, 引入 Lyapunov 数和 Lyapunov 指数, 这些量在研究 m 维体积长时间演化是恰当的, 非常便利的工具.

2.2.1 半群作用下体积的扭曲

设 H 是 Hilbert 空间, $\{S(t)\}_{t\geqslant 0}$ 是作用在 H 上的连续半群算子. 在连续情形: $t \in \mathbb{R}_+^1$; 在离散情形: $t = n \in \mathbb{N}$,

$$S(n) = S^n, \quad S = S(1). \tag{2.2.1}$$

暂时假定

$$u_0 \longmapsto S(t)u_0 \text{ 在 } H \text{ 中是 Fréchet 可微}, \tag{2.2.2}$$

这个假设条件后面可以减弱. $\{S(t)\}_{t\geqslant 0}$ 在点 u_0 处的微分记为 $L(t, u_0) \in \mathcal{L}(H)$. 在离散情形下, (2.2.2) 等价于假定

$$S\,(= S(1)) \text{ 在 } H \text{ 中是可微的}, \tag{2.2.3}$$

其微分记为 $L \in \mathcal{L}(H)$.

设 $u_0, \xi \in H$. 当 $\epsilon > 0$ 充分小时, 利用 (2.2.2) (或 (2.2.3)), 成立

$$S(t)(u_0 + \epsilon\xi) = S(t)u_0 + \epsilon L(t, u_0)\xi + o(\epsilon). \tag{2.2.4}$$

当 $|\xi| = 1$ 时, 由 (2.2.4), 可得

$$\frac{|S(t)(u_0 + \epsilon\xi) - S(t)u_0|}{|(u_0 + \epsilon\xi) - u_0|} = |L(t, u_0)\xi + o(1)|. \tag{2.2.5}$$

注意到

$$\sup_{\substack{\xi\in H\\|\xi|=1}}|L(t,u_0)\xi|=\|L(t,u_0)\|_{\mathcal{L}(H)}=\alpha_1(L(t,u_0)),$$

此为 $|L(t,u_0)\xi|$ 最大可能的值.

更一般地, 考虑点 $u_0, u_0+\epsilon\xi_1, \cdots, u_0+\epsilon\xi_m$, 其中 $\epsilon>0$, $u_0, \xi_1, \cdots, \xi_m\in H$. m-平行六面体是指集合:

$$\{u_0+\epsilon\rho_1\xi_1+\cdots+\epsilon\rho_m\xi_m;\ 0\leqslant\rho_i\leqslant 1,\ i=1,\cdots,m\}.$$

半群 $S(t)$ 作用于上述 m-平行六面体后, 其像集合是一个由曲线组成的平行六面体, 其边分别为 $S(t)u_0$, $S(t)(u_0+\epsilon\xi_1)$, $\cdots$, $S(t)(u_0+\epsilon\xi_m)$. 我们的目标是比较由边 u_0, $u_0+\epsilon\xi_1$, $\cdots$, $u_0+\epsilon\xi_m$ 组成的平行六面体和由边 $S(t)u_0$, $S(t)(u_0+\epsilon\xi_1)$, $\cdots$, $S(t)(u_0+\epsilon\xi_m)$ 组成的平行六面体. 第一个平行六面体的 m 维体积为 $|(\epsilon\xi_1)\wedge\cdots\wedge(\epsilon\xi_m)|_{\wedge^m H}$, 而第二个平行六面体的 m 维体积为 $|(S(t)(u_0+\epsilon\xi_1)-S(t)u_0)\wedge\cdots\wedge(S(t)(u_0+\epsilon\xi_m)-S(t)u_0)|_{\wedge^m H}$. 利用关系式 (2.2.4), 当 $\epsilon>0$ 充分小时, 成立

$$\begin{aligned}&\frac{|(S(t)(u_0+\epsilon\xi_1)-S(t)u_0)\wedge\cdots\wedge(S(t)(u_0+\epsilon\xi_m)-S(t)u_0)|_{\wedge^m H}}{|(\epsilon\xi_1)\wedge\cdots\wedge(\epsilon\xi_m)|_{\wedge^m H}}\\&=\frac{|L(t,u_0)\xi_1\wedge\cdots\wedge L(t,u_0)\xi_m+o(1)|_{\wedge^m H}}{|\xi_1\wedge\cdots\wedge\xi_m|_{\wedge^m H}}.\end{aligned}\tag{2.2.6}$$

因此, 当 $\epsilon\longrightarrow 0$ 时, (2.2.6) 中右端的比值趋向于

$$\frac{|L(t,u_0)\xi_1\wedge\cdots\wedge L(t,u_0)\xi_m|_{\wedge^m H}}{|\xi_1\wedge\cdots\wedge\xi_m|_{\wedge^m H}}.\tag{2.2.7}$$

对于 $t\in\mathbb{R}^1$, $u_0\in H$, (2.2.7) 中比值关于 $\xi_1,\cdots,\xi_m\in H$ 的最大值为 $\omega_m(L(t,u_0))$ (见命题 2.1.7). 因此, 对于 $u_0\in H$,

由 $S(t)$ 作用产生的无穷小 m 维体积的最大扭曲值为 $\omega_m(L(t,u_0))$. (2.2.8)

2.2.2 Lyapunov 指数和 Lyapunov 数的定义

当 t 很大时, Lyapunov 数可以很好地刻画半群 $S(t)$ 作用产生的无穷小 m 维体积的扭曲. 但是, 对任意的 $u_0\in H$, Lyapunov 数不一定有意义.

定义 2.2.1 设 $u_0\in H$, 半群 $S(t)$ 在点 u_0 处的 Lyapunov 数是指

$$\lambda_j(u_0)=\lim_{t\longrightarrow\infty}\{\alpha_j(L(t,u_0))\}^{\frac{1}{t}},\quad j\in\mathbb{N}.\tag{2.2.9}$$

相应的 Lyapunov 指数是指

$$\mu_j(u_0) = \log \lambda_j(u_0). \tag{2.2.10}$$

自然地, 在离散情形下 ($t \in \mathbb{N}$), 相应的定义分别为

$$\lambda_j(u_0) = \lim_{n \longrightarrow \infty} \{\alpha_j(L^n)\}^{\frac{1}{n}}, \quad \mu_j(u_0) = \log \lambda_j(u_0). \tag{2.2.11}$$

当上述极限不存在时, 有时考虑下面这些数也非常有用.

$$\begin{cases} \Lambda_j(u_0) = \limsup\limits_{t \longrightarrow \infty} \{\alpha_j(L(t, u_0))\}^{\frac{1}{t}}, \quad j \in \mathbb{N}, \\ \mu_j(u_0) = \log \Lambda_j(u_0). \end{cases} \tag{2.2.12}$$

点的 Lyapunov 数不一定存在, 下面我们将引入一致 Lyapunov 数, 其定义在一个不变集上. 可微假设条件 (2.2.2), (2.2.3) 可以被减弱 (见下面). 我们仍设 H 为 Hilbert 空间, $\{S(t)\}_{t \geqslant 0}$ 是 H 上的连续算子半群 ($t \in \mathbb{R}_+^1$ 或 $t \in \mathbb{N}$). 假定存在 $S(t)$ 的不变泛函集 $X \subset H$, 即

$$S(t)X = X, \quad \forall t \geqslant 0. \tag{2.2.13}$$

在离散情形下 (假定 $SX = X$), 假定 S 在 X 上是一致可微的, 即: 对任意的 $u \in X$, 存在一个线性算子 $L(u) \in \mathcal{L}(H)$, 使得

$$\lim_{\epsilon \longrightarrow 0} \sup_{\substack{u, v \in X \\ 0 < |u - v| \leqslant \epsilon}} \frac{|Sv - Su - L(u)(v - u)|}{|v - u|} = 0. \tag{2.2.14}$$

注意, (2.2.14) 中的算子 $L(u)$ 不一定是唯一的. 此外, 如果 S 在 X 上是一致可微的 (要求 $SX = X$), 则对任意的 $p \in \mathbb{N}$, S^p 也是一致可微的, 此时 $L(u)$ 被替换为

$$L_p(u) = L(S^{p-1}(u)) \circ \cdots \circ L(S(u)) \circ L(u), \quad p \in \mathbb{N}. \tag{2.2.15}$$

事实上, 由 (2.2.14) 知

$$L(u)(v - u) = Sv - Su + o(1)(v - u), \quad \forall v, u \in X, \ 0 < |v - u| \leqslant \epsilon.$$

利用 $SX = X$ 可知, $\forall p \in \mathbb{N}$, $S^p X = X$. 此外, 由 L 在 X 上的有界性假设条件, 可知对任意 $m \in \mathbb{N}$, 成立

$$L(S^m(u))(o(1)(v - u)) = o(1)(v - u), \quad \forall v, u \in H, \ 0 < |v - u| \leqslant \epsilon.$$

从而成立

$$\begin{aligned}
L_p(u)(v-u) &= (L(S^{p-1}(u))\circ\cdots\circ L(S(u))\circ L(u))(v-u) \\
&= L(S^{p-1}(u))\circ\cdots\circ L(S(u))(Sv-Su+o(1)(v-u)) \\
&= L(S^{p-1}(u))\circ\cdots\circ L(S^2(u))(S^2v-S^2u+o(1)(v-u)) \\
&= \cdots \\
&= L(S^{p-1}(u))(S^{p-1}v-S^{p-1}u+o(1)(v-u)) \\
&= S^pv-S^pu+o(1)(v-u),\quad \forall v,u\in H,\ 0<|v-u|\leqslant\epsilon.
\end{aligned}$$

因此

$$\lim_{\epsilon\longrightarrow 0}\sup_{\substack{v,u\in H\\ 0<|v-u|\leqslant\epsilon}}\frac{|S^pv-S^pu-L_p(u)(v-u)|}{|v-u|}=0.$$

设 $u\in X$, 假设 $L(u)\in\mathcal{L}(H)$ 关于 u 是一致有界的, 即

$$\sup_{u\in X}|L(u)|_{\mathcal{L}(H)}\leqslant m<\infty. \tag{2.2.16}$$

利用 $L_p(u)$ 的表达式 (见 (2.2.15)), 可知

$$\sup_{u\in X}|L_p(u)|_{\mathcal{L}(H)}\leqslant m^p<\infty,\quad \forall p\in\mathbb{N}. \tag{2.2.17}$$

对于 $\omega_j(L_p(u))$, $j,p\in\mathbb{N}$, $u\in X$, 定义

$$\begin{cases}\bar{\omega}_j=\sup\limits_{u\in X}\omega_j(L(u)),\\ \bar{\omega}_j(p)=\sup\limits_{u\in X}\omega_j(L_p(u)),\quad j,p\in\mathbb{N}.\end{cases} \tag{2.2.18}$$

利用命题 2.1.7、推论 2.1.8、(2.2.16) 和 (2.2.17), 可知

$$\begin{aligned}
\omega_j(L(u)) &= \|\wedge^j L(u)\|_{\mathcal{L}(\wedge^j H)} \\
&= \sup_{\substack{\varphi_1,\cdots,\varphi_j\in H\\ |\varphi_i|_H\leqslant 1,\forall i}}|L(u)\varphi_1\wedge\cdots\wedge L(u)\varphi_j|_{\wedge^j H} \\
&\leqslant \sup_{\substack{\varphi_1,\cdots,\varphi_j\in H\\ |\varphi_i|_H\leqslant 1,\forall i}}(|L(u)\varphi_1|_H\cdots|L(u)\varphi_j|_H) \\
&= \|L(u)\|^j_{\mathcal{L}(H)}.
\end{aligned}$$

因此

$$\bar{\omega}_j \leqslant \sup_{u\in X} \|L(u)\|^j_{\mathcal{L}(H)} \leqslant m^j.$$

同理

$$\omega_j(L_p(u)) \leqslant \|L_p(u)\|^j_{\mathcal{L}(H)},$$

$$\bar{\omega}_j(p) \leqslant \sup_{u\in X} \|L_p(u)\|^j_{\mathcal{L}(H)} \leqslant m^{jp}.$$

关于 $\bar{\omega}_j(p)$, 对任意的 j, p, $q \in \mathbb{N}$ 以及 $u \in X$, 利用推论 2.1.8, 成立

$$\begin{aligned}
\omega_j(L_{p+q}(u)) &= \omega_j(L(S^{p+q+1}(u)) \circ \cdots \circ L(S(u)) \circ L(u)) \\
&\leqslant \omega_j(L(S^{p+q+1}(u)) \circ \cdots \circ L(S^q(u)))\omega_j(L(S^{q-1}(u)) \circ \cdots \circ L(u)) \\
&= \omega_j(L(S^{p-1}(v)) \circ \cdots \circ L(v))\omega_j(L(S^{q-1}(u)) \circ \cdots \circ L(u)) \\
&\leqslant \bar{\omega}_j(p)\bar{\omega}_j(q).
\end{aligned}$$

上述证明过程中 $v = S^q(u) \in X$. 因为 $u \in X$, $SX = X$, 所以成立

$$\bar{\omega}_j(p+q) \leqslant \bar{\omega}_j(p)\bar{\omega}_j(q), \quad \forall j, p, q \in \mathbb{N}, \tag{2.2.19}$$

满足不等式 (2.2.19) 的函数称为次指数函数 (subexponential function). 因此, 对任意 $j \in \mathbb{N}$, $\bar{\omega}_j(p)$ 关于 $p \in \mathbb{N}$ 是次指数函数.

前面已证 (见 (2.1.65)), 对于 $p \in \mathbb{N}$, $\omega_j(L_p(u))^{\frac{1}{j}}$ 关于 j 是非增的, 故 $\bar{\omega}_j^{\frac{1}{j}}(p)$ 关于 j 也是非增的. 利用下面的引理 2.2.2, 可知 $\forall j \in \mathbb{N}$, 成立

$$\Pi_j \triangleq \lim_{p\longrightarrow\infty} \{\bar{\omega}_j(p)\}^{\frac{1}{p}} = \inf_{p\in\mathbb{N}} \{\bar{\omega}_j(p)\}^{\frac{1}{p}}. \tag{2.2.20}$$

当然, $\Pi_j^{\frac{1}{j}}$ 关于 j 也是非增的. 令 $\Lambda_1 = \Pi_1$, $\Lambda_1\Lambda_2 = \Pi_2$, $\cdots$, $\Lambda_1 \cdots \Lambda_m = \Pi_m$, 或者等价地用另外一种形式表达:

$$\begin{cases}
\Lambda_1 = \Pi_1, \quad \Lambda_m = \dfrac{\Pi_m}{\Pi_{m-1}}, \quad m \geqslant 2, \\
\Lambda_m = \lim\limits_{p\longrightarrow\infty} \left(\dfrac{\bar{\omega}_m(p)}{\bar{\omega}_{m-1}(p)}\right)^{\frac{1}{p}}, \quad m \geqslant 2.
\end{cases} \tag{2.2.21}$$

Λ_m 称为泛函不变集 X 上的整体 (或一致) Lyapunov 数, 整体 (或一致) Lyapunov 指数定义如下:

$$\mu_m = \log \Lambda_m, \quad m \geqslant 1. \tag{2.2.22}$$

下面再引入一些有用的相关量. 令

$$\bar{\alpha}_j(p) = \sup_{u\in X} \alpha_j(L_p(u)), \tag{2.2.23}$$

$$\bar{\Lambda}_j = \limsup_{p\longrightarrow\infty} (\bar{\alpha}_j(p))^{\frac{1}{p}}, \quad \bar{\mu}_j = \log \bar{\Lambda}_j, \quad \forall j \geqslant 1. \tag{2.2.24}$$

由于对任意 $L \in \mathcal{L}(H)$, $\alpha_j(L)$ 关于 j 是非增的. 利用 (2.2.9), (2.2.10), (2.2.23), (2.2.24), 可知 $\lambda_j(u)$, $\mu_j(u)$, $u \in X$ 以及 $\bar{\Lambda}_j$, $\bar{\mu}_j$ 关于 j 都是非增的. 由于

$$\omega_j(L_p(u)) = \omega_{j-1}(L_p(u))\alpha_j(L_p(u)), \quad \forall j \geqslant 2, \ \forall p \in \mathbb{N},$$

以及

$$(\alpha_j(L_p(u)))^j \leqslant \alpha_1(L_p(u))\alpha_2(L_p(u))\cdots\alpha_j(L_p(u)) = \omega_j(L_p(u)), \quad \forall j \geqslant 1, \ \forall p \in \mathbb{N},$$

故成立

$$\begin{cases} \bar{\omega}_j(p) = \bar{\omega}_{j-1}(p)\bar{\alpha}_j(p), & \forall j \geqslant 2, \ \forall p \in \mathbb{N}, \\ \bar{\alpha}_j(p) \leqslant (\bar{\omega}_j(p))^{\frac{1}{p}}, & \forall j \geqslant 1, \ \forall p \in \mathbb{N}. \end{cases} \tag{2.2.25}$$

注意到

$$\bar{\omega}_j(p) = \sup_{u\in X} \omega_j(L_p(u)) = \sup_{u\in X}(\omega_{j-1}(L_p(u))\alpha_j(L_p(u))) \leqslant \bar{\omega}_{j-1}(p)\bar{\alpha}_j(p).$$

利用 (2.2.21)—(2.2.25), 成立

$$\begin{aligned} \Lambda_j &= \lim_{p\longrightarrow\infty} \left(\frac{\bar{\omega}_j(p)}{\bar{\omega}_{j-1}(p)}\right)^{\frac{1}{p}} \leqslant \lim_{p\longrightarrow\infty} (\bar{\alpha}_j(p))^{\frac{1}{p}} \\ &= \bar{\Lambda}_j \leqslant \lim_{p\longrightarrow\infty} (\bar{\omega}_j(p))^{\frac{1}{pj}} = \Pi_j^{\frac{1}{j}} = (\Lambda_1\cdots\Lambda_j)^{\frac{1}{j}}, \end{aligned}$$

即

$$\Lambda_j \leqslant (\Lambda_1\cdots\Lambda_j)^{\frac{1}{j}}, \quad j \in \mathbb{N}. \tag{2.2.26}$$

由 (2.2.26) 式, 可得

$$\begin{aligned} \mu_j = \log\Lambda_j &\leqslant \bar{\Lambda}_j = \bar{\mu}_j \\ &\leqslant \frac{1}{j}(\log\Lambda_1 + \cdots + \log\Lambda_j) \\ &= \frac{1}{j}(\mu_1 + \cdots + \mu_j), \quad j \in \mathbb{N}, \end{aligned}$$

即

$$\mu_j \leqslant \frac{1}{j}(\mu_1 + \cdots + \mu_j), \quad j \in \mathbb{N}. \tag{2.2.27}$$

在连续情形下, 假设条件和定义是类似的. 我们假定 $S(t)$ 在 X 上是一致可微的, $\forall t \geqslant 0$. 相应的线性算子记为 $L(t, u)$, $u \in X$, 即 $\forall t \geqslant 0$, 成立

$$\lim_{\epsilon \longrightarrow 0} \sup_{\substack{v,u \in X \\ 0<|v-u| \leqslant \epsilon}} \frac{|S(t)v - S(t)u - L(t,u)(v-u)|}{|v-u|} = 0.$$

进一步, 假设

$$\sup_{t \in [0,1]} \sup_{u \in X} \|L(t,u)\|_{\mathcal{L}(H)} \leqslant m < +\infty. \tag{2.2.28}$$

由 (2.2.28), 成立

$$\sup_{u \in X} \|L(t,u)\|_{\mathcal{L}(H)} \leqslant m^{[t]+1}, \quad \forall t \geqslant 0, \tag{2.2.29}$$

其中 $[t]$ 表示 t 的整数部分, 并且成立: $[t] \leqslant t < [t] + 1$.

事实上,

$$S(t) = S(t - [t])S([t]) = S(t - [t])S(1)^{[t]},$$

$$L(t,u) = L(t-[t], S([t])u) \circ L(1, S([t]-1)u) \circ \cdots \circ L(1, S(1)u) \circ L(1,u). \tag{2.2.30}$$

利用 (2.2.28) 式, 可知 $\forall t \geqslant 0$, 成立

$$\sup_{u \in X} |L(t,u)|_{\mathcal{L}(H)} \leqslant m^{[t]+1},$$

此即为 (2.2.29) 式.

下面验证: $S(t)$ 是 X 上一致可微定义中的线性算子. $L(t, u)$ 可以写为 (2.2.30) 中的表达式. 事实上, 利用假设条件: $S(t)$ 在 X 上是一致可微的, 故存在 $L(t, u) \in \mathcal{L}(H)$, 使得对任意的 v, $u \in H$: $0 < |v - u| \leqslant \epsilon$, 成立

$$L(t,u)(v-u) = S(t)v - S(t)u + o(1)(v-u), \quad \forall t \geqslant 0.$$

利用上式和 (2.2.28) 式, 可得

$$\begin{aligned} L(t,u)(v-u) &= L(t-[t], S([t])u) \circ L(1, S([t]-1)u) \circ \cdots \\ &\quad \circ L(1, S(1)u) \circ L(1,u)(v-u) \\ &= L(t-[t], S^{[t]}u) \circ L(1, S^{[t]-1}u) \circ \cdots \end{aligned}$$

$$\begin{aligned}
&\circ L(1,Su)(Sv-Su+o(1)(v-u))\\
=&L(t-[t],S^{[t]}u)\circ L(1,S^{[t]-1}u)\circ\cdots\\
&\circ L(1,S^2u)(S^2v-S^2u+o(1)(v-u))\\
=&\cdots\\
=&L(t-[t],S^{[t]}u)\circ L(1,S^{[t]-1}u)(S^{[t]-1}v-S^{[t]-1}u+o(1)(v-u))\\
=&L(t-[t],S^{[t]}u)(S^{[t]}v-S^{[t]}u+o(1)(v-u))\\
=&S(t-[t])(S^{[t]}v-S^{[t]}u)+o(1)(v-u)\\
=&S(t)v-S(t)u+o(1)(v-u),\quad \forall u,v\in H,\ 0<|v-u|\leqslant\epsilon.
\end{aligned}$$

从而

$$\lim_{\epsilon\longrightarrow 0}\sup_{\substack{v,u\in H\\ 0<|v-u|\leqslant\epsilon}}\frac{|S(t)v-S(t)u-L(t,u)(v-u)|}{|v-u|}=0.$$

即在 (2.2.30) 中的 $L(t,u)$ 表达式确实是可以作为 $S(t)$ 是 X 上一致可微定义中的可微算子. 对于 $j\in\mathbb{N}$, $t\geqslant 0$, $u\in X$, 现在可以考虑 $\omega_j(L(t,u))$, 以及

$$\bar{\omega}_j(t)=\sup_{u\in X}\omega_j(L(t,u)),\quad j\in\mathbb{N},\ t\geqslant 0. \tag{2.2.31}$$

类似于离散情形的证明, $\bar{\omega}_j(t)$ 关于 $t\geqslant 0$ 也是次指数函数, 即

$$\bar{\omega}_j(t+s)\leqslant\bar{\omega}_j(t)\bar{\omega}_j(s),\quad \forall s,t\in\mathbb{R}_+. \tag{2.2.32}$$

因此, 利用下面的引理 2.2.2, 极限 $\lim\limits_{t\longrightarrow\infty}(\bar{\omega}_j(t))^{\frac{1}{t}}$ 存在并且

$$\Pi_j\triangleq\lim_{t\longrightarrow\infty}(\bar{\omega}_j(t))^{\frac{1}{t}}=\inf_{t>0}(\bar{\omega}_j(t))^{\frac{1}{t}},\quad j\in\mathbb{N}. \tag{2.2.33}$$

类似于离散情形, 可以定义 Λ_m, μ_m, $m\geqslant 1$ 如下:

$$\Pi_1=\Lambda_1,\quad \Lambda_m=\frac{\Pi_m}{\Pi_{m-1}},\quad \Lambda_m=\lim_{t\longrightarrow\infty}\left(\frac{\bar{\omega}_m(t)}{\bar{\omega}_{m-1}(t)}\right)^{\frac{1}{t}},\quad \forall m\geqslant 2,$$

称 Λ_m 为半群 $S(t)$ 在 X 上的整体 (或一致) Lyapunov 数; 称

$$\mu_m=\log\Lambda_m,\quad m\geqslant 1$$

为 $S(t)$ 在 X 上的整体 (或一致) Lyapunov 指数.

定义相关的量:

$$\bar{\alpha}_j(t) = \sup_{u\in X} \alpha_j(L(t,u)),\ \ j \geqslant 1,\ t \in \mathbb{R}_+, \tag{2.2.34}$$

$$\bar{\Lambda}_j = \limsup_{t\longrightarrow\infty}(\bar{\alpha}_j(t))^{\frac{1}{t}},\quad \bar{\mu}_j = \log \bar{\Lambda}_j,\quad j \geqslant 1. \tag{2.2.35}$$

类似于离散情形的证明, 成立

$$\begin{cases} \bar{\omega}_j(t) = \bar{\omega}_{j-1}(t)\bar{\alpha}_j(t), & \forall j \geqslant 2, \quad \forall t \in \mathbb{R}_+, \\ \bar{\alpha}_j(t) \leqslant (\bar{\omega}_j(t))^{\frac{1}{j}}, & \forall j \geqslant 1, \quad \forall t \in \mathbb{R}_+, \end{cases}$$

从而可得

$$\Lambda_j \leqslant \bar{\Lambda}_j \leqslant (\Lambda_1 \cdots \Lambda_j)^{\frac{1}{j}};$$

$$\mu_j \leqslant \bar{\mu}_j \leqslant \frac{1}{j}(\mu_1 + \cdots + \mu_j),\quad j \geqslant 1.$$

注 利用 (1.64) 中 $\omega_d(L)$ 的定义, 即设 $d \in \mathbb{R}_+$, $d = n+s$, $n \in \mathbb{N}$, $0 < s < 1$, 定义

$$\omega_d(L) = \omega_n^{1-s}(L)\omega_{n+1}^s(L),\quad L \in \mathcal{L}(H).$$

当 $0 < d < 1$ 时, 令 $\omega_0(L) = 1$, $\omega_d(L) = \omega_1(L)^d$.

利用上述定义, 在离散情形和连续情形均可以定义整体 (或一致) Lyapunov 数 Λ_d 和 Lyapunov 指数 $\mu_d = \log \Lambda_d$, 其中 $d \in \mathbb{R}_+$.

下面介绍一个初等的结果, 即引理 2.2.2, 其在前面的证明中多次被使用.

引理 2.2.2 设 $\varphi : \mathbb{R}_+(\text{或}\mathbb{N}) \longmapsto \mathbb{R}_+$ 是一个次指数函数, 即

$$\varphi(t+s) \leqslant \varphi(t)\varphi(s),\quad \forall s,t \in \mathbb{R}_+(\text{或 } \mathbb{N}), \tag{2.2.36}$$

并且

$$\sup_{t\in[a,b]} \varphi(t) < \infty,\ \ 0 < a < b < \infty, \tag{2.2.37}$$

则 $\lim\limits_{t\longrightarrow\infty}(\varphi(t))^{\frac{1}{t}}$ 存在, 其极限等于 $\ell \triangleq \inf_{t>0}(\varphi(t))^{\frac{1}{t}}$.

证明 设 $p, q \in \mathbb{R}^1$ 或 $\mathbb{N}$, $q \geqslant p \geqslant a$. 利用 $[p,+\infty) = \bigcup_{k=0}^{\infty}[(k+1)p,(k+2)p)$, 可知存在整数 $k \geqslant 0$, 使得 $(k+1)p \leqslant q < (k+2)p$, 其等价于 $\dfrac{kp}{q} + \dfrac{p}{q} \leqslant 1 < \dfrac{kp}{q} + \dfrac{2p}{q}$. 由于 $q \longrightarrow \infty \Leftrightarrow k \longrightarrow \infty$. 令 p 不动, 可得

$$\lim_{k,q\longrightarrow\infty} \frac{kp}{q} \leqslant 1 \leqslant \lim_{k,q\longrightarrow\infty} \frac{kp}{q},$$

即知 $\lim\limits_{k,q\longrightarrow\infty}\dfrac{kp}{q}=1$. 利用 (2.2.36), (2.2.37), 可知

$$\varphi(q)=\varphi(kp+q-kp)\leqslant\varphi(kp)\varphi(q-kp)\leqslant\varphi(p)^k\varphi(q-kp),$$

以及

$$\varphi(q)^{\frac{1}{q}}\leqslant(\varphi(p)^{\frac{1}{p}})^{\frac{kp}{q}}(\sup_{p\leqslant t\leqslant 2p}\varphi(t))^{\frac{1}{q}}.$$

在上式中令 $k,\ q\longrightarrow\infty$, p 保持不动, 可得

$$\limsup_{q\longrightarrow\infty}\varphi(q)^{\frac{1}{q}}\leqslant\varphi(p)^{\frac{1}{p}}.$$

从而成立

$$\limsup_{q\longrightarrow\infty}\varphi(q)^{\frac{1}{q}}\leqslant\liminf_{p\longrightarrow\infty}\varphi(p)^{\frac{1}{p}}.$$

说明 $\lim\limits_{p\longrightarrow\infty}\varphi(p)^{\frac{1}{p}}$ 存在. 对于 $\ell\triangleq\inf_{t>0}(\varphi(t))^{\frac{1}{t}}$, 设 $\epsilon>0$, 存在 $p_\epsilon>0$, 使得 $\varphi(p_\epsilon)^{\frac{1}{p_\epsilon}}\leqslant\ell+\epsilon$. 由于已证 $\lim\limits_{p\longrightarrow\infty}\varphi(p)^{\frac{1}{p}}$ 存在. 故结合 (2.2.36), 成立

$$\lim_{p\longrightarrow\infty}\varphi(p)^{\frac{1}{p}}=\lim_{k\longrightarrow\infty}\varphi(kp_\epsilon)^{\frac{1}{kp_\epsilon}}\leqslant\lim_{k\longrightarrow\infty}\varphi(p_\epsilon)^{\frac{k}{kp_\epsilon}}=\varphi(p_\epsilon)^{\frac{1}{p_\epsilon}}\leqslant\ell+\epsilon.$$

由 $\epsilon>0$ 的任意性, 知 $\lim\limits_{p\longrightarrow\infty}\varphi(p)^{\frac{1}{p}}\leqslant\ell$, 从而 $\ell=\inf\limits_{p>0}\varphi(p)^{\frac{1}{p}}=\lim\limits_{p\longrightarrow\infty}\varphi(p)^{\frac{1}{p}}$. □

2.2.3 体积元的演化和指数衰减: 抽象框架

本节提供一个抽象框架, 可以用来研究动力系统体积元的演化和 Lyapunov 数的估计.

设 W 是 Hilbert 空间 H 中的 Banach 子空间, $W\hookrightarrow H$ 是连续嵌入. 映射 $F:W\longrightarrow H$ 是 Fréchet 可微的, 其微分记为 F'. 对任意 $u_0\in H$, 假定初边值问题

$$\begin{cases}\dfrac{du(t)}{dt}=F(u(t)),\ \ t>0,\\ u(0)=u_0\end{cases}\tag{2.2.38}$$

是适定的, $u(t)\in W$, $\forall t\geqslant 0$. 映射 $S(t):u_0\in H\longrightarrow u(t)\in H$ 是连续的半群. 对任意 $u_0,\ \xi\in H$, 下述线性初边值问题

$$\begin{cases}\dfrac{dU(t)}{dt}=F'(S(t)u_0)U(t),\\ U(0)=\xi\end{cases}\tag{2.2.39}$$

是适定的. 最后假定 $S(t)$ 在 H 中是可微的, $S(t)u_0$ 的微分 $L(t,u_0)$ 定义如下:

$$L(t,u_0)\xi = U(t), \quad \forall \xi \in H,$$

U 是 (2.2.39) 的解. 由于 (2.2.39) 是 (2.2.38) 的第一变分方程, 所有这些假设是非常自然的, 也容易验证. 例如, 当 H 是有限维空间且 (2.2.38) 是常微分方程时. 当然, 当 H 是无限维空间时, 这些假设条件的验证可能导致技术上的困难. 现在我们形式上由 (2.2.38) 推导出 (2.2.39).

设 $\xi \in H$, 由 $L(t,u_0)$ 是 $S(t)u_0$ 的 Fréchet 微分, 故

$$L(t,u_0)\xi = t\frac{d}{ds}S(t)(u_0+s\xi)\bigg|_{s=0} = \lim_{s\longrightarrow 0}\frac{1}{s}[S(t)(u_0+s\xi)-S(t)u_0].$$

特别地, $L(0,u_0)\xi=\xi$. 因此, 利用 (2.2.38), 成立

$$\begin{aligned}
&\frac{d}{dt}(L(t,u_0)\xi) = \frac{d}{dt}\lim_{s\longrightarrow 0}\frac{1}{s}[S(t)(u_0+s\xi)-S(t)u_0]\\
&= \lim_{s\longrightarrow 0}\frac{1}{s}\left[\frac{d}{dt}S(t)(u_0+s\xi)-\frac{d}{dt}S(t)u_0\right]\\
&= \lim_{s\longrightarrow 0}\frac{1}{s}[F(S(t)(u_0+s\xi))-F(S(t)u_0)]\\
&= \lim_{s\longrightarrow 0}\frac{1}{s}\int_0^1 \frac{d}{d\tau}F(\tau S(t)(u_0+s\xi)+(1-\tau)S(t)u_0)d\tau\\
&= \lim_{s\longrightarrow 0}\frac{1}{s}\int_0^1 F'(\tau S(t)(u_0+s\xi)+(1-\tau)S(t)u_0)(S(t)(u_0+s\xi)-S(t)u_0)d\tau\\
&= \int_0^1 \lim_{s\longrightarrow 0}F'(\tau S(t)(u_0+s\xi)+(1-\tau)S(t)u_0)\times\lim_{s\longrightarrow 0}\frac{1}{s}(S(t)(u_0+s\xi)-S(t)u_0)d\tau\\
&= \int_0^1 F'(\tau S(t)u_0+(1-\tau)S(t)u_0)(L(t,u_0)\xi)d\tau\\
&= F'(S(t)u_0)(L(t,u_0)\xi).
\end{aligned}$$

由于假定 (2.2.39) 是适定的, 故 $U(t)=L(t,u_0)\xi$.

设 $u_0\in H$, 令 $\xi_1,\cdots,\xi_m\in H$ 是 m 个线性无关的元素, $U_1,\cdots,U_m$ 是相对应 (2.2.39) 的解. 关于时间进行微分, 利用引理 2.1.2, 成立

$$\begin{aligned}
&\frac{1}{2}\frac{d}{dt}|U_1(t)\wedge\cdots\wedge U_m(t)|^2_{\wedge^m H}\\
=&\frac{1}{2}\frac{d}{dt}(U_1(t)\wedge\cdots\wedge U_m(t),U_1(t)\wedge\cdots\wedge U_m(t))_{\wedge^m H}
\end{aligned}$$

$$
\begin{aligned}
&= (U_1'(t) \wedge \cdots \wedge U_m(t), U_1(t) \wedge \cdots \wedge U_m(t))_{\wedge^m H} \\
&\quad + \cdots \\
&\quad + (U_1(t) \wedge \cdots \wedge U_m'(t), U_1(t) \wedge \cdots \wedge U_m(t))_{\wedge^m H} \\
&= (F'(u(t))U_1(t) \wedge \cdots \wedge U_m(t), U_1(t) \wedge \cdots \wedge U_m(t))_{\wedge^m H} \\
&\quad + \cdots \\
&\quad + (U_1(t) \wedge \cdots \wedge F'(u(t))U_m(t), U_1(t) \wedge \cdots \wedge U_m(t))_{\wedge^m H} \\
&= (F'(u(t)))_m (U_1(t) \wedge \cdots \wedge U_m(t), U_1(t) \wedge \cdots \wedge U_m(t))_{\wedge^m H} \\
&= |U_1(t) \wedge \cdots \wedge U_m(t)|^2_{\wedge^m H} \mathrm{Tr}(F'(u(t)) \circ Q_m),
\end{aligned}
$$

其中

$$
Q_m = Q_m(t, u_0; \xi_1, \cdots, \xi_m) : H \longrightarrow \mathrm{span}\{U_1(t), \cdots, U_m(t)\}
$$

是投影算子. 因此

$$
\frac{d}{dt}|U_1(t)\wedge\cdots\wedge U_m(t)|_{\wedge^m H} = |U_1(t)\wedge\cdots\wedge U_m(t)|_{\wedge^m H}\mathrm{Tr}(F'(u(t))\circ Q_m). \tag{2.2.40}
$$

由 (2.2.40), 可得

$$
|U_1(t) \wedge \cdots \wedge U_m(t)|_{\wedge^m H} = |\xi_1 \wedge \cdots \wedge \xi_m|_{\wedge^m H} e^{\int_0^T \mathrm{Tr}(F'(S(\tau)u_0)\circ Q_m(\tau))d\tau}. \tag{2.2.41}
$$

利用命题 2.1.7, 成立

$$
\begin{aligned}
\omega_m(L(t,u_0)) &= \sup_{\substack{\xi_i \in H \\ |\xi_i|_H \leqslant 1 \\ 1 \leqslant i \leqslant m}} |L(t,u_0)\xi_1 \wedge \cdots \wedge L(t,u_0)\xi_m|_{\wedge^m H} \\
&= \sup_{\substack{\xi_i \in H \\ |\xi_i|_H \leqslant 1 \\ 1 \leqslant i \leqslant m}} |U_1(t) \wedge \cdots \wedge U_m(t)|_{\wedge^m H}.
\end{aligned}
$$

结合 (2.2.41), 并注意到 $|\xi_1 \wedge \cdots \wedge \xi_m|_{\wedge^m H} \leqslant |\xi_1|_H \cdots |\xi_m|_H$, 可得

$$
\omega_m(L(t,u_0)) = \sup_{\substack{\xi_i \in H \\ |\xi_i|_H \leqslant 1 \\ 1 \leqslant i \leqslant m}} e^{\int_0^T \mathrm{Tr}(F'(S(\tau)u_0)\circ Q_m(\tau))d\tau}. \tag{2.2.42}
$$

下面引入一些有用的量.

$$
q_m(t) = \sup_{u_0 \in X} \sup_{\substack{\xi_i \in H \\ |\xi_i| \leqslant 1 \\ 1 \leqslant i \leqslant m}} \left(\frac{1}{t} \int_0^t \mathrm{Tr}\left(F'(S(\tau)u_0) \circ Q_m(\tau)\right) d\tau \right); \tag{2.2.43}
$$

$$q_m = \limsup_{t\longrightarrow\infty} q_m(t). \tag{2.2.44}$$

由 (2.2.42), (2.2.43), 成立

$$\bar{\omega}_m(t) = \sup_{u_0\in X} \omega_m(L(t,u_0)) \leqslant e^{tq_m(t)}. \tag{2.2.45}$$

(2.2.45) 还可写为

$$(\bar{\omega}_m(t))^{\frac{1}{t}} \leqslant e^{q_m(t)}, \quad \frac{1}{t}\log\bar{\omega}_m(t) \leqslant q_m(t). \tag{2.2.46}$$

由于

$$\Lambda_1\cdots\Lambda_m = \Pi_m = \lim_{t\longrightarrow\infty}(\bar{\omega}_m(t))^{\frac{1}{t}} = \inf_{t>0}(\bar{\omega}_m(t))^{\frac{1}{t}},$$

故由 (2.2.44) 式、(2.2.46) 式, 可得

$$\Lambda_1\cdots\Lambda_m \leqslant e^{q_m}, \tag{2.2.47}$$

$$\mu_1+\cdots+\mu_m \leqslant q_m. \tag{2.2.48}$$

命题 2.2.3 在上述假设条件下, 如果存在 $m\in\mathbb{N}$ 和 $t_0>0$, 使得

$$q_m(t) \leqslant -\delta < 0, \quad \forall t \geqslant t_0. \tag{2.2.49}$$

则当 $t\longrightarrow\infty$ 时, 体积 $|U_1(t)\wedge\cdots\wedge U_m(t)|_{\wedge^m H}$ 关于 $u_0\in X$, $\xi_1,\cdots,\xi_m\in H$ 是指数衰减的, 即

$$|U_1(t)\wedge\cdots\wedge U_m(t)|_{\wedge^m H} \leqslant ce^{-\delta t}, \quad \forall t\geqslant t_0, \tag{2.2.50}$$

这里 $c=|U_1(t_0)\wedge\cdots\wedge U_m(t_0)|_{\wedge^m H}e^{\delta t_0}$. 如果 X 关于半群 $S(t)$ 是泛函不变的 (即 $S(t)X=X$), 并且存在整数 $m\geqslant 1$, 使得

$$q_m<0, \tag{2.2.51}$$

则

$$\Pi_m = \Lambda_1\cdots\Lambda_m < 1, \quad \mu_1+\cdots+\mu_m<0.$$

由此可知, 至少 $\Lambda_m<1$, 相应地, $\mu_m<0$.

证明 将初始值用 $U_1(t_0),\cdots,U_m(t_0)$ 代替 $\xi_1,\cdots,\xi_m$, 则 (2.2.41) 式可写为

$$|U_1(t)\wedge\cdots\wedge U_m(t)|_{\wedge^m H} = |U_1(t_0)\wedge\cdots\wedge U_m(t_0)|_{\wedge^m H}e^{\int_{t_0}^t \mathrm{Tr}(F'(S(\tau)u_0)\circ Q_m(\tau))d\tau}, \ \forall t\geqslant t_0.$$

利用 (2.2.43), (2.2.49), 可得

$$
\begin{aligned}
|U_1(t)\wedge\cdots\wedge U_m(t)|_{\wedge^m H} &\leqslant |U_1(t_0)\wedge\cdots\wedge U_m(t_0)|_{\wedge^m H}e^{(t-t_0)q_m(t)}\\
&\leqslant |U_1(t_0)\wedge\cdots\wedge U_m(t_0)|_{\wedge^m H}e^{-\delta(t-t_0)}\\
&= ce^{-\delta t},\quad \forall t\geqslant t_0,
\end{aligned}
$$

此即为 (2.2.50) 式.

利用 (2.2.47) 和 (2.2.51), 成立

$$
\Lambda_1\cdots\Lambda_m\leqslant e^{q_m}<1,
$$

从而

$$
\mu_1+\cdots+\mu_m=\log\Lambda_1+\cdots+\log\Lambda_m=\log(\Lambda_1\cdots\Lambda_m)<0.
$$

注意到

$$
\Lambda_1\cdots\Lambda_m=\Pi_m=\lim_{t\longrightarrow\infty}(\bar{\omega}_m(t))^{\frac{1}{t}}
$$

关于 m 是非增的. 故

$$
\Lambda_m^m\leqslant\Lambda_1\cdots\Lambda_m<1,
$$

即有 $\Lambda_m<1$. 从而 $\mu_m=\log\Lambda_m<0$. □

2.3　吸引子的 Hausdorff 维数和分形维数

本节主要建立两个重要的结果, 其提供了吸引子 (或泛函不变集) 的 Hausdorff 维数和分形维数的估计.

2.3.1 节首先回顾集合 X 的 Hausdorff 维数、分形维数 (或称容量) 的定义和一些主要的初等性质. 2.3.2 节我们给出椭球和类似椭球集合的两个技术性引理. 2.3.3 节介绍不变集合的 Hausdorff 维数和分形维数的主要结果, 首次没有使用 Lyapunov 数进行表述 (即定理 2.3.3 和定理 2.3.4), 而在定理 2.3.5 中使用 Lyapunov 数表述了这些结果的替代形式.

2.3.1　Hausdorff 维数和分形维数

设 E 是度量空间, $Y\subset E$ 是一个子集合. 设 $d\in\mathbb{R}_+^1$, $\epsilon>0$, 定义

$$
\mu_H(Y,d,\epsilon)=\inf\left\{\sum_{i\in I}r_i^d;\ Y\subseteq\cup_{i\in I}B_i,\ r_i\leqslant\epsilon,\ \forall i\in I\right\},
$$

其中 B_i 表示半径 $r_i\leqslant\epsilon$ 的球.

显然 $\mu_H(Y,d,\epsilon)$ 关于 ϵ 是非增的. 定义 $\mu_H(Y,d)\in[0,+\infty]$ 如下:

$$\mu_H(Y,d)=\lim_{\epsilon\longrightarrow 0}\mu_H(Y,d,\epsilon)=\sup_{\epsilon>0}\mu_H(Y,d,\epsilon). \tag{2.3.1}$$

利用 (2.3.1), 容易验证: 若 $\mu_H(Y,d')<\infty$, $d'\in[0,\infty)$, 则 $\forall d>d'$, 成立 $\mu_H(Y,d)=0$. 因此, 可以定义

$$d_H(Y)\triangleq\inf\{d>0;\ \mu(Y,d)=0\}=\sup\{d>0;\ \mu(Y,d)=+\infty\},$$

则 $d_H(Y)\in[0,+\infty]$ 称为集合 Y 的 Hausdorff 维数.

假定一簇半径为 ϵ 的球 $\{B_i(\epsilon)\}$ 覆盖集合 Y. 记 $n_Y(\epsilon)$ 表示最小球个数, 即有 $Y\subseteq\bigcup_{i=1}^{n_Y(\epsilon)}B_i(\epsilon)$. 定义 Y 的分形维数 (或称 Y 的容量) $d_F(Y)$ 如下:

$$d_F(Y)=\limsup_{\epsilon\longrightarrow 0}\frac{\log n_Y(\epsilon)}{\log\dfrac{1}{\epsilon}}. \tag{2.3.2}$$

令 $\mu_F(Y,d)=\limsup\limits_{\epsilon\longrightarrow 0}\epsilon^d n_Y(\epsilon)$, 则成立 (证明见附录)

$$d_F(Y)=\inf\{d>0;\ d_F(Y,d)=0\}. \tag{2.3.3}$$

在 Hausdorff 维数和分形维数定义中, 主要的差别在于覆盖集合 Y 的球, 其半径在前者定义中不超过 ϵ, 而在后者定义中半径为 ϵ.

记 $\mu_F(Y,d,\epsilon)=\epsilon^d n_Y(\epsilon)$, 则由 $\mu_F(Y,d,\epsilon)$ 的定义知

$$\begin{aligned}\mu_H(Y,d,\epsilon)&=\inf\left\{\sum_{i\in I}r_i^d;\ Y\subseteq\cup_{i\in I}B_i,r_i\leqslant\epsilon,\ \forall i\in I\right\}\\&\leqslant\epsilon^d n_Y(\epsilon)=\mu_F(Y,d,\epsilon),\end{aligned}$$

从而

$$\mu_H(Y,d)\leqslant\mu_F(Y,d),$$

以及

$$d_H(Y)\leqslant d_F(Y). \tag{2.3.4}$$

需要指出的是, (2.3.4) 中的不等式有可能是严格的. 例如, $Y=\left\{\dfrac{1}{p};p\in\mathbb{N}\setminus\{0\}\right\}$, $E=\mathbb{R}^1$. 记 $\epsilon_p=\dfrac{1}{4}\left(\dfrac{1}{p}-\dfrac{1}{p+1}\right)=\dfrac{1}{4p(p+1)}$, 则孤立点: $1,\dfrac{1}{2},\cdots,\dfrac{1}{p}$ 属于半径为 ϵ_p 的 p 个互不相交的球. 因此, $n_Y(\epsilon_p)\geqslant p$, 从而

$$\frac{\log n_Y(\epsilon_p)}{\log\dfrac{1}{\epsilon_p}}\geqslant\frac{\log p}{\log 4p(p+1)}=\frac{\log p}{\log 4+\log p+\log(p+1)}\geqslant\frac{\log p}{\log 4+2\log(p+1)}.$$

由此可得

$$d_F(Y) = \limsup_{\epsilon \longrightarrow 0} \frac{\log n_Y(\epsilon)}{\log \frac{1}{\epsilon}} \geqslant \limsup_{p \longrightarrow \infty} \frac{\log n_Y(\epsilon_p)}{\log \frac{1}{\epsilon_p}} \geqslant \frac{1}{2}.$$

另一方面, 任何可数集合的 Hausdorff 维数均为 0 (详见附录 A), 即得 $d_H(Y) = 0$.

在无限维空间, 还可以构成一个集合, 其 Hausdorff 维数为 0, 分形维数为 ∞.

2.3.2 覆盖引理

设 $\mathcal{E}$ 是 H 中的椭球, 其轴记为 $\alpha_j(\mathcal{E}), j \geqslant 1, \alpha_1(\mathcal{E}) \geqslant \alpha_2(\mathcal{E}) \geqslant \cdots$. 当 n 是整数时 (即 $n \in \mathbb{N}$), 令 $\omega_n(\mathcal{E}) = \alpha_1(\mathcal{E}) \ \cdots \ \alpha_n(\mathcal{E})$; 当 $n \in \mathbb{N}, 0 < s < 1, d = n + s$ 时, $\omega_d(\mathcal{E}) = \omega_n(\mathcal{E})^{1-s}\omega_{n+1}(\mathcal{E})^s$. 类似于之前用关于 $\omega_d^{\frac{1}{d}}(L)$ 的证明, 这里 $\omega_d^{\frac{1}{d}}(\mathcal{E})$ 关于 $d \in [1, \infty)$ 也是非增的.

设 $L \in \mathcal{L}(H)$, 由 (2.1.42), (2.1.55) 知, 对于 H 中的单位球 B, $L(B)$ 包含在一个椭球 (其轴 $\alpha_j(\mathcal{E}) = \alpha_j(L), j \in I$) 和一个半径为 μ_∞ 的球乘积集合里.

引理 2.3.1 设 $d = n + s, n \in \mathbb{N}, 0 < s \leqslant 1$, 椭球 $\mathcal{E} \subset H$. 对任意 r: $\alpha_{n+1}(\mathcal{E}) \leqslant r \leqslant \alpha_1(\mathcal{E})$, 覆盖椭球 $\mathcal{E}$ 的半径为 $\sqrt{n+1}r$ 的球的最小数 $n_{\mathcal{E}}(\sqrt{n+1}r)$ 且有下述估计:

$$n_{\mathcal{E}}(\sqrt{n+1}r) \leqslant 2^n r^{-\ell} \omega_\ell(\mathcal{E}), \tag{2.3.5}$$

其中 ℓ 是 $\leqslant n$ 的最大整数且使得 $r \leqslant \alpha_\ell(\mathcal{E})$. 因此, 如果 $\epsilon \geqslant (\omega_d(\mathcal{E}))^{\frac{1}{d}}$, 则

$$\mu_H(\mathcal{E}, d, \sqrt{n+1}\epsilon) \leqslant \beta_d \omega_d(\mathcal{E}), \ \ \beta_d = 2^n (n+1)^{\frac{d}{2}}. \tag{2.3.6}$$

注 当 $r > \alpha_1(\mathcal{E})$ 时, 由于以 r 为半径的球只需一个就可以覆盖椭球 $\mathcal{E}$ (因 $\mathcal{E}$ 的最长的轴是 $\alpha_1(\mathcal{E})$, 故 $n_{\mathcal{E}}(\sqrt{n+1}r) = n_{\mathcal{E}}(r) = 1$), 因此, 结合 (2.3.5), 对任意的 $r \geqslant \alpha_{n+1}(\mathcal{E})$, 成立估计式:

$$n_{\mathcal{E}}(\sqrt{n+1}r) \leqslant \max\{1, \ 2^n r^{-\ell} \omega_\ell(\mathcal{E})\}.$$

证明 记 $\alpha_i = \alpha_i(\mathcal{E}), 1 \leqslant i \leqslant n, \rho = \alpha_{n+1}$. 考虑 H 中一组标准正交基 $\varphi_j, j \geqslant 1$, 对应于有序的椭球轴. 利用命题 2.1.6, 椭球 $\mathcal{E}$ 包含在 QH 中的立方体 $\prod_{i=1}^n [-\alpha_i, \alpha_i]$ 和 $(I - Q)H$ 中以 0 为心, 半径为 ρ 的球乘积之中, 其中 $Q : H \longrightarrow \mathrm{span}\{\varphi_1, \cdots, \varphi_n\}$ 为正交投影.

假定集合 $\prod_{i=1}^n [-\alpha_i, \alpha_i]$ 被 QH 中边长为 $2r$ 的 N 个方体覆盖, 现在估计 N. 设 $1 \leqslant i \leqslant n$, 第 i 个轴长 $[-\alpha_i, \alpha_i]$ 被 $2r$ 等分, 其总的段数不超过 $\left[\dfrac{2\alpha_i}{2r}\right] + 1 =$

$\left[\dfrac{\alpha_i}{r}\right]+1$. 因此

$$
\begin{aligned}
N &\leqslant \prod_{i=1}^{n}\left(\left[\frac{\alpha_i}{r}\right]+1\right)=\prod_{i=1}^{\ell}\left(\left[\frac{\alpha_i}{r}\right]+1\right)\prod_{i=\ell+1}^{n}\left(\left[\frac{\alpha_i}{r}\right]+1\right)\\
&\leqslant \prod_{i=1}^{\ell}\left(\frac{\alpha_i}{r}+1\right)\prod_{i=\ell+1}^{n}(1+1)\leqslant \prod_{i=1}^{\ell}\left(\frac{2\alpha_i}{r}\right)\prod_{i=\ell+1}^{n}2\\
&=\left(\frac{2}{r}\right)^{\ell}2^{n-\ell}\prod_{i=1}^{\ell}\alpha_i=2^n r^{-\ell}\omega_\ell(\mathcal{E}).
\end{aligned}
$$

记 $A_k(r)$ 表示 QH 中边长为 $2r$ 的方体, 则成立

$$
\prod_{i=1}^{n}[-\alpha_i,\alpha_i]\subseteq\bigcup_{k=1}^{N}A_k(r).
$$

注意到 $B(0,\rho)\subset(I-Q)H$ 以及

$$
A_k(r)\times B(0,\rho)\subseteq B_k(\sqrt{n+1}r)\subset H,
$$

其中 $B_k(\sqrt{n+1}r)$ 表示 H 中半径为 $\sqrt{n+1}r$ 的球. 说明

$$
\mathcal{E}\subseteq\bigcup_{k=1}^{N}B_k(\sqrt{n+1}r),
$$

从而

$$
n_{\mathcal{E}}(\sqrt{n+1}r)\leqslant N\leqslant 2^n r^{-\ell}\omega_\ell(\mathcal{E}),
$$

此即为 (2.3.5). 下面验证 (2.3.6).

当应用 (2.3.5) 时, 取 $r=\rho=\alpha_{n+1}$. 由于 $\alpha_{n+1}\leqslant\alpha_n$, 以及 (2.3.5) 中要求 $\ell\leqslant n$ 的最大值且使得 $r\leqslant\alpha_\ell$, 故此时 $\ell=n$. 由于

$$
\rho^n=\alpha_{n+1}^n\leqslant\alpha_1\cdots\alpha_n=\omega_n(\mathcal{E}),
$$

可知

$$
\rho\leqslant\omega_n^{\frac{1}{n}}(\mathcal{E})\leqslant\omega_d^{\frac{1}{d}}(\mathcal{E})\leqslant\epsilon.
$$

因此, 结合 (2.3.5) 式, 成立

$$
\mu_H(\mathcal{E},d,\sqrt{n+1}\epsilon)\leqslant\mu_H(\mathcal{E},d,\sqrt{n+1}\rho)
$$

$$
\begin{aligned}
&= \inf\left\{\sum_{i\in I} r_i^d;\ r_i \leqslant \sqrt{n+1}\rho,\ \mathcal{E}\subseteq\bigcup_{i\in I} B_i\right\}\\
&\leqslant (\sqrt{n+1}\rho)^d n_{\mathcal{E}}(\sqrt{n+1}\rho)\\
&\leqslant 2^n\rho^{-n}\omega_n(\mathcal{E})(n+1)^{\frac{d}{2}}\rho^d\\
&= 2^n(n+1)^{\frac{d}{2}}\omega_n(\mathcal{E})\rho^{d-n}\\
&= 2^n(n+1)^{\frac{d}{2}}\omega_d(\mathcal{E}),
\end{aligned}
$$

此即为 (2.3.6) 式. 上述证明中最后一步用到 $\omega_n(\mathcal{E})\rho^{d-n}=\omega_d(\mathcal{E})$. 事实上, 对于 $d=n+s$, 成立

$$
\omega_d(\mathcal{E})=\omega_n^{1-s}(\mathcal{E})\omega_{n+1}^s(\mathcal{E})=\omega_n(\mathcal{E})\alpha_{n+1}^s(\mathcal{E})=\omega_n(\mathcal{E})\rho^s=\omega_n(\mathcal{E})\rho^{d-n}. \qquad \square
$$

引理 2.3.2 设椭球 $\mathcal{E}\subset H$ 满足 $\alpha_1(\mathcal{E})\leqslant m$, $\omega_d(\mathcal{E})\leqslant k$, $k\leqslant m^d$, $d=n+s$, 整数 $n\geqslant 1$, $0<s\leqslant 1$, 则对任意的 $\eta>0$, $\mathcal{E}+B(0,\eta)$ 包含在一个椭球 $\mathcal{E}'$ 中使得

$$
\omega_d(\mathcal{E}')\leqslant(1+K\eta)^d k, \tag{2.3.7}
$$

$$
K=\left(\frac{m^n}{k}\right)^{\frac{1}{s}}. \tag{2.3.8}
$$

证明 已知 $\omega_d(\mathcal{E})\leqslant k$, $k\leqslant m^d$, 我们可以把椭球的轴 α_j 延长, 使得 $\mathcal{E}$ 嵌入一个更大的椭球 $\overline{\mathcal{E}}$ 中, 并且 $\omega_d(\overline{\mathcal{E}})=k$, 其相对应的轴记为 $\bar{\alpha}_j$ 满足 $\bar{\alpha}_1=\alpha_1(\overline{\mathcal{E}})\leqslant m$, $\bar{\alpha}_j=\alpha_j(\overline{\mathcal{E}})=\alpha_{n+1}(\mathcal{E})\,(=\rho$, 这里和下面均记为 $\rho)$, $\forall j\geqslant n+1$. 则

$$
k=\omega_d(\overline{\mathcal{E}})=\omega_n(\overline{\mathcal{E}})\bar{\alpha}_{n+1}^s\leqslant\bar{\alpha}_1^n\bar{\alpha}_{n+1}^s\leqslant m^n\rho^s,
$$

从而 $\rho\geqslant K^{-1}=\left(\dfrac{k}{m^n}\right)^{\frac{1}{s}}$, 或写为 $\dfrac{1}{\rho}\leqslant K$. 由于 $B(0,\rho)\subset(I-Q)H$ 是嵌入 $\overline{\mathcal{E}}$ 的, 即 $B(0,\rho)\subset\overline{\mathcal{E}}$. 从而, 对任意的 $\eta>0$, 成立

$$
B(0,\eta)=\frac{\eta}{\rho}B(0,\rho)\subset\frac{\eta}{\rho}\overline{\mathcal{E}}.
$$

因此

$$
\overline{\mathcal{E}}+B(0,\eta)\subset\overline{\mathcal{E}}+\frac{\eta}{\rho}\overline{\mathcal{E}}=\left(1+\frac{\eta}{\rho}\right)\overline{\mathcal{E}}\subset(1+K\eta)\overline{\mathcal{E}}.
$$

令 $\mathcal{E}'=(1+K\eta)\overline{\mathcal{E}}$. 注意到椭球相应轴之间的关系: $\alpha_j((1+K\eta)\overline{\mathcal{E}})=(1+K\eta)\alpha_j(\overline{\mathcal{E}})$, 从而可得

$$
\omega_d(\mathcal{E}')=\omega_d((1+K\eta)\overline{\mathcal{E}})=\omega_n((1+K\eta)\overline{\mathcal{E}})\alpha_{n+1}^s((1+K\eta)\overline{\mathcal{E}})
$$

$$
\begin{aligned}
&= (1+K\eta)^n\omega_n(\overline{\mathcal{E}})((1+K\eta)\alpha_{n+1}(\overline{\mathcal{E}}))^s \\
&= (1+K\eta)^d\omega_d(\overline{\mathcal{E}}) \\
&\leqslant (1+K\eta)^d k.
\end{aligned}
$$ □

注 如果 $n=0,\ 0<s\leqslant 1$, 即 $0<d=s\leqslant 1$. 引理 2.3.1 和引理 2.3.2 仍然成立. 此时, 约定 $\omega_0(\mathcal{E})=1,\ \omega_d(\mathcal{E})=(\omega_1(\mathcal{E}))^d$. 在引理 2.3.1 中, 由假设 $\alpha_{n+1}(\mathcal{E})\leqslant r\leqslant\alpha_1(\mathcal{E})$ 可知, $r=\alpha_1(\mathcal{E})=\omega_1(\mathcal{E})$. 利用引理 2.3.1 的注, 可知

$$
n_{\mathcal{E}}(r)=n_{\mathcal{E}}(\sqrt{n+1}r)\leqslant\max\{1,2^n r^{-\ell}\omega_\ell(\mathcal{E})\}=1.
$$

因为此时 $n=0,\ \ell=0,\ \omega_0(\mathcal{E})=1$. 这个结论 ($n_{\mathcal{E}}(r)\leqslant 1$) 是显然的, 因为当 $n=0$ 时, 椭球 $\mathcal{E}$ 在 $QH\,(\dim QH=n=0)$ 中的部分是空集, 此时 $\mathcal{E}\subset B(0,\rho)\subset H$, $\rho=\alpha_{n+1}(\mathcal{E})=\alpha_1(\mathcal{E})=\omega_1(\mathcal{E})=r$，故有 $n_{\mathcal{E}}(r)=1$. 现在来检查 (2.3.6) 是否成立. 此时, $\beta_d=2^n(n+1)^{\frac{d}{2}}=1$. 当 $\epsilon\geqslant\omega_d(\mathcal{E})^{\frac{1}{d}}=\omega_1(\mathcal{E})=r=\rho$ 时, 由于 $\mathcal{E}\subset B(0,\rho)$, 故成立

$$
\mu_H(\mathcal{E},d,\epsilon)=\inf\left\{\sum_{i\in I}r_i^d,\ r_i\leqslant\epsilon,\ \mathcal{E}\subset\bigcup\nolimits_{i\in I}B_i\right\}\leqslant\rho^d=\omega_d(\mathcal{E}),
$$

此即为 (2.3.6) 式.

在引理 2.3.2 中, 当 $n=0$ 时, 有 $\omega_1(\mathcal{E})=\alpha_1(\mathcal{E})=\alpha_{n+1}(\mathcal{E})=\rho$ 以及 $\mathcal{E}=\overline{\mathcal{E}}$ (因为 $\mathcal{E}$ 嵌入 $\overline{\mathcal{E}}$ 是通过延长前 n 个轴 $\alpha_1(\mathcal{E}),\cdots,\alpha_n(\mathcal{E})$ 得到的. 对于 $n=0$ 时, 相当于没有延拓前 $n=0$ 个轴, 故看作 $\mathcal{E}=\overline{\mathcal{E}}$). 再由 $\omega_d(\overline{\mathcal{E}})=k$ 可得

$$
k=\omega_d(\overline{\mathcal{E}})=\omega_d(\mathcal{E})=\omega_1(\mathcal{E})^d=\rho^d,
$$

即 $k=\rho^d$. 从而 $k=\left(\dfrac{m^n}{k}\right)^{\frac{1}{s}}=k^{-\frac{1}{d}}$, $d=s$. 由于此时 $\mathcal{E}=\overline{\mathcal{E}}$ 包含在 QH(因为 $\dim QH=0,\ QH=\varnothing$) 中的部分是空集, 完全包含在 $(I-Q)H=H$ 中的球 $B(0,\rho)$ 中, 从而

$$
\overline{\mathcal{E}}+B(0,\eta)=\mathcal{E}+B(0,\eta)\subset B(0,\rho)+B(0,\eta)=B(0,\rho+\eta)\triangleq\mathcal{E}'.
$$

因此

$$
\begin{aligned}
\omega_d(\mathcal{E}')&=\omega_1(\mathcal{E}')^d=\alpha_1(\mathcal{E}')^d=\alpha_1(B(0,\rho+\eta))^d \\
&=(\rho+\eta)^d=\rho^d\left(1+\frac{\eta}{\rho}\right)^d=k(1+k^{-\frac{1}{d}}\eta)^d=(1+K\eta)^d k,
\end{aligned}
$$

此即为 (2.3.7) 式.

2.3.3　主要结论

现在我们介绍并证明不变集的 Hausdorff 维数和分形维数的主要结果.

设 H 是 Hilbert 空间, 其范数记为 $|\cdot|$, $X \subset H$ 是紧集, $S: X \longrightarrow H$ 为 (非线性) 连续映射, 使得

$$SX = X. \tag{2.3.9}$$

假定 S 在 X 上是一致可微的, 即对 $\forall u \in X$, 存在 $L(u) \in \mathcal{L}(H)$, 以及成立

$$\lim_{\epsilon \longrightarrow 0} \sup_{\substack{u,v\in X \\ 0<|u-v|\leqslant \epsilon}} \frac{|Sv - Su - L(u)(v-u)|}{|v-u|} = 0. \tag{2.3.10}$$

(2.3.10) 中的算子 $L(u)$ 不一定是唯一的. 关于算子 $L(u)$, 我们假定

$$\sup_{u\in X} \|L(u)\|_{\mathcal{L}(H)} < +\infty, \tag{2.3.11}$$

以及存在 $d > 0$, 使得

$$\sup_{u\in X} \omega_d(L(u)) < 1, \tag{2.3.12}$$

这里 $\omega_d(L)$ 的定义:

$$\omega_d(L) = \omega_n(L)^{1-s}\omega_{n+1}(L)^s, \quad d = n+s,\ n \in \mathbb{N},\ 0 < s < 1.$$

对于 $n = 0$, $d = s \in (0,1)$, $\omega_0(L) = 1$, $\omega_d(L) = \omega_1(L)^d$.

此外, 对于 $d = n+s$, 整数 $n \geqslant 0$, $0 < s < 1$, 前面已证: $\omega_d(L)^{\frac{1}{d}}$ 关于 d 是非增的.

定理 2.3.3　在上述假设条件 (2.3.9)—(2.3.12) 下, 集合 X 的 Hausdorff 维数 $d_H(X)$ 是有限的且 $d_H(X) \leqslant d$.

证明　由 (2.3.11), (2.3.12), 取 k, $m > 0$ 使得

$$\sup_{u\in X} \|L(u)\|_{\mathcal{L}(H)} \leqslant m < +\infty, \tag{2.3.13}$$

$$\sup_{u\in X} \omega_d(L(u)) \leqslant k < 1. \tag{2.3.14}$$

对任意的 $p \in \mathbb{N}$, 映射 $S^p: X \longrightarrow H$ 是连续的且 (2.3.9) 成立, 即 $S^pX = X$. 此外, (2.3.10) 也是成立的, 此时 $L(u)$ 被替换为 $L_p(u)$:

$$L_p(u) = L(S^{p-1}(u)) \circ \cdots \circ L(S(u)) \circ L(u).$$

利用 (2.3.13), (2.3.14) 可知 (2.3.11), (2.3.12) 也是满足的, 即

$$\sup_{u\in X}\|L_p(u)\|_{\mathcal{L}(H)}\leqslant m^p,$$

$$\sup_{u\in X}\omega_d(L_p(u))\leqslant k^p.$$

如有必要, 将 S 替换为 S^p. 因此, 我们可以假定 (2.3.14) 中的 k 可以任意小. 特别地, 为了下面的论证方便, 假定 (2.3.13), (2.3.14) 成立, 其中

$$k\leqslant m^d,\quad \sqrt{d+1}k^{\frac{1}{d}}\leqslant\frac{1}{4},\quad \beta_d k\leqslant\left(\frac{1}{2}\right)^{d+1},\quad \beta_d=2^n(n+1)^{\frac{d}{2}}. \tag{2.3.15}$$

设 $\eta>0$ 满足 $\eta<\dfrac{1}{K}$, 其中 $K=\left(\dfrac{m^n}{k}\right)^{\frac{1}{s}}$ 来自于 (2.3.8). 取 $\epsilon>0$ 使得 (2.3.10) 中的上确界不超过 η, 即

$$\sup_{\substack{u,v\in X\\0<|u-v|\leqslant\epsilon}}\frac{|Sv-Su-L(u)(v-u)|}{|v-u|}\leqslant\eta.$$

从而, 对任意的 $u\in X$, 成立

$$|Sv-Su-L(u)(v-u)|\leqslant\eta|v-u|,\quad \forall v\in X:|v-u|\leqslant\epsilon.$$

记以 u_i 为心, r_i 为半径的球为 $B(u_i,r_i)$. 由于 X 是 H 中的紧集, 假设有限个球 $B(u_i,r_i)$, $r_i\leqslant\epsilon$, $i=1,2,\cdots,N$, 覆盖 X, 即

$$X\subset\bigcup_{i=1}^N B(u_i,r_i)\cap X,\quad u_i\in X.$$

利用 (2.3.9), 可得

$$X=SX\subset\bigcup_{i=1}^N S(B(u_i,r_i)\cap X).$$

此外, 由于 $r_i\leqslant\epsilon$, 故对于 $u_i\in X$, 成立

$$|Sv-Su_i-L(u_i)(v-u_i)|\leqslant\eta|v-u_i|,\quad \forall v\in B(u_i,r_i)\cap X,\ i=1,\cdots,N. \tag{2.3.16}$$

由于 $B(u_i,r_i)=u_i+B(0,r_i)$, $i=1,\cdots,N$. 利用命题 2.3.1 知, 对于 $i=1,\cdots,N$, $L(u_i)B(0,r_i)$ 包含在一个椭球 $\mathcal{E}_i$ 中, 其轴长为 $r_i\alpha_j(L(u_i))$, $j\in\mathbb{N}$.

对任意的 $v \in B(u_i, r_i) \cap X = u_i + B(0, r_i) \cap X$, 利用 (2.3.16) 和引理 2.3.2, 成立

$$\begin{aligned} Sv &\in Su_i + L(u_i)(v - u_i) + \eta B(0, r_i) \cap X \\ &\subset Su_i + L(u_i)B(0, r_i) + B(0, \eta r_i) \\ &\subset Su_i + \mathcal{E}_i + B(0, \eta r_i) \\ &\subset Su_i + \mathcal{E}_i'. \end{aligned}$$

从而

$$S(B(u_i, r_i) \cap X) \subset Su_i + \mathcal{E}_i'.$$

由于椭球 $\mathcal{E}_i$ 的轴长为 $r_i\alpha_j(L(u_i))$, 从而 $\dfrac{1}{r_i}\mathcal{E}_i$ 的轴长为 $\alpha_j(L(u_i))$, 故 $\omega_d\left(\dfrac{1}{r_i}\mathcal{E}_i\right) = \omega_d(L(u_i))$. 因此

$$\omega_d(\mathcal{E}_i) = r_i^d \omega_d\left(\frac{1}{r_i}\mathcal{E}_i\right) = r_i^d \omega_d(L(u_i)) \leqslant k r_i^d.$$

利用 (2.3.7) 式, 成立

$$\omega_d(\mathcal{E}_i') \leqslant (1 + K\eta)^d k r_i^d \leqslant 2^d k r_i^d, \quad i = 1, \cdots, N. \tag{2.3.17}$$

因此

$$X = SX \subset \bigcup_{i=1}^{N} \{Su_i + \mathcal{E}_i'\},$$

其中 $\mathcal{E}_i'$ 满足 (2.3.17) 式. 利用 (2.3.15) 知, 成立

$$\sqrt{n+1}2k^{\frac{1}{d}} r_i \leqslant \sqrt{d+1}2k^{\frac{1}{d}}\epsilon \leqslant 2 \times \frac{1}{4}\epsilon = \frac{\epsilon}{2}, \quad i = 1, \cdots, N.$$

再利用 (2.3.17): $2^d k r_i^d \geqslant \omega_d(\mathcal{E}_i')$, $i = 1, \cdots, N$. 可知

$$2k^{\frac{1}{d}} r_i \geqslant \omega_d(\mathcal{E}_i')^{\frac{1}{d}}, \quad i = 1, \cdots, N.$$

从而应用引理 2.3.1 中的 (2.3.6), 结合 (2.3.15), (2.3.17), 可得

$$\mu_H\left(\mathcal{E}_i', d, \frac{\epsilon}{2}\right) \leqslant \mu_H(\mathcal{E}_i', d, \sqrt{n+1}2k^{\frac{1}{d}} r_i) \leqslant \beta_d \omega_d(\mathcal{E}_i') \leqslant \beta_d 2^d k r_i^d \leqslant \frac{1}{2} r_i^d, \quad i = 1, \cdots, N.$$

由于已证: $X \subset \bigcup_{i=1}^{N}\{Su_i + \mathcal{E}_i'\}$. 结合上式, 可得

$$\mu_H\left(X, d, \frac{\epsilon}{2}\right) \leqslant \sum_{i=1}^{N} \mu_H\left(\mathcal{E}_i', d, \frac{\epsilon}{2}\right) \leqslant \frac{1}{2}\sum_{i=1}^{N} r_i^d, \quad i = 1, \cdots, N.$$

由于 $X \subset \bigcup_{i=1}^{N} B(u_i, r_i) \cap X$, 在上述估计式中对任意 X 的球覆盖 $\{B(u_i, r_i)\}_{i=1}^{N}$ 取下确界, 即

$$\begin{aligned}\mu_H\left(X, d, \frac{\epsilon}{2}\right) &\leqslant \frac{1}{2}\inf\left\{\sum_{i=1}^{N} r_i^d;\ r_i \leqslant \epsilon,\ X \subset \bigcup_{i=1}^{N} B(u_i, r_i) \cap X\right\} \\ &= \frac{1}{2}\mu_H(X, d, \epsilon). \end{aligned} \tag{2.3.18}$$

从而利用 (2.3.18), 可得

$$\mu_H\left(X, d, \frac{\epsilon}{2^j}\right) = \mu_H\left(X, d, \frac{1}{2}\left(\frac{\epsilon}{2^{j-1}}\right)\right) \leqslant \frac{1}{2}\mu_H\left(X, d, \frac{\epsilon}{2^{j-1}}\right), \quad \forall j \in \mathbb{N}.$$

应用归纳法, 可知

$$\mu_H\left(X, d, \frac{\epsilon}{2^j}\right) \leqslant \frac{1}{2^j}\mu_H(X, d, \epsilon), \quad \forall j \in \mathbb{N}. \tag{2.3.19}$$

由于 $\mu_H(X, d, \eta)$ 关于 $\eta > 0$ 是非增的, 故对任意 $\eta > 0$, 利用 (2.3.19) 式, 成立

$$\mu_H(X, d, \eta) \leqslant \lim_{j \longrightarrow \infty} \mu_H\left(X, d, \frac{\epsilon}{2^j}\right) \leqslant \lim_{j \longrightarrow \infty} \frac{1}{2^j}\mu_H(X, d, \epsilon) = 0.$$

因此

$$\mu_H(X, d) = \lim_{\eta \longrightarrow 0} \mu_H(X, d, \eta) = 0.$$

从而

$$d_H(X) = \inf\{\hat{d} > 0; \mu_H(X, \hat{d}) = 0\} \leqslant d. \qquad \square$$

注 如果假设条件 (2.3.12) 中的 $d \leqslant 1$, 则 X 的 Hausdorff 维数为 0, 即 $d_H(X) = 0$.

事实上, 设 $0 < d \leqslant 1$, 则

$$\begin{aligned}\bar{\omega}_d &= \sup_{u \in X} \omega_d(L(u)) = \sup_{u \in X}(\omega_0(L(u))^{1-d}\omega_1(L(u))^d) \\ &= \sup_{u \in X}(\omega_1(L(u))^d) = \left(\sup_{u \in X} \omega_1(L(u))\right)^d = \bar{\omega}_1^d,\end{aligned}$$

即 $\bar{\omega}_d = \bar{\omega}_1^d$.

说明: 若存在 $0 < d \leqslant 1$, 使得 $\bar{\omega}_d < 1$, 则

$$\bar{\omega}_d < 1 \Leftrightarrow \bar{\omega}_1^d < 1 \Leftrightarrow \bar{\omega}_1 < 1 \Leftrightarrow \bar{\omega}_1^s = \bar{\omega}_s < 1, \quad \forall 0 < s \leqslant 1.$$

也就是说, 假设条件 (2.3.12): 存在 $0 < d \leqslant 1$, 使得 $\bar{\omega}_d < 1$. 等价于 $\bar{\omega}_s < 1$, $\forall 0 < s \leqslant 1$. 从而利用定理 2.3.3 (对整数 $n \geqslant 0$ 都成立), 可得 $d_H(X) \leqslant s$, $\forall 0 < s \leqslant 1$. 由 $s \in (0,1]$ 的任意性, 即知 $d_H(X) = 0$.

下面我们建立不变集 X 的分形维数估计. 当椭球 $\mathcal{E}_i$ 非常薄时, 用固定半径的球覆盖 $\mathcal{E}_i$ 时, 需要的球的个数会更多, 即设 $\mathcal{E}_i \subset \bigcup_{i=1}^N B(u_i, r_i)$, $\mathcal{E}_i \subset \bigcup_{i=1}^M B(v_i, \epsilon)$, 其中 $r_i \leqslant \epsilon$, 则当 $\mathcal{E}_i$ 非常薄时, 会成立 $N \leqslant M$. 根据分形维数 $d_F(X)$ 的定义, 仅在 (2.3.12) 条件下, 不一定成立 $d_F(X) \leqslant d$. 为此, 我们用一个更强的假设条件 (即下面的 (2.3.20)) 代替 (2.3.12).

设 $d = n + s$, 整数 $n \geqslant 0$, $0 < s \leqslant 1$, 假定

$$\bar{\omega}_j \overline{\omega}_{n+1}^{\frac{d-j}{n+1}} < 1, \quad j = 1, \cdots, n, \tag{2.3.20}$$

其中 $\bar{\omega}_j = \sup\limits_{u \in X} \omega_j(L(u))$.

需要说明的是, 当 $n = 0$ 时, (2.3.20) 中的假设条件变为 $\bar{\omega}_1^{\frac{d}{n+1}} < 1$, 其中 $d = s \in (0,1]$, 或写为 $\bar{\omega}_1 < 1$. 在 (2.3.20) 中取 $j = n$, $n \geqslant 1$, 成立 $\bar{\omega}_n \bar{\omega}_{n+1}^{\frac{s}{n+1}} < 1$, 此条件比 (2.3.12): $\bar{\omega}_d < 1$ 强. 事实上, 设 $\bar{\omega}_n \bar{\omega}_{n+1}^{\frac{s}{n+1}} < 1$, 由于

$$\begin{aligned}\omega_d(L(u)) = \omega_d = \omega_n^{1-s}\omega_{n+1}^s = \omega_n \alpha_{n+1}^s = \omega_n (\alpha_{n+1}^{n+1})^{\frac{s}{n+1}} \\ \leqslant \omega_n (\alpha_1 \cdots \alpha_{n+1})^{\frac{s}{n+1}} = \omega_n (\omega_{n+1})^{\frac{s}{n+1}}.\end{aligned}$$

从而 $\bar{\omega}_d \leqslant \bar{\omega}_n \bar{\omega}_{n+1}^{\frac{s}{n+1}} < 1$.

说明: 相比条件 (2.3.12), 假设条件 (2.3.20) 确实更强.

定理 2.3.4 在定理 2.3.3 的假设条件下, 其中 (2.3.12) 替换为 (2.3.20), $d > 1$, 则不变紧集 X 的分形维数 $d_F(X)$ 是有限的且 $d_F(X) \leqslant d$.

证明 我们沿用定理 2.3.3 证明中使用的记号. 在上面已验证, 由条件 (2.3.20) 可知 $\bar{\omega}_d \leqslant 1$, 即条件 (2.3.12) 成立. 在引理 2.3.2 的最后证明中, 取 $\mathcal{E}' = (1+K\eta)\overline{\mathcal{E}}$, 以及 $\alpha_j(\overline{\mathcal{E}}) = \alpha_j(\mathcal{E})$, $\forall j \geqslant n+1$. 因此

$$\begin{aligned}\alpha_{n+1}(\mathcal{E}_i') &= (1+K\eta)\alpha_{n+1}(\overline{\mathcal{E}_i}) = (1+K\eta)\alpha_{n+1}(\mathcal{E}_i) \\ &= (1+K\eta) r_i \alpha_{n+1}(L(u_i)) \leqslant (1+K\eta) r_i \bar{\alpha}_{n+1}\end{aligned}$$

$$\leqslant 2r_i\bar{\alpha}_{n+1} \leqslant 2\epsilon\bar{\alpha}_{n+1} \triangleq r, \tag{2.3.21}$$

上述证明中用到 $r_i \leqslant \epsilon$, $\eta < \dfrac{1}{K}$(见定理 2.3.3 的证明). 由于 (2.3.5) 式中的值 ℓ: $1 \leqslant \ell \leqslant n$, 我们是不清楚的. 故对 $\mathcal{E}_i'$ 应用定理 2.3.3 中关于 (2.3.5) 的注, 而不是 (2.3.5).

设一簇半径为 $2\sqrt{n+1}\epsilon\bar{\alpha}_{n+1}$ 的球覆盖 $\mathcal{E}_i'$, 球的最少个数记为 $n_{\mathcal{E}'}(2\sqrt{n+1}\epsilon\cdot\bar{\alpha}_{n+1})$, 且有如下估计:

$$\begin{aligned} n_{\mathcal{E}_i'}(2\sqrt{n+1}\epsilon\bar{\alpha}_{n+1}) &\leqslant \max\left\{1, \max_{1\leqslant j\leqslant n} \frac{2^n\omega_j(\mathcal{E}_i')}{(2\epsilon\bar{\alpha}_{n+1})^j}\right\} \\ &= \max\left\{1, \max_{1\leqslant j\leqslant n} \frac{2^n r_i^j \omega_j(L(u_i))}{(2\epsilon\bar{\alpha}_{n+1})^j}\right\} \\ &\leqslant \max\left\{1, 2^n \max_{1\leqslant j\leqslant n} \frac{\bar{\omega}_j}{(\bar{\alpha}_{n+1})^j}\right\}. \end{aligned} \tag{2.3.22}$$

由于对任意的 $1 \leqslant j \leqslant n$,

$$\omega_j(L(u_i)) = \alpha_1(L(u_i)) \cdots \alpha_j(L(u_i)) \geqslant (\alpha_{n+1}(L(u_i)))^j.$$

从而

$$\bar{\omega}_j \geqslant \bar{\alpha}_{n+1}^j, \quad 1 \leqslant j \leqslant n.$$

因此, 由 (2.3.22) 可得

$$n_{\mathcal{E}_i'}(2\sqrt{n+1}\epsilon\bar{\alpha}_{n+1}) \leqslant 2^n \max_{1\leqslant j\leqslant n} \frac{\bar{\omega}_j}{(\bar{\alpha}_{n+1})^j}. \tag{2.3.23}$$

设

$$X \subset \bigcup_{i=1}^{n_X(\epsilon)} B(u_i, \epsilon) = \bigcup_{i=1}^{n_X(\epsilon)} \{u_i + B(0, \epsilon)\},$$

需要说明的是, 定理 2.3.3 中的 N, 在这里取为 $N = n_X(\epsilon)$.

类似于定理 2.3.3 中的证明, 成立

$$\begin{aligned} X = SX &\subset \bigcup_{i=1}^{n_X(\epsilon)} \{Su_i + SB(0, \epsilon)\} \\ &\subset \bigcup_{i=1}^{n_X(\epsilon)} \{Su_i + \mathcal{E}_i + B(0, \eta\epsilon)\} \\ &\subset \bigcup_{i=1}^{n_X(\epsilon)} \{Su_i + \mathcal{E}_i'\}. \end{aligned}$$

设

$$\mathcal{E}_i' \subset \bigcup_{j=1}^{n_{\mathcal{E}_i'}} B(x_{ij}, 2\sqrt{d+1}\epsilon\bar{\alpha}_{n+1}),$$

其中 $n_{\mathcal{E}_i'} = n_{\mathcal{E}_i'}(2\sqrt{d+1}\epsilon\overline{\alpha_{n+1}})$.

从而

$$\begin{aligned} X &\subset \bigcup_{i=1}^{n_X(\epsilon)} \bigcup_{j=1}^{n_{\mathcal{E}_i'}} B(Su_i + x_{ij}, 2\sqrt{d+1}\epsilon\bar{\alpha}_{n+1}) \\ &\subset \bigcup_{i=1}^{n_X(\epsilon)} \bigcup_{j=1}^{L} B(Su_i + x_{ij}, 2\sqrt{d+1}\epsilon\bar{\alpha}_{n+1}), \end{aligned}$$

其中 $L = \max\limits_{1\leqslant i\leqslant n_X(\epsilon)} n_{\mathcal{E}_i'}$.

从而, 结合 (2.3.23), 可得

$$\begin{aligned} n_X(2\sqrt{d+1}\epsilon\bar{\alpha}_{n+1}) &\leqslant n_X(\epsilon)L \\ &= n_X(\epsilon) \max_{1\leqslant i\leqslant n_X(\epsilon)} n_{\mathcal{E}_i'}(2\sqrt{d+1}\epsilon\bar{\alpha}_{n+1}) \\ &\leqslant n_X(\epsilon) \max_{1\leqslant i\leqslant n_X(\epsilon)} n_{\mathcal{E}_i'}(2\sqrt{n+1}\epsilon\bar{\alpha}_{n+1}) \\ &\leqslant 2^n n_X(\epsilon) \max_{1\leqslant j\leqslant n} \frac{\bar{\omega}_j}{(\bar{\alpha}_{n+1})^n} \\ &\leqslant 2^d n_X(\epsilon) \max_{1\leqslant j\leqslant n} \frac{\bar{\omega}_j}{(\bar{\alpha}_{n+1})^n}. \end{aligned} \tag{2.3.24}$$

注意到 $\bar{\alpha}_{n+1} \leqslant (\bar{\omega}_{n+1})^{\frac{1}{n+1}}$. 故由 (2.3.24), 成立

$$\begin{aligned} &(2\sqrt{d+1}\epsilon\bar{\alpha}_{n+1})^d n_X(2\sqrt{d+1}\epsilon\bar{\alpha}_{n+1}) \\ \leqslant\ & 2^{2d}(d+1)^{\frac{d}{2}}\epsilon^d n_X(\epsilon)\overline{\omega_{n+1}}^d\bar{\alpha}_{n+1}^d \max_{1\leqslant j\leqslant n} \frac{\bar{\omega}_j}{(\bar{\alpha}_{n+1})^j} \\ =\ & 2^{2d}(d+1)^{\frac{d}{2}}\epsilon^d n_X(\epsilon) \max_{1\leqslant j\leqslant n} \left(\bar{\omega}_j\left(\bar{\omega}_{n+1}^{\frac{d-j}{n+1}}\right)\right). \end{aligned} \tag{2.3.25}$$

类似于定理 2.3.3 的证明, 我们将 S, $L(u)$ 用 S^p, $L_p(u)$ 代替, 其中 $p \in \mathbb{N}$,

$$L_p(u) = L(S^{p-1}(u)) \circ \cdots \circ L(S(u)) \circ L(u).$$

这样, 当 p 很大时, 可以将某些量变小. 例如, 相应地, $\bar{\alpha}_{n+1}$, $\bar{\omega}_j$ 分别被替换为 $\bar{\alpha}_{n+1}(p)$, $\bar{\omega}_j(p)$, 这里

$$\bar{\alpha}_{n+1}(p) = \sup_{u\in X} \alpha_{n+1}(L_p(u)), \tag{2.3.26}$$

$$\bar{\omega}_j(p) = \sup_{u\in X} \omega_j(L_p(u)) \leqslant \bar{\omega}_j^p. \tag{2.3.27}$$

此时, (2.3.25) 式变为

$$(\alpha\epsilon)^d n_X(\alpha\epsilon) \leqslant \theta\epsilon^d n_X(\epsilon), \tag{2.3.28}$$

其中 $\alpha = 2\sqrt{d+1}\bar{\alpha}_{n+1}(p)$,

$$\begin{aligned}\theta &= 2^{2d}(d+1)^{\frac{d}{2}} \max_{1\leqslant j\leqslant n} (\bar{\omega}_j(p)(\bar{\omega}_{n+1}(p)^{\frac{d-j}{n+1}})) \\ &\leqslant 2^{2d}(d+1)^{\frac{d}{2}} \max_{1\leqslant j\leqslant n} (\bar{\omega}_j(\bar{\omega}_{n+1})^{\frac{d-j}{n+1}})^p.\end{aligned}$$

注意到, 对任意的 $1 \leqslant j \leqslant n$, 成立

$$\begin{aligned}\omega_j(\omega_{n+1})^{\frac{d-j}{n+1}} &= \alpha_1 \cdots \alpha_j(\alpha_1 \cdots \alpha_{n+1})^{\frac{d-j}{n+1}} \\ &\geqslant \alpha_{n+1}^j(\alpha_{n+1}^{n+1})^{\frac{d-j}{n+1}} = \alpha_{n+1}^d.\end{aligned}$$

从而

$$\bar{\alpha}_{n+1}^d \leqslant \bar{\omega}_j(\bar{\omega}_{n+1})^{\frac{d-j}{n+1}}, \quad 1 \leqslant j \leqslant n.$$

类似地,

$$\bar{\alpha}_{n+1}^d(p) \leqslant \bar{\omega}_j(p)(\bar{\omega}_{n+1}(p))^{\frac{d-j}{n+1}} \leqslant \left(\bar{\omega}_j(\bar{\omega}_{n+1})^{\frac{d-j}{n+1}}\right)^p, \quad 1 \leqslant j \leqslant n.$$

因此, 利用假设条件 (2.3.20), 存在充分大的 $p \in \mathbb{N}$, 使得 $\alpha \leqslant \frac{1}{2}$, $\theta \leqslant \frac{1}{2}$. 对于固定的 p, 相应地, (2.3.10) 变为

$$\lim_{\epsilon \longrightarrow 0} \sup_{\substack{u,v\in X \\ 0<|u-v|\leqslant\epsilon}} \frac{|S^p v - S^p u - L_p(u)(v-u)|}{|v-u|} = 0.$$

因此, 存在 $\epsilon_0 > 0$, 使得对任意的 $0 < \epsilon \leqslant \epsilon_0$, 成立

$$|S^p v - S^p u - L_p(u)(v-u)| < \eta_0 = \frac{1}{2K}, \ \forall u, v \in X, \ |u-v| \leqslant \epsilon.$$

从而, (2.3.28) 可以写为如下形式:

$$\varphi(\alpha\epsilon) \leqslant \frac{1}{2}\varphi(\epsilon), \quad 0 < \epsilon \leqslant \epsilon_0, \tag{2.3.29}$$

其中 $\varphi(\epsilon) = \epsilon^d n_X(\epsilon)$, $0 < \alpha \leqslant \frac{1}{2}$.

对于 $\epsilon \in (0, \epsilon_0] = \bigcup_{j=0}^{\infty} [\alpha^{j+1}\epsilon_0, \alpha^j \epsilon_0]$, 存在 $j = j(\epsilon)$, 使得 $\alpha^{j+1}\epsilon_0 \leqslant \epsilon \leqslant \alpha^j \epsilon_0$. 重复利用 (2.3.29) 式, 可知

$$\varphi(\epsilon) = \varphi(\alpha^j(\alpha^{-j}\epsilon)) \leqslant \frac{1}{2^j}\varphi(\alpha^{-j}\epsilon) \leqslant \frac{1}{2^j}M, \tag{2.3.30}$$

其中

$$M = \sup_{\alpha\epsilon_0 \leqslant \epsilon' \leqslant \epsilon_0} \varphi(\epsilon') = \sup_{\alpha\epsilon_0 \leqslant \epsilon' \leqslant \epsilon_0} (\epsilon')^d n_X(\epsilon') \leqslant \epsilon_0^d n_X(\alpha\epsilon_0) < \infty.$$

利用 (2.3.30) 式可知, 存在 $\epsilon_1 > 0$, 使得

$$\varphi(\epsilon) = \epsilon^d n_X(\epsilon) \leqslant 1, \quad \forall 0 < \epsilon \leqslant \epsilon_1.$$

上式等价于

$$\frac{\log n_X(\epsilon)}{\log \dfrac{1}{\epsilon}} \leqslant d, \quad \forall 0 < \epsilon \leqslant \epsilon_1.$$

从而

$$d_F(X) \triangleq \limsup_{\epsilon \longrightarrow 0} \frac{\log n_X(\epsilon)}{\log \dfrac{1}{\epsilon}} \leqslant d.$$

□

注　如同定理 2.3.3 的注, 在定理 2.3.4 中, 若 $\bar{\omega}_1 < 1$, 则 $d_F(X) = 0$. 事实上, 由于 $\bar{\omega}_d = \bar{\omega}_1^d$, $\forall 0 < d \leqslant 1$. 可知

$$\bar{\omega}_1 < 1 \Leftrightarrow \bar{\omega}_1^s < 1, \forall 0 < s \leqslant 1 \Leftrightarrow \bar{\omega}_s < 1, \forall 0 < s \leqslant 1.$$

此即为当 $n = 0$ 时, (2.3.20) 的假设条件. 利用定理 2.3.4 的结论, 可知 $d_F(X) \leqslant s$, $\forall 0 < s \leqslant 1$. 故 $d_F(X) = 0$.

下面用 Lyapunov 指数, 给出不变紧集 X 的 Hausdorff 维数和分形维数的估计.

定理 2.3.5　在假设 (2.3.9)—(2.3.11) 下, 如果存在整数 $n \geqslant 1$, 使得

$$\mu_1 + \cdots + \mu_{n+1} < 0, \tag{2.3.31}$$

则

$$\mu_{n+1} < 0, \quad \frac{\mu_1 + \cdots + \mu_n}{|\mu_{n+1}|} < 1, \tag{2.3.32}$$

并且成立

$$d_H(X) \leqslant n + \frac{(\mu_1 + \cdots + \mu_n)_+}{|\mu_{n+1}|}, \tag{2.3.33}$$

以及

$$d_F(X) \leqslant (n+1) \max_{1 \leqslant j \leqslant n} \left\{ 1 + \frac{(\mu_1 + \cdots + \mu_j)_+}{|\mu_{n+1}|} \right\}. \tag{2.3.34}$$

证明 利用 (2.2.27): $\mu_j \leqslant \frac{1}{j}(\mu_1 + \cdots + \mu_j)$, $\forall j \geqslant 1$; 结合假设条件 (2.3.31), 可知 $\mu_{n+1} < 0$ 且

$$\mu_1 + \cdots + \mu_n < -\mu_{n+1} = |\mu_{n+1}|.$$

由此可知

$$\frac{\mu_1 + \cdots + \mu_n}{|\mu_{n+1}|} < 1,$$

即 (2.3.32) 式成立.

现在证明 (2.3.33) 式成立, 即 $d_H(X) \leqslant d_0$, 其中 $d_0 = n + \dfrac{(\mu_1 + \cdots + \mu_n)_+}{|\mu_{n+1}|}$. 正如在定理 2.3.3 的证明过程一样, 我们用 S^p, $L_p(u)$ 代替 S, $L(u)$ 后, 只需验证: 当 $p \in \mathbb{N}$ 充分大时, 对于 $d > d_0$, 成立

$$\bar{\omega}_d(p) = \sup_{u \in X} \omega_d(L(u)) < 1,$$

即假设条件 (2.3.12) 成立.

回忆 (2.2.20) 式:

$$\Pi_j = \Lambda_1 \cdots \Lambda_j, \quad \Pi_j = \lim_{p \longrightarrow \infty} (\bar{\omega}_j(p))^{\frac{1}{p}}, \ \forall j \geqslant 1, \text{ 以及 } \mu_j = \log \Lambda_j, \ \forall j \geqslant 1.$$

因此, $\forall j \geqslant 1$, 成立

$$\begin{aligned} \mu_1 + \cdots + \mu_j &= \log \Lambda_1 + \cdots + \log \Lambda_j \\ &= \log(\Lambda_1 \cdots \Lambda_j) \\ &= \log \Pi_j = \lim_{p \longrightarrow \infty} (\bar{\omega}_j(p))^{\frac{1}{p}} \\ &= \lim_{p \longrightarrow \infty} \frac{1}{p} \log \bar{\omega}_j(p). \end{aligned} \tag{2.3.35}$$

设 $d = n + s$, $0 < s < 1$. 由 (2.1.64) 式:

$$\bar{\omega}_d(p) \leqslant \bar{\omega}_n(p)^{1-s} \bar{\omega}_{n+1}(p)^s,$$

结合 (2.3.35) 式, 可知

$$\begin{aligned}\lim_{p\longrightarrow\infty}\frac{1}{p}\log\bar{\omega}_d(p) &\leqslant \lim_{p\longrightarrow\infty}\left(\frac{1-s}{p}\log\bar{\omega_n}(p)\right)+\lim_{p\longrightarrow\infty}\left(\frac{s}{p}\log\bar{\omega}_{n+1}(p)\right)\\ &=(1-s)(\mu_1+\cdots+\mu_n)+s(\mu_1+\cdots+\mu_n+\mu_{n+1})\\ &=\mu_1+\cdots+\mu_n+s\mu_{n+1}\\ &<0,\quad \forall s>\frac{\mu_1+\cdots+\mu_n}{-\mu_{n+1}}=\frac{\mu_1+\cdots+\mu_n}{|\mu_{n+1}|}.\end{aligned}$$

因为 $s\in(0,1)$, 由上式可知, 对任意的 $s>\dfrac{(\mu_1+\cdots+\mu_n)_+}{|\mu_{n+1}|}$, 即 $d=n+s>d_0$, 成立

$$\lim_{p\longrightarrow\infty}\frac{1}{p}\log\bar{\omega}_d(p)<0.$$

因此, 存在充分大的 $p_0=p_0(s)>0$, 使得 $\log\bar{\omega}_d(p_0)<0$, 即 $\bar{\omega}_d(p_0)<1$, $\forall d>d_0$. 利用定理 2.3.3 可知 $d_H(X)\leqslant d$. 由于 $d>d_0$ 是任意的, 故 $d_H(X)\leqslant d_0$, 此即为 (2.3.33) 式.

现在验证 (2.3.34) 式成立. 记

$$d_1=\max_{1\leqslant j\leqslant n}\left\{n+\frac{(\mu_1+\cdots+\mu_j)_+}{\bar{\mu}_{n+1}}\right\},$$

其中 $\bar{\mu}_{n+1}$ 来自 (2.2.24) 式:

$$\bar{\mu}_{n+1}=\limsup_{p\longrightarrow\infty}\frac{1}{p}\log(\bar{\alpha}_{n+1}(p)).$$

利用 (2.2.27) 式: $\forall j\geqslant 1$, 成立

$$\mu_j\leqslant\bar{\mu}_j\leqslant\frac{1}{j}(\mu_1+\cdots+\mu_j),$$

可得

$$\bar{\mu}_{n+1}\leqslant\frac{1}{n+1}(\mu_1+\cdots+\mu_{n+1})<0.$$

从而

$$|\bar{\mu}_{n+1}|=-\bar{\mu}_{n+1}\geqslant\frac{1}{n+1}|\mu_1+\cdots+\mu_{n+1}|.$$

因此

$$d_1 \leqslant \max_{1\leqslant j\leqslant n}\left\{n+\frac{(n+1)(\mu_1+\cdots+\mu_j)_+}{|\mu_1+\cdots+\mu_{n+1}|}\right\}$$
$$=(n+1)\max_{1\leqslant j\leqslant n}\left\{\frac{n}{n+1}+\frac{(\mu_1+\cdots+\mu_j)_+}{|\mu_1+\cdots+\mu_{n+1}|}\right\}. \qquad (2.3.36)$$

所以, 只需证明 $d_F(X)\leqslant d_1$ 即可. 在定理 2.3.4 的证明中, 再次用 S^p, $L_p(u)$ 代替 S, $L(u)$. 并且注意到 (2.3.24) 式的证明没有用到假设条件 (2.3.20) 式. 事实上, 假设条件 (2.3.20) 式只在 (2.3.29) 式的证明中才用到. 因此, 在 (2.3.24) 式中我们可以用 S^p, $L_p(u)$ 代替 S, $L(u)$. 从而对任意的 $d>d_1$, 以及任意的 $p\in\mathbb{N}$, 成立

$$n_X(2\sqrt{d+1}\epsilon\bar{\alpha}_{n+1}(p))\leqslant 2^d n_X(\epsilon)\max_{1\leqslant j\leqslant n}\frac{\bar{\omega}_j(p)}{(\bar{\alpha}_{n+1}(p))^j}.$$

因此

$$(2\sqrt{d+1}\epsilon\bar{\alpha}_{n+1}(p))^d n_X(2\sqrt{d+1}\epsilon\bar{\alpha}_{n+1}(p))\leqslant\theta(p)n_X(\epsilon)\epsilon^d, \qquad (2.3.37)$$

其中

$$\theta(p)=2^{2d}(d+1)^{\frac{d}{2}}\max_{1\leqslant j\leqslant n}(\bar{\omega}_j(p)(\bar{\alpha}_{n+1}(p))^{d-j}).$$

利用 (2.3.35) 以及

$$\bar{\mu}_{n+1}\leqslant\frac{1}{n+1}(\mu_1+\cdots+\mu_{n+1})<0,$$

可得

$$\limsup_{p\longrightarrow\infty}\frac{1}{p}\log(\bar{\omega}_j(p)(\bar{\alpha}_{n+1}(p))^{d-j})$$
$$=\limsup_{p\longrightarrow\infty}\frac{1}{p}(\log\bar{\omega}_j(p)+(d-j)\log\bar{\alpha}_{n+1}(p))$$
$$=\mu_1+\cdots+\mu_j+(d-j)\bar{\mu}_{n+1}$$
$$=\mu_1+\cdots+\mu_j-(d-j)|\bar{\mu}_{n+1}|$$
$$=\mu_1+\cdots+\mu_j-(d_1-n)|\bar{\mu}_{n+1}|-(d-d_1)|\bar{\mu}_{n+1}|$$
$$\leqslant(\mu_1+\cdots+\mu_j)_+-(d_1-n)|\bar{\mu}_{n+1}|-(d-d_1)|\bar{\mu}_{n+1}|$$
$$\leqslant-(d-d_1)|\bar{\mu}_{n+1}|$$

$$< 0, \quad j = 1, \cdots, n,\ d > d_1.$$

因此

$$\limsup_{p \longrightarrow \infty} \frac{1}{p} \log \theta(p) < 0,$$

从而存在充分大的 $p \in \mathbb{N}$, 使得 $\log \theta(p) < 0$, 即 $\theta(p) < 1$. 由于

$$\begin{aligned} \bar{\mu}_{n+1} &= \limsup_{p \longrightarrow \infty} \frac{1}{p} \log(\bar{\alpha}_{n+1}(p)) \\ &= \limsup_{p \longrightarrow \infty} \log(\bar{\alpha}_{n+1}(p))^{\frac{1}{p}} \\ &= \log \limsup_{p \longrightarrow \infty} (\bar{\alpha}_{n+1}(p))^{\frac{1}{p}}, \end{aligned}$$

以及 $\bar{\mu}_{n+1} < 0$, 可知

$$\limsup_{p \longrightarrow \infty} (\bar{\alpha}_{n+1}(p))^{\frac{1}{p}} = e^{\bar{\mu}_{n+1}} = e^{-|\bar{\mu}_{n+1}|} < e^{-\frac{1}{2}|\bar{\mu}_{n+1}|}.$$

从而存在充分大的 $p_0 \in \mathbb{N}$, 使得对任意的 $p \geqslant p_0$ 成立

$$(\bar{\alpha}_{n+1}(p))^{\frac{1}{p}} \leqslant e^{-\frac{1}{2}|\bar{\mu}_{n+1}|}.$$

因此

$$\bar{\alpha}_{n+1}(p) \leqslant e^{-\frac{p}{2}|\bar{\mu}_{n+1}|}, \quad \forall p \geqslant p_0.$$

说明当 $p \in \mathbb{N}$ 充分大时, 成立

$$\alpha = 2\sqrt{d+1}\bar{\alpha}_{n+1}(p) \leqslant \frac{1}{2}.$$

记 $\varphi(\epsilon) = \epsilon^d n_X(\epsilon)$. 由 (2.3.37) 式, 说明当 p 充分大时, 成立

$$\varphi(\alpha\epsilon) \leqslant \theta(p)\varphi(\epsilon), \tag{2.3.38}$$

其中 $0 < \alpha \leqslant \dfrac{1}{2}$, $0 < \theta(p) < 1$, $0 < \epsilon \leqslant \epsilon_0$.

对于 $\epsilon \in (0, \epsilon_0] = \bigcup_{j=0}^{\infty} [\alpha^{j+1}\epsilon_0, \alpha^j \epsilon_0]$, 存在 $j = j(\epsilon) \in \mathbb{N}$, 使得 $\alpha^{j+1}\epsilon_0 \leqslant \epsilon \leqslant \alpha^j \epsilon_0$. 利用 (2.3.38) 式, 成立

$$\varphi(\epsilon) = \varphi(\alpha^j \alpha^{-j} \epsilon) \leqslant \theta(p)^j \varphi(\alpha^{-j}\epsilon) \leqslant \theta(p)^j M_1,$$

其中

$$M_1 = \sup_{\alpha\epsilon_0 \leqslant \epsilon' \leqslant \epsilon_0} \varphi(\epsilon') = \sup_{\alpha\epsilon_0 \leqslant \epsilon' \leqslant \epsilon_0} (\epsilon')^d n_X(\epsilon') \leqslant (\epsilon_0)^d n_X(\alpha\epsilon_0) < \infty.$$

由于 $\epsilon \longrightarrow 0 \Leftrightarrow j = j(\epsilon) \longrightarrow \infty$, 故

$$\lim_{\epsilon \longrightarrow 0} \varphi(\epsilon) = 0.$$

因此, 存在 $\epsilon_2 > 0$ 使得

$$\varphi(\epsilon) = \epsilon^d n_X(\epsilon) \leqslant 1, \quad \forall 0 < \epsilon \leqslant \epsilon_2,$$

从而

$$\frac{\log n_X(\epsilon)}{\log \dfrac{1}{\epsilon}} \leqslant d, \quad \forall 0 < \epsilon \leqslant \epsilon_2.$$

即得

$$d_F(X) = \limsup_{\epsilon \longrightarrow 0} \frac{\log n_X(\epsilon)}{\log \dfrac{1}{\epsilon}} \leqslant d.$$

由于 $d > d_1$ 是任意的, 可知 $d_F(X) \leqslant d_1$. 由 (2.3.36) 式, 即知 (2.3.34) 式成立. □

注 (i) 由于

$$\mu_1 = \log \Lambda_1 = \log \Pi_1 = \log \lim_{p \longrightarrow \infty} (\bar{\omega}_1(p))^{\frac{1}{p}} = \log \bar{\omega}_1,$$

这里 $\bar{\omega}_1 = \lim_{p \longrightarrow \infty} (\bar{\omega}_1(p))^{\frac{1}{p}}$.

因此, $\mu_1 < 0$ 等价于 $\bar{\omega}_1 = e^{\mu_1} < 1$. 从而, $\mu_1 < 0$ 等价于 $\bar{\omega}_1^d < 1, \forall 0 < d \leqslant 1$. 由于在定理 2.3.5 中没有用到假设条件 (2.3.20)(要求 $d > 1$), 因此可应用定理 2.3.4 和定理 2.3.5 的注, 可知若 $\mu_1 < 0$, 成立 $d_H(X) = 0$, $d_F(X) = 0$.

(ii) 在 (2.3.33) 中关于 X 的 Hausdorff 维数 $d_H(X)$ 的上界: $n + \dfrac{(\mu_1 + \cdots + \mu_n)_+}{|\mu_{n+1}|}$, 若 $n = n_0 \geqslant 1$ 是使 (2.3.31): $\mu_1 + \cdots + \mu_{n+1} < 0$ 成立的最小整数, 即

$$n_0 = \max\{n \in \mathbb{N};\ \mu_1 + \cdots + \mu_n \geqslant 0,\ \mu_1 + \cdots + \mu_{n+1} < 0\}.$$

此时, (2.3.33) 可写为

$$d_H(X) \leqslant n_0 + \frac{\mu_1 + \cdots + \mu_{n_0}}{\mu_{n_0+1}}.$$

上述估计式中右端数属于 $[n_0, n_0 + 1)$, 称其为 Lyapunov 维数.

2.3.4 对演化方程的应用

定理 2.3.3—定理 2.3.5 是以离散情形呈现, 这些定理在连续情形下也是成立的. 事实上, 若 $X \subset H$ 关于半群 $\{S(t)\}_{t\geqslant 0}$ 是不变的, 即 $S(t)X = X, \forall t \geqslant 0$. 自然也有 $S(t_0)X = X, \forall t_0 \geqslant 0$. 因此, 如果算子 $S(t)$ 在 X 上是一致可微的, 且对 $t_0 > 0, d \geqslant 1$, 成立

$$\sup_{u\in X} \|L(t_0, u)\|_{\mathcal{L}(H)} < \infty, \quad \sup_{u\in X} \omega_d(L(t_0, u)) < 1,$$

则定理 2.3.3 可以适用于连续情形. 对于定理 2.3.4, 我们用如下假设条件替换 (2.3.20). 设对于某个 $t_0 > 0$ 以及某个 $d > 1, d = n + s, n$ 为整数, $0 < s \leqslant 1$, 成立

$$\bar{\omega}_j(t_0)(\bar{\omega}_{n+1}(t_0))^{\frac{d-j}{n+1}} < 1, \quad j = 1, \cdots, n.$$

最后, 定理 2.3.5 可以直接应用于连续情形, 无需进行改动. 这里因为在考虑作为连续算子半群 $\{S(t)\}_{t\geqslant 0}$ 的不变集 X 或一个算子 $S(t_0), t_0 > 0$ 的不变集 X 时, Lyapunov 指数是相同的, 即

$$\lim_{t\longrightarrow\infty} \frac{1}{t} \log \bar{\omega}_j(t) = \frac{1}{t_0} \lim_{n\longrightarrow\infty} \frac{1}{n} \log \bar{\omega}_j(nt_0),$$

这是用到 $\bar{\omega}_j(t)^{\frac{1}{t}}$ 关于 $t > 0$ 是非增的.

因此, 条件 (2.3.31) 和 (2.3.32), (2.3.33), (2.3.34) 中的数是相同的 (在离散和连续两种情形下).

对演化方程的实际应用中, 定理 2.3.5 是常用的. 回忆演化方程 (2.2.38):

$$\begin{cases} \dfrac{du(t)}{dt} = F(u(t)), \quad t > 0, \\ u(0) = u_0, \end{cases}$$

其中 $u_0 \in H, u(t) \in W, \forall t \geqslant 0, W \subset H$ 是 Banach 子空间, $W \hookrightarrow H$ 是连续嵌入; $S(t) : u_0 \in H \longrightarrow u(t) \in H$ 是连续半群.

上述演化方程的第一变分方程为

$$\begin{cases} \dfrac{dU(t)}{dt} = F'(S(t)u_0)U(t), \\ U(0) = \xi, \end{cases}$$

其中 $u_0, \xi \in H, F'$ 表示 F 的 Fréchet 可微.

定义 $q_m(t)$, q_m 如下 (见 (2.2.43), (2.2.44)):

$$q_m(t) = \sup_{u_0 \in X} \sup_{\substack{\xi_i \in H \\ |\xi_i| \leqslant 1 \\ i=1,\cdots,m}} \left\{ \frac{1}{t} \int_0^t \mathrm{Tr}(F'(S(\tau)u_0) \circ Q_m(\tau)) d\tau \right\}, \quad q_m = \limsup_{t \longrightarrow \infty} q_m(t).$$

在 (2.2.48) 中已证:

$$\mu_1 + \cdots + \mu_m \leqslant q_m.$$

利用命题 2.2.3 中的假设条件 (2.2.49): 存在整数 $m \geqslant 1$ 和 $t_0 > 0$, 使得 $q_m(t) \leqslant -\delta < 0$, $\forall t \geqslant t_0$. 可知

$$\mu_1 + \cdots + \mu_m \leqslant q_m < 0.$$

再利用定理 2.3.5 中的 (2.3.31), 成立

$$\mu_m < 0, \quad \frac{\mu_1 + \cdots + \mu_{m-1}}{|\mu_m|} < 1,$$

并且

$$d_H(X) \leqslant m - 1 + \frac{(\mu_1 + \cdots + \mu_{m-1})_+}{|\mu_m|} < m - 1 + 1 = m, \tag{2.3.39}$$

$$\begin{aligned} d_F(X) &\leqslant m \max_{1 \leqslant j \leqslant m-1} \left(\frac{m-1}{m} + \frac{(\mu_1 + \cdots + \mu_j)_+}{|\mu_1 + \cdots + \mu_m|} \right) \\ &\leqslant m \max_{1 \leqslant j \leqslant m-1} \left(\frac{m-1}{m} + \frac{(q_j)_+}{|q_m|} \right). \end{aligned} \tag{2.3.40}$$

下面的结论会被重复使用.

设存在正数 α, β, θ, 使得

$$q_j \leqslant -\alpha j^\theta + \beta, \quad \forall j \in \mathbb{N}, \tag{2.3.41}$$

则存在整数 $m \geqslant 1$, 使得

$$m - 1 < \left(\frac{2\beta}{\alpha} \right)^{\frac{1}{\theta}} \leqslant m, \ \ q_m \leqslant -\beta.$$

事实上, 由于 $\left(\frac{2\beta}{\alpha} \right)^{\frac{1}{\theta}} \in (0, \infty] = \bigcup_{m=1}^{\infty} (m-1, m]$. 故存在整数 $m \geqslant 1$, 使得 $m - 1 < \left(\frac{2\beta}{\alpha} \right)^{\frac{1}{\theta}} \leqslant m$. 因此, $\alpha m^\theta \geqslant 2\beta$. 从而

$$q_m \leqslant -\alpha m^\theta + \beta \leqslant -2\beta + \beta = -\beta.$$

这样命题 2.2.3 中假设条件 (2.2.49) 满足 (取 $\delta = \beta$), 以及定理 2.3.5 中假设条件 (2.3.31) 也满足. 从而由定理 2.3.5 结论, 可知 $d_H(X) < m$, 即 (2.3.39) 成立. 由于 $q_j \leqslant -\alpha j^\theta + \beta \leqslant \beta$ (假设条件), $q_m \leqslant -\beta$, 可知

$$|q_m| = -q_m = \beta, \quad \frac{(q_j)_+}{|q_m|} \leqslant 1.$$

由 (2.3.40) 可得

$$d_F(X) \leqslant m \max_{1 \leqslant j \leqslant m-1} \left(\frac{m-1}{m} + 1 \right) = 2m - 1.$$

注 上述结论是在假设条件 (2.3.41) 下得到的. 此时, 命题 2.2.3 中的假设条件 (2.2.49) 自然成立, 定理 2.3.5 中假设条件 (2.3.31) 自然也成立.

2.4 吸引子的维数和显式界

本节旨在将 2.3 节的一般结果应用于 Navier-Stokes 方程的吸引子, 如前面所述, 耗散方程点的 ω-极限集, 以及更一般的全局吸引子, 是表示当系统描述的现象从函数 (相位) 空间中的任何点开始时或从特定点开始时可以观察到的永久状态的数学对象. 所有关于吸引子的定量或定性信息都会产生关于耗散系统有价值的信息.

关于给定流体的理想信息之一是尝试测量或预测其复杂程度. 尽管已经可以在低自由度的情况下观察到混沌行为, 但预计对于表现出复杂行为的许多物理感兴趣的现象, 自由度的数量是比较高的. 例如, 在风洞流体力学实验中, 该自由度的数量级为 $10^8 - 10^9$; 对于气象学的地球物理流, 数量级为 10^{18}, 并且对于等离子可以获得类似的数字. 尽管这些数字非常高, 但是试验参数的中间值导致的自由度数还是在当前计算机的计算能力内, 当然, 我们预期未来计算机有更高的计算容量.

我们在这里的理解是, 湍流现象的自由度是表示它的吸引子的维数. 当然, 从严格的数学角度来看, 吸引子可以是一个非常复杂的集合, 如果它的 Hausdorff 维数是 N, 我们不能期望在 $\mathbb{R}^N$ 中对它进行参数分析, 就好像它是维数为 N 的光滑流形一样. 然而, 已知有限维 Hausdorff 维数的集合是和 $\mathbb{R}^p$ (适当的 p) 中子集同胚; 一个更强有力的结果是, 几乎所有 $2N+1$ 维的投影算子在 Hausdorff 维数为 N 的紧集上是内射的 (即单射的).

如上所述, 我们在本节的目的, 是将 2.3 节的结果应用于 Navier-Stokes 方程, 用于估计 Lyapunov 指数, 以及吸引子的 Hausdorff 维数和分形维数; 此外, 还

提供一些相空间中 m 维体积元指数衰减的充分条件. 最后, 简要介绍算子半群 $\{S(t)\}_{t\geqslant 0}$ 的可微性质.

2.4.1 二维 Navier-Stokes 方程

先介绍一些有用的引理, 这些结果不仅应用广泛, 本身也具有研究价值.

引理 2.4.1 设 $A: H \longrightarrow H$ 是线性正的无界自伴算子, 其定义域 $D(A) \subset H$. 假定 A^{-} 是紧的. 则对任意的 $\{\varphi_1, \cdots, \varphi_m\} \subset V$ 且在 H 中是标准正交的, 成立

$$\sum_{j=1}^{m}(A\varphi_j, \varphi_j) \geqslant \lambda_1 + \cdots + \lambda_m, \tag{2.4.1}$$

其中 $\{\lambda_j\}_{j\in\mathbb{N}}$ 是算子 A 的完备的特征值序列, 满足 $0 < \lambda_1 \leqslant \lambda_2 \leqslant \cdots$. 进一步, 如果存在 $\alpha > 0$, 使得当 $j \longrightarrow \infty$ 时, $\lambda_j \sim c\lambda_1 j^{\alpha}$, 其中 c 仅依赖于算子 A. 则成立

$$\sum_{j=1}^{m}(A\varphi_j, \varphi_j) \geqslant \lambda_1 + \cdots + \lambda_m \geqslant c'\lambda_1 m^{\alpha+1}, \tag{2.4.2}$$

其中 c' 仅依赖于 A, α.

证明 对于引理中给定的线性算子 A, 我们考虑算子 A_m, 其定义已在前面给出. 由于 $\{\varphi_1, \cdots, \varphi_m\}$ 在 H 中是标准正交的, 即 $(\varphi_i, \varphi_j) = \delta_{ij}, 1 \leqslant i, j \leqslant m$, 可知

$$\begin{aligned}
&(A_m(\varphi_1 \wedge \cdots \wedge \varphi_m), \varphi_1 \wedge \cdots \wedge \varphi_m)_{\wedge^m H} \\
=&(A\varphi_1 \wedge \varphi_2 \wedge \cdots \wedge \varphi_m + \cdots + \varphi_1 \wedge \cdots \wedge \varphi_{m-1} \wedge A\varphi_m, \varphi_1 \wedge \cdots \wedge \varphi_m)_{\wedge^m H} \\
=&(A\varphi_1, \varphi_1)(\varphi_2, \varphi_2) \cdots (\varphi_m, \varphi_m) + \cdots + (\varphi_1, \varphi_1) \cdots (\varphi_{m-1}, \varphi_{m-1})(A\varphi_m, \varphi_m) \\
=&\sum_{j=1}^{m}(A\varphi_j, \varphi_j).
\end{aligned}$$

结合 $|\varphi_1 \wedge \cdots \wedge \varphi_m|_{\wedge^m H} = 1$, 可得

$$\sum_{j=1}^{m}(A\varphi_j, \varphi_j) \geqslant \inf_{\substack{\psi \in \wedge^m D(A^{\frac{1}{2}}) \\ |\psi|_{\wedge^m H}=1}} (A_m\psi, \psi)_{\wedge^m H}. \tag{2.4.3}$$

令 $\{w_j\}_{j\in\mathbb{N}}$ 是算子 A 的完备的正交特征向量列, 即 $Aw_j = \lambda_j w_j, \forall j \in \mathbb{N}$. 由于

$$\begin{aligned}
A_m(w_{i_1} \wedge w_{i_2} \wedge \cdots \wedge w_{i_m}) =& Aw_{i_1} \wedge w_{i_2} \wedge \cdots \wedge w_{i_m} \\
&+ \cdots + w_{i_1} \wedge \cdots \wedge w_{i_{m-1}} \wedge Aw_{i_m}
\end{aligned}$$

$$=(\lambda_{i_1}+\cdots+\lambda_{i_m})w_{i_1}\wedge\cdots\wedge w_{i_m}.$$

说明 $w_{i_1}\wedge\cdots\wedge w_{i_m}$ 是 A_m 的特征向量, 其相应的特征值为 $\lambda_{i_1}+\cdots+\lambda_{i_m}$. 由于 $\{w_j\}_{j\in\mathbb{N}}$ 是 H 的一组完备正交基, $\{w_{i_1}\wedge\cdots\wedge w_{i_m};\forall i_1<\cdots<i_m\}$ 也构成 $\wedge^m H$ 的一组完备正交基, 因此这些向量是 A_m 的所有特征向量, $\{\lambda_{i_1}+\cdots+\lambda_{i_m};\ \forall i_1<\cdots<i_m\}$ 是 A_m 的所有特征值. 特别地, 由于 $0<\lambda_1\leqslant\lambda_2\leqslant\cdots$, 可知 $\lambda_1+\lambda_2+\cdots+\lambda_m$ 是 A_m 的最小特征值. 因此

$$(A_m\psi,\psi)_{\wedge^m H}\geqslant\lambda_1+\lambda_2+\cdots+\lambda_m,\quad \forall\psi\in\wedge^m H,\ |\psi|_{\wedge^m H}=1.$$

结合 (2.4.3) 式, 即知

$$\sum_{j=1}^{m}(A\varphi_j,\varphi_j)\geqslant\lambda_1+\cdots+\lambda_m,$$

此即为 (2.4.1) 式.

现在验证 (2.4.2) 式成立. 首先证明: 对于 $\alpha>0$ 以及任意 $m\in\mathbb{N}$, 成立

$$1^\alpha+\cdots+m^\alpha\geqslant c_0m^{1+\alpha},\tag{2.4.4}$$

其中 $c_0>0$ 与 m 无关.

事实上, 对于 $\alpha\geqslant 1$. 利用公式: 设 $a_1,\cdots,a_m\in\mathbb{R}^1_+$, 成立

$$(a_1+\cdots+a_m)^\alpha\leqslant m^{\alpha-1}(a_1^\alpha+\cdots+a_m^\alpha).$$

可知

$$a_1^\alpha+\cdots+a_m^\alpha\geqslant m^{1-\alpha}(a_1+\cdots+a_m)^\alpha.$$

因此

$$\begin{aligned}1^\alpha+\cdots+m^\alpha&\geqslant m^{1-\alpha}(1+\cdots+m)^\alpha\\&=m^{1-\alpha}\left(\frac{1}{2}m(m+1)\right)^\alpha\\&\geqslant 2^{-\alpha}m^{1+\alpha}.\end{aligned}\tag{2.4.5}$$

当 $0<\alpha<1$ 时, 注意到

$$m^{-1-\alpha}(1^\alpha+\cdots+m^\alpha)=\frac{1}{m}\left(1+\cdots+\frac{1}{m^\alpha}\right)$$

$$
\begin{aligned}
&= \frac{1}{m}\sum_{k=1}^{m}\frac{1}{k^\alpha} \\
&= \sum_{k=1}^{m}\int_{\frac{k-1}{m}}^{\frac{k}{m}}\frac{1}{k^\alpha}dt \\
&\xrightarrow{m\longrightarrow\infty}\int_0^1\frac{1}{t^\alpha}dt=\frac{1}{1-\alpha}.
\end{aligned}
$$

因此, 存在充分大的 $m_0=m_0(\alpha)\in\mathbb{N}$, 使得对任意的 $m\geqslant m_0$, 成立

$$
m^{-1-\alpha}(1^\alpha+\cdots+m^\alpha)\geqslant\frac{1}{2(1-\alpha)},
$$

或写为 $\forall m\geqslant m_0$, 成立

$$
1^\alpha+\cdots+m^\alpha\geqslant\frac{1}{2(1-\alpha)}m^{1+\alpha}. \tag{2.4.6}
$$

另一方面, 对任意的正整数 $m<m_0$, 成立

$$
m^{-1-\alpha}(1^\alpha+\cdots+m^\alpha)\geqslant m_0^{-1-\alpha},
$$

上式可以写为: 对任意的 $1\leqslant m<m_0$, 有

$$
1^\alpha+\cdots+m^\alpha\geqslant m_0^{-1-\alpha}m^{1+\alpha}. \tag{2.4.7}
$$

由 (2.4.6), (2.4.7) 可知, 当 $0<\alpha<1$ 时, 对任意的 $m\in\mathbb{N}$, 成立

$$
1^\alpha+\cdots+m^\alpha\geqslant\min\left\{\frac{1}{2(1-\alpha)},\frac{1}{m_0^{1+\alpha}}\right\}m^{1+\alpha}. \tag{2.4.8}
$$

由 (2.4.5), (2.4.8) 知, 对任意的 $m\in\mathbb{N}$, 成立

$$
1^\alpha+\cdots+m^\alpha\geqslant\min\left\{\frac{1}{2^\alpha},\frac{1}{2(1-\alpha)},\frac{1}{m_0^{1+\alpha}}\right\}m^{1+\alpha},
$$

此即为 (2.4.4) 式, 其中取 $c_0=\min\left\{\frac{1}{2^\alpha},\frac{1}{2(1-\alpha)},\frac{1}{m_0^{1+\alpha}}\right\}$.

利用假设条件: 当 $j\longrightarrow\infty$ 时, $\lambda_j\sim c\lambda_1 j^\alpha,\alpha>0$. 可知存在 $c''>0$, 使得

$$
\lambda_j\geqslant c''\lambda_1 j^\alpha,\quad \forall j\in\mathbb{N}.
$$

结合 (2.4.4), 成立

$$\lambda_1+\cdots+\lambda_m \geqslant c''\lambda_1(1^\alpha+\cdots+m^\alpha) \geqslant c''c_0\lambda_1 m^{\alpha+1}.$$

再由 (2.4.1) 式, 可得

$$\sum_{j=1}^{m}(A\varphi_j,\varphi_j) \geqslant \lambda_1+\cdots+\lambda_m \geqslant c''c_0\lambda_1 m^{\alpha+1},$$

此即为 (2.4.2) 式, 其中取 $c'=c''c_0$. □

引理 2.4.2　假定数列 $\{\mu_j\}_{j\in\mathbb{N}}$ 满足

$$\mu_1+\cdots+\mu_j \leqslant -\alpha j^\theta+\beta, \quad \forall j\in\mathbb{N},$$

其中 $\alpha,\beta,\theta>0$. 令 $m\in\mathbb{N}$, 其定义如下:

$$m-1<\left(\frac{2\beta}{\alpha}\right)^{\frac{1}{\theta}} \leqslant m. \tag{2.4.9}$$

则 $\mu_1+\cdots+\mu_m<0$ 且

$$\frac{(\mu_1+\cdots+\mu_j)_+}{|\mu_1+\cdots+\mu_j|} \leqslant 1, \quad \forall j\in\mathbb{N}. \tag{2.4.10}$$

证明　由 (2.4.9) 式, 成立 $\alpha m^\theta \geqslant 2\beta$. 再由假设条件可知

$$\mu_1+\cdots+\mu_m \leqslant -\alpha m^\theta+\beta \leqslant -2\beta+\beta=-\beta<0.$$

从而

$$|\mu_1+\cdots+\mu_m| = -(\mu_1+\cdots+\mu_m) \geqslant \beta. \tag{2.4.11}$$

另一方面, 由假设条件:

$$\mu_1+\cdots+\mu_j \leqslant -\alpha j^\theta+\beta \leqslant \beta, \ \ \forall j\in\mathbb{N}.$$

因此

$$(\mu_1+\cdots+\mu_j)_+ \leqslant \beta, \quad \forall j\in\mathbb{N}. \tag{2.4.12}$$

结合 (2.4.11), (2.4.12), 可得

$$\frac{(\mu_1+\cdots+\mu_j)_+}{|\mu_1+\cdots+\mu_m|} \leqslant 1, \quad \forall j\in\mathbb{N}.$$

□

在第 1 章中, 对二维 Navier-Stokes 方程, 已证明整体吸引子的存在性. 在湍流中, 吸引子是描述湍流永久状态的数学对象, 特别地, 吸引子的维数表示湍流自由度的数量. 在空间变量为二维的传统湍流理论中, 湍流自由度数量 N 的一个启发式估计由下式给出:

$$N \sim \left(\frac{L_0}{L_d}\right)^2,$$

其中 L_0 表示流体占据的区域 Ω 的长度, 像 Ω 的直径或 $|\Omega|^{\frac{1}{2}}$. 长度 L_d 是扩散长度, 低于 L_d 的情形下, 运动黏度 ν 完全决定了运动, 尺寸小于 L_d 的涡流被迅速阻尼. 在二维和三维空间里, $L_d = \left(\frac{\nu^3}{\epsilon}\right)^{\frac{1}{4}}$, 其中 ϵ 是能量耗散; 在二维空间中, 有时定义 $L_\chi = \left(\frac{\nu^3}{\eta}\right)^{\frac{1}{6}}$, 其中 η 表示涡度拟能耗散. 我们的目标是将吸引子的维数解释为流体的自由度数, 并根据无量纲数 (例如 Grashof 数 G、Reynolds 数 Re 等) 对其维数进行估计. 比率 $\frac{L_0}{L_d}$ 也可以使用这些无量纲数表达出来.

我们在有界区域 Ω 内考虑流体运动, 并赋予下列三种边值条件之一, 即

Dirichlet 边值条件:

$$u|_{\partial\Omega} = 0. \tag{2.4.13}$$

空间周期性边界条件: $\Omega = (0, L_1) \times (0, L_2)$,

$$u(x + L_j e_j) = u(x), \quad p(x + Le_j) = p(x), \quad \forall x \in \mathbb{R}^2,\ j = 1, 2.$$

$$(Du)(x + L_j e_j) = (Du)(x), \ \forall x \in \mathbb{R}^2,\ j = 1, 2, \tag{2.4.14}$$

其中 $e_1 = (1, 0), e_2 = (0, 1)$ 是 $\mathbb{R}^2$ 的标准正交基. 进一步假定平均流消失, 即

$$\int_\Omega u dx = 0. \tag{2.4.15}$$

自由边界条件:

$$(u \cdot \nu)|_{\partial\Omega} = 0 \quad \text{且} \quad (\operatorname{curl} u \times \nu)|_{\partial\Omega} = 0. \tag{2.4.16}$$

(2.4.16) 中第一个边界条件是非穿透性条件, 第二个边界条件等价于 $(\sigma \cdot \nu)_\tau|_{\partial\Omega} = 0$, 其中 $\sigma = \sigma(u)$ 是应力张量矩阵, 其元素为

$$\sigma_{ij}(u) = 2\nu\epsilon_{ij}(u) - P\delta_{ij}, \quad \epsilon_{ij}(u) = \frac{1}{2}(\partial_j u_i + \partial_i u_j),$$

其中 $(\sigma \cdot \nu)_\tau$ 表示 $\sigma \cdot \nu$ 在边界 $\partial\Omega$ 上的切向分量.

在上述边界条件下, 我们用能量的通量机制去定义 L_d, 可以对 N 和比率 $\left(\dfrac{L_0}{L_d}\right)^2$ 建立如下估计:

$$N \sim \left(\frac{L_0}{L_d}\right)^2 \sim G.$$

在空间周期边界条件下, 用 L_χ 代替 L_d, 可以提高上述估计, 给出如下的估计形式:

$$N \sim \left(\frac{L_0}{L_\chi}\right)^2 \left(1+\log\left(\frac{L_0}{L_\chi}\right)\right)^{\frac{1}{3}} \sim G^{\frac{2}{3}}(1+\log G)^{\frac{1}{3}}.$$

考虑二维 Navier-Stokes 方程的抽象形式, 其包含三种边界条件的任一种. 在三种边界条件下, 主要差异之处在于空间 V, H 的定义以及算子 A. 我们同时处理这三种边界条件.

二维 Navier-Stokes 方程的抽象形式如下:

$$u' = F(u), \quad u(0) = u_0 \in H, \tag{2.4.17}$$

其中 $F(u) = f - \nu Au - B(u,u)$.

第一变分方程为

$$U' = F'(u)U, \quad U(0) = \xi \in H. \tag{2.4.18}$$

(2.4.18) 中方程等价于

$$\frac{dU}{dt} + \nu AU + B(u,U) + B(U,u) = 0. \tag{2.4.19}$$

关于第一变分方程 (2.4.18), 可以严格证明如下结论.

设 u 为 (2.4.17) 的强解, 则 (2.4.18) (赋予三种边界条件的任一种) 存在唯一的解

$$U \in L^2(0,T;V) \cap C([0,T];H), \quad \forall T > 0. \tag{2.4.20}$$

对任意 $t > 0$, 函数 $u_0 \mapsto S(t)u_0$ 在 H 中 u_0 处是 Fréchet 可微的, 其微分 $L(t,u_0): \xi \in H \longrightarrow U(t) \in H$, 上述性质可以参见前面两节.

1. 能量耗散通量的估计

在湍流理论中, 能量耗散通量 ε 定义如下

$$\varepsilon = \nu\lambda_1 \limsup_{t\longrightarrow\infty} \frac{1}{t}\int_0^t \|u(s)\|^2 ds,$$

其中 λ_1 表示算子 A 的第一特征值 (注: 在三种边界条件下, λ_1 的值不相同).

由于

$$\frac{d}{dt}|u|^2+2\nu\|u\|^2=2(f,u)\leqslant 2|f|\|u\|\leqslant 2\lambda_1^{-\frac{1}{2}}|f|\|u\|\leqslant \nu\|u\|^2+\frac{|f|^2}{\nu\lambda_1},$$

可知

$$\frac{d}{dt}|u|^2+\nu\|u\|^2\leqslant\frac{|f|^2}{\nu\lambda_1}.$$

从而

$$\frac{1}{t}|u(t)|^2+\frac{\nu}{t}\int_0^t\|u(s)\|^2ds\leqslant\frac{1}{t}|u_0|^2+\frac{|f|^2}{\nu\lambda_1}.$$

由 ε 的定义, 成立

$$\varepsilon\leqslant\frac{1}{\nu}|f|^2=\nu^3\lambda_1^2G^2, \tag{2.4.21}$$

这里 $G=\dfrac{|f|}{\nu^2\lambda_1}$ 表示广义的 Grashof 数.

更一般地, 不考虑一个特定的轨迹 $S(t)u_0$, 而 u_0 是属于一个有界泛函不变集 $X\subset H$ 的所有轨迹. 在这种情形下, ε 定义如下:

$$\varepsilon=\nu\lambda_1\limsup_{t\longrightarrow\infty}\sup_{u_0\in X}\frac{1}{t}\int_0^t\|u(s)\|^2ds. \tag{2.4.22}$$

由上述推导过程, 可知

$$\frac{\nu}{t}\sup_{u_0\in X}\int_0^t\|S(s)u_0\|^2ds\leqslant\frac{1}{t}\sup_{u_0\in X}|u_0|^2+\frac{|f|^2}{\nu\lambda_1}.$$

从而 (2.4.21) 的结论也成立.

注 与能量耗散通量相关的长度 L_d 是由 ε,ν 通过无量纲数分析得出的唯一长度. 因此

$$L_d=\nu^{\frac{3}{4}}\varepsilon^{-\frac{1}{4}}. \tag{2.4.23}$$

令 $L_0=\lambda_1^{-\frac{1}{2}}$. 由 (2.4.21), (2.4.23) 可得

$$\left(\frac{L_0}{L_d}\right)^2=\frac{\varepsilon^{\frac{1}{2}}}{\nu^{\frac{3}{2}}\lambda_1}\leqslant\frac{(\nu^3\lambda_1^2G^2)^{\frac{1}{2}}}{\nu^{\frac{3}{2}}\lambda_1}=G. \tag{2.4.24}$$

2. 吸引子维数估计

前面已证: 对任意 $m \in \mathbb{N}$, 成立

$$|U_1(t) \wedge \cdots \wedge U_m(t)|_{\wedge^m H} = |\xi_1 \wedge \cdots \wedge \xi_m|_{\wedge^m H} e^{\int_0^t \operatorname{Tr}(F'(S(\tau)u_0) \circ Q_m(\tau)) d\tau},$$

其中 $S(\tau)u_0 = u(\tau)$ 是 (2.4.17) 的解; $U_1, \cdots, U_m$ 是 (2.4.18) 的 m 个解, 相对应的初始值为 $\xi_1, \cdots, \xi_m$; $Q_m(\tau) = Q_m(\tau; u_0; \xi_1, \cdots, \xi_m) : H \longrightarrow \operatorname{span}\{U_1(\tau), \cdots, U_m(\tau)\}$ 是正交投影.

由 (2.4.20) 知, 对几乎处处的 $\tau \in \mathbb{R}_+, U_1(\tau), \cdots, U_m(\tau) \in V$. 因此, 对给定的 τ, 令 $\{\varphi_j(\tau)\}_{j=1}^m$ 是 $Q_m(\tau)H = \operatorname{span}\{U_1(\tau), \cdots, U_m(\tau)\}$ 的一组标准正交基, 可知 $\varphi_j(\tau) \in V, j = 1, \cdots, m$.

直接计算, 成立

$$\begin{aligned}
&\operatorname{Tr}(F'(S(\tau)u_0) \circ Q_m(\tau)) \\
&= \sum_{j=1}^{\infty} (F'(S(\tau)u_0) \circ Q_m(\tau)\varphi_j(\tau), \varphi_j(\tau)) \\
&= \sum_{j=1}^{m} (F'(S(\tau)u_0)\varphi_j(\tau), \varphi_j(\tau)) \\
&= \sum_{j=1}^{m} (-\nu(A\varphi_j, \varphi_j) - (B(\varphi_j, u), \varphi_j) - (B(u, \varphi_j), \varphi_j)) \\
&= \sum_{j=1}^{m} (-\nu\|\varphi_j\|^2 - b(\varphi_j, u, \varphi_j)) \\
&= -\nu \sum_{j=1}^{m} \|\varphi_j\|^2 - \sum_{j=1}^{m} \int_\Omega (\varphi_j \cdot \nabla) u \cdot \varphi_j dx \\
&\leqslant -\nu \sum_{j=1}^{m} \|\varphi_j(\tau)\|^2 + \int_\Omega |\nabla u| \sum_{j=1}^{m} |\varphi_j|^2 \\
&\leqslant -\nu \sum_{j=1}^{m} \|\varphi_j(\tau)\|^2 + \|u\| |\rho|_{L^2},
\end{aligned} \tag{2.4.25}$$

其中 $\rho(x) = \sum\limits_{j=1}^{m} |\varphi_j(x)|^2$.

由于上述 $\{\varphi_j\}_{j=1}^m \subset V$ 且在 H 中是标准正交的, 故成立如下不等式 (见 R.

Temam[17] 中附录例 5.1)

$$\left(\int_{\Omega}\left(\sum_{j=1}^{m}|\varphi_j(x)|^2\right)^{\frac{p}{p-1}}dx\right)^{\frac{2(p-1)}{n}} \leqslant \kappa\sum_{j=1}^{m}\int_{\Omega}|\nabla\varphi_j|^2dx, \tag{2.4.26}$$

其中 $\frac{n}{2} < p \leqslant 1+\frac{n}{2}$, n 为有界区域 Ω 所在的 $\mathbb{R}^n$ 空间的维数, $\kappa=\kappa(p,n)$.

在 (2.4.26) 中取 $n=2$, $p=1+\frac{n}{2}=2$, 可得

$$\int_{\Omega}\rho(x)^2dx=\int_{\Omega}\left(\sum_{j=1}^{m}|\varphi_j(x)|^2\right)^2dx \leqslant \kappa\sum_{j=1}^{m}\|\varphi_j(\tau)\|^2. \tag{2.4.27}$$

将 (2.4.27) 式代入 (2.4.25) 式中, 成立

$$\begin{aligned}&\mathrm{Tr}F'(S(\tau)u_0)\circ Q_m(\tau)\\ \leqslant& -\nu\sum_{j=1}^{m}\|\varphi_j(\tau)\|^2+\kappa^{\frac{1}{2}}\|u\|\left(\sum_{j=1}^{m}\|\varphi_j(\tau)\|^2\right)^{\frac{1}{2}}\\ \leqslant& -\frac{\nu}{2}\sum_{j=1}^{m}\|\varphi_j(\tau)\|^2+\frac{\kappa}{2\nu}\|u(\tau)\|^2.\end{aligned} \tag{2.4.28}$$

注意到, 当 $j\longrightarrow\infty$ 时, A 的特征值 λ_j 满足 (见 G. Métivier[15])

$$\lambda_j \sim c\lambda_1 j^{\frac{2}{n}}. \tag{2.4.29}$$

在 (2.4.29) 中取 $n=2$, 利用引理 2.2.2, 可知

$$\sum_{j=1}^{m}\|\varphi_j(\tau)\|^2 \geqslant \lambda_1+\cdots+\lambda_m \geqslant c_1'\lambda_1 m^2. \tag{2.4.30}$$

将 (2.4.30) 代入 (2.4.28) 中, 并记 $c_2'=\kappa$, 可得

$$\mathrm{Tr}(F'(S(\tau)u_0)\circ Q_m(\tau)) \leqslant -c_1'\frac{\nu\lambda_1}{2}m^2+\frac{c_2'}{2\nu}\|u(\tau)\|^2.$$

因此

$$\frac{1}{t}\int_0^t\mathrm{Tr}(F'(S(\tau)u_0)\circ Q_m(\tau))d\tau \leqslant -c_1'\frac{\nu\lambda_1}{2}m^2+\frac{c_2'}{2\nu t}\int_0^t\|u(\tau)\|^2d\tau. \tag{2.4.31}$$

令

$$q_m(t) = \sup_{u_0\in X} \sup_{\substack{\xi_i\in H \\ |\xi_i|\leqslant 1 \\ i=1,\cdots,m}} \left(\frac{1}{t}\int_0^t \mathrm{Tr}F'(S(\tau)u_0)\circ Q_m(\tau)d\tau \right),$$

$$q_m = \limsup_{t\longrightarrow\infty} q_m(t).$$

利用 (2.4.22), (2.4.31), 可得

$$q_m(t) \leqslant -c_1'\frac{\nu\lambda_1}{2}m^2 + \frac{c_2'}{2\nu}\sup_{u_0\in X}\frac{1}{t}\int_0^t \|S(\tau)u_0\|^2 d\tau,$$

$$\begin{aligned} q_m &\leqslant -c_1'\frac{\nu\lambda_1}{2}m^2 + \frac{c_2'}{2\nu}\limsup_{t\longrightarrow\infty}\sup_{u_0\in X}\frac{1}{t}\int_0^t \|S(\tau)u_0\|^2 d\tau \\ &= -c_1'\frac{\nu\lambda_1}{2}m^2 + \frac{c_2'\varepsilon}{2\nu^2\lambda_1}, \end{aligned}$$

即

$$q_m \leqslant -\kappa_1 m^2 + \kappa_2, \quad \kappa_1 = \frac{c_1'\nu\lambda_1}{2}, \quad \kappa_2 = \frac{c_2'\varepsilon}{2\nu^2\lambda_1}. \tag{2.4.32}$$

在 (2.2.48) 中已证: 对于 Lyapunov 指数 μ_j, $j\in\mathbb{N}$, 成立

$$\mu_1 + \cdots + \mu_j \leqslant q_j.$$

再结合 (2.4.32) 知, 对于任意 $j\in\mathbb{N}$, 成立

$$\mu_1 + \cdots + \mu_j \leqslant -\kappa_1 j^2 + \kappa_2.$$

利用引理 2.4.2, 若 $m\in\mathbb{N}$ 定义如下

$$m-1 < \left(\frac{2\kappa_2}{\kappa_1}\right)^{\frac{1}{2}} = \left(\frac{2c_2'}{c_1'}\right)^{\frac{1}{2}} \frac{\varepsilon^{\frac{1}{2}}}{\nu^{\frac{3}{2}}\lambda_1} \leqslant m,$$

可得

$$\mu_1 + \cdots + \mu_m < 0 \quad 并且 \quad \frac{(\mu_1+\cdots+\mu_j)_+}{|\mu_1+\cdots+\mu_j|} \leqslant 1, \ 1\leqslant j\leqslant m.$$

令 $c_3' = \left(\frac{2c_2'}{c_1'}\right)^{\frac{1}{2}}$, $L_0 = \lambda_1^{-\frac{1}{2}}$(宏观长度), $L_d = \varepsilon^{\frac{1}{4}}/\nu^{\frac{3}{4}}$(耗散长度). 则上式可以改写为

$$m-1 < c_3'\left(\frac{L_0}{L_d}\right)^2 \leqslant m.$$

利用命题 2.2.3、定理 2.3.5, 可知下述结论成立.

定理 2.4.3 对于二维 Navier-Stokes 方程, 带有三类边界条件的任一种, 定义 $m \in \mathbb{N}$ 如下

$$m-1<c_3'\left(\frac{L_0}{L_d}\right)^2=c_3'\left(\frac{\varepsilon}{\nu^3}\right)^{\frac{1}{2}}\frac{1}{\lambda_1}\leqslant m,$$

其中 c_3' 是一个无量纲数, 仅依赖于 Ω 的形状, 不依赖于 Ω 的大小 $|\Omega|$. 则成立

(i) 在 H 中的 m 维体积元, 当 $t \longrightarrow \infty$ 时, 是以指数衰减的.

(ii) 整体吸引子 $\mathscr{A}$ 的 Hausdorff 维数 $d_H(\mathscr{A}) \leqslant m$, 分形维数 $d_F(\mathscr{A}) \leqslant 2m-1$.

3. 空间周期情形的改进

现在我们考虑二维 Navier-Stokes 方程的空间周期边界条件. 当然, 上述讨论的结论 (定理 2.4.3) 仍然是成立的. 这里, 我们将考虑吸引子 $\mathscr{A}$ 在 $V(\subset \dot{H}^1_{\mathrm{per}}(\Omega))$ 中的维数, 而不是像往常一样考虑它在 H 中的维数, 分析是不同的, 但维数实际上是相同的, 这可以由下面的命题 2.4.6 和命题 2.4.7 得出. 特别地, 算子 B 的一个性质是特定于空间周期情形, 以及通过一般有趣的方法, 给出了吸引子 $\mathscr{A}$ 在 V 和 H 中 Hausdorff 维数和分形维数的比较.

在二维空间变量为周期情况下, 算子 B 具有以下重要正交性质.

引理 2.4.4 对任意的 $v \in D(A)$, 成立

$$(B(v,v),Av)=b(v,v,v)=0. \tag{2.4.33}$$

证明 记 $P: L^2(\Omega) \longrightarrow H$ 是正交投影, 其中区域 $\Omega=(0,L_1)\times(0,L_2)$. 设 $v \in D(A)=\dot{H}^2_{\mathrm{per}}\bigcap V$, 由于周期函数可以展成 Fourier 级数:

$$v(x)=\sum_{k\in\mathbb{Z}^2}v(k)e^{2i\pi k\cdot\frac{x}{L}},$$

其中

$$v(k)=\frac{1}{|\Omega|}\int_\Omega v(y)e^{-2i\pi y\cdot k}dy,\quad \frac{x}{L}=\left(\frac{x_1}{L_1},\frac{x_2}{L_2}\right),\quad k\cdot\frac{x}{L}=\frac{k_1x_1}{L_1}+\frac{k_2x_2}{L_2}.$$

利用 $\operatorname{div} v=0$, 可知

$$0=\sum_{j=1}^2\partial_jv_j(x)=\sum_{k\in Z^2}\left(\sum_{j=1}^2v_j(k)\frac{2i\pi k_j}{L_j}\right)e^{2i\pi k\cdot\frac{x}{L}}. \tag{2.4.34}$$

由于 $\{e^{2i\pi k\cdot\frac{x}{L}}\}_{k\in\mathbb{Z}^2}$ 是 $L^2(\Omega)$ 中的一组正交基. 故由 (2.4.34) 知, 对任意 $k\in\mathbb{Z}^2$, 成立

$$\sum_{j=1}^{2} v_j(k)\frac{2i\pi k_j}{L_j}=0.$$

从而

$$\mathrm{div}\Delta v(x)=\sum_{k\in\mathbb{Z}^2}\left(\sum_{j=1}^{2} v_j(k)\frac{2i\pi k_j}{L_j}\right)\left|\frac{2i\pi k}{L}\right|^2 e^{2i\pi k\cdot\frac{x}{L}}=0.$$

说明

$$P\Delta v=\Delta v,\ \ \forall v\in D(A),$$

即

$$Av=-\Delta v,\ \ \forall v\in D(A).$$

因此, 对任意的 $v\in D(A)$, 成立

$$\begin{aligned}(B(v,v),Av)&=-b(v,v,\Delta v)=-\int_\Omega (v\cdot\nabla)v\cdot\Delta v dx\\&=-\sum_{i,j,k=1}^{2}\int_\Omega v_i\partial_i v_j\partial_k\partial_k v_j dx\\&=-\sum_{i,j,k=1}^{2}\int_\Omega v_i\partial_i\partial_k v_j\partial_k v_j dx-\sum_{i,j,k=1}^{2}\int_\Omega \partial_k v_i\partial_i v_j\partial_k v_j dx\\&=I_1+I_2.\end{aligned}\tag{2.4.35}$$

利用 $\mathrm{div}v=0$, 可知

$$I_1=-\frac{1}{2}\sum_{i,j,k=1}^{2}\int_\Omega v_i\partial_i(\partial_k v_j)^2dx=-\frac{1}{2}\sum_{j,k=1}^{2}\int_\Omega\left(\sum_{i=1}^{2}\partial_i v_i\right)(\partial_k v_j)^2dx=0.$$

下面运算中约定重复出现的下指标表示求和. 利用不可压缩性质: $\mathrm{div}v=0$, 可得

$$\begin{aligned}\sum_{i,j,k=1}^{2}\partial_k v_i\partial_i v_j\partial_k v_j&=\partial_k v_i\partial_i v_j\partial_k v_j\\&=\partial_1 v_i\partial_i v_j\partial_1 v_j+\partial_2 v_i\partial_i v_j\partial_2 v_j\\&=\partial_1 v_1\partial_1 v_j\partial_1 v_j+\partial_1 v_2\partial_2 v_j\partial_1 v_j\\&\quad+\partial_2 v_1\partial_1 v_j\partial_2 v_j+\partial_2 v_2\partial_2 v_j\partial_2 v_j\end{aligned}$$

$$
\begin{aligned}
&= \partial_1 v_1(\partial_1 v_1 \partial_1 v_1 + \partial_1 v_2 \partial_1 v_2) \\
&\quad + \partial_1 v_2(\partial_2 v_1 \partial_1 v_1 + \partial_2 v_2 \partial_1 v_2) \\
&\quad + \partial_2 v_1(\partial_1 v_1 \partial_2 v_1 + \partial_1 v_2 \partial_2 v_2) \\
&\quad + \partial_2 v_2(\partial_2 v_1 \partial_2 v_1 + \partial_2 v_2 \partial_2 v_2) \\
&= \partial_1 v_1(\partial_1 v_1 \partial_1 v_1 + \partial_1 v_2 \partial_1 v_2) \\
&\quad + \partial_1 v_1(\partial_1 v_2 \partial_2 v_1 - \partial_1 v_2 \partial_1 v_2) \\
&\quad + \partial_1 v_1(\partial_2 v_1 \partial_2 v_1 - \partial_2 v_1 \partial_1 v_2) \\
&\quad - \partial_1 v_1(\partial_2 v_1 \partial_2 v_1 + \partial_1 v_1 \partial_1 v_1), \\
&= 0,
\end{aligned}
$$

即 $I_2 = 0$.

利用 (2.4.35) 式, 即知 $(B(v,v), Av) = 0, \forall v \in D(A)$. □

引理 2.4.5 对任意的 $v, w \in D(A)$, 成立

$$
(B(v,v), Aw) + (B(v,w), Av) + (B(w,v), Av) = 0. \tag{2.4.36}
$$

证明 利用 (2.4.33) 式, 成立

$$
F(v) \triangleq (B(v,v), v) = 0, \quad \forall v \in D(A).
$$

从而, 对任意 $v \in D(A)$, 成立

$$
F'(v)w = 0, \ \forall w \in D(A). \tag{2.4.37}
$$

注意到, 对任意的 $t > 0$, 成立

$$
\begin{aligned}
F(v+tw) &= (B(v+tw, v+tw), A(v+tw)) \\
&= (B(v,v), Av) + t((B(v,v), Aw) + (B(v,w), Av) + (B(w,v), Av)) \\
&\quad + t^2((B(v,w), Aw) + (B(w,v), Aw) + (B(w,w), A(v+tw))).
\end{aligned}
$$

从而

$$
\begin{aligned}
F'(v)w &= \lim_{t \longrightarrow 0} \frac{1}{t}(F(v+tw) - F(v)) \\
&= (B(v,v), Aw) + (B(v,w), Av) + (B(w,v), Av).
\end{aligned} \tag{2.4.38}
$$

由 (2.4.37), (2.4.38), 即知 (2.4.36) 式成立. □

针对单个轨迹: $u(s) = S(s)u_0$, 在二维湍流理论中, 涡量拟能耗散通量 χ 定义如下:

$$\chi = \nu\lambda_1 \limsup_{t\longrightarrow\infty} \frac{1}{t}\int_0^t |Au(s)|^2 ds,$$

这里 $Au = -\Delta u$.

如果考虑所有的轨迹 : $u(s) = S(s)u_0$, $u_0 \in X \subset H$, 其中 X 是有界泛函不变集. 则 χ 的定义如下:

$$\chi = \nu\lambda_1 \limsup_{t\longrightarrow\infty} \sup_{u_0\in X} \frac{1}{t}\int_0^t |Au(s)|^2 ds. \tag{2.4.39}$$

利用 (2.4.33), 对于二维 Navier-Stokes 方程有如下微分等式

$$\frac{1}{2}\frac{d}{dt}\|u\|^2 + \nu|Au|^2 = (f, Au). \tag{2.4.40}$$

由于

$$(f, Au) \leqslant |f||Au| \leqslant \frac{\nu}{2}|Au|^2 + \frac{1}{2\nu}|f|^2,$$

结合 (2.4.40), 可得

$$\frac{d}{dt}\|u\|^2 + \nu|Au|^2 \leqslant \frac{1}{\nu}|f|^2.$$

因此

$$\frac{1}{t}\|u(t)\|^2 + \frac{\nu}{t}\int_0^t |Au(s)|^2 ds \leqslant \frac{1}{t}\|u_0\|^2 + \frac{1}{\nu}|f|^2 \leqslant \frac{1}{t}\sup_{u_0\in X}\|u_0\|^2 + \frac{1}{\nu}|f|^2.$$

利用 (2.1.39) 式, 成立

$$\chi \leqslant \frac{\lambda_1}{\nu}|f|^2 = \nu^3\lambda_1^3 G^2, \quad G = \frac{1}{\nu^2\lambda_1}|f|.$$

4. 吸引子在 V 和 H 空间中维数比较

命题 2.4.6 设 X, Y 是两个度量空间, 映射 $\Phi : X \longrightarrow Y$ 是 Lipschitz 连续的, 且

$$d_Y(\Phi(u), \Phi(v)) \leqslant k d_X(u, v), \quad \forall u, v \in X,$$

其中 d_X, d_Y 表示 X, Y 度量空间中的距离.

则对任意子集 $C \subset X$, 成立

$$d_H^Y(\Phi(C)) \leqslant d_H^X(C), \quad d_F^Y(\Phi(C)) \leqslant d_F^X(C),$$

其中 d_H^X, d_H^Y 代表 X, Y 空间中的 Hausdorff 维数, d_F^X, d_F^Y 代表 X, Y 空间中的分形维数.

证明 对于集合 $C \subset X$, 设 $C \subset \bigcup_{i\in I} B^X(u_i, r_i)$. 利用 $\Phi: X \longrightarrow Y$ 的 Lipschitz 连续性质, $\Phi(C) \subset \bigcup_{i\in I} B^Y(\Phi(u_i), kr_i)$, 这里 $B^X(u_i, r_i)$ 表示 X 中以 r_i 为球心, 半径为 r_i 的球, $B^Y(\Phi(u_i), kr_i)$ 表示 Y 中以 $\Phi(u_i)$ 为球心, 半径为 kr_i 的球. 由于

$$d_H^X(C) = \inf\{d > 0;\ \mu_H^X(C, d) = 0\},$$

其中

$$\mu_H^X(C, d) = \liminf_{\eta \longrightarrow \infty} \left\{ \sum_{i\in I} r_i^d;\ \ r_i \leqslant \eta,\ C \subset \bigcup_{i\in I} B^X(u_i, r_i) \right\}.$$

可知, $\forall \epsilon > 0$, 存在 $\tilde{d} > 0$, 使得

$$\tilde{d} < d_H^X(C) + \epsilon \quad \text{且} \quad \mu_H^X(C, \tilde{d}) = 0.$$

从而

$$\begin{aligned} \mu_H^Y(\Phi(C), \tilde{d}) &= \liminf_{\delta \longrightarrow \infty} \left\{ \sum_{i\in I} (kr_i)^{\tilde{d}};\ \ kr_i \leqslant \delta,\ \Phi(C) \subset \bigcup_{i\in I} B^Y(\Phi(u_i), kr_i) \right\} \\ &= k^{\tilde{d}} \liminf_{\eta \longrightarrow 0} \left\{ \sum_{i\in I} r_i^{\tilde{d}};\ \ r_i \leqslant \frac{\delta}{k} \triangleq \eta,\ \Phi(C) \subset \bigcup_{i\in I} B^Y(\Phi(u_i), kr_i) \right\} \\ &= 0. \end{aligned}$$

因此,

$$d_H^Y(\Phi(C)) = \inf\{d > 0;\ \ \mu_H^Y(\Phi(C), d) = 0\} \leqslant \tilde{d} < d_H^X(C) + \epsilon.$$

利用 $\epsilon > 0$ 的任意性, 可知

$$d_H^Y(\Phi(C)) \leqslant d_H^Y(C).$$

下面验证: $d_F^Y(\Phi(C)) \leqslant d_F^X(C)$.

设 $C \subset \bigcup_{i=1}^{n_C(\epsilon)} B^X(u_i,\epsilon)$, 其中 $n_C(\epsilon)$ 表示覆盖集合 C 的以 ϵ 为半径的球的最小数目. 利用 $\Phi: X \longrightarrow Y$ 的 Lipschitz 性质, 可知 $\Phi(C) \subset \bigcup_{i=1}^{n_C(\epsilon)} B^Y(\Phi(u_i),k\epsilon)$. 从而 $n_{\Phi(C)}(k\epsilon) \leqslant n_C(\epsilon)$. 利用分形维数的定义, 可得

$$d_F^Y(\Phi(C)) = \limsup_{k\epsilon \longrightarrow 0} \frac{\log n_{\Phi(C)}(k\epsilon)}{\log \dfrac{1}{k\epsilon}} \leqslant \limsup_{\epsilon \longrightarrow 0} \frac{\log n_C(\epsilon)}{\log \dfrac{1}{k} + \log \dfrac{1}{\epsilon}} = d_F^X(C). \qquad \square$$

命题 2.4.7　设 $\mathscr{A}$ 是二维 Navier-Stokes 方程的全局吸引子. 则 $\mathscr{A}$ 在空间 V 和 H 中的 Hausdorff 维数、分形维数分别相等.

证明　为了不引起混淆, 我们用 $d_{\mathscr{H}}^X(C)$ 取代命题 2.4.6 中的 $d_H^X(C)$. 在命题 2.4.6 中取 $C=\mathscr{A}, X=V, Y=H, \Phi=I$. 则成立

$$d_{\mathscr{H}}^H(\mathscr{A}) \leqslant d_{\mathscr{H}}^V(\mathscr{A}), \quad d_F^H(\mathscr{A}) \leqslant d_F^V(\mathscr{A}). \tag{2.4.41}$$

注意到, $\forall t>0, S(t): H \longrightarrow V$ 是局部 Lipschitz 连续的 (见下一节), 即对任意 $t>0$, 成立

$$\|S(t)u - S(t)v\| \leqslant k(t)|u-v|, \quad \forall u,v \in H,$$

以及 $S(t)\mathscr{A}=\mathscr{A}, \forall t>0$. 应用命题 2.4.6, 可得

$$d_{\mathscr{H}}^V(\mathscr{A}) = d_{\mathscr{H}}^V(S(t)\mathscr{A}) \leqslant d_{\mathscr{H}}^H(\mathscr{A}), \quad d_F^V(\mathscr{A}) = d_F^V(S(t)\mathscr{A}) \leqslant d_F^H(\mathscr{A}). \tag{2.4.42}$$

由 (2.4.41), (2.4.42), 成立

$$d_{\mathscr{H}}^H(\mathscr{A}) = d_{\mathscr{H}}^V, \quad d_F^H(\mathscr{A}) = d_F^V(\mathscr{A}). \qquad \square$$

5. 主要结果

我们的目标是, 如果比率 $\left(\dfrac{L_0}{L_d}\right)^2$ 被替换为 $\left(\dfrac{L_0}{L_\chi}\right)^2$, 定理 2.4.1 的结论仍然成立 (在忽略一个对数阶数的纠正下), 即当广义 Grashof 数 G 比较大时, 吸引子维数是 $G^{\frac{2}{3}}(\log G)^{\frac{1}{3}}$ 阶的. 注意到, 二维 Navier-Stokes 方程的解算子半群满足 $\forall t>0$, $u_0 \longmapsto S(t)u_0$ 在 V 中是可微的, 且其微分是线性映射 $\xi(\in V) \longmapsto U(t)$, 其中 $U(t)$ 是第一变分方程的解; 对于 $\xi \in V$(以及 $u_0 \in V$), $U(t)$ 满足

$$U \in L^2(0,T;D(A)) \cap C([0,T];V).$$

设 $u_0 \in V, \xi_1, \cdots, \xi_m \in V$, 记 $U_1(t), \cdots, U_m(t)$ 是相应的 m 个第一变分方程的解, 类似 2.7 节中的证明, 成立

$$\|U_1(t) \wedge \cdots \wedge U_m(t)\|_{\wedge^m V} = \|\xi_1 \wedge \cdots \wedge \xi_m\|_{\wedge^m V} e^{\int_0^t \operatorname{Tr} F'(S(\tau)u_0)\circ \tilde{Q}_m(\tau)d\tau}, \tag{2.4.43}$$

其中

$$\tilde{Q}_m(\tau) = \tilde{Q}_m(\tau, u_0; \xi_1, \cdots, \xi_m) : V \longrightarrow \text{span}\{U_1(\tau), \cdots, U_m(\tau)\}$$

是正交投影.

对于给定的时间 τ, 令 $\varphi_j(\tau)$, $j = 1, \cdots, m$ 是 $\tilde{Q}_m V$ 的一组正交基 (在 V 中正交), 可知

$$\begin{aligned}
\text{Tr}F'(S(\tau)u_0) \circ \tilde{Q}_m(\tau) &= \sum_{j=1}^{\infty}((F'(S(\tau)u_0) \circ \tilde{Q}_m\varphi_j(\tau), \varphi_j(\tau))) \\
&= \sum_{j=1}^{m}((F'(S(\tau)u_0) \circ \tilde{Q}_m\varphi_j(\tau), \varphi_j(\tau))) \\
&= \sum_{j=1}^{m}(A^{\frac{1}{2}}F'(S(\tau)u_0) \circ \tilde{Q}_m\varphi_j(\tau), A^{\frac{1}{2}}\varphi_j(\tau)) \\
&= \sum_{j=1}^{m}(F'(S(\tau)u_0)\varphi_j(\tau), A\varphi_j(\tau)),
\end{aligned} \tag{2.4.44}$$

其中 $((\cdot,\cdot)), (\cdot,\cdot)$ 分别表示在 V, H 中的内积.

利用 (2.4.36), 成立

$$\begin{aligned}
&(F'(S(\tau)u_0)\varphi_j(\tau), A\varphi_j(\tau)) \\
=& -\nu|A\varphi_j(\tau)|^2 - (B(\varphi_j(\tau), S(\tau)u_0), A\varphi_j(\tau)) \\
& - (B(S(\tau)u_0, \varphi_j(\tau)), A\varphi_j(\tau)) \\
=& -\nu|A\varphi_j(\tau)|^2 + (B(\varphi_j(\tau), \varphi_j(\tau)), AS(\tau)u_0) \\
=& -\nu|A\varphi_j(\tau)|^2 + b(\varphi_j(\tau), \varphi_j(\tau), AS(\tau)u_0) \\
=& -\nu|A\varphi_j(\tau)|^2 - b(\varphi_j(\tau), \varphi_j(\tau), \Delta S(\tau)u_0) \\
\leqslant& -\nu|A\varphi_j(\tau)|^2 + \int_\Omega |\varphi_j(\tau)||\nabla\varphi_j(\tau)||\Delta S(\tau)u_0|dx.
\end{aligned} \tag{2.4.45}$$

记

$$\rho(x) = \sum_{j=1}^{m}|\varphi_j(x)|^2, \quad \sigma(x) = \sum_{j=1}^{m}|\nabla\varphi_j(\tau)|^2.$$

由 (2.4.44), (2.4.45), 可得

$$\text{Tr}(F'(S(\tau)u_0) \circ \tilde{Q}_m(\tau))$$

$$
\begin{aligned}
&\leqslant -\nu\sum_{j=1}^{m}|A\varphi_j(\tau)|^2+\sum_{j=1}^{m}\int_\Omega|\varphi_j(\tau)||\nabla\varphi_j(\tau)||\Delta S(\tau)u_0|dx\\
&\leqslant -\nu\sum_{j=1}^{m}|A\varphi_j(\tau)|^2+\int_\Omega\rho(x)^{\frac12}\sigma(x)^{\frac12}|\Delta S(\tau)u_0|dx\\
&\leqslant -\nu\sum_{j=1}^{m}|A\varphi_j(\tau)|^2+|\rho|_{L^\infty(\Omega)}^{\frac12}|\sigma|_{L^2(\Omega)}^{\frac12}|\Delta S(\tau)u_0|_{L^{\frac43}(\Omega)}.
\end{aligned}\tag{2.4.46}
$$

由于 $((\varphi_i,\varphi_j))=\delta_{ij}$, 可知

$$
\begin{aligned}
(\nabla\varphi_i,\nabla\varphi_j)&=\sum_{k=1}^{m}(\partial_k\varphi_i,\partial_k\varphi_j)=-\sum_{k=1}^{m}(\varphi_i,\partial_k\partial_k\varphi_j)\\
&=(\varphi_i,-\Delta\varphi_j)=(\varphi_i,A\varphi_j)=((\varphi_i,\varphi_j))=\delta_{ij},
\end{aligned}
$$

即 $\{\nabla\varphi_i\}_{i=1}^m$ 在 $L^2(\Omega)$ 中是正交的.

现在回忆 Sobolev-Lieb-Thirring 不等式的一个推广形式: 设 $\Omega=(0,L_1)\times\cdots\times(0,L_n)$ 为区域周期, $\psi_1,\cdots,\psi_m\in(\dot H^1_{\rm per}(\Omega))^k$. 则成立

$$
\left(\int_\Omega\left(\sum_{j=1}^{m}|\psi_j(x)|^2\right)^{\frac{p-1}{p}}dx\right)^{\frac{2(p-1)}{n}}\leqslant\kappa\sum_{j=1}^{m}\int_\Omega|\nabla\psi_j(x)|^2dx,\tag{2.4.47}
$$

其中 $\dfrac n2<p\leqslant 1+\dfrac n2$, κ 仅依赖于 n,p,Ω 的形状, 但不依赖于 m,Ω 的体积 $|\Omega|$.

不等式 (2.4.47) 的证明来自 R. Temam[17] 中的附录定理 3.1 和例子 5.3, 此处略去证明.

在 (2.4.47) 中, 令 $\psi_i=\nabla\varphi_i$, $k=2$, $n=2$, $p=1+\dfrac n2=2$. 显然 $\psi_i\in(\dot H^1_{\rm per})^2$. 从而成立

$$
\begin{aligned}
|\sigma|^2_{L^2(\Omega)}&=\sum_{j=1}^{m}\int_\Omega|\nabla\varphi_j|^2dx=\sum_{j=1}^{m}\int_\Omega|\psi_j|^2dx\\
&\leqslant\kappa\sum_{j=1}^{m}\int_\Omega|\nabla\psi_j|^2dx=\kappa\sum_{j=1}^{m}(\nabla\psi_j,\nabla\psi_j)\\
&=\kappa\sum_{j=1}^{m}(\psi_j,A\psi_j)=\kappa\sum_{j=1}^{m}(\nabla\varphi_j,A\nabla\varphi_j)
\end{aligned}
$$

$$= \kappa \sum_{j=1}^{m} (\nabla \varphi_j, \nabla A\varphi_j) = \kappa \sum_{j=1}^{m} (A\varphi_j, A\varphi_j) = \kappa \sum_{j=1}^{m} |A\varphi_j|^2.$$

记 $\kappa = c_4'$, 其仅依赖于 Ω 的形状, 即比率 $\dfrac{L_1}{L_2}$. 则上式可改写为

$$|\sigma|_{L^2(\Omega)}^2 \leqslant c_4' \sum_{j=1}^{m} |A\varphi_j|^2. \tag{2.4.48}$$

利用下面的引理 2.4.9 可知, 存在 c_5', 使得

$$|\rho|_{L^\infty(\Omega)} \leqslant c_5' \left(1 + \log\left(\lambda_1^{-1} \sum_{j=1}^{m} |A\varphi_j|^2\right)\right). \tag{2.4.49}$$

利用 Hölder 不等式, 成立

$$|\Delta S(\tau)u_0|_{L^{\frac{4}{3}}(\Omega)} \leqslant |\Omega|^{\frac{1}{4}} |\Delta S(\tau)u_0| \leqslant c_6' \lambda_1^{-\frac{1}{4}} |AS(\tau)u_0|, \tag{2.4.50}$$

其中用到 $|\Omega| \sim \lambda_1^{-1}$.

将 (2.4.48)—(2.4.50) 代入 (2.4.46) 中, 可得

$$\begin{aligned}&\mathrm{Tr} F'(S(\tau)u_0) \circ \tilde{Q}_m(\tau) \\ \leqslant& -\nu \sum_{j=1}^{m} |A\varphi_j|^2 + c_7' \left(\lambda_1^{-1} \sum_{j=1}^{m} |A\varphi_j|^2\right)^{\frac{1}{4}} \left(1 + \log\left(\lambda_1^{-1} \sum_{j=1}^{m} |A\varphi_j|^2\right)\right)^{\frac{1}{2}} |AS(\tau)u_0|,\end{aligned} \tag{2.4.51}$$

其中 $c_7' = (c_4')^{\frac{1}{4}} (c_5')^{\frac{1}{2}} c_6'$ 仅依赖于 Ω 的形状, 即 $\dfrac{L_1}{L_2}$.

令

$$\chi_m(\tau) = \lambda_1^{-1} \sum_{j=1}^{m} |A\varphi_j(\tau)|^2.$$

则 (2.4.51) 可改写为

$$\mathrm{Tr}\left(F'(S(\tau)u_0) \circ \tilde{Q}_m(\tau)\right) \leqslant -\nu\lambda_1 \chi_m(\tau) + c_7' \chi_m^{\frac{1}{4}}(\tau)(1 + \log \chi_m(\tau))^{\frac{1}{2}} |AS(\tau)u_0|.$$

从而成立

$$\frac{1}{t} \int_0^t \mathrm{Tr}\left(F'(S(\tau)u_0) \circ \tilde{Q}_m(\tau)\right) d\tau$$

$$\leqslant -\frac{\nu\lambda_1}{t}\int_0^t \chi_m(\tau)d\tau + \frac{c_7'}{t}\int_0^t \chi_m^{\frac{1}{4}}(\tau)(1+\log\chi_m(\tau))^{\frac{1}{2}}|AS(\tau)u_0|d\tau$$

$$\leqslant -\frac{\nu\lambda_1}{t}\int_0^t \chi_m(\tau)d\tau + c_7'\left(\frac{1}{t}\int_0^t \chi_m(\tau)^{\frac{1}{2}}(1+\log\chi_m(\tau)d\tau)\right)^{\frac{1}{2}}$$

$$\times\left(\frac{1}{t}\int_0^t |AS(\tau)u_0|^2 d\tau\right)^{\frac{1}{2}}. \tag{2.4.52}$$

注意到当 $j\longrightarrow\infty$ 时, 成立 (当 $n=2$ 时)

$$\lambda_j \sim c\lambda_1 j.$$

在引理 2.4.1 中, 用 V 代替 H, 对任意在 V 中的正交簇 $\{\psi_j\}_{j=1}^m$, 成立

$$\sum_{j=1}^m |A\psi_j|^2 = \sum_{j=1}^m ((A\psi_j,\psi_j)) \geqslant \lambda_1+\cdots+\lambda_m \geqslant c_8'\lambda_1 m^2, \tag{2.4.53}$$

其中 c_8' 仅依赖于 Ω 的形状, 即 $\dfrac{L_1}{L_2}$.

特别地, 在 (2.4.53) 中取 $\psi_j=\varphi_j(\tau)$, $j=1,\cdots,m$, 可知

$$\chi_m(\tau)\geqslant c_8' m^2,$$

以及

$$\chi_m(\tau)=\lambda_1^{-1}\sum_{j=1}^m |A\varphi_j|^2 \geqslant \lambda_1^{-1}(\lambda_1+\cdots+\lambda_m)\geqslant 1.$$

令

$$y_m(t)=\frac{1}{t}\int_0^t \chi_m(\tau)d\tau \geqslant 1,\quad \theta(t)=\left(\frac{1}{\nu^2\lambda_1^2 t}\int_0^t |AS(\tau)u_0|^2 d\tau\right)^{\frac{1}{2}}.$$

则 (2.4.52) 可改写为

$$\frac{1}{t}\int_0^t \mathrm{Tr}F'(S(\tau)u_0)\circ\tilde{Q}_m(\tau)d\tau$$

$$\leqslant -\nu\lambda_1 y_m(t) + c_7'\nu\lambda_1\theta(t)\left(\frac{1}{t}\int_0^t \chi_m(\tau)^{\frac{1}{2}}(1+\log\chi_m(\tau))d\tau\right)^{\frac{1}{2}}. \tag{2.4.54}$$

回忆 Jensen 不等式: 设 $g:\mathbb{R}^1\longrightarrow\mathbb{R}^1$ 是上凸函数, 则对任意的 $v\in L^1(Q)$, 成立

$$\overline{g(v)}\leqslant g(\overline{v}),\quad \overline{v}=\frac{1}{|Q|}\int_Q v dx.$$

直接计算知, 函数 $g(z)=z^{\frac{1}{2}}(1+\log z)$ 满足 $g'(z)>0,\ g''(z)\leqslant 0,\ \forall z\geqslant\frac{1}{e}$. 说明函数 $g(z)$ 对于 $z\geqslant\frac{1}{e}$ 是上凸的. 从而利用 Jensen 不等式, 成立

$$
\begin{aligned}
&\frac{1}{t}\int_0^t \chi_m(\tau)^{\frac{1}{2}}(1+\log\chi_m(\tau))d\tau=\overline{g(\chi_m)}\leqslant g(\overline{\chi_m})\\
=&\,g\left(\frac{1}{t}\int_0^t\chi_m(\tau)d\tau\right)=g(y_m(t))=y_m(t)^{\frac{1}{2}}(1+\log y_m(t)).
\end{aligned}
$$

将上式代入 (2.4.54) 式中, 可得

$$
\begin{aligned}
&\frac{1}{t}\int_0^t \mathrm{Tr}F'(S(\tau)u_0)\circ\tilde{Q}_m(\tau)d\tau\\
\leqslant&-\nu\lambda_1y_m(t)+c_7'\nu\lambda_1\theta(t)y_m(t)^{\frac{1}{4}}(1+\log y_m(t))^{\frac{1}{2}}.
\end{aligned}\tag{2.4.55}
$$

回忆 χ 的定义 (即 (2.4.39)):

$$
\chi=\nu\lambda_1\limsup_{t\longrightarrow\infty}\sup_{u_0\in X}\frac{1}{t}\int_0^t|Au(\tau)|^2d\tau.
$$

注意上述 χ 的定义中, 取 $X=\mathscr{A}$. 因此, 存在 $t_1=t_1(\mathscr{A})>0$, 使得 $\forall t\geqslant t_1$, 成立

$$
\sup_{u_0\in\mathscr{A}}\frac{1}{\nu^2\lambda_1^2t}\int_0^t|AS(\tau)u_0|^2d\tau\leqslant\frac{2\chi}{\nu^3\lambda_1^3},
$$

从而

$$
\theta(t)\leqslant\left(\frac{2\chi}{\nu^3\lambda_1^3}\right)^{\frac{1}{2}},\quad\forall t\geqslant t_1.\tag{2.4.56}
$$

将 (2.4.56) 式代入 (2.4.55) 式中, 对任意的 $t\geqslant t_1$, 可得

$$
\frac{1}{t}\int_0^t\mathrm{Tr}\left(F'(S(\tau)u_0)\circ\tilde{Q}_m(\tau)\right)d\tau\leqslant-\nu\lambda_1y_m(t)+\nu\lambda_1\rho y_m^{\frac{1}{4}}(t)(1+\log y_m(t))^{\frac{1}{2}},\tag{2.4.57}
$$

其中 $\rho=c_7'\left(\frac{2\chi}{\nu^3\lambda_1^3}\right)^{\frac{1}{2}}$.

设对任意的 $y\geqslant 1$, 成立

$$
-\frac{y}{2}+\rho y^{\frac{1}{4}}(1+\log y)^{\frac{1}{2}}\leqslant h(\rho),
$$

上述 $h(\rho)$ 的上界估计将在后面给出. 则由 (2.4.57) 式, 成立

$$\frac{1}{t}\int_0^t \mathrm{Tr}\left(F'(S(\tau)u_0)\circ\tilde{Q}_m(\tau)\right)d\tau \leqslant -\frac{\nu\lambda_1}{2}c_8'm^2+\nu\lambda_1 h(\rho), \quad \forall t\geqslant t_1, \quad (2.4.58)$$

这里用到 $y_m \geqslant c_8'm^2$, 这是因为 $\chi_m(\tau)\geqslant c_8'm^2$.

记

$$\tilde{q}_m(t)=\sup_{u_0\in\mathscr{A}}\sup_{\substack{\xi_i\in V\\ \|\xi_i\|\leqslant 1\\ i=1,\cdots,m}}\frac{1}{t}\int_0^t F'(S(\tau)u_0)\circ\tilde{Q}_m(\tau)d\tau,$$

$$\tilde{q}_m(t)=\limsup_{t\longrightarrow\infty}\tilde{q}_m(t).$$

则由 (2.4.58) 式, 可得

$$\tilde{q}_m(t)\leqslant -\frac{\nu\lambda_1}{2}c_8'm^2+\nu\lambda_1 h(\rho), \quad \forall m\in\mathbb{N},\ \forall t\geqslant t_1,$$

$$\tilde{q}_m(t)\leqslant -\kappa_3 m^2+\kappa_4, \quad (2.4.59)$$

其中 $\kappa_3=\dfrac{\nu\lambda_1}{2}c_8'$, $\kappa_4=\nu\lambda_1 h(\rho)$.

记 Lyapunov 指数 (在 V 中) 为 $\tilde{\mu_j}$, $j\in\mathbb{N}$. 利用 (2.2.48):

$$\tilde{\mu}_1+\cdots+\tilde{\mu}_j\leqslant\tilde{q}_j, \quad \forall j\in\mathbb{N},$$

结合 (2.4.59) 式, 成立

$$\tilde{\mu}_1+\cdots+\tilde{\mu}_j\leqslant -\kappa_3 j^2+\kappa_4, \quad \forall j\in\mathbb{N}.$$

设 $m=m_2\in\mathbb{N}$, 其定义如下

$$m_2-1<\left(\frac{2\kappa_4}{\kappa_3}\right)^{\frac{1}{2}}\leqslant m_2. \quad (2.4.60)$$

利用引理 2.4.2, 可知

$$\tilde{\mu}_1+\cdots+\tilde{\mu}_{m_2}<0 \quad 且 \quad \frac{(\tilde{\mu}_1+\cdots+\tilde{\mu}_j)_+}{|\tilde{\mu}_1+\cdots+\tilde{\mu}_{m_2}|}\leqslant 1,\ \forall j=1,\cdots,m_2.$$

因此, 利用定理 2.3.5 知

$$d_{\mathscr{H}}^V(\mathscr{A})\leqslant m_2, \quad d_F^V(\mathscr{A})\leqslant 2m_2-1.$$

为了更加精确估计 m_2, 下面计算上界 $h(\rho)$ 的显式表达式.

注意 $h(\rho)$ 是函数 $-\frac{y}{2}+\rho y^{\frac{1}{4}}(1=\log y)^{\frac{1}{2}}$ 的上界, 其中 $y\geqslant 1, \rho=c_7'\left(\frac{2\chi}{\nu^3\lambda_1^3}\right)^{\frac{1}{2}}$. 记

$$f(y)=\rho^2(1+\log y)-\epsilon y^{\frac{3}{2}},\ \ y>0,$$

$\epsilon>0$ 待定. 则

$$f'(y)=\rho^2y^{-1}-\frac{3}{2}\epsilon y^{\frac{1}{2}},\ \ f''(y)=-\rho^2y^{-2}-\frac{3}{4}\epsilon y^{-\frac{1}{2}}<0,\ \ \forall y>0.$$

说明 $f(y)$ 关于 $y>0$ 是上凸函数, $f'(y)$ 关于 $y>0$ 是严格递减函数. 令 $f'(y)|_{y=y_0}=0$, 即有 $\rho^2y_0^{-1}=\frac{3}{2}\epsilon y_0^{\frac{1}{2}}$, 可知 $y_0=\left(\frac{2\rho^2}{3\epsilon}\right)^{\frac{2}{3}}$, 并且 $f'(y)>0, \forall y<y_0$; $f'(y)<0$, $\forall y>y_0$. 从而 y_0 是 $f(y)$ 在 $y>0$ 上是最大值点, 即知 $f(y)\leqslant f(y_0), \forall y>0$, 或写为

$$\rho^2(1+\log y)\leqslant \epsilon y^{\frac{3}{2}}+\frac{1}{3}\rho^2\left(1+2\log\left(\frac{2\rho^2}{3\epsilon}\right)\right),\quad \forall y>0.$$

从而

$$\begin{aligned}\rho(1+\log y)^{\frac{1}{2}}y^{\frac{1}{4}}&\leqslant \epsilon^{\frac{1}{2}}y+\frac{1}{\sqrt{3}}\rho y^{\frac{1}{4}}\left(1+2\log\left(\frac{2\rho^2}{3\epsilon}\right)\right)^{\frac{1}{2}}\\&\leqslant 2\epsilon^{\frac{1}{2}}y+c(\epsilon)\rho^{\frac{4}{3}}\left(1+2\log\left(\frac{2\rho^2}{3\epsilon}\right)\right)^{\frac{2}{3}},\quad \forall y>0.\end{aligned}$$

即

$$-2\epsilon^{\frac{1}{2}}y+\rho y^{\frac{1}{4}}(1+\log y)^{\frac{1}{2}}\leqslant c(\epsilon)\rho^{\frac{4}{3}}\left(1+\log\left(\frac{2\rho^2}{3\epsilon}\right)\right)^{\frac{2}{3}},\quad \forall y>0.$$

在上式中, 取 $\epsilon=\frac{1}{16}$, 成立

$$-\frac{1}{2}y+\rho y^{\frac{1}{4}}(1+\log y)^{\frac{1}{2}}\leqslant c_9'\rho^{\frac{4}{3}}(1+\log\rho)^{\frac{2}{3}}\triangleq h(\rho). \tag{2.4.61}$$

注意, 在 (2.4.61) 中, $\kappa_3=\frac{\nu\lambda_1}{2}c_8'$, $\kappa_4=\nu\lambda_1h(\rho)$. 利用 (2.4.61) 式, 可得

$$\frac{2\kappa_4}{\kappa_3}=\frac{2\nu\lambda_1h(\rho)}{\frac{\nu\lambda_1}{2}c_8'}=\frac{4}{c_8'}h(\rho)$$

$$
\begin{aligned}
&= \frac{4c_9'}{c_8'} \rho^{\frac{4}{3}} (1 + \log \rho)^{\frac{2}{3}} \\
&\leqslant c_{10}' \left(\frac{\chi}{\nu^3 \lambda_1^3} \right)^{\frac{2}{3}} \left(1 + \log \left(\frac{\chi}{\nu^3 \lambda_1^3} \right) \right)^{\frac{2}{3}}.
\end{aligned}
$$

如果取 $m = m_2$, 其定义如下

$$
m_2 - 1 < (c_{10}')^{\frac{1}{2}} \left(\frac{\chi}{\nu^3 \lambda_1^3} \right)^{\frac{1}{3}} \left(1 + \log \left(\frac{\chi}{\nu^3 \lambda_1^3} \right) \right)^{\frac{1}{3}} \leqslant m_2. \tag{2.4.62}
$$

对于宏观长度 $L_0 = \lambda_1^{-\frac{1}{2}}$, 此时我们定义微观长度

$$
L_\chi = \left(\frac{\nu^3}{\chi} \right)^{\frac{1}{6}}.
$$

则 $\dfrac{\chi}{\nu^3 \lambda_1^3} = \left(\dfrac{L_0}{L_\chi} \right)^6$. 此时, (2.4.62) 式可等价改写为

$$
m_2 - 1 < c_{11}' \left(\frac{L_0}{L_\chi} \right)^2 \left(1 + \log \left(\frac{L_0}{L_\chi} \right) \right)^{\frac{1}{3}} \leqslant m_2. \tag{2.4.63}
$$

总结上述讨论, 成立如下结论.

定理 2.4.8 对于带有空间周期边界条件的二维 Navier-Stokes 方程, 在 (2.4.63) 中定义 m_2, 则

(i) 当 $t \longrightarrow \infty$ 时, 在 V 中 m_2 维体积元指数衰减于 0.

(ii) 对于整体吸引子 $\mathscr{A}$, Hausdorff 维数 $d_H(\mathscr{A}) \leqslant m_2$, 分形维数 $d_F(\mathscr{A}) \leqslant 2m_2 - 1$.

注 已证: $\chi \leqslant \dfrac{\lambda_1}{\nu} |f|^2 = \nu^3 \lambda_1^3 G^2, G = \dfrac{|f|}{\nu^2 \lambda_1}$. 可知 $\left(\dfrac{L_0}{L_x} \right)^2 = \left(\dfrac{\chi}{\nu^3 \lambda_1^3} \right)^{\frac{1}{3}} \leqslant G^{\frac{2}{3}}$. 因此, 在定理 2.4.8 中, 用另外一个数 $m = m_3$ 取代 m_2, 其定义如下:

$$
m_3 - 1 \leqslant c_{12}' G^{\frac{2}{3}} (1 + \log G)^{\frac{1}{3}} \leqslant m_3.
$$

则当 G 比较大时, 可得吸引子 $\mathscr{A}$ 的 Hausdorff 维数的上界 m 的估计: $m \sim cG^{\frac{2}{3}} (\log G)^{\frac{1}{3}}$, 而不是 cG (见定理 2.4.3). 这种改进和通常的湍流理论预测是一致的.

最后我们介绍在定理 2.4.8 中用到的下述引理 2.4.9.

引理 2.4.9 存在仅依赖于 $\Omega=(0,L_1)\times(0,L_2)$ 形状的常数 $c\left(\text{即仅依赖于 }\dfrac{L_1}{L_2}\right)$, 使得对任一函数簇 $\{\varphi_1,\cdots,\varphi_m\}\subset\dot{H}^2_{\mathrm{per}}(\Omega)$, 且在 $\dot{H}^1_{\mathrm{per}}(\Omega)$ 中是正交的, 成立

$$\sum_{i=1}^m|\varphi_i(x)|^2\leqslant c\left(1+\log\left(\lambda_1^{-1}\sum_{i=1}^m|\Delta\varphi_i|^2_{L^2(\Omega)}\right)\right),\tag{2.4.64}$$

其中 $\lambda_1>0$ 是算子 $-\Delta$ 在 $\dot{H}^2_{\mathrm{per}}(\Omega)$ 中的第一个特征值.

证明 利用 H. Brézis, T. Gallouet 建立的不等式 (见 [3]), 存在 $c'>0$, 使得对任意的 $\varphi\in\dot{H}^2_{\mathrm{per}}(\Omega)$, 成立

$$|\varphi|_{L^\infty(\Omega)}\leqslant c'\|\varphi\|\left(1+\log\frac{|\Delta\varphi|^2_{L^2(\Omega)}}{\lambda_1\|\varphi\|^2}\right)^{\frac12}.\tag{2.4.65}$$

令 $\varphi=\sum\limits_{j=1}^m\alpha_j\varphi_j$, $\alpha_j\in\mathbb{R}^1$, $\sum\limits_{j=1}^m\alpha_j^2\leqslant1$. 由于 $\{\varphi_j\}_{j=1}^m$ 在 $\dot{H}^1_{\mathrm{per}}(\Omega)$ 中是正交的, 故

$$\|\varphi\|=\left(\sum_{j=1}^m\alpha_j^2\right)^{\frac12}\leqslant1.$$

结合 (2.4.65), 可得

$$\begin{aligned}\left|\sum_{j=1}^m\alpha_j\varphi_j(x)\right|&=|\varphi(x)|\\&\leqslant c'\left(1+\log\left[\lambda_1^{-1}\left(\sum_{j=1}^m\alpha_j^2\right)^{-1}\left(\sum_{j=1}^m|\alpha_j||\Delta\varphi_j|_{L^2(\Omega)}\right)^2\right]\right)^{\frac12}\\&\leqslant c'\left(1+\log\left(\lambda_1^{-1}\sum_{j=1}^m|\Delta\varphi_j|^2_{L^2(\Omega)}\right)\right)^{\frac12},\quad\forall x\in\Omega.\end{aligned}\tag{2.4.66}$$

记

$$A(x)=\sup_{\sum_{j=1}^m\alpha_j^2\leqslant1}\left|\sum_{j=1}^m\alpha_j\varphi_j(x)\right|^2.$$

则 $\forall\epsilon>0$, 存在 $\alpha_1,\cdots,\alpha_m\in\mathbb{R}^1:\sum_{j=1}^m\alpha_j^2\leqslant1$, 使得

$$A(x)<\left|\sum_{j=1}^m\alpha_j\varphi_j(x)\right|^2+\epsilon.$$

从而

$$A(x) < \left(\sum_{j=1}^{m} \alpha_j^2\right)\left(\sum_{j=1}^{m} |\varphi_j(x)|^2\right) + \epsilon \leqslant \sum_{j=1}^{m} |\varphi_j(x)|^2 + \epsilon.$$

由 $\epsilon > 0$ 的任意性知,

$$A(x) \leqslant \sum_{j=1}^{m} |\varphi_j(x)|^2.$$

因此, 成立

$$A(x) = \sum_{j=1}^{m} |\varphi_j(x)|^2.$$

在 (2.4.66) 中关于 $\alpha_1, \cdots, \alpha_m \in \mathbb{R}^1 : \sum\limits_{j=1}^{m} \alpha_j^2 \leqslant 1$ 取上确界, 即可知 (2.4.64) 式成立. □

2.4.2 三维 Navier-Stokes 方程

二维 Navier-Stokes 方程及其第一变分方程的分析方法大部分适用于三维情形, 本小节的讨论沿用 2.4.1 节中的符号.

设 $X \subset V$ 是泛函不变的有界集 (在 V 中), $u_0 \in X$, $u(t) = S(t)u_0$ 是三维 Navier-Stokes 方程的解. 设 $U_1, \cdots, U_m$ 是相应于初值 $\xi_1, \cdots, \xi_m$ 的第一变分方程的解, 成立

$$|U_1(t) \wedge \cdots \wedge U_m(t)|_{\wedge^m H} = |\xi_1 \wedge \cdots \wedge \xi_m| e^{\int_0^t \mathrm{Tr} F'(u(\tau)) \circ Q_m(\tau) d\tau},$$

其中

$$Q_m(\tau) = Q_m(\tau; u_0; \xi_1, \cdots, \xi_m) : H \longrightarrow \mathrm{span}\{U_1(\tau), \cdots, U_m(\tau)\}$$

是正交投影算子.

对给定的任一时间 τ, 令 $\{\varphi_j(\tau)\} \subset V$ 构成 H 中的一组标准正交基, 且

$$\mathrm{span}\{\varphi_1(\tau), \cdots, \varphi_m(\tau)\} = Q_m(\tau)H = \mathrm{span}\{U_1(\tau), \cdots, U_m(\tau)\}.$$

这是因为 $U_1(\tau), \cdots, U_m(\tau) \in V$. 可知成立

$$\begin{aligned}&\mathrm{Tr} F'(u(\tau)) \circ Q_m(\tau)\\ =&\sum_{j=1}^{\infty} (F'(u(\tau)) \circ Q_m(\tau)\varphi_j(\tau), \varphi_j(\tau))\end{aligned}$$

$$
\begin{aligned}
&=\sum_{j=1}^{m}(F'(u(\tau))\varphi_j(\tau),\varphi_j(\tau))\\
&=-\sum_{j=1}^{m}(A\varphi_j,\varphi_j)-\sum_{j=1}^{m}(B(\varphi_j,u),\varphi_j)-\sum_{j=1}^{m}(B(u,\varphi_j),\varphi_j)\\
&=-\sum_{j=1}^{m}\nu\|\varphi_j\|^2-\sum_{j=1}^{m}\int_\Omega(\varphi_j\cdot\nabla)u\cdot\varphi_j dx\\
&\leqslant-\sum_{j=1}^{m}\nu\|\varphi_j\|^2+\sum_{j=1}^{m}\int_\Omega|\varphi_j(x)|^2|\nabla u|dx\\
&\leqslant-\nu\sum_{j=1}^{m}\|\varphi_j\|^2+|\rho|_{L^{\frac{5}{3}}(\Omega)}|\nabla u|_{L^{\frac{5}{2}}(\Omega)},
\end{aligned}\tag{2.4.67}
$$

其中 $\rho(x)=\sum\limits_{j=1}^{m}|\varphi_j(x)|^2$.

利用 R. Temam[17] 附录 A 中的 (4.11) 式, 可知

$$
\int_\Omega\rho(x)^{\frac{5}{3}}dx\leqslant c_1\sum_{j=1}^{m}\|\varphi_j\|^2.\tag{2.4.68}
$$

将 (2.4.68) 代入 (2.4.67) 中, 成立

$$
\begin{aligned}
\mathrm{Tr}F'(u(\tau))\circ Q_m(\tau)&\leqslant-\nu\sum_{j=1}^{m}\|\varphi_j\|^2+\left(c_1\sum_{j=1}^{m}\|\varphi_j\|^2\right)^{\frac{3}{5}}|\nabla u|_{L^{\frac{5}{2}}(\Omega)}\\
&\leqslant-\frac{\nu}{2}\sum_{j=1}^{m}\|\varphi_j\|^2+\frac{c_2}{\nu^{\frac{3}{2}}}|\nabla u|^{\frac{5}{2}}_{L^{\frac{5}{2}}(\Omega)}.
\end{aligned}\tag{2.4.69}
$$

注意到 $(\varphi_i,\varphi_j)=\delta_{ij},\ i,j\in\mathbb{N}$. 可知

$$
m=\sum_{j=1}^{m}(\varphi_i,\varphi_j)=\sum_{j=1}^{m}\int_\Omega|\varphi_j(x)|^2=\int_\Omega\rho(x)dx\leqslant|\Omega|^{\frac{2}{5}}|\rho|_{L^{\frac{5}{3}}(\Omega)}.
$$

从而, 利用 (2.4.68), 成立

$$
m^{\frac{5}{3}}\leqslant|\Omega|^{\frac{2}{3}}|\rho|^{\frac{5}{3}}_{L^{\frac{5}{3}}(\Omega)}\leqslant c_1|\Omega|^{\frac{2}{3}}\sum_{j=1}^{m}\|\varphi_j\|^2.\tag{2.4.70}
$$

将 (2.4.70) 代入 (2.4.69), 可知

$$\mathrm{Tr}F'(u(\tau))\circ Q_m(\tau)\leqslant -\frac{\nu m^{\frac{5}{3}}}{2c_1|\Omega|^{\frac{2}{3}}}+\frac{c_2}{\nu^{\frac{3}{2}}}|\nabla u|^{\frac{5}{2}}_{L^{\frac{5}{2}}(\Omega)}. \tag{2.4.71}$$

回忆 $q_m(t)$, q_m 的定义:

$$q_m(t)=\sup_{u_0\in X}\sup_{\substack{\xi_i\in V\\ \|\xi_i\|\leqslant 1\\ i=1,\cdots,m}}\left(\frac{1}{t}\int_0^t \mathrm{Tr}F'(u(\tau))\circ Q_m(\tau)d\tau\right),$$

$$q_m=\lim_{t\longrightarrow\infty}\sup q_m(t).$$

由 (2.4.71), 可得

$$q_m(t)\leqslant -\frac{\nu m^{\frac{5}{3}}}{2c_1|\Omega|^{\frac{2}{3}}}+\frac{c_2}{\nu^{\frac{3}{2}}}\sup_{u_0\in X}\sup_{\substack{\xi_i\in V\\ \|\xi_i\|\leqslant 1\\ i=1,\cdots,m}}\left(\frac{1}{t}\int_0^t\int_\Omega |\nabla S(\tau)u_0|^{\frac{5}{2}}dxd\tau\right). \tag{2.4.72}$$

记

$$\varepsilon=\nu\limsup_{t\longrightarrow\infty}\sup_{u_0\in X}\left\{\frac{1}{t|\Omega|}\int_0^t\int_\Omega|\nabla S(\tau)u_0|^{\frac{5}{2}}dxd\tau\right\}^{\frac{4}{5}}. \tag{2.4.73}$$

结合 (2.4.72), (2.4.73), 可知

$$q_m\leqslant -\kappa_1 m^{\frac{5}{3}}+\kappa_2, \tag{2.4.74}$$

其中

$$\kappa_1=\frac{\nu}{2c_1|\Omega|^{\frac{2}{3}}},\quad \kappa_2=\frac{c_2|\Omega|\varepsilon^{\frac{5}{4}}}{\nu^{\frac{11}{4}}}.$$

设 $m\in\mathbb{N}$, 其定义如下

$$m-1<\left(\frac{2\kappa_2}{\kappa_1}\right)^{\frac{3}{5}}=c_3|\Omega|\left(\frac{\varepsilon}{\nu^3}\right)^{\frac{3}{4}}\leqslant m, \tag{2.4.75}$$

其中 $c_3=(4c_1c_2)^{\frac{3}{5}}$.

在三维湍流理论中, 能量的局部耗散率定义如下:

$$\epsilon(x,\tau)=\nu|\nabla S(\tau)u_0|^2.$$

从而, (2.4.73) 可改写为

$$\varepsilon = \limsup_{t\longrightarrow\infty} \sup_{u_0\in X} \left\{ \frac{1}{t|\Omega|} \int_0^t \int_\Omega |\varepsilon(x,\tau)|^{\frac{5}{4}} dx d\tau \right\}^{\frac{4}{5}}.$$

在通常的湍流理论中, 这是非常类似于统计学中的涡量拟能的平均. 在这类理论中, Kolmogorov 耗散长度定义如下:

$$L_d = \left(\frac{\nu^3}{\varepsilon}\right)^{\frac{1}{4}}.$$

此外, 宏观长度定义为 $L_0 = |\Omega|^{\frac{1}{3}}$. 从而 (2.4.75) 可改写为

$$m - 1 < c_3 \left(\frac{L_0}{L_d}\right)^3 \leqslant m. \tag{2.4.76}$$

记 Lyapunov 指数 (在 V 中) 为 μ_j, $j\in\mathbb{N}$. 利用 (2.2.48):

$$\mu_1 + \cdots + \mu_j \leqslant q_j, \quad \forall j \in \mathbb{N}.$$

结合 (2.4.74) 式, 可知

$$\mu_1 + \cdots + \mu_j \leqslant q_j \leqslant -\kappa_1 m^{\frac{5}{3}} + \kappa_2, \quad \forall j \in \mathbb{N}.$$

利用 $m\in\mathbb{N}$ 的定义 (2.4.75) 或 (2.4.76), 结合引理 2.4.2, 成立

$$\mu_1 + \cdots + \mu_j < 0 \quad 且 \quad \frac{(\mu_1 + \cdots + \mu_j)_+}{|\mu_1 + \cdots + \mu_j|} \leqslant 1.$$

因此, 利用前面的定理 2.3.5 和命题 2.4.7, 知

$$d_{\mathscr{H}}^H(X) = d_{\mathscr{H}}^V(X) \leqslant m, \quad d_F^H(X) \leqslant 2m - 1.$$

上述讨论结果总结如下.

定理 2.4.10 对于三维 Navier-Stokes 方程, 带有三种边界条件中的一种. 设 X 是 V 中给定的泛函不变集, m 为 (2.4.76) 中定义. 则泛函不变集 X 的 Hausdorff 维数 $d_{\mathscr{H}}(X) \leqslant m$, 分形维数 $d_F(X) \leqslant 2m-1$.

注 如果 (2.4.73) 中的 ε 由下述更小的 $\overline{\varepsilon}$ 代替 (对应着另一个平均):

$$\overline{\varepsilon} = \nu \limsup_{t\longrightarrow\infty} \sup_{u_0\in X} \frac{1}{t|\Omega|} \int_0^t \int_\Omega |\nabla S(\tau) u_0|^2 dx d\tau.$$

则定理 2.4.10 的结论可以改进, 得到和二维 Navier-Stokes 方程相同结论, 即定理 2.4.8.

2.4.3 算子半群的可微性质

在前面的几节中, 我们多次使用了算子半群的 Fréchet 可微性, 本节探讨半群的可微性质.

设 H 是 Hilbert 空间, 其内积和范数分别记为 $(\cdot,\cdot), |\cdot|$. 设 $A: H \longrightarrow H$ 是线性的正的、自伴无界算子, 其定义域为 $D(A)\subset H$. 记 $V=D(A^{\frac{1}{2}})$, 其范数表示为 $\|\cdot\|$, 即

$$\|v\|=|A^{\frac{1}{2}}v|,\ \ \forall v\in D(A^{\frac{1}{2}});\ \ \|v\|=(Av,v),\ \ \forall v\in D(A).$$

记 $V'=D(A^{-\frac{1}{2}})$ 为 V 的对偶空间, 其范数记为

$$|v|_{-1}=|A^{-\frac{1}{2}}v|,\ \ \forall v\in V'.$$

设 $G: V\longrightarrow V'$ 为给定的非线性算子, 满足如下条件:

存在 $0<\sigma_0\leqslant 1$ 且对任意的 $R>0$, 存在 $k_0=k_0(R)$, 使得对任意的 $u,v\in V$: $|u|\leqslant R, |v|\leqslant R$, 成立

$$|(G(v)-G(u),v-u)|\leqslant k_0|v-u|^{\sigma_0}\|v-u\|^{2-\sigma_0}. \tag{2.4.77}$$

设 $u,v\in L^2(0,T;V)\cap L^\infty(0,T;H)$, 对几乎处处的 $t\in(0,T)$, 成立

$$G(v(t))-G(u(t))=l_0(t)(v(t)-u(t))+l_1(t;v(t)-u(t)),$$

其中 $l_0(t)\in\mathcal{L}(V,V')$, 并且

(i) $\|l_0(t)\|_{\mathcal{L}(V,V')}\leqslant N_T$;

(ii) 存在 $0<\epsilon\leqslant 1$, 使得

$$|(l_0(t)\varphi,\varphi)|\leqslant(1-\epsilon)\|\varphi\|^2+C_\epsilon|\varphi|^2,\quad \forall\varphi\in V;$$

(iii) 存在 $\sigma_1>0$, $0<\sigma_2\leqslant 1$ 且 $\sigma_1+\sigma_2>1$, $k_0'>0$, 使得

$$|l_1(t;v(t)-u(t))|_{-1}\leqslant k_0'|v(t)-u(t)|^{\sigma_1}\|v(t)-u(t)\|^{\sigma_2}. \tag{2.4.78}$$

设 $u,v\in L^2(0,T;V)\cap L^\infty(0,T;H)$ 且满足

$$\frac{du}{dt}+Au+G(u)=0,\ \ u(0)=u_0; \tag{2.4.79}$$

$$\frac{dv}{dt}+Av+G(v)=0,\ \ v(0)=v_0. \tag{2.4.80}$$

选取 R, 使得 $R \geqslant \max\{|u|_{L^\infty(0,T;H)}, |v|_{L^\infty(0,T;H)}\}$. 再利用假设条件 (2.4.77), 常数 $k_0 = k_0(R)$ 是存在的, 可以固定. 由 (2.4.79), (2.4.80), 可知 $w = v - u$ 满足

$$\frac{dw}{dt} + Aw + G(v) - G(u) = 0, \quad w(0) = v_0 - u_0.$$

因此

$$\begin{aligned}\frac{1}{2}\frac{d}{dt}|w|^2 + \|w\|^2 &= -(G(v) - G(u), w)\\ &\leqslant k_0|w|^{\sigma_0}\|w\|^{2-\sigma_0}\\ &\leqslant \frac{1}{2}\|w\|^2 + \frac{c_1'}{2}k_0^{\frac{2}{\sigma_0}}|w|^2,\end{aligned}$$

即

$$\frac{d}{dt}|w|^2 + \|w\|^2 \leqslant c_1' k_0^{\frac{2}{\sigma_0}}|w|^2. \tag{2.4.81}$$

由 (2.4.81), 可得

$$\frac{d}{dt}(e^{-\kappa t}|w(t)|^2) + e^{-\kappa t}\|w(t)\|^2 \leqslant 0,$$

其中 $\kappa = c_1' k_0^{\frac{2}{\sigma_0}}$.

因此

$$|w(t)|^2 + \int_0^t e^{\kappa(t-s)}\|w(s)\|^2 ds \leqslant |w(0)|^2 e^{\kappa t}.$$

由此可得

$$|u(t) - v(t)|^2 \leqslant |u_0 - v_0|^2 e^{c_1' k_0^{\frac{2}{\sigma_0}} T}, \quad \forall t \in (0, T); \tag{2.4.82}$$

$$\int_0^t \|u(s) - v(s)\|^2 ds \leqslant |u_0 - v_0|^2 e^{c_1' k_0^{\frac{2}{\sigma_0}} T}, \quad \forall t \in (0, T). \tag{2.4.83}$$

考虑线性方程

$$\frac{dU}{dt} + AU + l_0(t)U = 0, \quad U(0) = \xi = v_0 - u_0. \tag{2.4.84}$$

利用上面假设条件中的 (i), (ii) 和标准的 Galerkin 方法, 可以证明: (2.4.84) 存在唯一的解 $U \in L^2(0, T; V) \cap L^\infty(0, T; H)$.

令 $\varphi = v - u - U = w - U$. 显然 φ 满足

$$\frac{d\varphi}{dt} + A\varphi + l_0(t)\varphi = -l_1(t; w(t)), \quad \varphi(0) = 0. \tag{2.4.85}$$

在 (2.4.85) 两边关于 φ 作内积, 可得

$$\frac{1}{2}\frac{d}{dt}|\varphi|^2+\|\varphi\|^2+(l_0(t)\varphi,\varphi)=-(l_1(t;w(t)),\varphi).$$

利用假设条件中的 (ii), (iii), 由上式可知

$$\begin{aligned}\frac{1}{2}\frac{d}{dt}|\varphi|^2+\epsilon\|\varphi\|^2&\leqslant C_\epsilon|\varphi|^2+k_0'|w(t)|^{\sigma_1}\|w(t)\|^{1+\sigma_2}\|\varphi(t)\|\\&\leqslant C_\epsilon|\varphi|^2+\frac{\epsilon}{2}\|\varphi\|^2+\frac{(k_0')^2}{2\epsilon}|w(t)|^{2\sigma_1}\|w(t)\|^{2\sigma_2}.\end{aligned}$$

从而

$$\frac{d}{dt}|\varphi|^2+\epsilon\|\varphi\|^2\leqslant 2C_\epsilon|\varphi|^2+\frac{(k_0')^2}{\epsilon}|w(t)|^{2\sigma_1}\|w(t)\|^{2\sigma_2}.$$

特别地,

$$\frac{d}{dt}|\varphi|^2\leqslant 2C_\epsilon|\varphi|^2+\frac{(k_0')^2}{\epsilon}|w(t)|^{2\sigma_1}\|w(t)\|^{2\sigma_2}. \tag{2.4.86}$$

对 (2.4.86) 式应用 Gronwall 不等式 (见本书附录 D 中定理 D.2), 结合 (2.4.82), (2.4.83), 可得

$$\begin{aligned}|\varphi(t)|^2&\leqslant e^{2C_\epsilon t}\left(\frac{k_0'}{\epsilon}\right)^2\int_0^t e^{-2C_\epsilon s}|w(s)|^{2\sigma_1}\|w(s)\|^{2\sigma_2}ds\\&\leqslant e^{2C_\epsilon T}\left(\frac{k_0'}{\epsilon}\right)^2|u_0-v_0|^{2(\sigma_1+\sigma_2)}e^{c_1'k_0^{\frac{2}{\sigma_0}}T(\sigma_1+\sigma_2)},\quad\forall t\in(0,T).\end{aligned}$$

由上式可知, 当 $|u_0-v_0|\longrightarrow 0$ 时, 成立

$$\frac{|v(t)-u(t)-U(t)|^2}{|u_0-v_0|^2}\leqslant e^{2C_\epsilon T}\left(\frac{k_0'}{\epsilon}\right)^2e^{c_1'k_0^{\frac{2}{\sigma_0}}T(\sigma_1+\sigma_2)}|v_0-u_0|^{2(\sigma_1+\sigma_2)-1}\longrightarrow 0.$$

说明对任意的 $t>0$, 映射 $S(t):u_0\longrightarrow u(t)$ 在 H 中是 Fréchet 可微的, 其在 $u_0\in H$ 处的微分为 $U(t)$, 且 $U(t)$ 是以 $U(0)=\xi$ 为初始值的 (2.4.84) 的解.

第 3 章 指数吸引子

本章的目的是发展和提出耗散演化方程的指数吸引子理论, 主要是无限维的. 在早期的工作形式和相关文章中, 指数吸引子也称为惯性集. 指数吸引子是介于吸引子和惯性流形两者之间的 “理想” 对象. 我们将看到指数吸引子是以指数速率吸引所有轨道, 关于扰动是稳定的, 并且对于一大类演化方程是存在的. 为了正确地研究指数吸引子, 我们将其与耗散偏微分方程的渐近行为产生的其他集合进行比较. 毫无疑问, 在众多耗散偏微分方程中, 有一个最引人注目的分析, 即 Navier-Stokes 方程. 尽管 Navier-Stokes 方程不一定能产生这一主题的所有想法和趋势, 但该方程无疑提出了最具挑战性的问题, 仍然需要最仔细的分析. 在这里, 我们不试图遵循历史的视角, 而是试图对概念的发展及其在 Navier-Stokes 方程渐近性质研究中的重要性给出一个前瞻观点.

3.1 指数吸引子简介

指数吸引子是一个具有有限分形维数的指数吸引紧集, 并且在动力系统作用下是正向不变的. 获得指数吸引子 (有时也称为惯性集) 的最简单方法是取吸收球与惯性流形的交点, 显然这样的构造虽然完全合理, 但也会带来惯性流形理论的问题. 另一种方法是考虑近似惯性流形的 η-邻域, 但这些邻域是无限维的. 这里考虑的替代途径有其不同于以往的优点. 由于吸收集也是指数吸引的, 尽管不一定是有限维的, 但是人们可以在不失一般性的情况下假设指数吸引子是吸收集的子集. 注意到指数吸引子必须包含全局吸引子, 我们可以获得在哪里寻找指数吸引子的想法, 即: 在适当的有限维空间中吸引子的 ϵ-邻域很可能是指数吸引子, 但是先验地确定有限维流形应该是什么并不容易, 所以必须以不同的方式进行. 我们提出的构造可以被认为是吸引子的分形展开, 在这种构造的迭代过程中, 每一步都将迭代点连接到吸引子, 最终在吸引子周围形成一团点云. 下面对这种方法进行非常简单的描述.

首先, 用 ϵ-球覆盖吸收球, 并从每个 ϵ-球中选择许多不指数收敛于吸引子的点, 控制吸引子周围新形成的点云的维数很重要, 同时, 需要确保这个新集合在不增加其维数的情况下关于系统的轨道是正不变的. 在下一迭代, 人们使用了一种覆盖物, 其中上一次迭代点是 $\frac{\epsilon}{2}$-球的中心. 同样, 坏点, 即不是指数收敛的点,

是从每个 $\frac{\epsilon}{2}$-球中选择的, 并添加到先前的集合中, 并且该过程通过归纳继续. 允许控制每个阶段添加的点数的关键思想是一种挤压特性, 压缩性质最早是在常微分方程的系统中被注意到的, 在那里它被称为指数二分法, 后来又被称为 Navier-Stokes 方程的指数二分法. 基本上, 这是一个二分法原理, 即要么较低的模式由较高的模式主导, 要么轨道流呈指数级收缩. 这种性质的一个更强的版本, 称为锥性质, 后来被观察到也适用于 Kuramoto-Sivashinsky 方程, 并用于研究其惯性流形. 在这里, 依靠一个弱版本, 我们将通过选择一个小时间 t_* 和将轨道流转换为吸收球上的图. 离散映射的压缩特性是允许进行上述构造的, 因为每当点不是指数收敛时, 它们的行为都由一些高模式决定. 当然, 所有这些启发式描述都应该仔细地正式化, 这就是本章的目的.

对于具有紧致吸收球的耗散非线性演化方程, 由非线性的弱 Lipschitz 条件给出了指数吸引子存在的一个充分条件, 即通过离散流动在时间上获得的映射的压缩性质. 这里需要注意的是, 尽管指数吸引子的存在需要关于线性部分的特征值的渐近行为的信息, 但它不需要任何类型的间隙条件. 因此, 该理论目前适用于比惯性流形理论更广泛的几类方程.

实际应用表明, 如果从更靠近吸引子的吸收球的紧子集开始, 那么可以获得指数吸引子维数的更好估计. 这一思想首先用于具有周期边界条件的二维 Navier-Stokes 方程, 其中, 代替依赖于最初两类空间 H 和 V 范数的通常吸收集, 考虑其在算子定义域 $D(A)$ 中也有界的子集, 通过选择吸收球, 我们可以证明, 经过对数校正后的分形维数是 Grashof 数 G 的平方阶数.

与全局吸引子相比, 当指数吸引子 (惯性集) 在解 (即轨迹) 位于不变吸收集内时, 其解具有一致的指数收敛率. 正因为如此, 指数吸引子具有一个更深、更实用的性质: 它们在扰动和数值近似下比全局吸引子更具鲁棒性. 我们详细阐述这一点, 因为文献有时给出了吸引子在扰动下是鲁棒的. 对于半群和偏微分方程的近似, 只能建立吸引子的上半连续性. 具体地说, 如果 X_ϵ 是吸引子 X 的近似, 则存在 X 的球形 η-邻域, $\eta = \eta(\epsilon)$, 它包含近似吸引子 X_ϵ. 反之则不成立.

3.2 指数吸引子的建立

设 H 是一个 Hilbert 空间, X 是 H 中一个紧的、连通子集, $S : X \longrightarrow X$ 是 Lipschitz 连续映射. 记 L 为 S 在 X 上的 Lipschitz 常数, 即

$$\mathrm{Lip}_X(S) = L. \tag{3.2.1}$$

S 拥有一个整体 (或全局) 吸引子 $\mathscr{A}$, 其为 H 中紧的、连通集合, 其定义如下:

$$\mathscr{A}=\bigcap_{n=1}^{\infty}S^nX. \tag{3.2.2}$$

已知 $\mathscr{A}$ 最终吸收所有轨道, 即 $\lim\limits_{n\to\infty}\rho(S^nX,\mathscr{A})=0$. 这里 $\rho(\cdot,\cdot)$ 表示对称 Hausdorff 距离, 即对于两个紧集合 A, B,

$$\rho(A,B)=\max\{h(A,B),h(B,A)\},$$

其中 $h(A,B)=\max_{a\in A}\min_{b\in B}|a-b|_H$ 表示紧集合 A, B 的反对称 Hausdorff 伪距离. 对整体吸引子 $\mathscr{A}$, 其吸引轨道的收敛速率一般不是指数形式的. 下面的例子可以说明这一点.

记 $H=\mathbb{R}^1$, $X=[0,1]$, 定义 $S:[0,1]\to[0,1]$ 为 $Sx=\dfrac{x}{1+x}$, $x\in[0,1]$. 显然, $\forall x\in[0,1]$, $Sx\in[0,1]$ 且 $\forall x,y\in[0,1]$, 成立

$$|Sx-Sy|=\left|\frac{x}{1+x}-\frac{y}{1+y}\right|=\frac{|x-y|}{(1+x)(1+y)}\leqslant|x-y|.$$

即 $S:[0,1]\to[0,1]$ 是 Lipschitz 连续的. 下面验证: $\forall n\geqslant1$, $\forall x\in[0,1]$, 成立

$$S^nx=\frac{x}{nx+1}.$$

事实上, 当 $n=1$ 时, $Sx=\dfrac{x}{x+1}$. 设对于 n, $S^nx=\dfrac{x}{nx+1}$. 那么, 利用归纳假设

$$S^{n+1}x=S(S^nx)=\frac{S^nx}{S^nx+1}=\frac{\dfrac{x}{nx+1}}{1+\dfrac{x}{nx+1}}=\frac{x}{(n+1)x+1}.$$

说明

$$S^nx=\frac{x}{nx+1},\quad\forall n\geqslant1,\ \ x\in[0,1].$$

显然

$$\forall x\in X=[0,1],\quad\lim_{n\to\infty}S^nx=\lim_{n\to\infty}\frac{x}{nx+1}=0.$$

说明 $\bigcap\limits_{n=1}^{\infty}S^nX=\{0\}$, 即 $\mathscr{A}=\{0\}$. 从而

$$\begin{aligned}\rho(S^nX,\mathscr{A})&=\max\{h(S^nX,\mathscr{A}),h(\mathscr{A},S^nX)\}\\&=\max\left\{\max_{x\in[0,1]}|S^nx|,\min_{x\in[0,1]}|S^nx|\right\}\end{aligned}$$

$$= \max_{x\in[0,1]} |S^n x|$$

$$= \max_{x\in[0,1]} \frac{x}{nx+1} = \frac{1}{n+1}.$$

因此, $\rho(S^n x, \mathscr{A})$ 是以多项式形式收敛于 0, 而不是以指数形式.

为了克服这种缺陷, 下面引入指数吸引子的概念.

定义 3.2.1 紧集 $\mathcal{M}$ 称为 (S, X) 的指数分形吸引子, 如果 $\mathscr{A} \subseteq \mathcal{M} \subseteq X$ 且

(i) $S\mathcal{M} \subseteq M$;

(ii) $d_F(\mathcal{M}) < \infty$, 即 $\mathcal{M}$ 的分形维数是有限的;

(iii) 存在常数 $c_0 > 0$, $c_1 > 0$, 使得

$$h(S^n X, \mathcal{M}) \leqslant c_0 e^{-c_1 n}, \quad \forall n \geqslant 1.$$

指数吸引子承载着整体吸引子和惯性流形的性质, 但不具有一个分形结构. 如果连续的动力系统有一个惯性流形 $\mathcal{M}_0$, 容易验证: $\mathcal{M}_0 \cap X$ 是一个指数分形吸引子. 与惯性流形的建立不同, 指数吸引子的建立显得像整体吸引子的"分形延拓", 在建立过程中, 使用的控制性质是二分法原理的加强版. 在 Navier-Stokes 方程中, 这就是扮演关键角色的挤压性质 (squeezing property).

定义 3.2.2 称 S 在 X 中具有挤压性质, 如果对于 $\delta \in \left(0, \dfrac{1}{4}\right)$, 存在一个正交投影 $P = P(\delta)$, 其阶数为 $N_0(\delta)$, 使得对任意 $u, v \in X$, 要么成立

$$|Su - Sv| \leqslant \delta |u - v|; \tag{3.2.3}$$

要么成立

$$|(I-P)(Su - Sv)| \leqslant |P(u-v)|. \tag{3.2.4}$$

描述挤压性质的一个不同形式如下: 若对 $u, v \in X$, 成立

$$|Su - Sv| > \sqrt{2}|P(Su - Sv)|, \tag{3.2.5}$$

则

$$|Su - Sv| < \delta |u - v|. \tag{3.2.6}$$

事实上, 令 $w = Su - Sv$. 由于 P 是正交投影, 故 $|w|^2 = |Pw|^2 + |(I-P)w|^2$. 若 (3.2.5) 成立, 即 $|w| > \sqrt{2}|Pw|$. 可知

$$|Pw|^2 + |(I-P)w|^2 = |w|^2 > (\sqrt{2}|Pw|)^2 = 2|Pw|^2,$$

即 $|(I-P)w| > |Pw|$. 说明 (3.2.4) 不成立, 从而 (3.2.3) 成立, 也即 (3.2.6) 成立.

为了建立指数分形吸引子, 需要考虑 $S^k(X)$ 的子集: 关于锥性质 (3.2.4) 的最大集合. 记 $\overline{B_r}(a)$ 表示以 $a \in X$ 为心, 半径为 r 的闭球, 即 $\overline{B_r}(a) = \{x \in H; |x-a| \leqslant r,\ a \in X\}$. 令

$$Z \triangleq S(\overline{B_r}(a) \cap X), \tag{3.2.7}$$

以及 $E \subset Z$ 表示下述关系的最大集合:

$$\{u, v \in H; |u-v| \leqslant \sqrt{2}|P_{N_0}(u-v)|\}. \tag{3.2.8}$$

由于 Z 是闭集, $Z \subset X$, X 是紧集, 故 Z 是紧集. 注意到 E 是闭的, 因此 E 是紧集. 利用 (3.2.8) 式, 可知 $P_{N_0}: E \to P_{N_0}E$ 是双射. 因此, $P_{N_0}E$ 的覆盖可以等价地抬高到 E 的覆盖. 从现在开始, 将去掉 P_{N_0} 的下标 N_0, 即 $P = P_{N_0}$, 但记住, P 是 H 上的一个正交投影, 且投影后的空间维数为 N_0, 即 $\dim(PH) = N_0$. 利用 P 在 E 上的单射性, 可以根据 N_0, ρ 来估计覆盖集合 Z 的半径为 ρ 的球的个数.

引理 3.2.3 设 $2\delta < \theta < 1$, 其中 δ 由 (3.2.3) 给出, 则存在 Z 的一个覆盖 $\{B_{\theta r}(y_j);\ y_j \in E,\ j = 1, 2, \cdots, K_0\}$, 即 $Z \subset \bigcup\limits_{j=1}^{K_0} B_{\theta r}(y_j)$, 并且 K_0 有如下的估计

$$K_0 \leqslant \left(\frac{3L}{\theta - 2\delta} + 1\right)^{N_0}. \tag{3.2.9}$$

证明 由于 $PE \subseteq PZ \subseteq PH$, 利用 (3.2.1), (3.2.7), 可得

$$\operatorname{diam}(PE) \leqslant \operatorname{diam}(PZ) \leqslant \operatorname{diam}(Z) \leqslant 2Lr.$$

对任意给定的 $\rho > 0$, 用 K_0 个球 $B_\rho^{PH}(Py_j)$, $y_j \in E$, $j = 1, 2, \cdots, K_0$ 来覆盖 PE, 即 $PE \subset \bigcup\limits_{j=1}^{K_0} B_\rho^{PH}(Py_j)$. 利用 (3.2.8) 式 (即 P 在 E 上的单射性质) 可知, Py_j 是 PE 中的不同点. 注意到, 满足 $\{Py_j\} \subset PE$ 且 $|Py_j - Py_k| = \rho$, $j \neq k$ 的这些相邻点是以 Py_j 为心, 半径为 ρ 的球 (即 $B_\rho^{PH}(Py_j)$) 的最大个数, 记为 K, 有 $PE \subset \bigcup\limits_{j=1}^{K} B_\rho^{PH}(Py_j)$ (相邻两个球的球心距为 ρ), 并且 $K_0 \leqslant K$, 以及 $B_{\frac{\rho}{2}}(Py_j) \cap B_{\frac{\rho}{2}}(Py_k) = \varnothing$, $j \neq k$, $1 \leqslant j, k \leqslant K$ (图 1).

对于 $N_0 = 2$, 简单说明 $K_0 \leqslant K$. 从而

$$\bigcup_{j=1}^{K} B_{\frac{\rho}{2}}^{PH}(Py_j) \subseteq B_{\frac{\rho}{2}}^{PH}(PE) \triangleq \left\{y \in PH; d(y, PE) < \frac{\rho}{2}\right\}. \tag{3.2.10}$$

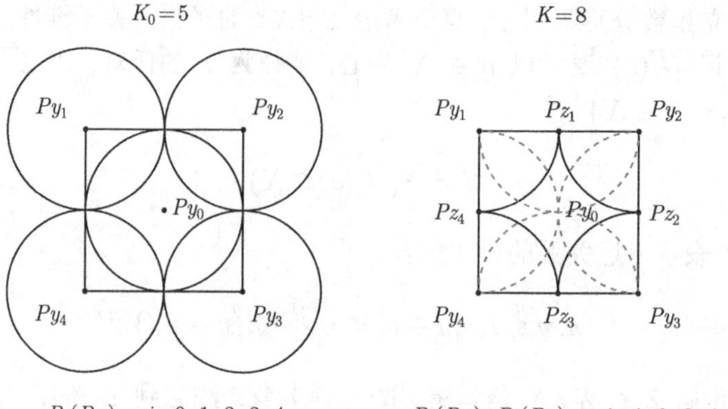

$B_\rho(Py_j),\quad j=0,1,2,3,4$　　　　$B_\rho(Py_j), B_\rho(Pz_j),\quad j=1,2,3,4$

图 1

由于 $\operatorname{diam}\left(B^{PH}_{\frac{\rho}{2}}(PE)\right) \leqslant 2Lr+\rho$, 利用体积比较定理, 可得

$$K\omega_{N_0}\left(\frac{\rho}{2}\right)^{N_0} \leqslant \omega_{N_0}\left(Lr+\frac{\rho}{2}\right)^{N_0}, \tag{3.2.11}$$

其中 ω_{N_0} 是 $\mathbb{R}^{N_0}$ 中 N_0 维的单位球体积.

由 (3.2.11) 可得

$$K_0 \leqslant K \leqslant \left(\frac{2Lr}{\rho}+1\right)^{N_0}. \tag{3.2.12}$$

一旦 PE 的覆盖建立, 即 $PE \subset \bigcup_{j=1}^{K_0} B_\rho(Py_j)$, 可获得 E 的一个覆盖. 事实上, 利用 (3.2.8) 式, 成立

$$|y-y_j| \leqslant \sqrt{2}|Py-Py_j| < \sqrt{2}\rho, \quad \forall y\in E,\ Py\in B^{PH}_\rho(Py_j).$$

因此

$$E \subset \bigcup_{j=1}^{K_0} B^H_{\sqrt{2}\rho}(y_j). \tag{3.2.13}$$

现在, 我们建立 Z 的一个覆盖. 设 $z\in Z\backslash E$, 利用 (3.2.7) 式 (Z 的定义) 以及 (3.2.8) 式 (E 的定义), 可知存在 $u\in\overline{B_r}(a)\cap X$, 使得 $z=Su$, 以及 $y=Sv$, 其中 $y\in E$, $v\in\overline{B_r}(a)\cap X$, 使得 $|z-y|>\sqrt{2}|P(z-y)|$, 或写为

$$|Su-Sv| > \sqrt{2}|P(Su-Sv)|.$$

因此, 利用 (3.2.5), (3.2.6), 成立

$$|z-y| = |Su-Sv| < \delta|u-v| \leqslant 2r\delta. \tag{3.2.14}$$

由于 $y \in E$, $Py \in PE \subset \bigcup_{j=1}^{K_0} B_\rho^{PH}(Py_j)$, 这里 $y_j \in E$, $1 \leqslant j \leqslant K_0$. 可知, 存在 $y_j \in E$, 使得 $Py \in B_\rho^{PH}(Py_j)$. 从而, $|Py - Py_j| < \rho$. 因此, 利用 (3.2.8) 式, 有

$$|y - y_j| < \sqrt{2}|Py - Py_j| < \sqrt{2}\rho.$$

结合 (3.2.14) 式, 成立

$$|z - y_j| \leqslant |z - y| + |y - y_j| \leqslant 2r\delta + \sqrt{2}\rho < \theta r, \tag{3.2.15}$$

这里要求

$$\rho = \frac{2(\theta - 2\delta)r}{3}. \tag{3.2.16}$$

事实上, (3.2.16) 式中的 ρ 可以放宽为: 对任意 $\rho < \dfrac{\sqrt{2}}{2}(\theta - 2\delta)r$, (3.2.15) 式都成立.

由 (3.2.13), (3.2.15) 可知, $\{B_{\theta r}(y_j);\ y_j \in E\}_{j=1}^{K_0}$ 是 Z 的一个覆盖, 即 $Z \subset \bigcup_{j=1}^{K_0} B_{\theta r}(y_j)$. 此外, 将 (3.2.16) 式中的 ρ 代入 (3.2.12) 式中, 可得

$$K_0 \leqslant \left(\frac{3L}{\theta - 2\delta} + 1\right)^{N_0}. \qquad \square$$

注 (i) 若 X 被任一不变紧子集替换, 上述论证仍然适用.

(ii) 若 $4\delta < \theta < 1$, 可以取 $\theta > (2 + \sqrt{2})\delta$, $\rho = \delta r$, 此时关于 K_0 的上界估计更简单一些:

$$K_0 \leqslant \left(\frac{2L}{\delta} + 1\right)^{N_0}.$$

(iii) 在定义 3.2.2 中, 挤压性质 (3.2.4) 可以替换为

$$|(I - P)(Su - Sv)| \leqslant \alpha |P(Su - Sv)|, \quad \alpha > 0,$$

则式子中出现的 $\sqrt{2}$, 均替换为 $\sqrt{1 + \alpha^2}$. 特别地, 在 (3.2.15) 中,

$$2r\delta + \sqrt{1 + \alpha^2}\rho < \theta r \Longleftrightarrow \rho < \frac{(\theta - 2\delta)r}{\sqrt{1 + \alpha^2}}.$$

因此, 取 $\rho = \dfrac{\delta r}{\sqrt{1 + \alpha^2}}$, 则要求

$$\frac{\delta r}{\sqrt{1 + \alpha^2}} = \rho < \frac{(\theta - 2\delta)r}{\sqrt{1 + \alpha^2}} \Longleftrightarrow \delta < \theta - 2\delta \Longleftrightarrow 3\delta < \theta < 1.$$

θ 的存在性必须要求 $\delta < \dfrac{1}{3}$, 这由下面的约束条件保证:

$$\delta(2+\sqrt{1+\alpha^2}) < 1 \Longleftrightarrow \delta < \frac{1}{2+\sqrt{1+\alpha^2}}\left(<\frac{1}{3}\right).$$

从而, 对于 δ 满足 $\delta(2+\sqrt{1+\alpha^2}) < 1$, 可取 $\rho = \dfrac{\delta r}{\sqrt{1+\alpha^2}}$. 此时, 对于 K_0 的上界估计如下:

$$K_0 \leqslant \left(\frac{2L\sqrt{1+\alpha^2}}{\delta}+1\right)^{N_0}.$$

令

$$\alpha(x) = \frac{\log K_0}{\log \dfrac{1}{\theta}}. \tag{3.2.17}$$

通过迭代方法, 将上述找到的 Z 的覆盖过程运用到 $S^k(X)$, $k \geqslant 1$. 由于 $X \subset H$ 是紧集, 选取 $R > 0$, $a \in X$, 使得

$$X \subset \overline{B_R}(a). \tag{3.2.18}$$

令 $E_1 \subset S(\overline{B_R}(a) \cap X) = S(X)$ 且是满足下述关系的最大集合:

$$|u-v| \leqslant \sqrt{2}|P(u-v)|, \quad \forall u, v \in E_1.$$

应用引理 3.2.3, 存在 $a_{j_1} \in E_1$, $1 \leqslant j_1 \leqslant K_0$, 使得

$$S(X) = S(\overline{B_R}(a) \cap X) \subseteq \bigcup_{j_1=1}^{K_0} \overline{B_{\theta R}}(a_{j_1}) \cap SX. \tag{3.2.19}$$

令 $E_{2;j_1} \subset S(\overline{B_{\theta R}}(a_{j_1}) \cap SX)$ 且是满足下述关系的最大集合:

$$|u-v| \leqslant \sqrt{2}|P(u-v)|, \quad \forall u, v \in E_{2;j_1}.$$

应用引理 3.2.3, 存在 $a_{j_1,j_2} \in E_{2;j_1}$, $1 \leqslant j_2 \leqslant M_2$, 可以用 M_2 个球 $\overline{B_{\theta^2 R}}(a_{j_1,j_2}) \cap SX$ 覆盖 $S(\overline{B_{\theta R}}(a_{j_1}) \cap SX)$, 且

$$M_2 \leqslant \left(\frac{3L}{\theta-2\delta}+1\right)^{N_0}. \tag{3.2.20}$$

由于有相同的上界估计, 不妨设 $M_2 = K_0$, 否则用 $\max\{K_0, M_2\}$ 代替 K_0, M_2. 进一步, 由于 $E_{2;j_1} \subset S(\overline{B_{\theta R}}(a_{j_1}) \cap SX)$, 可知

$$\bigcup_{j_1=1}^{K_0} E_{2;j_1} \subset \bigcup_{j_1=1}^{K_0} S(\overline{B_{\theta R}}(a_{j_1}) \cap SX) \subset S^2 X \tag{3.2.21}$$

和 (利用 (3.2.19))

$$S^2 X \subset \bigcup_{j_1=1}^{K_0} S(\overline{B_{\theta R}}(a_{j_1}) \cap SX) \subset \bigcup_{j_1=1, j_2=1}^{K_0} \overline{B_{\theta^2 R}}(a_{j_1, j_2}) \cap S^2 X. \tag{3.2.22}$$

继续上述迭代, 我们可以覆盖 $S^{k+1}(X)$, 这是下面推论 3.2.5 的内容. 为了更好地说明问题, 以定义的方式给出 $E_{k+1;j_1,j_2,\cdots,j_k}$.

定义 3.2.4 令 $E_{k+1;j_1,j_2,\cdots,j_k} \subset S(\overline{B_{\theta^k R}}(a_{j_1,j_2,\cdots,j_k}) \cap S^k X)$ 表示满足锥性质 (3.2.8) 的最大集合, 这里 $a_{j_1,j_2,\cdots,j_k} \in E_{k;j_1,j_2,\cdots,j_{k-1}}$, $1 \leqslant j_1, j_2, \cdots, j_k \leqslant K_0$,

$$S^k(X) \subset \bigcup_{j_1=1,\cdots,j_k=1}^{K_0} \overline{B_{\theta^k R}}(a_{j_1,j_2,\cdots,j_k}) \cap S^k X.$$

推论 3.2.5 存在 $S^{k+1}(X)$ 的一个覆盖, 使得

$$S(\overline{B_{\theta^k R}}(a_{j_1,j_2,\cdots,j_k}) \cap S^k X) \subset \bigcup_{j_{k+1}=1}^{K_0} \overline{B_{\theta^{k+1} R}}(a_{j_1,j_2,\cdots,j_{k+1}}) \cap S^{k+1} X, \tag{3.2.23}$$

其中 $a_{j_1,j_2,\cdots,j_{k+1}} \in E_{k+1;j_1,j_2,\cdots,j_k}$, 并且成立

$$\begin{aligned}\bigcup_{j_1=1,\cdots,j_k=1}^{K_0} E_{k+1;j_1,j_2,\cdots,j_k} &\subset \bigcup_{j_1=1,\cdots,j_k=1}^{K_0} S(\overline{B_{\theta^k R}}(a_{j_1,j_2,\cdots,j_k}) \cap S^k X) \\ &\subset S^{k+1} X;\end{aligned} \tag{3.2.24}$$

$$\begin{aligned}S^{k+1} X &\subset \bigcup_{j_1=1,\cdots,j_k=1}^{K_0} S(\overline{B_{\theta^k R}}(a_{j_1,j_2,\cdots,j_k}) \cap S^k X) \\ &\subset \bigcup_{j_1=1,\cdots,j_{k+1}=1}^{K_0} \overline{B_{\theta^{k+1} R}}(a_{j_1,j_2,\cdots,j_{k+1}}) \cap S^{k+1} X.\end{aligned} \tag{3.2.25}$$

定义 3.2.6 令

$$E^{(k+1)} = \bigcup_{j_1=1,\cdots,j_k=1}^{K_0} E_{k+1;j_1,j_2,\cdots,j_k} \subset S^{k+1}X, \tag{3.2.26}$$

其中 $E_{k+1;j_1,j_2,\cdots,j_k}$ 来自定义 3.2.4.

注 在定义 3.2.6 中出现的所有集合都是紧集.

下面我们建立 (S, X) 的指数分形吸引子.

定理 3.2.7 令

$$\mathcal{M} = \mathscr{A} \bigcup \left(\bigcup_{j=0}^{\infty} \bigcup_{k=1}^{\infty} S^j(E^{(k)}) \right). \tag{3.2.27}$$

则 $\mathcal{M}$ 是 S 的指数分形吸引子, 并且 $d_F(\mathcal{M}) \leqslant \max\{\alpha(X), N_0\}$, 其中 $\alpha(X) = \dfrac{\log K_0}{\log \dfrac{1}{\theta}}$.

我们将通过建立下述一系列引理来证明定理 3.2.7.

引理 3.2.8 整体吸引子 $\mathscr{A}$ 的分形维数 $d_F(\mathscr{A})$ 是有限的, 并且

$$d_F(\mathscr{A}) \leqslant \alpha(\mathscr{A}), \tag{3.2.28}$$

这里 $\alpha(\mathscr{A}) = \dfrac{\log N_0}{\log \dfrac{1}{\theta}}$.

证明 令 $N_\rho(\mathscr{A})$ 表示覆盖 $\mathscr{A}$ 的半径为 ρ 的球的最小数, 即有 $\mathscr{A} = \bigcup\limits_{j=1}^{N_\rho(\mathscr{A})} B_\rho(a_j) \cap \mathscr{A}$. 在引理 3.2.3 中, 取 $X = \mathscr{A}$, 由于 $S(\mathscr{A}) = \mathscr{A}$, 应用引理 3.2.3, 可知 $S(B_\rho(a_j) \cap \mathscr{A}) \subset \bigcup\limits_{i=1}^{K_0} \overline{B_{\theta\rho}}(b_{ij})$. 从而

$$\mathscr{A} = S(\mathscr{A}) = \bigcup_{j=1}^{N_\rho(\mathscr{A})} S(B_\rho(a_j) \cap \mathscr{A}) \subset \bigcup_{j=1}^{N_\rho(\mathscr{A})} \bigcup_{i=1}^{K_0} \overline{B_{\theta\rho}}(b_{ij}) \cap \mathscr{A}.$$

由 $N_\rho(\mathscr{A})$ 的定义知

$$N_{\theta\rho}(\mathscr{A}) \leqslant K_0 N_\rho(\mathscr{A}). \tag{3.2.29}$$

进一步, 成立

$$N_{\theta^k\rho}(\mathscr{A}) \leqslant K_0^k N_\rho(\mathscr{A}), \quad k = 1, 2, \cdots. \tag{3.2.30}$$

事实上, 当 $k=1$ 时, (3.2.30) 即为 (3.2.29) 式. 当 $k=2$ 时, 上面已证

$$S(\mathscr{A}) \subset \bigcup_{j=1}^{N_\rho(\mathscr{A})} \bigcup_{i=1}^{K_0} \overline{B_{\theta\rho}}(b_{ij}) \cap \mathscr{A}.$$

对 $S(\overline{B_{\theta\rho}}(b_{ij}) \cap \mathscr{A})$ 应用引理 3.2.3, 可得

$$S(\overline{B_{\theta\rho}}(b_{ij}) \cap \mathscr{A}) \subset \bigcup_{\ell=1}^{K_0} \overline{B_{\theta^2\rho}}(b_{ij\ell}).$$

从而可得

$$\begin{aligned}
\mathscr{A} = S^2(\mathscr{A}) = S(S(\mathscr{A})) &\subset S\left(\bigcup_{j=1}^{N_\rho(\mathscr{A})} \bigcup_{i=1}^{K_0} \overline{B_{\theta\rho}}(b_{ij}) \cap \mathscr{A}\right) \\
&= \bigcup_{j=1}^{N_\rho(\mathscr{A})} \bigcup_{i=1}^{K_0} S(\overline{B_{\theta\rho}}(b_{ij}) \cap \mathscr{A}) \\
&\subset \bigcup_{j=1}^{N_\rho(\mathscr{A})} \bigcup_{i=1}^{K_0} \bigcup_{\ell=1}^{K_0} \overline{B_{\theta^2\rho}}(b_{ij\ell}).
\end{aligned}$$

因此, $N_{\theta^2\rho}(\mathscr{A}) \leqslant K_0^2 N_\rho(\mathscr{A})$, 即 (3.2.30) 式对 $k=2$ 成立. 重复下去, 即知 (3.2.30) 式成立. 对任意的 $\varepsilon \in (\theta^{k+1}\rho, \theta^k\rho]$, 由于 $N_\varepsilon(\mathscr{A})$ 关于 ε 是递减函数. 结合 (3.2.30) 式, 可知

$$N_\varepsilon(\mathscr{A}) \leqslant N_{\theta^{k+1}\rho}(\mathscr{A}) \leqslant K_0^{k+1} N_\rho(\mathscr{A}). \tag{3.2.31}$$

又因为 $\dfrac{1}{\varepsilon} \geqslant \dfrac{1}{\theta^k\rho}$, $\log\dfrac{1}{\varepsilon} \geqslant -\log(\theta^k\rho) > 0$. 结合 (3.2.31), 成立

$$\begin{aligned}
\frac{\log N_\varepsilon(\mathscr{A})}{\log\dfrac{1}{\varepsilon}} &\leqslant \frac{\log(K_0^{k+1}N_\rho(\mathscr{A}))}{-\log(\theta^k\rho)} \\
&= \frac{(k+1)\log K_0 + \log N_\rho(\mathscr{A})}{k\log\dfrac{1}{\theta} + \log\dfrac{1}{\rho}}.
\end{aligned}$$

由上式, 进一步成立

$$d_F(\mathscr{A}) = \varlimsup_{\varepsilon\to 0} \frac{\log N_\varepsilon(\mathscr{A})}{\log\dfrac{1}{\varepsilon}}$$

$$\leqslant \lim_{k\to\infty}\frac{(k+1)\log K_0+\log N_\rho(\mathscr{A})}{k\log\dfrac{1}{\theta}+\log\dfrac{1}{\rho}}$$

$$=\frac{\log K_0}{\log\dfrac{1}{\theta}}=\alpha(\mathscr{A}),$$

即 $d_F(\mathscr{A})\leqslant\alpha(\mathscr{A})$. □

引理 3.2.9　令 $C_\infty\triangleq\overline{\bigcup\limits_{k=1}^{\infty}E^{(k)}}$, 则成立

$$d_F(C_\infty)\leqslant\max\{\alpha(X),N_0\},$$

这里 $\alpha(X)=\dfrac{\log K_0}{\log\dfrac{1}{\theta}}$.

证明　令 $X\subseteq\bigcup\limits_{j=1}^{\bar N}B_1(x_j)$, 则对任意 $\bar\rho\geqslant 1$, 成立 $X\subseteq\bigcup\limits_{j=1}^{\bar N}B_{\bar\rho}(x_j)$. 对给定的 $\varepsilon\in(0,1)$, 有 $\varepsilon\in(0,2]=\bigcup\limits_{m=0}^{\infty}(2\theta^{m+1},2\theta^m]$, 存在 $N^*>1$, 使得

$$2\theta^{N^*+1}<\varepsilon\leqslant 2\theta^{N^*},$$

可知 $\dfrac{\varepsilon}{2\theta^{N^*+1}}>1$. 令 $\bar\rho=\dfrac{\varepsilon}{2\theta^{N^*+1}}$, 可知

$$1<\bar\rho=\frac{\varepsilon}{2\theta^{N^*+1}}=\frac{\varepsilon}{2\theta^{N^*}}\cdot\frac{1}{\theta}\leqslant\frac{1}{\theta},$$

以及 $\theta^{N^*+1}\bar\rho=\dfrac{\varepsilon}{2}$. 下面验证

$$C_\infty\triangleq\overline{\bigcup_{k=1}^{\infty}E^{(k)}}\subset\overline{\bigcup_{k=1}^{N^*}E^{(k)}\cup S^{N^*+1}(X)}. \tag{3.2.32}$$

事实上, 由于 C_∞ 可改写为

$$C_\infty=\overline{\bigcup_{k=1}^{\infty}E^{(k)}}\subset\overline{\bigcup_{k=1}^{N^*}E^{(k)}}\cup\overline{\bigcup_{k=N^*+1}^{\infty}E^{(k)}},$$

以及由定义 3.2.6 中的 (3.2.26) 式, 可知

$$E^{(k+1)}\subset S^{k+1}(X)\subset S^{N^*+1}(X),\ \ \forall k\geqslant N^*.$$

上述最后包含关系式用到 $S: X \longrightarrow X$, $S(X) \subseteq X$, 可得 $S^{k+1}(X) \subseteq S^k(X) \subseteq S^{k-1}(X) \subseteq \cdots \subseteq S^{N^*+1}(X)$.

因此

$$C_\infty \subseteq \overline{\bigcup_{k=1}^{N^*} E^{(k)} \cup S^{N^*+1}(X)},$$

此即为 (3.2.32) 式.

和前面记号一致, 令 $N_\varepsilon(Y)$ 表示以覆盖 Y 的半径为 ε 球的个数的最小数目. 由 (3.2.32) 知

$$N_\varepsilon(C_\infty) \leqslant \sum_{k=1}^{N^*} N_\varepsilon(E^{(k)}) + N_\varepsilon(S^{N^*+1}(X)). \tag{3.2.33}$$

已知 $X \subset \bigcup_{j=1}^{\bar{N}} B_{\bar{\rho}}(x_j) \cap X$, 从而有

$$S(X) \subset \bigcup_{j=1}^{\bar{N}} S(\overline{B_{\bar{\rho}}}(x_j) \cap X).$$

应用引理 3.2.3, 成立

$$S(\overline{B_{\bar{\rho}}}(x_j) \cap X) \subset \bigcup_{i=1}^{K_0} B_{\theta\bar{\rho}}(x_{j,i}) \cap S(X).$$

结合上述两式, 可得

$$S(X) \subset \bigcup_{j=1}^{\bar{N}} \bigcup_{i=1}^{K_0} \overline{B_{\theta\bar{\rho}}}(x_{j,i}) \cap S(X).$$

再应用引理 3.2.3, 成立

$$S(B_{\theta\bar{\rho}}(x_{j,i}) \cap S(X)) \subset \bigcup_{\ell=1}^{K_0} \overline{B_{\theta^2\bar{\rho}}}(x_{j,i\ell}) \cap S^2(X).$$

因此, 成立

$$\begin{aligned} S^2(X) &\subset \bigcup_{j=1}^{\bar{N}} \bigcup_{i=1}^{K_0} S(\overline{B_{\theta\bar{\rho}}}(x_{j,i}) \cap S(X)) \\ &\subset \bigcup_{j=1}^{\bar{N}} \bigcup_{i=1}^{K_0} \bigcup_{\ell=1}^{K_0} \overline{B_{\theta^2\bar{\rho}}}(x_{j,i\ell}) \cap S^2(X). \end{aligned}$$

归纳可证: 对任意 $k \geqslant 1$, 成立

$$S^k(X) \subset \bigcup_{j=1}^{\bar{N}} \bigcup_{i_1=1,\cdots,i_k=1}^{K_0} \overline{B_{\theta^k\bar{\rho}}}(x_{j,i_1 i_2\cdots i_k}) \cap S^k(X).$$

从而有

$$N_{\theta^k\bar{\rho}}(S^k(X)) \leqslant K_0^k \bar{N}, \quad \forall k \geqslant 1. \tag{3.2.34}$$

特别地, 在 (3.2.34) 中, 取 $k = N^* + 1$, 并注意到 $\varepsilon = 2\bar{\rho}\theta^{N^*+1}$, 成立

$$\begin{aligned} N_\varepsilon(S^{N^*+1}(X)) &= N_{2\bar{\rho}\theta^{N^*+1}}(S^{N^*+1}(X)) \\ &\leqslant N_{\theta^{N^*+1}\bar{\rho}}(S^{N^*+1}(X)) \\ &\leqslant K_0^{N^*+1}\bar{N}. \end{aligned} \tag{3.2.35}$$

由 (3.2.33), (3.2.35), 可得

$$N_\varepsilon(C_\infty) \leqslant \sum_{k=1}^{N^*} N_\varepsilon(E^{(k)}) + K_0^{N^*+1}\bar{N}. \tag{3.2.36}$$

现在估计 $N_\varepsilon(E^{(k+1)})$, $k = 0, 1, \cdots, N^* - 1$.

利用推论 3.2.5 (取 $R = 2\bar{\rho}$) 和定义 3.2.6, 成立

$$\begin{aligned} &\bigcup_{j_1=1,j_2=1,\cdots,j_k=1}^{K_0} E_{k+1;j_1,j_2,\cdots,j_k} \\ &= E^{(k+1)} \subseteq S^{k+1}X \subseteq \bigcup_{j_1,j_2,\cdots,j_{k+1}=1}^{K_0} \overline{B_{2\bar{\rho}\theta^{k+1}}}(a_{j_1,j_2,\cdots,j_{k+1}}) \cap S^{k+1}(X). \end{aligned} \tag{3.2.37}$$

将 (3.2.37) 式进行投影, 可得

$$\begin{aligned} PE^{(k+1)} &= \bigcup_{j_1,j_2,\cdots,j_k=1}^{K_0} PE_{k+1;j_1,j_2,\cdots,j_k} \\ &\subseteq \bigcup_{j_1,j_2,\cdots,j_{k+1}=1}^{K_0} \overline{B}_{2\bar{\rho}\theta^{k+1}}^{PH}(Pa_{j_1,j_2,\cdots,j_{k+1}}) \cap P(S^{k+1}(X)). \end{aligned} \tag{3.2.38}$$

对于 (3.2.38) 中的每个球 $\overline{B}_{2\bar{\rho}\theta^{k+1}}^{PH}(Pa_{j_1,j_2,\cdots,j_{k+1}})$, 用 $N^{\#}$ 个半径为 $\dfrac{\varepsilon}{\sqrt{2}}$ 的球进行

覆盖, 其中 $\varepsilon=2\bar{\rho}\theta^{k+1}$, 即

$$\overline{B}^{PH}_{2\bar{\rho}\theta^{k+1}}(Pa_{j_1,j_2,\cdots,j_{k+1}})\subset\bigcup_{\ell=1}^{N^{\#}}B^{PH}_{\frac{\varepsilon}{\sqrt{2}}}(Pb_{j_1,j_2,\cdots,j_{k+1},\ell}).\tag{3.2.39}$$

下面给出 $N^{\#}$ 的上界估计, 即

$$N^{\#}\leqslant(3N_0)^{\frac{N_0}{2}}(\theta^{k-N^*})^{N_0},\quad k=0,1,2,\cdots,N^*-1.\tag{3.2.40}$$

事实上, 首先用有限个小正方形覆盖球 $\overline{B}^{PH}_{2\bar{\rho}\theta^{k+1}}$, 然后再用半径为 $\dfrac{\varepsilon}{\sqrt{2}}$ 的球覆盖每一个小正方体, 即可得到 $N^{\#}$ 的上界估计. 例如, 对于 $N_0=2$, 以及球 B_R, $R=2\bar{\rho}\theta^{k+1}$. 将 B_R 用正方形进行等分覆盖, 即先画出 B_R 的外接正方形, 然后对该正方形进行等分, 如图 2.

最大正方形边长为 $2R$. 其次, 对每一个等分的小正方形, 设其边长为 ℓ, 作其外接圆, 其半径为 $\dfrac{\varepsilon}{\sqrt{2}}$, 如图 3 所示. 则 $\left(\dfrac{\ell}{2}\right)^2+\left(\dfrac{\ell}{2}\right)^2=\left(\dfrac{\varepsilon}{\sqrt{2}}\right)^2$, 可得 $\ell=\varepsilon$. 这些外接球 $B_{\frac{\varepsilon}{\sqrt{2}}}(\varepsilon=\ell)$ 的个数与小正方形的个数相同, 都为 $N^{\#}$. 由图 2 知 $N^{\#}\ell^2=(2R)^2$, 要求 $\dfrac{(2R)^2}{\ell^2}$ 为整数. 由于 $\dfrac{R}{\varepsilon}=\theta^{k-N^*}\geqslant 1$, $0\leqslant k\leqslant N^*-1$, 因此

$$N^{\#}=\frac{(2R)^2}{\ell^2}=\left(\frac{2R}{\varepsilon}\right)^2=\left(2\theta^{k-N^*}\right)^2.$$

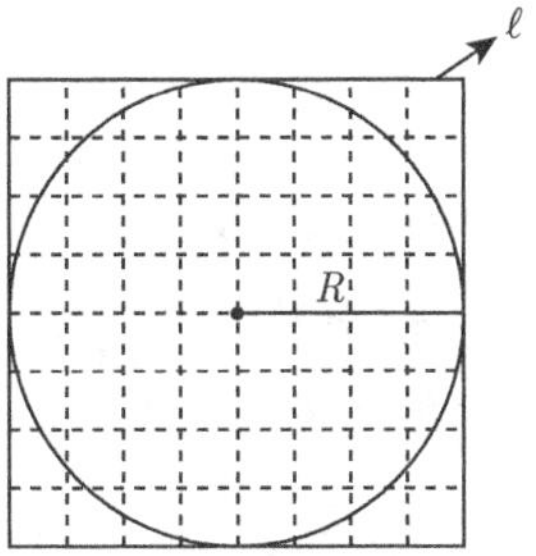

图 2

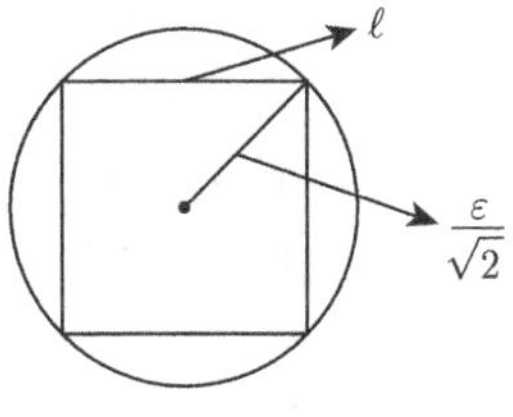

图 3

对于 $N_0=3$. 已知棱长为 a 的正方体与外接球的半径 r 之间的关系为 $r=\dfrac{\sqrt{3}}{2}a$. 可知 $\dfrac{\varepsilon}{\sqrt{2}}=\dfrac{\sqrt{3}}{2}\ell$, 即 $\ell=\dfrac{\sqrt{2}}{\sqrt{3}}\varepsilon$. 从而, 由 $N^{\#}\ell^3=(2R)^3$ $\Bigg($要求 $\dfrac{(2R)^3}{\ell^3}$ 为整

数$\Big)$, 可得

$$N^{\#}=\left(\frac{2R}{\ell}\right)^{3}=\left(\sqrt{2}\sqrt{3}\frac{R}{\varepsilon}\right)^{3}=(\sqrt{2}\sqrt{3}\theta^{k-N^*})^{3}.$$

对一般维数 N_0, 由 $N^{\#}\ell^{N_0}=(2R)^{N_0}$ $\left(\text{要求 } \dfrac{(2R)^{N_0}}{\ell^{N_0}} \text{ 为整数}\right)$, 成立

$$N^{\#}=\left(\sqrt{2}\sqrt{N_0}\theta^{k-N^*}\right)^{N_0}=(2N_0)^{\frac{N_0}{2}}(\theta^{k-N^*})^{N_0}.$$

若 $\dfrac{(2R)^{N_0}}{\ell^{N_0}}$ 不为整数时, 成立

$$N^{\#}\leqslant\left[\left(\frac{2R}{\ell}\right)^{N_0}\right]+1\leqslant\left(\sqrt{2}\sqrt{N_0}\theta^{k-N^*}\right)^{N_0}+1\leqslant(3N_0)^{\frac{N_0}{2}}(\theta^{k-N^*})^{N_0}.$$

总之, 有

$$N^{\#}\leqslant(3N_0)^{\frac{N_0}{2}}(\theta^{k-N^*})^{N_0}.$$

此即为 (3.2.40) 式. 利用 (3.2.38), (3.2.39), 知

$$PE^{(k+1)}=\bigcup_{j_1,\cdots,j_k=1}^{K_0}PE_{k+1;j_1,\cdots,j_k}\subset\bigcup_{j_1,\cdots,j_{k+1}=1}^{K_0}\bigcup_{\ell=1}^{N^{\#}}B^{PH}_{\frac{\varepsilon}{\sqrt{2}}}(Pb_{j_1,\cdots,j_{k+1},\ell}),\quad(3.2.41)$$

即 $PE^{(k+1)}$ 可以用 $K_0^{k+1}N^{\#}$ 个半径为 $\dfrac{\varepsilon}{\sqrt{2}}$ 的球覆盖. 注意到对任意 $1\leqslant\tilde{j_1},\tilde{j_2},\cdots,\tilde{j_k}\leqslant K_0$, $PE_{k+1;\tilde{j_1},\cdots,\tilde{j_k}}$ 都可以用 $\Big\{B^{PH}_{\frac{\varepsilon}{\sqrt{2}}}(Pb_{j_1,\cdots,j_{k+1},\ell};1\leqslant j_1,\cdots,j_k\leqslant K_0,1\leqslant\ell\leqslant N^{\#}\Big\}$ 中有限个球覆盖. 再利用下式:

$$|u-v|\leqslant\sqrt{2}|P(u-v)|,\quad\forall u,v\in E_{k+1;j_1,\cdots,j_k}$$

可知, 用同样下指标的球心和半径为 ε 的相同数目的球覆盖 $E_{k+1;\tilde{j_1},\cdots,\tilde{j_k}}$. 因此, 由 (3.2.37), (3.2.41) 知, $K_0^{k+1}N^{\#}$ 个半径为 ε 的球覆盖 $E^{(k+1)}$. 从而

$$N_\varepsilon(E^{(k+1)})\leqslant K_0^{k+1}N^{\#},\quad k=0,1,\cdots,N^*-1.\qquad(3.2.42)$$

由 (3.2.36), (3.2.40) 和 (3.2.42), 可得

$$N_\varepsilon(C_\infty)\leqslant\sum_{k=1}^{N^*}K_0^kN^{\#}+K_0^{N^*+1}\bar{N}$$

$$\leqslant (3N_0)^{\frac{N_0}{2}} \sum_{k=1}^{N^*} K_0^k (\theta^{k-1-N^*})^{N_0} + K_0^{N^*+1} \bar{N}$$

$$= (3N_0)^{\frac{N_0}{2}} \theta^{-(N^*+1)N_0} \sum_{k=1}^{N^*} (K_0\theta^{N_0})^k + K_0^{N^*+1} \bar{N}. \tag{3.2.43}$$

考虑两种情形: $K_0\theta^{N_0} < 1$; $K_0\theta^{N_0} \geqslant 1$.

对于 $K_0\theta^{N_0} < 1$ 情形, 有 $\dfrac{\log K_0}{\log \dfrac{1}{\theta}} \leqslant N_0$ 以及

$$\sum_{k=1}^{N^*} (K_0\theta^{N_0})^k \leqslant \sum_{k=0}^{\infty} (K_0\theta^{N_0})^k = \frac{1}{1 - K_0\theta^{N_0}}.$$

由 (3.2.43), 成立

$$N_\varepsilon(C_\infty) \leqslant \frac{(3N_0)^{\frac{N_0}{2}}}{1 - K_0\theta^{N_0}} \theta^{-(N^*+1)N_0} + K_0^{N^*+1} \bar{N}. \tag{3.2.44}$$

注意到 $\theta^{N^*+1} = \dfrac{\varepsilon}{2\bar{\rho}}$, $N^* + 1 = \dfrac{\log \dfrac{2\bar{\rho}}{\varepsilon}}{\log \dfrac{1}{\theta}}$. 结合 (3.2.44), 可得

$$\begin{aligned} N_\varepsilon(C_\infty) &\leqslant \frac{(3N_0)^{\frac{N_0}{2}}}{1 - K_0\theta^{N_0}} \left(\frac{2\bar{\rho}}{\varepsilon}\right)^{N_0} + \bar{N} K_0^{\frac{\log \frac{2\bar{\rho}}{\varepsilon}}{\log \frac{1}{\theta}}} \\ &= \frac{(3N_0)^{\frac{N_0}{2}}}{1 - K_0\theta^{N_0}} \left(\frac{2\bar{\rho}}{\varepsilon}\right)^{N_0} + \bar{N} \left(\frac{2\bar{\rho}}{\varepsilon}\right)^{\frac{\log K_0}{\log \frac{1}{\theta}}} \\ &\leqslant \left(\frac{(3N_0)^{\frac{N_0}{2}}}{1 - K_0\theta^{N_0}} + \bar{N}\right) \left(\frac{2\bar{\rho}}{\varepsilon}\right)^{N_0}. \end{aligned}$$

因此

$$\overline{\lim_{\varepsilon \to 0}} \frac{\log N_\varepsilon(C_\infty)}{\log \dfrac{1}{\varepsilon}} \leqslant \overline{\lim_{\varepsilon \to 0}} \frac{1}{\log \dfrac{1}{\varepsilon}} \left(\log \left(\frac{(2N_0)^{\frac{N_0}{2}}}{1 - K_0\theta^{N_0}} + \bar{N} \right) + N_0 \log \frac{2\bar{\rho}}{\varepsilon} \right) = N_0,$$

即 $d_F(C_\infty) \leqslant N_0$.

对于 $K_0\theta^{N_0} \geqslant 1$ 情形. 由 (3.2.43), 成立

$$N_\varepsilon(C_\infty) \leqslant (2N_0)^{\frac{N_0}{2}} \theta^{-(N^*+1)N_0} N^* (K_0\theta^{N_0})^{N^*+1} + K_0^{N^*+1} \bar{N}$$

$$
\begin{aligned}
&= (3N_0)^{\frac{N_0}{2}} N^* K_0^{N^*+1} + K_0^{N^*+1}\bar{N} \\
&= \left((3N_0)^{\frac{N_0}{2}} N^* + \bar{N}\right) K_0^{N^*+1} \\
&\leqslant \left((3N_0)^{\frac{N_0}{2}} + \bar{N}\right)(N^*+1) K_0^{N^*+1} \\
&= \left((3N_0)^{\frac{N_0}{2}} + \bar{N}\right) \frac{\log\dfrac{2\bar{\rho}}{\varepsilon}}{\log\dfrac{1}{\theta}} K_0^{\frac{\log\frac{2\bar{\rho}}{\varepsilon}}{\log\frac{1}{\theta}}} \\
&= \left((3N_0)^{\frac{N_0}{2}} + \bar{N}\right) \frac{\log\dfrac{2\bar{\rho}}{\varepsilon}}{\log\dfrac{1}{\theta}} \left(\frac{2\bar{\rho}}{\varepsilon}\right)^{\frac{\log K_0}{\log\frac{1}{\theta}}},
\end{aligned}
$$

即有

$$
\begin{aligned}
\log N_\varepsilon(C_\infty) \leqslant \log\left((3N_0)^{\frac{N_0}{2}} + \bar{N}\right) + \log\log\frac{2\bar{\rho}}{\varepsilon} \\
- \log\log\frac{1}{\theta} + \frac{\log K_0}{\log\dfrac{1}{\theta}} \log\frac{2\bar{\rho}}{\varepsilon}.
\end{aligned}
$$

因此有

$$
d_F(C_\infty) = \overline{\lim_{\varepsilon\to 0}} \frac{\log N_\varepsilon(C_\infty)}{\log\dfrac{1}{\varepsilon}} \leqslant \frac{\log K_0}{\log\dfrac{1}{\theta}} = \alpha(X).
$$

由上述两种情形的讨论, 可知

$$
d_F(C_\infty) \leqslant \max\{\alpha(X), N_0\}.
$$

□

引理 3.2.10　令 $\Gamma_\infty = \bigcup\limits_{j=0}^{\infty} S^j(C_\infty)$, 则成立

$$
d_F(\Gamma_\infty) \leqslant \max\{\alpha(X), N_0\}.
$$

证明　注意到 $C_\infty = \overline{\bigcup\limits_{k=1}^{\infty} E^{(k)}}$ 是 X 中闭集, X 是 H 中紧集, 可知 C_∞ 是 X 中的紧集. 因此, 可以证明比引理 3.2.10 更一般的结论, 即: 如果 C 是紧集且 $d_F(C) \leqslant \bar{d} = \max\{\alpha(X), N_0\}$, 则 $\Gamma_\infty = \bigcup\limits_{j=0}^{\infty} S^j(C)$ 的分形维数 $d_F(\Gamma_\infty) < \infty$ 且 $d_F(\Gamma_\infty) \leqslant \bar{d}$.

由于 $S: X \longrightarrow X$, $S(X) \subseteq X$, 可知对任意 $k \geqslant 1$, $S^k(X) \subseteq X$. 从而对 $\forall n \geqslant 1$, 成立

$$\begin{aligned}\Gamma_\infty &= \bigcup_{j=0}^{\infty} S^j(C) \subseteq C \cup S(C) \cup \cdots \cup S^n(C) \cup S^{n+1}(C) \\ &= \bigcup_{j=0}^{n} S^j(C) \cup S^{n+1}(C).\end{aligned} \tag{3.2.45}$$

对于 $\varepsilon \in (0,1) \subset \bigcup\limits_{n=0}^{\infty}(\theta^{n+1}, \theta^n]$, 可知存在 $n \geqslant 1$, 使得 $\theta^{n+1} < \varepsilon \leqslant \theta^n$. 选择 $\bar{\rho} = \dfrac{\varepsilon}{\theta^{n+1}} > 1$, 可知 $\bar{\rho} = \dfrac{1}{\theta}\dfrac{\varepsilon}{\theta^n} \leqslant \dfrac{1}{\theta}$, 即 $1 < \bar{\rho} \leqslant \dfrac{1}{\theta}$. 由 (3.2.45), 成立

$$N_\varepsilon(\Gamma_\infty) \leqslant \sum_{j=0}^{n} N_\varepsilon(S^j(C)) + N_\varepsilon(S^{n+1}(C)). \tag{3.2.46}$$

记 $N_{\bar{\rho}}(C) = \bar{N}$, 即 C 被半径为 $\bar{\rho}$, 球心为 x_i 的 $\bar{N}$ 个球 $B_{\bar{\rho}}(x_i)$ 覆盖, 即 $C \subseteq \bigcup\limits_{i=1}^{\bar{N}} B_{\bar{\rho}}(x_i)$. 对于 $S(\overline{B_{\bar{\rho}}}(x_i) \cap C)$, 应用引理 3.2.3, 可得

$$S(B_{\bar{\rho}}(x_i) \cap C) \subset \bigcup_{\ell_1}^{K_0} \overline{B_{\theta\bar{\rho}}}(a^i_{\ell_1}) \cap S(C).$$

再对 $S(\overline{B_{\theta\bar{\rho}}}(a^i_{\ell_1}) \cap S(C))$ 应用引理 3.2.3, 成立

$$S(B_{\theta\bar{\rho}}(a^i_{\ell_1}) \cap S(C)) \subset \bigcup_{\ell_2}^{K_0} \overline{B_{\theta^2\bar{\rho}}}(a^i_{\ell_1,\ell_2}) \cap S^2(C).$$

结合上述两式, 可得

$$\begin{aligned}S^2(B_{\bar{\rho}}(x_i) \cap C) &\subset \bigcup_{\ell_1}^{K_0} S(\overline{B_{\theta\bar{\rho}}}(a^i_{\ell_1}) \cap S(C)) \\ &\subset \bigcup_{\ell_1,\ell_2=1}^{K_0} \overline{B_{\theta^2\bar{\rho}}}(a^i_{\ell_1,\ell_2}) \cap S^2(C).\end{aligned}$$

重复应用引理 3.2.3, 对任意 $j \geqslant 1$, 可得

$$S^j(B_{\bar{\rho}}(x_i) \cap C) \subseteq \bigcup_{\ell_1,\cdots,\ell_j=1}^{K_0} \overline{B_{\theta^j\bar{\rho}}}(a^i_{\ell_1,\cdots,\ell_j}) \cap S^j(C).$$

由于 $C \subseteq \bigcup\limits_{i=1}^{\bar{N}} B_{\bar{\rho}}(x_i) \cap C$, 结合上式, 可得

$$\begin{aligned} S^j(C) &\subseteq \bigcup_{i=1}^{\bar{N}} S^j(B_{\bar{\rho}}(x_i) \cap C) \\ &\subseteq \bigcup_{i=1}^{\bar{N}} \bigcup_{\ell_1,\cdots,\ell_j=1}^{K_0} \overline{B_{\theta^j\bar{\rho}}}(a^i_{\ell_1,\cdots,\ell_j}), \quad j \geqslant 0. \end{aligned}$$

说明

$$N_{\theta^j\bar{\rho}}(S^j(C)) \leqslant K_0^j \bar{N} = K_0^j N_{\bar{\rho}}(C), \quad j \geqslant 0. \tag{3.2.47}$$

注意到 $\varepsilon = \theta^{n+1}\bar{\rho}$. 在 (3.2.47) 中取 $j = n+1$, 可得

$$N_\varepsilon(S^{n+1}(C)) \leqslant K_0^{n+1}\bar{N}. \tag{3.2.48}$$

由 (3.2.46)—(3.2.48), 成立

$$\begin{aligned} N_\varepsilon(\Gamma_\infty) &\leqslant \sum_{j=0}^{n} N_{\theta^j\varepsilon\theta^{-j}}(S^j(C)) + \bar{N}K_0^{n+1} \\ &\leqslant \sum_{j=0}^{n} K_0^j N_{\varepsilon\theta^{-j}}(C) + \bar{N}K_0^{n+1}. \end{aligned} \tag{3.2.49}$$

由于 $d_F(C) = \overline{\lim\limits_{\delta\to 0}} \dfrac{\log N_\delta(C)}{\log \dfrac{1}{\delta}} \leqslant \bar{d}$. 对任意 $d > \bar{d}$, 存在充分小 $\delta_0 = \delta_0(d) > 0$, 使得对任意的 $\delta \leqslant \delta_0$, 成立 $\log N_\delta(C) \leqslant \left(\dfrac{\bar{d}+d}{2}\right)\log\dfrac{1}{\delta} < d\log\dfrac{1}{\delta}$. 因此

$$N_\delta(C) < \left(\frac{1}{\delta}\right)^d, \quad \forall \delta \leqslant \delta_0. \tag{3.2.50}$$

另一方面, $\forall \delta \in [\delta_0, 1]$, 利用 (3.2.50), 成立

$$\begin{aligned} N_\delta(C) &\leqslant N_{\delta_0}(C) < \left(\frac{1}{\delta_0}\right)^d \\ &= \left(\frac{\delta}{\delta_0}\right)^d \left(\frac{1}{\delta}\right)^d \leqslant \left(\frac{1}{\delta_0}\right)^d \left(\frac{1}{\delta}\right)^d. \end{aligned} \tag{3.2.51}$$

由 (3.2.50), (3.2.51), 可知

$$N_\delta(C) < c_d\left(\frac{1}{\delta}\right)^d, \quad \forall 0 < \delta \leqslant 1. \tag{3.2.52}$$

由于 $\varepsilon = \theta^{n+1}\bar{\rho}$, $1 < \bar{\rho} \leqslant \dfrac{1}{\theta}$. 令 $\delta = \theta^{-j}\varepsilon$, $0 \leqslant j \leqslant n$. 可知 $0 < \delta = \theta^{n+1-j}\bar{\rho} \leqslant \theta^{n+1-n}\bar{\rho} = \theta\bar{\rho} \leqslant 1$. 因此, 利用 (3.2.49), (3.2.52) (其中 $\delta = \theta^{-j\varepsilon}$), 可得

$$\begin{aligned} N_\varepsilon(\Gamma_\infty) &\leqslant \sum_{j=0}^{n} K_0^j c_d\left(\frac{1}{\varepsilon\theta^{-j}}\right)^d + \bar{N}K_0^{n+1} \\ &= c_d\left(\frac{1}{\varepsilon}\right)^d \sum_{j=0}^{n}(K_0\theta^d)^j + \bar{N}K_0^{n+1}. \end{aligned} \tag{3.2.53}$$

考虑两种情形: $K_0\theta^d < 1$; $K_0\theta^d \geqslant 1$.

若 $K_0\theta^d < 1$, 则 $\dfrac{\log K_0}{\log\dfrac{1}{\theta}} < d$, 以及

$$\sum_{j=0}^{n}(K_0\theta^d)^j \leqslant \sum_{j=0}^{\infty}(K_0\theta^d)^j = \frac{1}{1-K_0\theta^d}.$$

由 (3.2.53), 可得

$$N_\varepsilon(\Gamma_\infty) \leqslant \frac{c_d}{1-K_0\theta^d}\left(\frac{1}{\varepsilon}\right)^d + \bar{N}K_0^{n+1}. \tag{3.2.54}$$

由 $\varepsilon = \theta^{n+1}\bar{\rho}$, 可知 $n+1 = \dfrac{\log\dfrac{\bar{\rho}}{\varepsilon}}{\log\dfrac{1}{\theta}}$. 结合 (3.2.54), 成立

$$\begin{aligned} N_\varepsilon(\Gamma_\infty) &\leqslant \frac{c_d}{1-K_0\theta^d}\left(\frac{1}{\varepsilon}\right)^d + \bar{N}K_0^{\frac{\log\frac{\bar{\rho}}{\varepsilon}}{\log\frac{1}{\theta}}} \\ &= \frac{c_d}{1-K_0\theta^d}\left(\frac{1}{\bar{\rho}}\right)^d\left(\frac{\bar{\rho}}{\varepsilon}\right)^d + \bar{N}\left(\frac{\bar{\rho}}{\varepsilon}\right)^{\frac{\log K_0}{\log\frac{1}{\theta}}} \\ &\leqslant \left(\frac{c_d}{1-K_0\theta^d}\left(\frac{1}{\bar{\rho}}\right)^d + \bar{N}\right)\left(\frac{\bar{\rho}}{\varepsilon}\right)^d, \end{aligned}$$

这里用到 $\dfrac{\log K_0}{\log\dfrac{1}{\theta}} < d$ 和 $\dfrac{\bar{\rho}}{\varepsilon} = \theta^{-n+1} > 1$.

因此

$$d_F(\Gamma_\infty)=\overline{\lim_{\varepsilon\to 0}}\frac{\log N_\varepsilon(\Gamma_\infty)}{\log\dfrac{1}{\varepsilon}}\leqslant\overline{\lim_{\varepsilon\to 0}}\frac{1}{\log\dfrac{1}{\varepsilon}}\left(\log\left(\frac{c_d}{1-K_0\theta^d}\left(\frac{1}{\bar\rho}\right)^d+\bar N\right)+d\log\frac{\bar\rho}{\varepsilon}\right)$$

$$=d.$$

若 $K_0\theta^d\geqslant 1$, 则由 (3.2.53), 可得

$$\begin{aligned}
N_\varepsilon(\Gamma_\infty)&\leqslant c_d\left(\frac{1}{\varepsilon}\right)^d(K_0\theta^d)^n(n+1)+\bar N K_0^{n+1}\\
&\leqslant c_d\left(\frac{1}{\varepsilon}\right)^d(K_0\theta^d)^{\frac{\log\frac{\bar\rho}{\varepsilon}}{\log\frac{1}{\theta}}}\frac{\log\dfrac{\bar\rho}{\varepsilon}}{\log\frac{1}{\theta}}+\bar N K_0^{\frac{\log\frac{\bar\rho}{\varepsilon}}{\log\frac{1}{\theta}}}\\
&=\frac{c_d}{\bar\rho^d}\left(\frac{\bar\rho}{\varepsilon}\right)^d\left(\frac{\bar\rho}{\varepsilon}\right)^{\left(\frac{\log K_0}{\log\frac{1}{\theta}}-d\right)}\frac{\log\dfrac{\bar\rho}{\varepsilon}}{\log\dfrac{1}{\theta}}+\bar N\left(\frac{\bar\rho}{\varepsilon}\right)^{\frac{\log K_0}{\log\frac{1}{\theta}}}\\
&=\left(\frac{c_d}{\bar\rho^d}\frac{\log\dfrac{\bar\rho}{\varepsilon}}{\log\dfrac{1}{\theta}}+\bar N\right)\left(\frac{\bar\rho}{\varepsilon}\right)^{\frac{\log K_0}{\log\frac{1}{\theta}}}.
\end{aligned}$$

从而

$$\begin{aligned}
d_F(\Gamma_\infty)&=\overline{\lim_{\varepsilon\to 0}}\frac{\log N_\varepsilon(\Gamma_\infty)}{\log\dfrac{1}{\varepsilon}}\\
&\leqslant\overline{\lim_{\varepsilon\to 0}}\frac{1}{\log\dfrac{1}{\varepsilon}}\left(\log\left(\frac{c_d}{\bar\rho^d}\frac{\log\dfrac{\bar\rho}{\varepsilon}}{\log\dfrac{1}{\theta}}+\bar N\right)+\frac{\log K_0}{\log\dfrac{1}{\theta}}\log\frac{\bar\rho}{\varepsilon}\right)\\
&=\frac{\log K_0}{\log\dfrac{1}{\theta}}=\alpha(X).
\end{aligned}$$

由于 $K_0\theta^d\geqslant 1$, 可知 $\dfrac{\log K_0}{\log\dfrac{1}{\theta}}\geqslant d>\bar d\geqslant\alpha$, 这是一个矛盾. 故第二种情形: $K_0\theta^d\geqslant 1$ 不可能发生. 上述两种情形的讨论表明: $d_F(\Gamma_\infty)\leqslant d$, $\forall d>\bar d$. 由 $d>\bar d$ 的任意性, 可得

$$d_F(\Gamma_\infty)\leqslant\bar d=\max\{\alpha(X),N_0\}.$$

□

在上述证明过程中的 (3.2.47) 用到引理 3.2.3, 在 (3.2.47) 接下来的证明中并不依赖引理 3.2.3 的假设条件. 因此, 我们有下述推论.

推论 3.2.11 设 $C \subset X$ 是紧子集且 (S, X) 的整体吸引子 $\mathscr{A} \subseteq C$. 假设 C 的分形维数是有限的且 $d_F(C) \leqslant \alpha \triangleq \dfrac{\log \beta}{\log \dfrac{1}{\theta}}$, $\beta > 1$, $0 < \theta < 1$, 以及 $\forall \bar{\rho} \in \left[1, \dfrac{1}{\theta}\right]$, 有

$$N_{\bar{\rho}\theta^j}(S^j(C)) \leqslant \beta^j N_{\bar{\rho}}(C), \quad j = 0, 1, 2, \cdots,$$

则集合 $\Gamma_\infty = \bigcup\limits_{j=0}^{\infty} S^j(C)$ 是紧集, 其分形维数是有限的, 且

$$d_F(\Gamma_\infty) \leqslant \alpha.$$

证明 设 $z_n \in \Gamma_\infty$ 且 $z_n \to z$. 下证 $z \in \Gamma_\infty$.

对于 $z_n \in \Gamma_\infty$, $\exists j_n \geqslant 0$, 使得 $z_n = S^{j_n} x_n$, $x_n \in C$. 若 $\{j_n\}$ 关于 n 是有界的, 记 $N = \max\limits_{n \geqslant 1}\{j_n\}$. 由于 C 是紧集, 可知存在 $x_* \in C$, 使得 (必要时抽取子列) $x_n \longrightarrow x_*$. 从而 $z = \lim\limits_{n\to\infty} z_n = \lim_{n\to\infty} S^N x_n = S^N x \in S^N(C) \subset \Gamma_\infty$. 若 $\{j_n\}$ 关于 n 是无界的, 则 $z = \lim\limits_{n\to\infty} z_n = \lim\limits_{n\to\infty} S^{j_n}(x_n) \in \bigcap\limits_{j=0}^{\infty} S^j(C) \subseteq \bigcap\limits_{j=0}^{\infty} S^j(X) = \mathscr{A}$. 由于 $\mathscr{A} \subseteq C$, 可知 $z \in C \subseteq \Gamma_\infty$. 总之, $z \in \Gamma_\infty$. 说明 Γ_∞ 是 X 中的闭集. 关于分形维数 $d_F(\Gamma_\infty)$ 的估计完全类似于 (3.2.47) 式以后的证明. □

引理 3.2.12 令 $\mathcal{M} = \mathscr{A} \cup \left(\bigcup\limits_{j=0}^{\infty} \bigcup\limits_{k=1}^{\infty} S^j(E^{(k)}) \right)$, 则 $\mathcal{M}$ 是闭的且

$$\mathcal{M} = \mathscr{A} \cup \Gamma_\infty.$$

证明 为了证明 $\mathcal{M}$ 是闭的, 我们用反证法. 假定 $\mathcal{M}$ 不是闭的, 则存在一串序列 $(x_i, y_i, k_i, N_i) \in X \times X \times \mathbb{N} \times \mathbb{N}$, 使得

$$y_i = S^{N_i}(x_i), \quad x_i \in E^{(k_i)}, \quad (y_i, x_i) \longrightarrow (y_*, x_*).$$

但是 $y_* \notin \mathcal{M}$. 由于 $\mathscr{A} \subseteq \mathcal{M}$, 可知 $y_* \notin \mathscr{A}$. 若 N_i 是一个无界的自然数序列, 即 $\lim\limits_{i\to\infty} N_i = +\infty$, 则

$$y_* \in \bigcap_{n=0}^{\infty} S^n(X) = \mathscr{A}, \tag{3.2.55}$$

这与 $y_* \notin \mathscr{A}$ 矛盾. 下面需要验证 (3.2.55) 式.

事实上, 若 $y_* \notin \bigcap_{n=0}^{\infty} S^n(X)$, 则存在 $n_0 \geqslant 0$, 使得 $y_* \notin S^{n_0}(X)$. 由于 $\lim_{i\to\infty} N_i = +\infty$ 可知, 存在 i_0 (充分大), 使得 $N_i \geqslant n_0, \forall i \geqslant i_0$. 从而 $S^{N_i}(x_i) \in S^{N_i}(X) \subseteq S^{n_0}(X)$. 由于 X 是紧集, 故 $S^{n_0}(X)$ 也是紧集. 因此, 存在收敛子列, 不妨仍记为 $S^{N_i}(x_i)$, 其极限自然也是 y_*, 即 $\lim_{i\to\infty} S^{N_i}(x_i) = y_*$, 并且 $y_* \in S^{n_0}(X)$, 矛盾. 因此, (3.2.55) 式成立, 从而存在充分大的 i_0 (如有需要, 选取一串子列), 使得 $N_i = N^*, \forall i \geqslant i_0$. 因此

$$y_* = \lim_{i\to\infty} S^{N^*}(x_i), \ \ x_i \in E^{(k_i)}. \tag{3.2.56}$$

下面说明 (3.2.56) 中的 k_i 满足 $\lim_{i\to\infty} k_i = +\infty$. 否则, 若 $k_* = \max_i\{k_i\}$ 是有限的, 则存在充分大的 i_0, 使得 (必要时抽取一串子列) $k_i = k_*, \forall i \geqslant i_0$. 从而 $x_i \in E^{(k_i)} = E^{(k_*)}, \forall i \geqslant i_0$. 由于 $E^{(k_*)}$ 是紧集, 可知 $x_i \longrightarrow x_* \in E^{(k_*)}$, 因此, 利用 (3.2.56), 成立

$$\begin{aligned} y_* = \lim_{i\to\infty} y_i = \lim_{i\to\infty} S^{N^*}(x_i) = S^{N^*}(x_*) \\ \in S^{N^*}(E^{(k_*)}) \subset \bigcup_{j=0}^{\infty}\bigcup_{k=1}^{\infty} S^j(E^{(k)}) \subset \mathcal{M}, \end{aligned}$$

即 $y_* \in \mathcal{M}$, 这与 $y_* \notin \mathcal{M}$ 矛盾. 因此, 当 $i \longrightarrow \infty$ 时, $k_i \longrightarrow \infty$. 由定义 3.2.6 知 $x_i \in E^{(k_i)} \subset S^{k_i}X$. 又已证 $\lim_{i\to\infty} k_i = +\infty$, 以及 $x_i \longrightarrow x_*$, 可知 $x_* \in \bigcap_{n=0}^{\infty} S^nX = \mathscr{A}$. 事实上, 若 $x_* \notin \bigcap_{n=0}^{\infty} S^nX$, 则存在 $n_1 \geqslant 0$, 使得 $x_* \notin S^{n_1}X$. 另一方面, 存在充分大的 i_1, 使得 $k_i \geqslant n_1, \forall i \geqslant i_1$. 从而

$$x_i \in E^{(k_i)} \subseteq S^{k_i}X \subseteq S^{n_1}X, \quad \forall i \geqslant i_1.$$

由于 $S^{n_1}X$ 是紧集以及 $x_i \longrightarrow x_*$ 可知 $x_* \in S^{n_1}X$, 这是一个矛盾. 因此, $x_* \in \bigcap_{n=0}^{\infty} S^nX = \mathscr{A}$. 再利用 (3.2.56) 知

$$y_* = \lim_{i\to\infty} S^{N^*}(x_i) = S^{N^*}(x_*) \in S^{N^*}(\mathscr{A}) = \mathscr{A} \subset \mathcal{M},$$

这是一个矛盾. 故 $\mathcal{M}$ 是闭的, 即 $\mathcal{M} = \overline{\mathcal{M}}$. 下面验证: $\mathcal{M} = \mathscr{A} \cup \Gamma_\infty$.

首先证明: 对任意给定的 $j \geqslant 0$, 成立

$$\overline{S^j\left(\bigcup_{k=1}^{\infty} E^{(k)}\right)} \subseteq \mathscr{A} \cup \left(\bigcup_{j=0}^{\infty}\bigcup_{k=1}^{\infty} S^jE^{(k)}\right) = \mathcal{M}. \tag{3.2.57}$$

事实上, $\forall y \in \overline{S^j\left(\bigcup_{k=1}^{\infty} E^{(k)}\right)}$, 存在 $y_i \in S^j\left(\bigcup_{k=1}^{\infty} E^{(k)}\right)$, 使得 $\lim_{i\to\infty} y_i = y$. 进一步, 存在 k_i, 以及 $x_i \in E^{(k_i)}$, 使得 $y_i = S^j x_i$, 即 $x_i \in E^{(k_i)}$ 且 $y = \lim_{i\to\infty} S^j x_i$. 若 $k_* \triangleq \max_{i\geqslant 1}\{k_i\} < \infty$, 则存在 i_0 使得 (若需要, 抽取一串子列) $k_i = k_*, \forall i \geqslant i_0$, 从而 $x_i \in E^{(k_i)} = E^{(k_*)} \subset S^{k_*}X, \forall i \geqslant i_0$. 由于 $E^{(k_*)}$ 是紧集, 存在 $x \in E^{(k_*)}$, 使得 (若需要, 抽取一串子列) $x_i \longrightarrow x$, 进而可得 $y = \lim_{i\to\infty} S^j x_i = S^j x \in S^j(E^{(k_*)}) \subseteq \mathcal{M}$. 若 $k_* = +\infty$. 由 $\lim_{i\to\infty} k_i = +\infty$ (必要时, 抽取一串子列) 以及 $x_i \in E^{(k_i)} \subseteq S^{k_i}X \subseteq X$, X 是紧集, 可知存在 $x \in X$ 使得 (必要时, 抽取一串子列), $\lim_{i\to\infty} x_i = x$, 并且 $x \in \bigcap_{n=0}^{\infty} S^n X = \mathscr{A}$. 从而, $y = \lim_{i\to\infty} S^j x_i = S^j x \in S^j(\mathscr{A}) = \mathscr{A} \subseteq \mathcal{M}$. 上述讨论表明: $\forall y \in \overline{S^j\left(\bigcup_{k=1}^{\infty} E^{(k)}\right)}$, 总有 $y \in \mathcal{M}$. 说明 (3.2.57) 式成立. 由于 (3.2.57) 式中的 $j \geqslant 0$ 是任意的. 故成立

$$\bigcup_{j=0}^{\infty} \overline{S^j\left(\bigcup_{k=1}^{\infty} E^{(k)}\right)} \subseteq \mathcal{M}. \tag{3.2.58}$$

注意到: 设 X, Y 是两个拓扑空间, $f: X \to Y$ 是一个映射, 则 f 是连续映射当且仅当对任意的 $A \subset X$, $f(\bar{A}) \subset \overline{f(A)}$ (见熊金城的《点集拓扑讲义》[20] 中的定理 2.4.10). 将上述结论应用到 (3.2.58) 式, 可得 $\Gamma_\infty \triangleq \bigcup_{j=0}^{\infty} S^j\left(\overline{\bigcup_{k=1}^{\infty} E^{(k)}}\right) \subseteq \mathcal{M}$. 由于 $\mathscr{A} \subseteq \mathcal{M}$, 从而

$$\mathscr{A} \cup \Gamma_\infty \subseteq \mathcal{M}. \tag{3.2.59}$$

另一方面,

$$\begin{aligned}\bigcup_{j=0}^{\infty}\bigcup_{k=1}^{\infty} S^j(E^{(k)}) &= \bigcup_{j=0}^{\infty} S^j\left(\bigcup_{k=1}^{\infty} E^{(k)}\right)\\ &\subseteq \bigcup_{j=0}^{\infty} S^j\left(\overline{\bigcup_{k=1}^{\infty} E^{(k)}}\right) \triangleq \Gamma_\infty.\end{aligned}$$

从而

$$\mathcal{M} \triangleq \mathscr{A} \cup \left(\bigcup_{j=0}^{\infty}\bigcup_{k=1}^{\infty} S^j(E^{(k)})\right) \subseteq \mathscr{A} \cup \Gamma_\infty. \tag{3.2.60}$$

结合 (3.2.59), (3.2.60), 可得 $\mathcal{M} = \mathscr{A} \cup \Gamma_\infty$.

最后验证: $\mathcal{M}$ 关于 S 是不变的, 即 $S\mathcal{M} \subseteq \mathcal{M}$.

事实上, 由 $\mathcal{M} = \mathscr{A} \cup \left(\bigcup_{j=0}^{\infty}\bigcup_{k=1}^{\infty} S^j(E^{(k)})\right)$, 成立

$$\begin{aligned}
S\mathcal{M} &= S(\mathscr{A}) \cup S\left(\bigcup_{j=0}^{\infty}\bigcup_{k=1}^{\infty} S^j(E^{(k)})\right)\\
&= \mathscr{A} \cup \left(\bigcup_{j=0}^{\infty}\bigcup_{k=1}^{\infty} S^{j+1}(E^{(k)})\right)\\
&= \mathscr{A} \cup \left(\bigcup_{j=1}^{\infty}\bigcup_{k=1}^{\infty} S^j(E^{(k)})\right)\\
&\subseteq \mathscr{A} \cup \left(\bigcup_{j=0}^{\infty}\bigcup_{k=1}^{\infty} S^j(E^{(k)})\right) = \mathcal{M}.
\end{aligned}$$

□

推论 3.2.13

$$d_F(\mathcal{M}) \leqslant \max\{\alpha(X), N_0\}.$$

证明　由引理 3.2.8 知

$$d_F(\mathscr{A}) \leqslant \frac{\log K_0}{\log \dfrac{1}{\theta}} = \alpha(X).$$

由引理 3.2.10 知

$$d_F(\Gamma_\infty) \leqslant \bar{d} = \max\{\alpha(X), N_0\}.$$

因此, 对任意 $d > \bar{d}$, 存在 $\varepsilon_0 > 0$, 使得 $\forall 0 < \varepsilon \leqslant \varepsilon_0$, 成立

$$\log N_\varepsilon(\mathscr{A}) \leqslant d \log \frac{1}{\varepsilon}, \quad \log N_\varepsilon(\Gamma_\infty) \leqslant d \log \frac{1}{\varepsilon}.$$

所以有

$$N_\varepsilon(\mathscr{A}) \leqslant \left(\frac{1}{\varepsilon}\right)^d, \quad N_\varepsilon(\Gamma_\infty) \leqslant \left(\frac{1}{\varepsilon}\right)^d, \quad \forall 0 < \varepsilon \leqslant \varepsilon_0.$$

由引理 3.2.12 知, $\mathcal{M} = \mathscr{A} \cup \Gamma_\infty$. 从而可得

$$N_\varepsilon(\mathcal{M}) \leqslant N_\varepsilon(\mathscr{A}) + N_\varepsilon(\Gamma_\infty) \leqslant 2\left(\frac{1}{\varepsilon}\right)^d, \quad \forall 0 < \varepsilon \leqslant \varepsilon_0.$$

因此

$$d_F(\mathcal{M})=\overline{\lim_{\varepsilon\to 0}}\frac{\log N_\varepsilon(\mathcal{M})}{\log\dfrac{1}{\varepsilon}}\leqslant\overline{\lim_{\varepsilon\to 0}}\frac{1}{\log\dfrac{1}{\varepsilon}}\left[\log 2+d\log\frac{1}{\varepsilon}\right]=d.$$

由 $d>\bar{d}$ 的任意性可知, $d_F(\mathcal{M})\leqslant\bar{d}=\max\{\alpha(X),N_0\}$. □

下面证明 $\mathcal{M}$ 的指数吸引性质.

引理 3.2.14 设 $x\in X$, 成立

$$\mathrm{dist}_H(S^k(x),\mathcal{M})\leqslant R\theta^k=Re^{-k\log\frac{1}{\theta}},\quad\forall k\geqslant 1,$$

其中选取的 R 满足 $X\subseteq\overline{B_R}(a)$, $a\in X$, θ 是来自于引理 3.2.3 的固定数$\left(\text{即 }2\delta<\theta<1,\ \delta\in\left(0,\dfrac{1}{4}\right)\right)$.

证明 注意到, 对任意 $x\in X$ 及 $k\geqslant 1$, 有 $S^kx\in S^k(X)$. 由推论 3.2.5 可知

$$S^k(X)\subset\bigcup_{j_1,\cdots,j_k=1}^{K_0}\overline{B_{\theta^kR}}(a_{j_1,\cdots,j_k})\cap S^kX,$$

可知存在 $a_{j_1,\cdots,j_k}\in E^{(k)}$, 使得 $S^k(x)\in\overline{B_{\theta^kR}}(a_{j_1,\cdots,j_k})$, 即

$$|S^k(x)-a_{j_1,\cdots,j_k}|\leqslant\theta^kR.\tag{3.2.61}$$

由 $\mathcal{M}$ 的定义知, $E^{(k)}\subseteq\mathcal{M}$, 从而

$$\begin{aligned}\mathrm{dist}_H(S^k(x),\mathcal{M})&=\inf_{m\in\mathcal{M}}|S^k(x)-m|\\&\leqslant\inf_{m\in E^{(k)}}|S^k(x)-m|\leqslant|S^k(x)-a_{j_1,\cdots,j_k}|\\&\leqslant R\theta^k,\quad\forall x\in X.\end{aligned}$$

进一步,

$$\max_{x\in X}\inf_{m\in\mathcal{M}}|S^k(x)-m|\leqslant\max_{x\in X}|S^k(x)-a_{j_1,\cdots,j_k}|\leqslant\theta^kR,$$

即 $h(S^kX,\mathcal{M})\leqslant\theta^kR$. 令 $\theta^k=e^{-ck}$, 可知 $c=\log\dfrac{1}{\theta}>0$, 从而上式可写为

$$h(S^kX,\mathcal{M})\leqslant Re^{-k\log\frac{1}{\theta}},\quad\forall k\geqslant 1.$$

由 (3.2.61) 式, 以及 $\theta^k=e^{-k\log\frac{1}{\theta}}$, 可得

$$h(S^kX,E^{(k)})=\max_{x\in X}\min_{e\in E^{(k)}}|S^k(x)-e|$$

$$\leqslant \max_{x\in X}|S^k(x)-a_{j_1,\cdots,j_k}|$$
$$\leqslant \theta^k R = Re^{-k\log\frac{1}{\theta}},\quad \forall k\geqslant 1. \tag{3.2.62}$$

另一方面, 利用定义 3.2.6 知, $E^{(k)}\subseteq S^k(X)$, $\forall k\geqslant 1$. 因此

$$h(E^{(k)},S^k(X))=0,\quad \forall k\geqslant 1. \tag{3.2.63}$$

这里用到: 若 $A\subseteq B$, 则 $h(A,B)=0$. 事实上, 由于 $h(A,B)=\max\limits_{a\in A}\min\limits_{b\in B}|a-b|$. 故 $\forall\varepsilon>0$, 存在 $a_\varepsilon\in A$, 使得

$$h(A,B)-\varepsilon<\min_{b\in B}|a_\varepsilon-b|.$$

特别地, 由于 $a_\varepsilon\in A\subset B$, 可知 $\min\limits_{b\in B}|a_\varepsilon-b|\leqslant|a_\varepsilon-a_\varepsilon|=0$. 因此, 可得 $0\leqslant h(A,B)<\varepsilon$. 由 $\varepsilon>0$ 的任意性可知, $h(A,B)=0$.

由于 $E^{(k)}\subseteq\mathcal{M}$, 利用 (3.2.62), (3.2.63), 成立

$$\begin{aligned}\rho(S^k(X),E^{(k)})&=\max\{h(S^k(X),E^{(k)}),h(E^{(k)},S^k(X))\}\\&=h(S^k(X),E^{(k)})\leqslant Re^{-k\log\frac{1}{\theta}},\quad \forall k\geqslant 1.\end{aligned}$$

但是, $E^{(k)}$ 不是 S 的吸引子, 因为 $E^{(k)}$ 关于 S 没有不变性, 即 $S(E^{(k)})\subseteq E^{(k)}$ 不成立.

由于 $E^{(k)}\subseteq\mathcal{M}$, 对任意的 $x\in X$, 可得

$$\mathrm{dist}_H(S^k(x),\mathcal{M})\leqslant\mathrm{dist}_H(S^k(x),E^{(k)})\leqslant Re^{-k\log\frac{1}{\theta}},\quad \forall k\geqslant 1.$$

由此可知

$$h(S^k(X),\mathcal{M})=\max_{x\in X}\mathrm{dist}_H(S^k(x),\mathcal{M})\leqslant Re^{-k\log\frac{1}{\theta}}=R\theta^k,\quad \forall k\geqslant 1.$$

引理 3.2.14 证毕. □

注　对于整体吸引子 $\mathscr{A}$, 当 $k\longrightarrow\infty$ 时, 只知道 $\rho(S^k(X),\mathscr{A})\longrightarrow 0$.

3.3　演化方程的指数吸引子

本节的目标是将 3.2 节中指数吸引子理论应用于如下具有耗散的演化方程:

$$\frac{du}{dt}+Au+R(u)=0, \tag{3.3.1}$$

$$u(0) = u_0. \tag{3.3.2}$$

对线性算子 A、非线性算子 R 和初始函数 u_0 施加适当的假设条件后, 不仅解的存在性、唯一性可以保证, 而且紧的吸收集 B 的存在性也可以确立. 下面总结如何得到演化方程 (3.3.1), (3.3.2) 的指数吸引子.

设 $S(t): u_0 \longmapsto u(t)$ 为给定方程 (3.3.1), (3.3.2) 的解算子, B 是存在的、紧的吸收集. 我们可以得到映射 $S(t)|_{t=t_*}: B \longrightarrow B$, 记

$$S_* = S(t_*). \tag{3.3.3}$$

这是非常重要的, 因为 t_* 选择得非常小, 可以使得定义 3.2.2 中的挤压性质对 S_* 成立 $\left(\text{其中 } \delta < \dfrac{1}{8},\ N_0 = N_0(\delta)\right)$. 然后, 应用定理 3.2.7, 可知对 (S_*, B), 存在指数吸引子 $\mathcal{M}_*$. 定义

$$\mathcal{M} = \bigcup_{0 \leqslant t \leqslant t_*} S(t)\mathcal{M}_*. \tag{3.3.4}$$

定义映射 $F: [0,T] \times \mathcal{M}_* \to \mathcal{M}$ 如下:

$$F(t,x) = S(t)x. \tag{3.3.5}$$

若映射 F 是 Lipschitz 连续的, 则可以证明 $\mathcal{M}$ 是紧集且其分形维数 $d_F(\mathcal{M})$ 是有限的. 并且 $\mathcal{M}$ 是关于 $(\{S(t)\}_{t\geqslant 0}, B)$ 是指数吸引的. 现在我们开始定义指数吸引子.

定义 3.3.1 一个紧集 $\mathcal{M}$ 对 $(\{S(t)\}_{t\geqslant 0}, X)$ 称为指数吸引子 (或惯性集), 如果 $\mathscr{A} \subseteq \mathcal{M} \subseteq X$ 且

(i) $S(t)\mathcal{M} \subseteq \mathcal{M},\ \forall t \geqslant 0$;

(ii) $d_F(\mathcal{M}) < \infty$;

(iii) 存在正常数 a_0, a_1, 使得对任意 $t \geqslant 0$, 成立

$$h(S(t)X, \mathcal{M}) \leqslant a_0 e^{-a_1 t}.$$

现在假定 H 是一个 Hilbert 空间, A 是正的、自伴的线性算子, 其定义域 $D(A) \subset H$, 并且 A^{-1} 存在且是紧算子. 进一步假定初边值问题 (3.3.1), (3.3.2) 的非线性半群解算子 $\{S(t)\}_{t\geqslant 0}$ 对于 $t > 0$ 是 $H \longrightarrow D(A)$ 连续的, 即对于 $t > 0$, 非线性算子 $S(t)$ 存在且

$$S(t): H \longrightarrow D(A) \text{ 是连续的}, \tag{3.3.6}$$

假定存在一个紧的、不变吸收集 B, 其形式如下:

$$B = \{u \in H; |u|_H \leqslant \rho_0 \text{ 且 } \|u\|_{D(A^{\frac{1}{2}})} \leqslant \rho_1\}. \tag{3.3.7}$$

由于 A^{-1} 是紧的, 令

$$V = D(A^{\frac{1}{2}}). \tag{3.3.8}$$

则 $V \hookrightarrow H$ 是紧的. 为书写简洁, 记

$$\|u\| = \|u\|_V = |A^{\frac{1}{2}} u|_H, \quad |u| = |u|_H. \tag{3.3.9}$$

还需进一步假定非线性项 $R(u)$ 满足

$$R : D(A) \longrightarrow H \text{ 是连续的}, \tag{3.3.10}$$

以及存在紧的、不变子集 $X \subset B$, 实数 $\beta \in \left(0, \dfrac{1}{2}\right]$, 使得对任意 $u, v \in X$, 成立

$$|R(u) - R(v)| \leqslant c_0 |A^{\beta}(u - v)|, \tag{3.3.11}$$

其中 $c_0 = c_0(X)$.

尽管条件 (3.3.11) 似乎有一点强, 但是通过适当地选取 X, 条件 (3.3.11) 是可以成立的, 甚至对二维带有周期边值条件的 Navier-Stokes 方程也成立.

命题 3.3.2　在上述关于方程 (3.3.1), 线性算子 A 和非线性算子 R 的假设条件下, 存在时间 t_*, 使得离散的算子 $S_* = S(t_*)$ 满足定义 3.2.2 中的挤压性质, 其中 $0 < \delta < \dfrac{1}{8}$.

证明　由于 A 是自伴的、正算子且有紧的逆, 因此, A 的特征向量 $\{\omega_n\}_{n=1}^{\infty}$ 在 H 中是完备的, 相应的特征值 $\{\lambda_n\}_{n=1}^{\infty}$ 是正的, 即

$$A\omega_n = \lambda_n \omega_n, \quad \forall n \geqslant 1, \tag{3.3.12}$$

并且, 特征值 $\{\lambda_n\}_{n=1}^{\infty}$ 是递增的, 且

$$0 \leqslant \lambda_1 \leqslant \lambda_2 \leqslant \cdots \leqslant \lambda_n \longrightarrow \infty. \tag{3.3.13}$$

令

$$H_n = \text{span}\{\omega_1, \omega_2, \cdots, \omega_n\}, \tag{3.3.14}$$

$$P_n \text{ 表示正交投影} : H \longrightarrow H_n. \tag{3.3.15}$$

因此

$$Q_n = I - P_n \text{ 也是正交投影且投影于 } H_n \text{ 的正交补上}. \tag{3.3.16}$$

先假定 t_* 是存在的, 然后证明挤压性质, 即对任意 $\delta > 0$, 存在 $N_0 = N_0(\delta)$, 使得对任意的 $u, v \in X$,

$$|Q_{N_0}(S_* u - S_* v)| > |P_{N_0}(S_* u - S_* v)|, \tag{3.3.17}$$

蕴含着

$$|S_*u - S_*v| < \delta|u - v|, \tag{3.3.18}$$

这里 $S_* = S(t_*)$.

令

$$w_* = S_*u - S_*v, \tag{3.3.19}$$

$$\lambda_* = \frac{\|w_*\|^2}{|w_*|^2}. \tag{3.3.20}$$

注意到

$$(P_{N_0}w_*, Q_{N_0}w_*)_H = 0, \quad (P_{N_0}w_*, Q_{N_0}w_*)_V = 0.$$

因此, 利用 (3.3.17), 成立

$$\begin{aligned}\lambda_* &= \frac{\|P_{N_0}w_* + Q_{N_0}w_*\|^2}{|P_{N_0}w_* + Q_{N_0}w_*|^2} = \frac{\|P_{N_0}w_*\|^2 + \|Q_{N_0}w_*\|^2}{|P_{N_0}w_*|^2 + |Q_{N_0}w_*|^2} \\ &\geqslant \frac{\|Q_{N_0}w_*\|^2}{|P_{N_0}w_*|^2 + |Q_{N_0}w_*|^2} > \frac{1}{2}\frac{\|Q_{N_0}w_*\|^2}{|Q_{N_0}w_*|^2}.\end{aligned} \tag{3.3.21}$$

由于 A 在 $Q_{N_0}H$ 上的最小特征值是 λ_{N_0+1}, 从而可得

$$\|Q_{N_0}w_*\|^2 = |A^{\frac{1}{2}}Q_{N_0}w_*|^2 = (AQ_{N_0}w_*, Q_{N_0}w_*) \geqslant \lambda_{N_0+1}|Q_{N_0}w_*|^2. \tag{3.3.22}$$

将 (3.3.22) 代入 (3.3.21) 中, 可得

$$\lambda_* > \frac{1}{2}\lambda_{N_0+1}. \tag{3.3.23}$$

设 u, v 分别是方程 (3.3.1) 的解, 对应的初值分别为 u_0, v_0, 令

$$w(t) = u(t) - v(t). \tag{3.3.24}$$

则 $w(t)$ 满足

$$\frac{dw}{dt} + Aw + R(u) - R(v) = 0, \tag{3.3.25}$$

$$w(0) = u_0 - v_0 = w_0. \tag{3.3.26}$$

由 (3.3.25) 式可得

$$\frac{1}{2}\frac{d}{dt}|w|^2 + \|w\|^2 + (R(u) - R(v), w) = 0. \tag{3.3.27}$$

利用假设条件 (3.3.11) 式以及内插不等式, 可知

$$
\begin{aligned}
|(R(u)-R(v),w)| &\leqslant c_0|A^{\beta}w||w| \\
&\leqslant c_0|w|^{1-2\beta}|A^{\frac{1}{2}}w|^{2\beta}|w| \\
&= c_0|w|^{2(1-\beta)}|A^{\frac{1}{2}}w|^{2\beta},
\end{aligned}
\tag{3.3.28}
$$

这里用到内插不等式: $|A^{\beta}w|\leqslant|w|^{1-2\beta}|A^{\frac{1}{2}}w|^{2\beta}$, $\beta\in\left(0,\dfrac{1}{2}\right]$.

结合 (3.3.27), (3.3.28), 成立

$$
\frac{1}{2}\frac{d}{dt}|w|^2+\|w\|^2\leqslant c_0|w|^{2(1-\beta)}\|w\|^{2\beta}\leqslant\frac{1}{2}c_1|w|^2+\frac{1}{2}\|w\|^2, \tag{3.3.29}
$$

其中 $c_1=c_1(c_0,\beta)$.

由 (3.3.29), 可得

$$
\frac{d}{dt}|w|^2\leqslant c_1\|w\|^2. \tag{3.3.30}
$$

从而可得

$$
|w(t)|^2\leqslant|w(0)|^2e^{c_1t}=|w_0|^2e^{c_1t},
$$

或写为

$$
|S(t)u_0-S(t)v_0|\leqslant|u_0-v_0|^2e^{\frac{c_1}{2}t},\quad\forall u_0,v_0\in X.
$$

说明

$$
L=\mathrm{Lip}_X(S(t))\leqslant e^{\frac{c_1}{2}t}. \tag{3.3.31}
$$

由 (3.3.29) 式, 成立

$$
\frac{d}{dt}|w|^2+\|w\|^2\leqslant c_1\|w\|^2. \tag{3.3.32}
$$

令

$$
\lambda(t)=\frac{\|w(t)\|^2}{|w(t)|^2},\quad\xi(t)=\frac{w(t)}{|w(t)|}. \tag{3.3.33}
$$

将 (3.3.33) 代入 (3.3.32), 可得

$$
\frac{d}{dt}|w|^2+(\lambda(t)-c_1)|w|^2\leqslant 0. \tag{3.3.34}
$$

对 (3.3.34) 式应用 Gronwall 不等式, 可知

$$
|w(t)|^2\leqslant|w(0)|^2e^{-\int_0^t\lambda(\tau)d\tau+c_1t}. \tag{3.3.35}
$$

在 (3.3.35) 中取 $t=t_*$, 注意到 $w(t_*)=w_*$, w_* 由 (3.3.19) 中给出, 成立

$$\begin{aligned}|S_*u_0-S_*v_0| &= |S(t_*)u_0-S(t_*)v_0| \\ &= |u(t_*)-v(t_*)| \\ &= |w(t_*)|=|w_*| \\ &\leqslant |u_0-v_0|\delta_*,\end{aligned} \tag{3.3.36}$$

其中

$$\delta_* \triangleq \delta(t_*)=e^{-\frac{1}{2}\int_0^{t_*}\lambda(\tau)d\tau+\frac{c_1}{2}t_*}. \tag{3.3.37}$$

目前, 我们仅知道 $\lambda_*=\lambda(t_*)>\dfrac{1}{2}\lambda_{N_0+1}$ (见 (3.3.23) 式), 以及当 $N_0\to+\infty$ 时, $\lambda_{N_0+1}\longrightarrow+\infty$. 但是, 对于 $\tau<t_*$ 时, 商范数 $\lambda(\tau)$ 的行为是不清楚的, 因而必须克服 (3.3.37) 式中出现的困难, 即处理积分 $\displaystyle\int_0^{t_*}\lambda(\tau)d\tau$ 的值. 下面的引理可以控制商范数 $\lambda(\tau)$ 在 $(0,t_*)$ 上的积分.

引理 3.3.3 设 $\lambda(t)$ 是 (3.3.33) 中定义给出. 则 $\lambda(t)$ 满足如下微分不等式:

$$\frac{d}{dt}\lambda(t)\leqslant c_0^2\lambda^{2\beta}(t). \tag{3.3.38}$$

并且

$$\int_0^{t_*}\lambda(t)dt\geqslant\frac{1}{c_3}(1-e^{-c_3t_*})\lambda(t_*)-\frac{c_2}{c_3}t_*, \tag{3.3.39}$$

其中 c_2,c_3 仅依赖于 c_0,β.

证明 注意到

$$\lambda(t)=\frac{\|w(t)\|^2}{|w(t)|^2},\quad \xi(t)=\frac{w(t)}{|w(t)|}.$$

从而在 $\|w(t)\|^2=\lambda(t)|w(t)|^2$ 两端关于 t 微分, 可得

$$2(A^{\frac{1}{2}}w_t,A^{\frac{1}{2}}w)=\lambda'(t)|w|^2+2\lambda(t)(w_t,w).$$

由于

$$(A^{\frac{1}{2}}w_t,A^{\frac{1}{2}}w)=(w_t,Aw).$$

因此, 利用 (3.3.25), 成立

$$\frac{1}{2}\frac{d}{dt}\lambda(t)=\frac{1}{|w|^2}\big((w_t,Aw)-(w_t,w)\lambda(t)\big)$$

$$
\begin{aligned}
&= \frac{1}{|w|^2}\big(w_t, (A-\lambda(t))w\big) \\
&= \frac{1}{|w|^2}\big(w_t, (A-\lambda(t))\xi|w|\big) \\
&= \frac{1}{|w|}\big(w_t, (A-\lambda(t))\xi\big) \\
&= -\frac{1}{|w|}\big(Aw + (R(u)-R(v)), (A-\lambda(t))\xi\big). \qquad (3.3.40)
\end{aligned}
$$

利用 $\lambda := \lambda(t) = \dfrac{\|w\|^2}{|w|^2}$, 以及 $|\xi| = 1$, 可知

$$
\begin{aligned}
(\lambda\xi, (A-\lambda)\xi) &= \lambda(\xi, A\xi) - \lambda^2(\xi,\xi) \\
&= \lambda(A^{\frac{1}{2}}\xi, A^{\frac{1}{2}}\xi) - \lambda^2|\xi|^2 \\
&= \lambda\|\xi\|^2 - \lambda^2 \\
&= \lambda\frac{\|w\|^2}{|w|^2} - \lambda^2 = 0. \qquad (3.3.41)
\end{aligned}
$$

因此, 利用 (3.3.41), 成立

$$
|(A-\lambda)\xi|^2 = ((A-\lambda)\xi, (A-\lambda)\xi) = (A\xi, (A-\lambda)\xi) = \frac{1}{|w|}(Aw, (A-\lambda)\xi). \qquad (3.3.42)
$$

将 (3.3.42) 代入 (3.3.40) 中, 可得

$$
\begin{aligned}
\frac{1}{2}\frac{d}{dt}\lambda(t) + |(A-\lambda)\xi|^2 &= -\frac{1}{|w|}(R(u)-R(v), (A-\lambda)\xi) \\
&\leqslant \frac{1}{|w|}|R(u)-R(v)||(A-\lambda)\xi| \\
&\leqslant \frac{c_0}{|w|}|A^\beta w||(A-\lambda)\xi| \\
&\leqslant \frac{1}{|w|}c_0|w|^{1-2\beta}|A^{\frac{1}{2}}w|^{2\beta}|(A-\lambda)\xi| \\
&= c_0\lambda^\beta|(A-\lambda)\xi| \\
&\leqslant \frac{c_0^2}{2}\lambda^{2\beta} + \frac{1}{2}|(A-\lambda)\xi|^2. \qquad (3.3.43)
\end{aligned}
$$

由 (3.3.43) 式, 即得

$$\frac{d}{dt}\lambda(t) \leqslant c_0^2\lambda^{2\beta}(t). \tag{3.3.44}$$

此即为引理 3.3.3 中第一部分结论 (3.3.38) 式.

在 (3.3.44) 式右端应用 Young 不等式, 可得

$$\frac{d}{dt}\lambda(t) \leqslant c_3\lambda(t) + c_2, \tag{3.3.45}$$

其中 c_2, c_3 仅依赖于 c_0, β. 特别地, 当 $\beta = \dfrac{1}{2}$ 时, $c_3 = c_0^2$, $c_2 = 0$.

在 (3.3.45) 式中应用 Gronwall 不等式, $\forall 0 \leqslant t_0 < t$, 成立

$$\lambda(t) \leqslant e^{c_3(t-t_0)}\lambda(t_0) - (1 - e^{c_3(t-t_0)})\frac{c_2}{c_3}. \tag{3.3.46}$$

在 (3.3.46) 中取 $t = t_*$, 则 $0 \leqslant t_0 < t_*$ 且成立

$$\begin{aligned}\lambda(t_0) &\geqslant e^{c_3(t_0-t_*)}\lambda(t_*) + e^{c_3(t_0-t_*)}(1 - e^{c_3(t_*-t_0)})\frac{c_2}{c_3}\\ &\geqslant e^{c_3(t_0-t_*)}\lambda(t_*) - \frac{c_2}{c_3}.\end{aligned} \tag{3.3.47}$$

在 (3.3.47) 中关于 t_0 在 $[0, t_*)$ 上积分, 成立

$$\int_0^{t_*}\lambda(t)dt \geqslant \frac{1}{c_3}(1 - e^{-c_3t_*})\lambda(t_*) - \frac{c_2}{c_3}t_*,$$

此即为引理第二部分 (3.3.39) 式. □

继续命题 3.3.2 的证明. 利用引理 3.3.3, (3.3.37) 中的 δ_* 可以进一步估计如下:

$$\begin{aligned}\delta_* = \delta(t_*) &= e^{-\frac{1}{2}\int_0^{t_*}\lambda(\tau)d\tau + \frac{c_1}{2}t_*}\\ &\leqslant e^{-\frac{1}{2c_3}(1-e^{-c_3t_*})\lambda(t_*) + \frac{1}{2}(\frac{c_2}{c_3}+c_1)t_*}\\ &\leqslant e^{-\frac{1}{4c_3}(1-e^{-c_3t_*})\lambda_{N_0+1} + \frac{1}{2}(\frac{c_2}{c_3}+c_1)t_*},\end{aligned} \tag{3.3.48}$$

其中用到 (3.3.23) 的估计式 $\lambda_* > \dfrac{1}{2}\lambda_{N_0+1}$.

由于 c_3 仅依赖于 c_0, β, 故可取 $t_* > 0$ 使得 $c_3t_* = 1$. 因此, 由 (3.3.48) 式, 成立

$$\delta_* \leqslant e^{-\frac{1}{4c_3}(1-e^{-1})\lambda_{N_0+1} + \frac{1}{2c_3}\left(\frac{c_2}{c_3}+1\right)}. \tag{3.3.49}$$

最后, 取 N_0 充分大, 使得 $\lambda_{N_0+1} > \dfrac{12ec_3}{e-1}\log 2 + \dfrac{2e}{e-1}\left(\dfrac{c_2}{c_3}+1\right)$, 则由 (3.3.49) 式, 可得

$$\delta_* < \frac{1}{8}. \tag{3.3.50}$$

由 (3.3.17), (3.3.36), 以及 (3.3.50), 我们证明了存在时间 $t_* = \dfrac{1}{c_3}$, 使得算子 $S_* = S(t_*)$ 满足挤压性质. □

我们将这些结果 (包括证明过程中产生的结论) 总结如下.

推论 3.3.4　在命题 3.3.2 的假设条件下, 存在常数 c_1, c_2, c_3, 这些常数仅依赖于 β, c_0 (来自于 (3.3.11) 式), 使得 $L_* \triangleq \mathrm{Lip}_X(S_*) \leqslant e^{\frac{c_1}{c_3}}$, 其中 $S_* = S(t_*)$, $t_* = \dfrac{1}{c_3}$. 并且, 如果选取的 N_0 充分大, 使得

$$\lambda_{N_0+1} > \frac{12ec_3}{e-1}\log 2 + \frac{2e}{e-1}\left(\frac{c_2}{c_3}+1\right),$$

则对任意的 $u, v \in X$, $|Q_{N_0}(S_*u - S_*v)| > |P_{N_0}(S_*u - S_*v)|$, 蕴含着 $|S_*u - S_*v| < \delta_*|u-v|$, 其中 $\delta_* < \dfrac{1}{8}$.

换句话讲, $S_* : X \longrightarrow X$ 是一个 Lipschitz 映射, Lipschitz 常数 L_* 的上界由 $e^{\frac{c_1}{c_3}}$ 控制, 并且 S_* 满足挤压性质, 其中 $\delta_* < \dfrac{1}{8}$.

现在 (S_*, X) 的指数吸引子的存在性可以由定理 3.2.7 保证, 但我们还有更多结论, 即如下定理.

定理 3.3.5　在命题 3.3.2 的假设条件下, 以及假设 (3.3.5) 中的映射 $F(t,x) = S(t)x : [0,T] \times X \longrightarrow X$ 是 Lipschitz 的, 其中 $T > 0$ 为任意的, $\{S(t)\}_{t\geqslant 0}$ 是 (3.3.1) 中的解算子. 则 $(\{S(t)\}_{t\geqslant 0}, X)$ 有一个指数吸引子 $\mathcal{M}$, 其分形维数 $d_F(\mathcal{M})$ 是有限的, 且有如下上界估计

$$d_F(\mathcal{M}) \leqslant d_F(\mathcal{M}_*) + 1,$$

其中 $d_F(\mathcal{M}_*) \leqslant (1 + c_5'(c_1, c_3))N_0$.

证明　由定理 3.2.7 和推论 3.3.2 可知, 映射 $S_* = S(t_*)$ 在 X 上有一个指数吸引子 $\mathcal{M}_*$, 使得

$$h(S_*^n X, \mathcal{M}_*) \leqslant \theta^n R = c_4 \delta_*^n, \tag{3.3.51}$$

其中 $n \geqslant 1$, $2\delta_* < \theta < 1$, $\delta_* < \dfrac{1}{8}$, 这里取 $\theta = 4\delta_*$. R 来自引理 3.2.14.

由推论 3.2.13, 还成立

$$d_F(\mathcal{M}_*) \leqslant \max\{N_0, \alpha(X)\} \leqslant N_0 \max\{1, c_5\}, \quad c_5 = \frac{\log\left(\dfrac{2L_*}{\delta_*}+1\right)}{\log\dfrac{1}{\theta_*}},$$

其中已知 $\theta_* = 4\delta_*$, $K_0 \leqslant \left(\dfrac{3L_*}{\theta_* - 2\delta_*}+1\right)^{N_0}$ (见引理 3.2.3),

$$\alpha(X) = \frac{\log K_0}{\log\dfrac{1}{\theta_*}} \leqslant \frac{N_0\log\left(\dfrac{3L_*}{4\delta_* - 2\delta_*}+1\right)}{\log\dfrac{1}{4\delta_*}} \leqslant N_0\frac{\log\left(\dfrac{2L_*}{\delta_*}+1\right)}{\log\dfrac{1}{4\delta_*}} \triangleq N_0 c_5.$$

又已知 $L_* \leqslant e^{\frac{c_1}{c_3}}$, $\delta_* < \dfrac{1}{8}$. 因此

$$c_5 = \frac{\log\left(\dfrac{2L_*}{\delta_*}+1\right)}{\log\dfrac{1}{4\delta_*}} \leqslant \frac{\log\left(\dfrac{2e^{\frac{c_1}{c_3}}}{\delta_*}+1\right)}{\log\dfrac{1}{4\delta_*}}.$$

由于

$$\lim_{\delta_*\to 0}\frac{\log\left(\dfrac{2e^{\frac{c_1}{c_3}}}{\delta_*}+1\right)}{\log\dfrac{1}{4\delta_*}} = 1,$$

故对于 $0 < \delta_* < \dfrac{1}{8}$, c_5 的上界估计仅依赖于 c_1, c_3, 即 $c_5 \leqslant c_5'(c_1, c_3)$.

因此, 成立

$$d_F(\mathcal{M}_*) \leqslant (1 + c_5')N_0.$$

令 $\mathcal{M} = \bigcup\limits_{0\leqslant t\leqslant t_*} S(t)\mathcal{M}_*$. 由于假设条件 $F = S(t)x : [0,T]\times X \longrightarrow X$ 是 Lipschitz 连续, $\forall T > 0$, 以及 $\mathcal{M}_* \subset X$, 可知, 对于任意 $0 \leqslant t \leqslant t_*$, 有 $S(t)\mathcal{M}_* = F(t, \mathcal{M}_*) \subseteq X$, 进而成立

$$\mathcal{M} = \bigcup_{0\leqslant t\leqslant t_*} S(t)\mathcal{M}_* \subseteq X.$$

在 3.2 节已证 (见定理 3.2.7): $\mathcal{M}_*$ 是 $(S(t_*), X)$ 的指数吸引子, 故 $\mathcal{M}_*$ 是 X 中的紧集. 由于 $\mathcal{M} = F([0,t_*]\times\mathcal{M}_*)$, 以及 $F(t,x) = S(t)x : [0,t_*]\times X \longrightarrow X$ 是

Lipschitz 连续映射, 故 $\mathcal{M}$ 是 X 中的紧集. 另外, 由 $\mathcal{M}_*$ 的定义知, $\mathscr{A} \subseteq \mathcal{M}_*$, 故 $\mathscr{A} \subseteq \mathcal{M}$. 利用 Lipschitz 函数保持分形维数性质 (见附录 A), 可知

$$\begin{aligned} d_F(\mathcal{M}) &= d_F(F([0,t_*]\times\mathcal{M}_*)) \leqslant d_F([0,t_*]\times\mathcal{M}_*) \\ &\leqslant d_F([0,t_*]) + d_F(\mathcal{M}_*) = 1 + d_F(\mathcal{M}_*), \end{aligned}$$

即 $d_F(\mathcal{M}) \leqslant d_F(\mathcal{M}_*) + 1$.

下面验证: $\mathcal{M}$ 关于 $\{S(t)\}_{t\geqslant 0}$ 是不变的, 即 $S(t)\mathcal{M} \subseteq \mathcal{M}$, $\forall t \geqslant 0$. 分两种情况考虑.

情形 1　$t \in [0, t_*]$.

利用 $S(t_*)\mathcal{M}_* = S_*\mathcal{M}_* \subseteq \mathcal{M}_*$, 可得

$$\begin{aligned} S(t)\mathcal{M} &= S(t)\left(\bigcup_{0\leqslant s\leqslant t_*} S(s)\mathcal{M}_*\right) \\ &= \bigcup_{0\leqslant s\leqslant t_*} S(t+s)\mathcal{M}_* \\ &= \bigcup_{t\leqslant s\leqslant t_*+t} S(s)\mathcal{M}_* \\ &= \left(\bigcup_{t\leqslant s\leqslant t_*} S(s)\mathcal{M}_*\right) \cup \left(\bigcup_{t_*\leqslant s\leqslant t_*+t} S(s)\mathcal{M}_*\right) \\ &= \left(\bigcup_{t\leqslant s\leqslant t_*} S(s)\mathcal{M}_*\right) \cup \left(\bigcup_{t_*\leqslant s\leqslant t_*+t} S(s-t_*)S(t_*)\mathcal{M}_*\right) \\ &\subseteq \left(\bigcup_{t\leqslant s\leqslant t_*} S(s)\mathcal{M}_*\right) \cup \left(\bigcup_{t_*\leqslant s\leqslant t_*+t} S(s-t_*)\mathcal{M}_*\right) \\ &= \left(\bigcup_{t\leqslant s\leqslant t_*} S(s)\mathcal{M}_*\right) \cup \left(\bigcup_{0\leqslant s\leqslant t} S(s)\mathcal{M}_*\right) \\ &= \bigcup_{0\leqslant s\leqslant t_*} S(s)\mathcal{M}_* = \mathcal{M}, \end{aligned}$$

即 $S(t)\mathcal{M} \subseteq \mathcal{M}$.

情形 2　$t > t_*$.

由于 $t \in (t_*, \infty) = \bigcup\limits_{k=1}^{\infty} (kt_*, (k+1)t_*]$, 故存在 $k \geqslant 1$, 使得 $t \in (kt_*, (k+1)t_*]$. 记 $s = t - kt_*$, 则 $t = kt_* + s$ 且 $0 < s \leqslant t_*$, 从而成立: $S(s)\mathcal{M} \subseteq \mathcal{M}$ (情形 1 结

论). 因此

$$\begin{aligned}S(t)\mathcal{M}&=S(kt_*+s)\mathcal{M}=S(kt_*)S(s)\mathcal{M}\\&\subseteq S(kt_*)\mathcal{M}=S(kt_*)\left(\bigcup_{0\leqslant\tau\leqslant t_*}S(\tau)\mathcal{M}_*\right)\\&=\bigcup_{0\leqslant\tau\leqslant t_*}S(\tau)S(kt_*)\mathcal{M}_*=\bigcup_{0\leqslant\tau\leqslant t_*}S(\tau)S_*^k\mathcal{M}_*\\&\subseteq\bigcup_{0\leqslant\tau\leqslant t_*}S(\tau)\mathcal{M}_*=\mathcal{M}.\end{aligned}$$

总之, 对任意 $t\geqslant 0$, 都成立 $S(t)\mathcal{M}\subseteq\mathcal{M}$.

下面证明 $\mathcal{M}$ 的指数收敛性.

对于任意 $t\geqslant 0$, 即 $t\in[0,\infty)=\bigcup\limits_{k=0}^{\infty}[kt_*,(k+1)t_*)$, 则存在整数 $k\geqslant 0$, 使得 $kt_*\leqslant t<(k+1)t_*$. 记 $t-kt_*=s$, 有 $t=kt_*+s$, $0\leqslant s<t_*$. $k\geqslant 1$ 时, 由于

$$\mathcal{M}=\bigcup_{0\leqslant\tau\leqslant t_*}S(\tau)\mathcal{M}_*\supseteq S(s)\mathcal{M}_*,$$

以及已证 (见 (3.3.31) 式)

$$\mathrm{Lip}(S(\tau))\leqslant e^{c_1\tau},\quad \forall\tau\geqslant 0,$$

结合引理 3.2.14, 可知成立

$$\begin{aligned}h(S(t)X,\mathcal{M})&\leqslant h(S(s)S(kt_*)X,S(s)\mathcal{M}_*)\\&=\max_{x\in X}\min_{m\in\mathcal{M}_*}|S(s)S(kt_*)x-S(s)m|\\&\leqslant\mathrm{Lip}_X(S(s))\max_{x\in X}\min_{m\in\mathcal{M}_*}|S_*^kx-m|\\&\leqslant e^{c_1s}h(S_*^kX,\mathcal{M}_*)\\&\leqslant e^{c_1t_*}c_4\delta_*^k.\end{aligned}$$

由于 $s\in[0,t_*)$, 可知 $t=kt_*+s<(k+1)t_*$, 从而

$$h(S(t)X,\mathcal{M})\leqslant e^{c_1t_*}c_4\delta_*^k\leqslant e^{\frac{c_1}{c_3}}c_4\delta_*^{-1}\delta_*^{\frac{t}{t_*}}.\tag{3.3.52}$$

当 $k=0$ 时, $t=s\in[0,t_*)$, 有 $0\leqslant \dfrac{t}{t_*}<1$, 从而 $\delta_*^{\frac{t}{t_*}}>\delta_*$ $\left(因为 0<\delta_*<\dfrac{1}{8}\right)$. 又由于 $S(t)X\subseteq X$, $\mathcal{M}\supseteq\mathscr{A}$, 故

$$h(S(t)X,\mathcal{M})\leqslant h(X,\mathscr{A})\leqslant h(X,\mathscr{A})\delta_*^{-\frac{t}{t_*}}\delta_*^{\frac{t}{t_*}}\leqslant h(X,\mathscr{A})\delta_*^{-1}\delta_*^{\frac{t}{t_*}}. \tag{3.3.53}$$

由 (3.3.52), (3.3.53) 可知, 对任意的 $t\geqslant 0$, 成立

$$h(S(t)X,\mathcal{M})\leqslant c_6\delta_*^{\frac{t}{t_*}}=c_6\delta_*^{c_3t}=c_6e^{-c_3t\log\frac{1}{\delta_*}},$$

这里用到 $t_*=\dfrac{1}{c_3}$, $c_6=e^{\frac{c_1}{c_3}}(c_4+h(X,\mathscr{A})\delta_*^{-1})$, $\delta_*=e^{-\frac{1}{4c_3}(1-e^{-1})\lambda_{N_0+1}+\frac{1}{2}(\frac{c_2}{c_3}+1)\frac{1}{c_3}}$, 见 (3.3.49) 式. 这样, 我们就证明了 $\mathcal{M}$ 是 $(\{S(t)\}_{t\geqslant 0},X)$ 的一个指数吸引子. □

3.4 指数吸引子的逼近

考虑如下形式的演化方程:

$$\partial_t u+Au+R(u)=0, \tag{3.4.1}$$

$$u(0)=u_0, \tag{3.4.2}$$

其中 A 是正的、自伴算子且其逆 A^{-1} 是紧算子. 非线性式 R 满足 (3.3.10), (3.3.11), 并且还假定 $R(0)\in H$. 一个自然的问题是 (3.4.1), (3.4.2) 的指数吸引子的逼近问题. 比如, (3.4.1), (3.4.2) 的 Galerkin 逼近形式的方程的吸引子是否逼近 (3.4.1), (3.4.2) 的吸引子 (在某种意义下)?

设 A 的特征向量为 $\{\omega_k\}_{k=1}^\infty$, 相应的特征值为 $\{\lambda_k\}_{k=1}^\infty$. 下面记 $P=P_m$, 这里 $P_m: H\longrightarrow H_m$ 是正交投影, 其中 $H_m=\operatorname{span}\{\omega_1,\omega_2,\cdots,\omega_m\}$, 则 (3.4.1), (3.4.2) 的投影方程为

$$\partial_t y_m+Ay_m+P_mR(y_m)=0, \tag{3.4.3}$$

$$y_m(0)=P_mu_0. \tag{3.4.4}$$

注意这里的 y_m 不一定为 P_mu. 显然, 介绍的 (3.4.1), (3.4.2) 的指数吸引子理论可以平行地应用于 (3.4.3), (3.4.4). 记

$$B_m=\{y\in P_mH;\ |y|\leqslant\rho_0 \text{ 且 } \|y\|\leqslant\rho_1\}$$

为 (3.4.3), (3.4.4) 的一个吸收集. $\mathcal{M}_m$ 为 (3.4.3), (3.4.4) 的一个指数吸引子. 下面研究 $\mathcal{M}_m$ 如何收敛于 $\mathcal{M}$, 这里 $\mathcal{M}$ 为 (3.4.1), (3.4.2) 的指数吸引子.

令 $v_m = u - y_m$, 则 v_m 满足

$$\partial_t v_m + Av_m + R(u) - P_m R(y_m) = 0, \tag{3.4.5}$$

$$v_m(0) = (I - P_m)u_0. \tag{3.4.6}$$

因此, 由 (3.4.5), (3.4.6) 可得

$$\frac{1}{2}|v_m|^2 + \|v_m\|^2 = (R(y_m) - R(u), v_m) - ((I - P_m)R(y_m), v_m),$$

上述过程用到 $P_m R(y_m) = R(y_m) - (I - P_m)R(y_m)$. 从而成立

$$\begin{aligned}
&\frac{1}{2}\frac{d}{dt}|v_m|^2 + \|v_m\|^2 \\
&\leqslant |R(y_m) - R(u)||v_m| + |(R(y_m), (I - P_m)v_m)| \\
&\leqslant c_0|v_m|^{2(1-\beta)}\|v_m\|^{2\beta} + (|R(y_m) - R(0)| + |R(0)|)|(I - P_m)v_m| \\
&\leqslant c_0|v_m|^{2(1-\beta)}\|v_m\|^{2\beta} + (c_0|y_m|^{1-2\beta}\|y_m\|^{2\beta} + |R(0)|)\frac{1}{\sqrt{\lambda_{m+1}}}\|v_m\| \\
&\leqslant \frac{3}{4}\|v_m\|^2 + c_1|v_m|^2 + \frac{1}{\lambda_{m+1}}(c_0^2|y_m|^{2(1-2\beta)}\|y_m\|^{4\beta} + c_2^2),
\end{aligned}$$

其中 $c_1 = c_1(c_0, \beta)$, $c_2 = |R(0)|$.

由于 $y_m \in B_m$, 可知 $|y_m| \leqslant \rho_0$, $\|y_m\| \leqslant \rho_1$. 由上式, 可得

$$\frac{d}{dt}|v_m|^2 + \frac{1}{2}\|v_m\|^2 \leqslant 2c_1|v_m|^2 + \frac{2}{\lambda_{m+1}}(c_0^2\rho_0^{2(1-2\beta)}\rho_1^{4\beta} + c_2^2). \tag{3.4.7}$$

令 $\mu_m = \frac{2}{\lambda_{m+1}}(c_0^2\rho_0^{2(1-2\beta)}\rho_1^{4\beta} + c_2^2)$, 则 (3.4.7) 可重写为

$$\frac{d}{dt}|v_m|^2 + \frac{1}{2}\|v_m\|^2 \leqslant 2c_1|v_m|^2 + \mu_m. \tag{3.4.8}$$

对 (3.4.8) 式应用 Gronwall 不等式, 成立

$$|v_m(t)|^2 \leqslant e^{2c_1 t}\left(|v_m(0)|^2 + \frac{\mu_m}{2c_1}\right). \tag{3.4.9}$$

由于

$$|v_m(0)|^2 = |(I - P_m)u_0|^2 \leqslant \frac{1}{\lambda_{m+1}}\|u_0\|^2 \leqslant \frac{1}{\lambda_{m+1}}\rho_1^2,$$

代入 (3.4.9) 式中, 可得

$$|v_m(t)|^2 \leqslant \frac{e^{2c_1t}}{\lambda_{m+1}}\left(\rho_1^2+\frac{1}{c_1}(c_0^2\rho_0^{2(1-2\beta)}\rho_1^{4\beta}+c_2^2)\right).$$

令 $\gamma=\rho_1^2+\dfrac{1}{c_1}(c_0^2\rho_0^{2(1-2\beta)}\rho_1^{4\beta}+c_2^2)$, 则上式可以改写为

$$|v_m(t)|\leqslant \lambda_{m+1}^{-\frac{1}{2}}e^{c_1t}\gamma^{\frac{1}{2}}. \tag{3.4.10}$$

记 $\{S_m(t)\}_{t\geqslant 0}$, $\{S(t)\}_{t\geqslant 0}$ 分别表示 (3.4.5) 和 (3.4.6), 以及 (3.4.1) 和 (3.4.2) 的解半群, 即

$$u(t)=S(t)u_0,\quad y_m(t)=S_m(t)P_mu_0.$$

对任意 $u_0\in X$ (这里 X 是 B 的紧的不变子集), 由 (3.4.10) 式, 可得

$$|S(t)u_0-S_m(t)P_mu_0|\leqslant \lambda_{m+1}^{-\frac{1}{2}}e^{c_1t}\gamma^{\frac{1}{2}}. \tag{3.4.11}$$

现在记 $\mathcal{M}, \mathcal{M}_m$ 分别表示 $(S(t),B)$ 和 $(S_m(t),B_m)$ 的指数吸引子, 这里取 $X=B$, $X_m=B_m=P_mB$. 利用指数吸引子的定义 3.3.1 知

$$h(S(t)B,\mathcal{M})\leqslant ce^{-\alpha t}, \tag{3.4.12}$$

$$h(S_m(t)B,\mathcal{M}_m)\leqslant ce^{-\alpha t}. \tag{3.4.13}$$

对任意的 $u\in\mathcal{M}\cap S(t)B$, 存在 $u_0\in B$, 使得 $u=S(t)u_0$. 由于 $S_m(t)P_mu_0\in S_m(t)B_m$, 以及 $\mathcal{M}_m$ 是紧集, 利用 (3.4.13), 可知 $\exists u_m\in\mathcal{M}_m$, 使得

$$\begin{aligned}|S_m(t)P_mu_0-u_m| &= \min_{b_m\in\mathcal{M}_m}|S_m(t)P_mu_0-b_m|\\ &\leqslant \max_{a_m\in B_m}\min_{b_m\in\mathcal{M}_m}|S_m(t)a_m-b_m|\\ &= h(S_m(t)B,\mathcal{M}_m)\leqslant ce^{-\alpha t}.\end{aligned} \tag{3.4.14}$$

由 (3.4.11), (3.4.14), 成立

$$\begin{aligned}|u_m(t)-u(t)| &\leqslant |u_m(t)-S_m(t)P_mu_0|+|S_m(t)P_mu_0-S(t)u_0|\\ &\leqslant ce^{-\alpha t}+\lambda_{m+1}^{-\frac{1}{2}}e^{c_1t}\gamma^{\frac{1}{2}}.\end{aligned} \tag{3.4.15}$$

令 $t=\overline{t_0}$, 使得

$$ce^{-\alpha\overline{t_0}}=\lambda_{m+1}^{-\frac{1}{2}}e^{c_1\overline{t_0}}\gamma^{\frac{1}{2}},$$

可得

$$\overline{t_0} = \frac{1}{c_1+\alpha}\log(c\gamma^{-\frac{1}{2}}\lambda_{m+1}^{\frac{1}{2}}). \tag{3.4.16}$$

将 (3.4.16) 式代入 (3.4.15) 式中, 可得

$$\begin{aligned}|u_m(\overline{t_0}) - u(\overline{t_0})| &\leqslant 2ce^{-\alpha\overline{t_0}}\\ &= 2ce^{-\frac{\alpha}{c_1+\alpha}\log(c\gamma^{-\frac{1}{2}}\lambda_{m+1}^{\frac{1}{2}})}\\ &= 2c(c\gamma^{-\frac{1}{2}}\lambda_{m+1}^{\frac{1}{2}})^{-\frac{\alpha}{c_1+\alpha}}\\ &\triangleq \varepsilon'_m,\end{aligned}$$

即对任意的 $u \in \mathcal{M} \cap S(t)B$, 存在 $u_m(\overline{t_0}) \in \mathcal{M}_m$, 使得

$$|u(\overline{t_0}) - u_m(\overline{t_0})| \leqslant \varepsilon'_m.$$

从而可得

$$\max_{u\in\mathcal{M}\cap S(\overline{t_0})B}\ \min_{u_m\in\mathcal{M}_m}|u-u_m| \leqslant \varepsilon'_m. \tag{3.4.17}$$

由于 $\mathcal{M} \subseteq B$, $S(\overline{t_0})\mathcal{M} \subseteq \mathcal{M}$, 可知

$$S(\overline{t_0})\mathcal{M} \subseteq \mathcal{M} \cap S(\overline{t_0})B.$$

结合 (3.4.17) 式, 成立

$$h(S(\overline{t_0}) \cap \mathcal{M}, \mathcal{M}_m) = \max_{u\in S(\overline{t_0})\mathcal{M}}\ \min_{u_m\in\mathcal{M}_m}|u-u_m| \leqslant \varepsilon'_m, \tag{3.4.18}$$

其中当 $m \to \infty$ 时, $\varepsilon'_m \to 0$.

类似讨论, 可证得

$$h(S_m(\overline{t_1}) \cap \mathcal{M}_m, \mathcal{M}) = \max_{u_m\in S_m(\overline{t_1})\mathcal{M}_m}\ \min_{u\in\mathcal{M}}|u_m-u| \leqslant \varepsilon''_m, \tag{3.4.19}$$

其中当 $m \to \infty$ 时, $\varepsilon''_m \to 0$.

注 在 (3.4.18), (3.4.19) 中, 取 $\bar{t} = \min\{\overline{t_0}, \overline{t_1}\}$, $\varepsilon_m = \max\{\varepsilon'_m, \varepsilon''_m\}$, 可得

$$h(S(\bar{t})\mathcal{M}, \mathcal{M}_m) \leqslant \varepsilon_m$$

和

$$h(S_m(\bar{t})\mathcal{M}_m, \mathcal{M}) \leqslant \varepsilon_m,$$

其中当 $m \to \infty$ 时, $\varepsilon_m \to 0$.

我们将上述得到的结果总结如下.

定理 3.4.1　令 $\mathcal{M}, \mathcal{M}_m$ 分别是演化方程 (3.4.1) 和 Galerkin 近似演化方程 (3.4.3) 的指数吸引子. 则对任意的 $\varepsilon > 0$, 存在 $\bar{t} = \bar{t}(\varepsilon)$, $m = m(\varepsilon)$, 使得

$$h(S(\bar{t})\mathcal{M}, \mathcal{M}_m) < \varepsilon \tag{3.4.20}$$

和

$$h(S_m(\bar{t})\mathcal{M}_m, \mathcal{M}) < \varepsilon. \tag{3.4.21}$$

由于指数吸引子包含整体吸引子, 以及整体吸引子的不变性, 即

$$\mathscr{A} = S(\bar{t})\mathscr{A} \subseteq S(\bar{t})\mathcal{M}, \quad \mathscr{A}_m = S_m(\bar{t})\mathscr{A}_m \subseteq S_m(\bar{t})\mathcal{M}_m.$$

结合 (3.4.20) 和 (3.4.21), 有下述推论.

推论 3.4.2　对任意 $\varepsilon > 0$, 存在 $m = m(\varepsilon) \in \mathbb{N}$, 使得

$$h(\mathscr{A}, \mathcal{M}_m) < \varepsilon, \quad h(\mathscr{A}_m, \mathcal{M}) < \varepsilon.$$

注　记 $\overline{B} = S(\bar{t})B$, $\overline{\mathcal{M}} = S(\bar{t})\mathcal{M}$. 下证: $\overline{\mathcal{M}}$ 是 $(\{S(t)\}_{t\geqslant 0}, \overline{B})$ 的指数吸引子.

事实上, 由于 $S(t): B \longrightarrow B$ 的 Lipschitz 函数, 可知 $S(t)B \subseteq B$, $\forall t \geqslant 0$. 从而

$$\begin{aligned} S(t)\overline{B} &= S(t)S(\bar{t})B = S(t+\bar{t})B \\ &= S(\bar{t})S(t)B \subseteq S(\bar{t})B = \overline{B}, \quad \forall t \geqslant 0, \end{aligned}$$

即 $S(t)\overline{B} \subseteq \overline{B}$. 说明 $S(t): \overline{B} \longrightarrow \overline{B}$ 也是 Lipschitz 函数.

由于 $\mathcal{M}$ 是 B 中紧集且 $\mathscr{A} \subseteq \mathcal{M} \subseteq B$, 可知 $\overline{\mathcal{M}} = S(\bar{t})\mathcal{M}$ 是 $\overline{B} = S(\bar{t})B$ 中紧集且

$$\mathscr{A} = S(\bar{t})\mathscr{A} \subseteq S(\bar{t})\mathcal{M} \subseteq S(\bar{t})B, \quad \forall t \geqslant 0,$$

即 $\mathscr{A} \subseteq \overline{\mathcal{M}} \subseteq \overline{B}$, $\forall t \geqslant 0$. 由于 $S(\bar{t}): B \longrightarrow B$ 是 Lipschitz 函数, 可得

$$d_F(\overline{\mathcal{M}}) = d_F(S(\bar{t})\mathcal{M}) \leqslant d_F(\mathcal{M}) < \infty,$$

即 $\overline{\mathcal{M}}$ 的分形维数 $d_F(\overline{\mathcal{M}})$ 也是有限的. 最后, 利用定理 3.3.5, $\forall t \geqslant 0$, 成立

$$\begin{aligned} h(S(t)\overline{B}, \overline{\mathcal{M}}) &= h(S(\bar{t})S(t)B, S(\bar{t})\mathcal{M}) \\ &= \max_{b\in B} \min_{m\in\mathcal{M}} |S(\bar{t})S(t)b - S(\bar{t})m| \end{aligned}$$

$$\leqslant \mathrm{Lip}_B(S(\bar{t})) \max_{b\in B} \min_{m\in\mathcal{M}} |S(t)b - m|$$

$$\leqslant \bar{L} h(S(t)B, \mathcal{M})$$

$$\leqslant \bar{L} c e^{-\alpha t}.$$

上述讨论表明: $\overline{\mathcal{M}} = S(\bar{t})\mathcal{M}$ 也是方程 (3.4.1) 的指数吸引子. 同理, $\overline{\mathcal{M}_m} = S_m(\bar{t})\mathcal{M}_m$ 是方程 (3.4.3) 的一个指数吸引子. 进一步, 由 (3.4.20), (3.4.21), 可得

$$h(\overline{\mathcal{M}}, \mathcal{M}_m) < \varepsilon, \quad h(\overline{\mathcal{M}_m}, \mathcal{M}) < \varepsilon.$$

上述结果说明, 原始方程 (3.4.1) 的一个指数吸引子可以用 Galerkin 近似方程 (3.4.3) 的一个指数吸引子逼近, 即 $h(\overline{\mathcal{M}_m}, \mathcal{M}) < \varepsilon$. 而推论 3.4.2 则说明, 原始方程 (3.4.1) 的指数吸引子可以用 Galerkin 近似方程 (3.4.3) 的全局吸引子逼近, 即 $h(\mathscr{A}_m, \mathcal{M}) < \varepsilon$.

3.5 指数吸引子的应用

在 3.2 节和 3.3 节发展的方法可以用来建立一大类耗散微分方程的指数分形吸引子. 本节主要介绍对不可压缩 Navier-Stokes 方程建立指数分形吸引子.

3.5.1 二维 Navier-Stokes 方程的指数吸引子

考虑下述二维不可压缩 Navier-Stokes 方程:

$$\partial_t u + \nu A u + B(u, u) = f, \tag{3.5.1}$$

$$u(0) = u_0, \tag{3.5.2}$$

其中 $A = -P_H\Delta$ 表示 Stokes 算子, $B(u,u) = P_H((u\cdot\nabla)u)$, f 表示体积外力向量场, $\nu > 0$ 是流体的黏性系数. 记 $H = \left\{u \in L^2(Q); \mathrm{div} u = 0, \int_Q u(x) = 0,\ u_i|_{x_i=L} = u_i|_{x_i=0},\ i = 1,2\right\}$, $V = \{u \in H^1(Q);\ u \in H\}$, 其中 $Q = [0,L] \times [0,L]$, 边界条件假定为是周期的, 周期为 L; Stokes 算子 A 的定义域为 $D(A) = H^2(Q) \cap V$; 内积: $(u,v) = (u,v)_{L^2(Q)}$, $((u,v)) = (\nabla u, \nabla v)_{L^2(Q)}$, 以及范数记号:

$$|u| = |u|_H = |u|_{L^2(Q)} = \sqrt{(u,u)_{L^2(Q)}},$$

$$\|u\| = |u|_V = |\nabla u|_{L^2(Q)} = \sqrt{(\nabla u, \nabla u)_{L^2(Q)}} = \sqrt{((u,u))}.$$

利用 Sobolev 嵌入定理知, $V \hookrightarrow H$ 是紧嵌入. 由于 $(Au, v) = ((u, v)) = (\nabla u, \nabla v)$, $\forall u \in D(A)$, $v \in V$, 可知 A 是自伴的、正算子且 $A^{-1}: H \longrightarrow H$ 是紧算子. 记 A 的特征函数列 $\{\omega_n\}_{n\geqslant 1}$, 特征值列 $\{\lambda_n\}_{n\geqslant 1}$, 即 $A\omega_n = \lambda_n \omega_n$, $(\omega_i, \omega_j) = \delta_{ij}$. 则有

$$0 < \lambda_1 \leqslant \lambda_2 \leqslant \cdots \leqslant \lambda_n \longrightarrow \infty,$$

并且 $H = \overline{\text{span}\{\omega_1, \omega_2, \cdots, \omega_n, \cdots\}}$. 此外, 对于周期边值条件, 特征值 λ_n 有如下渐近性质 (二维情形)(见 [4]):

$$\lim_{n\to\infty} \frac{1}{n}\left(\frac{\lambda_n}{\lambda_1}\right) = \omega_0.$$

关于非线性项 $B(u, v)$ 相关的估计, 有如下标准形式 (见 [4])

$$|(B(u,v),w)| \leqslant c_1 \begin{cases} |u|^{\frac{1}{2}}\|u\|^{\frac{1}{2}}\|v\|^{\frac{1}{2}}|Av|^{\frac{1}{2}}|w|, \ u \in V, v \in D(A), w \in H, \\ |u|^{\frac{1}{2}}|Au|^{\frac{1}{2}}\|v\||w|, \ u \in D(A), v \in V, w \in H, \\ |u|\|v\||w|^{\frac{1}{2}}|Aw|^{\frac{1}{2}}, \ u \in H, v \in V, w \in D(A), \\ |u|^{\frac{1}{2}}\|u\|^{\frac{1}{2}}\|v\||w|^{\frac{1}{2}}\|w\|^{\frac{1}{2}}, \ u, v, w \in V. \end{cases} \tag{3.5.3}$$

此外, 对二维的周期情形, 如下正交关系成立:

$$(B(u, v), v) = 0, \quad \forall u, v \in V,$$

$$(B(u, u), Au) = 0, \quad \forall u \in D(A),$$

并且还有

$$(B(u, u), A^2 u) = (B(Au, u), Au), \quad \forall u \in D(A^2).$$

令

$$B_0 = \{u \in V;\ |u| \leqslant 2\rho_0 \text{ 且 } \|u\| \leqslant 2\rho_1\},$$

其中 $\rho_0 = \dfrac{2|f|}{\nu\lambda_1}$, $\rho_1 = \dfrac{2|f|}{\nu\lambda_1^{\frac{1}{2}}}$. 则成立

$$S(t)B_0 \subseteq B_0, \ \ \forall t \geqslant \frac{1}{\nu\lambda_1}. \tag{3.5.4}$$

验证 利用 (3.5.1), 可得

$$\frac{1}{2}\frac{d}{dt}|u|^2 + \nu\|u\|^2 = (f, u).$$

由于 $\|u\|^2 \geqslant \lambda_1|u|^2$. 由上式, 成立

$$\begin{aligned}\frac{1}{2}\frac{d}{dt}|u|^2+\lambda_1\nu|u|^2 &\leqslant |f||u| \\ &\leqslant \frac{1}{2}\lambda_1\nu|u|^2+\frac{|f|^2}{2\lambda_1\nu}.\end{aligned}$$

从而

$$\frac{d}{dt}|u|^2+\lambda_1\nu|u|^2 \leqslant \frac{|f|^2}{\lambda_1\nu}.$$

即

$$\frac{d}{dt}(e^{\lambda_1\nu t}|u|^2) \leqslant \frac{|f|^2}{\lambda_1\nu}e^{\lambda_1\nu t}.$$

因此

$$\begin{aligned}e^{\lambda_1\nu t}|u(t)|^2 &\leqslant |u(0)|^2+\frac{|f|^2}{\lambda_1\nu}\int_0^t e^{\lambda_1\nu s}ds \\ &= |u(0)|^2+\frac{|f|^2}{(\lambda_1\nu)^2}(e^{\lambda_1\nu t}-1),\end{aligned}$$

即有

$$\begin{aligned}|u(t)|^2 &\leqslant |u_0|^2e^{-\lambda_1\nu t}+\frac{|f|^2}{(\lambda_1\nu)^2}(1-e^{-\lambda_1\nu t}) \\ &\leqslant (2\rho_0)^2e^{-1}+\frac{|f|^2}{(\lambda_1\nu)^2} \\ &\leqslant (2\rho_0)^2e^{-1}+\left(\frac{\rho_0}{2}\right)^2 \\ &< (2\rho_0)^2, \quad \forall t \geqslant \frac{1}{\lambda_1\nu},\end{aligned}$$

或写为

$$|u(t)| < 2\rho_0, \quad \forall t \geqslant \frac{1}{\lambda_1\nu}. \tag{3.5.5}$$

再次利用 (3.5.1), 可得

$$\frac{1}{2}\frac{d}{dt}\|u\|^2+\nu|Au| = (f, Au) \leqslant |f||Au| \leqslant \frac{\nu}{2}|Au|^2+\frac{1}{2\nu}|f|^2.$$

又因为 $|Au|^2 \geqslant \lambda_1 |A^{\frac{1}{2}}u|^2 = \lambda_1 \|u\|^2$, 结合上式, 成立

$$\frac{d}{dt}\|u\|^2 + \nu\lambda_1\|u\|^2 \leqslant \frac{1}{\nu}|f|^2,$$

即有

$$\frac{d}{dt}(e^{\lambda_1\nu t}\|u\|^2) \leqslant \frac{1}{\nu}e^{\lambda_1\nu t}|f|^2.$$

进一步成立

$$\begin{aligned}\|u(t)\|^2 &\leqslant \|u_0\|^2 e^{-\lambda_1\nu t} + \frac{|f|^2}{\lambda_1\nu^2}(1-e^{-\lambda_1\nu t}) \\ &\leqslant (2\rho_1)^2 e^{-1} + \frac{|f|^2}{\lambda_1\nu^2} \\ &= (2\rho_1)^2 e^{-1} + \left(\frac{\rho_1}{2}\right)^2 \\ &< (2\rho_1)^2, \quad \forall t \geqslant \frac{1}{\lambda_1\nu}.\end{aligned}$$

即

$$\|u(t)\| < 2\rho_1, \quad \forall t \geqslant \frac{1}{\lambda_1\nu}. \tag{3.5.6}$$

由 (3.5.5) 式、(3.5.6) 式, 可知

$$S(t)u_0 = u(t) \in B_0, \quad \forall t \geqslant \frac{1}{\lambda_1\nu}.$$

说明 (3.5.4) 式成立.

根据 Grashof 数 $G := \dfrac{|f|}{\lambda\nu^2}$, 集合 B_0 可以重写为

$$B_0 = \{u \in V;\ |u| \leqslant 4G\nu \text{ 且 } \|u\| \leqslant 4G\nu\lambda^{\frac{1}{2}}\}.$$

下面对非线性项 $B(u,u)$ 建立 (3.3.11) 式估计, 即

$$|B(u,u) - B(v,v)| \leqslant c_0|A^{\beta}(u-v)|, \quad \forall u, v \in X,$$

其中 $\beta \in \left(0, \dfrac{1}{2}\right]$, X 是 B_0 中的一个紧的不变子集, 且在 $D(A)$ 中是有界的. 需要证明 X 的存在性, 为此, 进一步要求 $f \in V$, 而不能仅仅假定 $f \in H$.

引理 3.5.1 设 $f \in V$, $u \in B_0$ 且 u 是 (3.5.1) 的解, 则对任意的 $t \geqslant \frac{1}{\nu\lambda_1}$, 成立

$$|Au(t)| \leqslant c_2 G^2 \nu\lambda_1,$$

其中 c_2 仅依赖于 (3.5.3) 中的常数 c_1, 以及 f 的波形因数 S_f : $S_f = \frac{\|f\|}{\sqrt{\lambda_1}|f|}$.

证明 由于 $f \in H$ 时, 解算子: $S(t) : H \to D(A)$; 当 $f \in V$ 时, $S(t) : V \to D(A^{\frac{3}{2}})$, $t > 0$. 由 (3.5.1) 式, $\forall t > 0$, 成立

$$\begin{aligned}
\frac{1}{2}\frac{d}{dt}|Au|^2 + \nu|A^{\frac{3}{2}}u|^2 &= (-B(u,u), A^2u) + (f, A^2u) \\
&= -(B(Au,u), Au) + (A^{\frac{1}{2}}f, A^{\frac{3}{2}}u) \\
&\leqslant |Au|_{L^4}^2\|u\| + (A^{\frac{1}{2}}f, A^{\frac{3}{2}}u) \\
&\leqslant c_1|Au|\|Au\|\|u\| + |A^{\frac{1}{2}}f||A^{\frac{3}{2}}u| \\
&\leqslant 2c_1\rho_1|Au||A^{\frac{3}{2}}u| + \|f\||A^{\frac{3}{2}}u| \\
&\leqslant \frac{\nu}{2}|A^{\frac{3}{2}}u| + \frac{4c_1^2\rho_1^2}{\nu}|Au|^2 + \frac{1}{\nu}\|f\|^2,
\end{aligned}$$

其中用到 $u(t) \in B_0$, $\forall t \geqslant 0$; $|A^{\frac{1}{2}}f| = \|f\|$, $|A^{\frac{3}{2}}u| = |A^{\frac{1}{2}}Au| = \|Au\|$, 以及

$$|Au|_{L^4}^2 \leqslant c_1|Au||\nabla Au| = c_1|Au|\|Au\|, \quad |A^{\frac{3}{2}}u|^2 \geqslant \lambda_1|Au|^2.$$

由上述估计式, $\forall t \geqslant 0$, 成立

$$\begin{aligned}
\frac{d}{dt}|Au|^2 + \nu\lambda_1|Au|^2 &\leqslant \frac{8c_1^2\rho_1^2}{\nu}|Au|^2 + \frac{2}{\nu}\|f\|^2 \\
&= 32c_1^2G^2\nu\lambda_1|Au|^2 + 2S_f^2\nu^3\lambda_1^3G^2, \qquad (3.5.7)
\end{aligned}$$

其中用到 $G = \frac{|f|}{\nu^2\lambda_1}$ 表示 Grashof 数, 以及

$$\rho_1 = \frac{2|f|}{\nu\lambda_1^{\frac{1}{2}}} = 2G\nu\lambda^{\frac{1}{2}}, \quad \|f\| = \sqrt{\lambda_1}S_f|f| = S_f\nu^2\lambda_1^{\frac{3}{2}}G.$$

由 (3.5.7) 式, $\forall t > 0$, 成立

$$\frac{d}{dt}|Au|^2 \leqslant 32c_1^2G^2\nu\lambda_1|Au|^2 + 2S_f^2\nu^3\lambda_1^3G^2.$$

从而对任意的 $0 < t_0 \leqslant t$, 成立

$$|Au(t)|^2 \leqslant |Au(t_0)|^2 + 32c_1^2G^2\nu\lambda_1 \int_{t_0}^t |Au(s)|^2 ds + 2S_f^2\nu^3\lambda_1^3G^2(t-t_0). \quad (3.5.8)$$

下面估计 $\int_{t_0}^t |Au(s)|^2 ds$.

利用 (3.5.1) 式, 可得

$$\begin{aligned}\frac{1}{2}\frac{d}{dt}\|u\|^2 + \nu|Au|^2 &= (f, Au)\\ &\leqslant |f||Au|\\ &\leqslant \frac{\nu}{2}|Au|^2 + \frac{1}{2\nu}|f|^2, \quad \forall t > 0.\end{aligned}$$

说明

$$\frac{d}{dt}\|u\|^2 + +\nu|Au|^2 \leqslant \frac{|f|^2}{\nu} = G^2\nu^3\lambda_1^2, \quad \forall t > 0.$$

对任意的 $0 < t_0 \leqslant t$, 由上式可得

$$\begin{aligned}\|u(t)\|^2 + \nu\int_{t_0}^t |Au(s)|^2 ds &\leqslant \|u(t_0)\|^2 + G^2\nu^3\lambda_1^2(t-t_0)\\ &\leqslant (2\rho_1)^2 + G^2\nu^3\lambda_1^2(t-t_0)\\ &= 16G^2\nu^2\lambda_1 + G^2\nu^3\lambda_1^2(t-t_0),\end{aligned}$$

这里用到 $\rho_1 = \frac{2|f|}{\nu\lambda_1^{\frac{1}{2}}} = 2G\nu\lambda_1^{\frac{1}{2}}$.

从而对任意的 $0 < t_0 \leqslant t < t_0 + \frac{1}{\nu\lambda_1}$, 成立

$$\begin{aligned}\int_{t_0}^t |Au(s)|^2 ds &\leqslant 16G^2\nu\lambda_1 + (G\nu\lambda_1)^2\frac{1}{\nu\lambda_1}\\ &= 17G^2\nu\lambda_1. \quad (3.5.9)\end{aligned}$$

将上式代入 (3.5.8) 式中, 对任意的 $0 < t_0 \leqslant t < t_0 + \frac{1}{\nu\lambda_1}$, 成立

$$|Au(t)|^2 \leqslant |Au(t_0)|^2 + 32c_1^2G^2\nu\lambda_1(17G^2\nu\lambda_1) + 2S_f^2\nu^3\lambda_1^3G^2\left(\frac{1}{\nu\lambda_1}\right)$$

$$= |Au(t_0)|^2 + c'c_1^2(G^2\nu\lambda_1)^2 + 2S_f^2\nu^2\lambda_1^2G^2. \tag{3.5.10}$$

对于 (3.5.10) 中的 $0 < t_0 \leqslant t < t_0 + \dfrac{1}{\nu\lambda_1}$, 可知 $t - \dfrac{1}{\nu\lambda_1} < t_0 \leqslant t$. 由 (3.5.9), (3.5.10), $\forall t \geqslant \dfrac{1}{\nu\lambda_1}$, 可得

$$\begin{aligned}\frac{1}{\nu\lambda_1}|Au(t)|^2 &\leqslant \int_{t-\frac{1}{\nu\lambda_1}}^{t} |Au(t_0)|^2 dt_0 + c'c_1^2G^4\nu\lambda_1 + 2S_f^2\nu\lambda_1G^2 \\ &\leqslant 17G^2\nu\lambda_1 + c'c_1^2G^4\nu\lambda_1 + 2S_f^2\nu\lambda_1G^2.\end{aligned}$$

因此, 对任意的 $0 < t_0 \leqslant t < t_0 + \dfrac{1}{\nu\lambda_1}$ 且 $t \geqslant \dfrac{1}{\nu\lambda_1}$, 成立

$$|Au(t)|^2 \leqslant c''(G\nu\lambda_1)^2(1 + G^2 + S_f^2). \tag{3.5.11}$$

对于任意的 $t \geqslant \dfrac{1}{\nu\lambda_1}$, 由于 $\left[\dfrac{1}{\nu\lambda_1}, \infty\right) = \bigcup\limits_{k=1}^{\infty}\left[\dfrac{k}{\nu\lambda_1}, \dfrac{k}{\nu\lambda_1} + \dfrac{1}{\nu\lambda_1}\right)$, 可知, 存在 $k \geqslant 1$, 使得

$$\frac{k}{\nu\lambda_1} \leqslant t < \frac{k}{\nu\lambda_1} + \frac{1}{\nu\lambda_1}.$$

利用 (3.5.11) 式 $\left(其中取\ t_0 = \dfrac{k}{\nu\lambda_1}\right)$, 可得

$$|Au(t)|^2 \leqslant c''(G\nu\lambda_1)^2(1 + G^2 + S_f^2), \quad \forall t \geqslant \frac{1}{\nu\lambda_1}. \tag{3.5.12}$$

由于 $S_f = \dfrac{\|f\|}{\sqrt{\lambda_1}|f|} \geqslant 1$, $G = \dfrac{|f|}{\nu^2\lambda_1}$, 以及黏性系数 ν 一般比较小, 通常可理解为 $S_f \leqslant G$. 故由 (3.5.12) 式, 对任意 $t \geqslant \dfrac{1}{\nu\lambda_1}$, 成立

$$|Au(t)| \leqslant c_2G^2\nu\lambda_1. \qquad \square$$

令 $X = \overline{\bigcup\limits_{s \geqslant \frac{1}{\nu\lambda_1}} S(s)B_0}$. 则 X 是 B_0 中的一个紧的, 不变子集, 即 $X \subseteq B_0$ 是紧集且 $S(t)X \subseteq X$, $\forall t \geqslant 0$. 事实上, 由 (3.5.4) 式, $S(s)B_0 \subseteq B_0$, $\forall s \geqslant \dfrac{1}{\nu\lambda_1}$. 从而可得

$$\bigcup_{s \geqslant \frac{1}{\nu\lambda_1}} S(s)B_0 \subseteq B_0.$$

又因 B_0 是闭集, 故 $X \subseteq B_0$. $\forall t \geqslant 0$, 成立

$$
\begin{aligned}
S(t)X &= S(t)\left(\overline{\bigcup_{s\geqslant \frac{1}{\nu\lambda_1}} S(s)B_0}\right) \\
&\subseteq \overline{S(t)\left(\bigcup_{s\geqslant \frac{1}{\nu\lambda_1}} S(s)B_0\right)} \\
&= \overline{\bigcup_{s\geqslant \frac{1}{\nu\lambda_1}} S(t+s)B_0} \\
&= \overline{\bigcup_{\tau\geqslant t+\frac{1}{\nu\lambda_1}} S(\tau)B_0} \\
&\subseteq \overline{\bigcup_{\tau\geqslant \frac{1}{\nu\lambda_1}} S(\tau)B_0} = X,
\end{aligned}
$$

即 $S(t)X \subseteq X$, $\forall t \geqslant 0$. 下面估计: $t \geqslant 0$, $S(t): X \longrightarrow X$ 的 Lipschitz 常数.

假定 $u_{01}, u_{02} \in X$, 则 $S(t)u_{01}, S(t)u_{02} \in X$ 是方程 (3.5.1) 的两个解, 令

$$
w(t) = u_1(t) - u_2(t), \quad \overline{u}(t) = \frac{1}{2}(u_1(t) + u_2(t)).
$$

简单计算表明, w 满足

$$
\partial_t w + \nu A w + B(\overline{u}, w) + B(w, \overline{u}) = 0, \tag{3.5.13}
$$

$$
w(0) = u_{01} - u_{02}.
$$

由 (3.5.13) 知

$$
\begin{aligned}
\frac{1}{2}\frac{d}{dt}|w|^2 + \nu\|w\|^2 &= -(B(w,\overline{u}), w) \\
&\leqslant c_1|w|\|w\|\|\overline{u}\| \\
&\leqslant \frac{\nu}{2}\|w\|^2 + \frac{c_1^2}{2\nu}|w|^2\|\overline{u}\|^2 \\
&\leqslant \frac{\nu}{2}\|w\|^2 + \frac{c_1^2}{2\nu}(2\rho_1)^2|w|^2,
\end{aligned}
$$

这里用到 (3.5.3) 中的第一个估计式, 以及 $\overline{u} \in B_0$, $\|\overline{u}\| \leqslant 2\rho_1$.

从而成立

$$\frac{d}{dt}|w|^2+\nu\|w\|^2\leqslant 16c_1^2(G^2\nu\lambda_1)|w|^2,\quad \forall t\geqslant 0,$$

这里用到 $\rho_1=2G\nu\lambda_1^{\frac{1}{2}}$.

进一步,

$$\frac{d}{dt}(|w|^2e^{-16c_1^2G^2\nu\lambda_1 t})\leqslant 0,\ \ \forall t\geqslant 0.$$

可得

$$|w(t)|^2\leqslant e^{16c_1^2G^2\nu\lambda_1 t}|w(0)|^2,\ \ \forall t\geqslant 0.$$

即 $\forall t\geqslant 0$, 成立

$$|S(t)u_{01}-S(t)u_{02}|\leqslant e^{8c_1^2G^2\nu\lambda_1 t}|u_{01}-u_{02}|,\quad \forall u_{01},\ u_{02}\in X.$$

说明

$$\mathrm{Lip}_X(S(t))\leqslant e^{8c_1^2G^2\nu\lambda_1 t},\ \ \forall t\geqslant 0.$$

令 $\lambda(t)=\dfrac{\|w(t)\|^2}{|w(t)|^2}$. 利用

$$\frac{1}{2}\frac{d}{dt}|w|^2+\nu\|w\|^2=-(B(w,\overline{u}),w),$$

可知成立

$$\begin{aligned}\frac{1}{2}\frac{d}{dt}|w|^2+\nu\lambda(t)|w|^2&\leqslant c_1|w|\|w\|\|\overline{u}\|\\&=c_1\lambda^{\frac{1}{2}}(t)|w|^2\|\overline{u}\|\\&\leqslant c_1 2\rho_1\lambda^{\frac{1}{2}}(t)|w|^2\\&=(4c_1G\nu\lambda_1^{\frac{1}{2}})\lambda^{\frac{1}{2}}(t)|w|^2,\end{aligned}$$

即有

$$\frac{d}{dt}|w|^2+2\big(\nu\lambda(t)-(4c_1G\nu\lambda^{\frac{1}{2}})\lambda^{\frac{1}{2}}(t)\big)|w|^2\leqslant 0.$$

简单计算可知

$$|w(t)|\leqslant\delta(t)|w(0)|,$$

其中

$$\delta(t)=e^{-\nu\int_0^t[\lambda(\tau)-(2c_1G\lambda^{\frac{1}{2}})\lambda^{\frac{1}{2}}(\tau)]d\tau}.$$

需要验证挤压性质, 即存在整数 N_0, 使得

$$|Q_{N_0}w(t_*)| > |P_{N_0}w(t_*)|,$$

蕴含着

$$|w(t_*)| \leqslant \delta(t_*)|w(0)|,$$

其中 $\delta(t_*) < \dfrac{1}{8}$, 这里的 $t_* > 0$ 是需要证明存在的, $\delta(t_*) = \delta(t)|_{t=t_*}$.

记 $\lambda_* = \lambda(t_*) = \dfrac{\|w(t_*)\|^2}{|w_*|^2}$, 则

$$\begin{aligned}
\lambda_* &= \frac{\|P_{N_0}w(t_*) + Q_{N_0}w(t_*)\|^2}{|P_{N_0}w(t_*) + Q_{N_0}w(t_*)|^2} \\
&= \frac{\|P_{N_0}w(t_*)\|^2 + \|Q_{N_0}w(t_*)\|^2}{|P_{N_0}w(t_*)|^2 + |Q_{N_0}w(t_*)|^2} \\
&> \frac{\|Q_{N_0}w(t_*)\|^2}{2|Q_{N_0}w(t_*)|^2} \\
&= \frac{1}{2}\frac{(A^{\frac{1}{2}}Q_{N_0}w(t_*), A^{\frac{1}{2}}Q_{N_0}w(t_*))}{|Q_{N_0}w(t_*)|^2} \\
&= \frac{1}{2}\frac{(AQ_{N_0}w(t_*), Q_{N_0}w(t_*))}{|Q_{N_0}w(t_*)|^2} \\
&\geqslant \frac{1}{2}\lambda_{N_0+1}.
\end{aligned}$$

为了证明挤压性质成立, 记 $\xi(t) = \dfrac{w(t)}{|w(t)|}$, 考虑商范数 $\lambda(t) = \dfrac{\|w(t)\|^2}{|w(t)|^2}$ 满足的方程

$$\begin{aligned}
\frac{1}{2}\frac{d}{dt}\lambda(t) &= \frac{1}{2}\frac{d}{dt}\frac{\|w(t)\|^2}{|w(t)|^2} \\
&= \frac{1}{2}\frac{d}{dt}((A^{\frac{1}{2}}w, A^{\frac{1}{2}}w)(w,w)^{-1}) \\
&= (A^{\frac{1}{2}}\partial_t w, A^{\frac{1}{2}}w)(w,w)^{-1} - (A^{\frac{1}{2}}w, A^{\frac{1}{2}}w)(w,w)^{-2}(\partial_t w, w) \\
&= \frac{(\partial_t w, Aw)}{|w|^2} - \frac{\|w\|^2}{|w|^4}(\partial_t w, w) \\
&= \frac{(\partial_t w, Aw)}{|w|^2} - \frac{\lambda(t)}{|w|^2}(\partial_t w, w)
\end{aligned}$$

$$= \frac{1}{|w|^2}(\partial_t w, (A - \lambda(t))w). \tag{3.5.14}$$

利用 (3.5.13) 式:

$$\partial_t w = -\big(\nu A w + B(\overline{u}, w) + B(w, \overline{u})\big),$$

以及 $w = |w|\xi$, 可知

$$\begin{aligned}
&\frac{1}{|w|^2}(\partial_t w, (A - \lambda(t))w) \\
&= -\frac{1}{|w|^2}\big(\nu(Aw, (A - \lambda(t))w) + (B(\overline{u}, w) + B(w, \overline{u}), (A - \lambda(t))w)\big) \\
&= -\nu(A\xi, (A - \lambda(t))\xi) - (B(\overline{u}, \xi) + B(\xi, \overline{u}), (A - \lambda(t))\xi) \\
&= -\nu|(A - \lambda(t))\xi|^2 - (B(\overline{u}, \xi) + B(\xi, \overline{u}), (A - \lambda(t))\xi) \\
&\leqslant -\frac{\nu}{2}|(A - \lambda(t))\xi|^2 + \frac{1}{\nu}(|B(\overline{u}, \xi)|^2 + |B(\xi, \overline{u})|^2).
\end{aligned} \tag{3.5.15}$$

上述证明过程中用到下述事实:

$$\begin{aligned}
(\lambda\xi, (A - \lambda(t))\xi) &= \lambda(\xi, A\xi) - \lambda^2|\xi|^2 \\
&= \lambda(A^{\frac{1}{2}}\xi, A^{\frac{1}{2}}\xi) - \lambda^2|\xi|^2 \\
&= \lambda\|\xi\|^2 - \lambda^2|\xi|^2 \\
&= \lambda\frac{\|w\|^2}{|w|^2} - \lambda^2 \\
&= \lambda^2 - \lambda^2 = 0.
\end{aligned}$$

将 (3.5.15) 式代入 (3.5.14) 式中, 可得

$$\frac{d}{dt}\lambda(t) \leqslant -\nu|(A - \lambda(t))\xi|^2 + \frac{2}{\nu}(|B(\overline{u}, \xi)|^2 + |B(\xi, \overline{u})|^2). \tag{3.5.16}$$

下面估计 $|B(\xi, \overline{u})|$, $|B(\overline{u}, \xi)|$.

$$\begin{aligned}
|B(\xi, \overline{u})| &\leqslant |\xi \cdot \nabla\overline{u}| \\
&\leqslant \|\xi\|_{L^4}\|\nabla\overline{u}\|_{L^4} \\
&\leqslant c_1|\xi|^{\frac{1}{2}}\|\xi\|^{\frac{1}{2}}\|\overline{u}\|^{\frac{1}{2}}|A\overline{u}|^{\frac{1}{2}} \\
&= c_1\lambda^{\frac{1}{4}}(t)(2\rho_1)^{\frac{1}{2}}|A\overline{u}|^{\frac{1}{2}},
\end{aligned} \tag{3.5.17}$$

$$
\begin{aligned}
|B(\overline{u},\xi)| &\leqslant |\overline{u}\cdot\nabla\xi| \\
&\leqslant \|\overline{u}\|_{L^\infty}\|\xi\| \\
&\leqslant c_2\left(\log\frac{|A\overline{u}|^2}{\lambda_1\|\overline{u}\|^2}+1\right)^{\frac{1}{2}}\|\overline{u}\|\|\xi\| \\
&= c_2\left(\log\frac{|A\overline{u}|^2}{\lambda_1\|\overline{u}\|^2}+1\right)^{\frac{1}{2}}\|\overline{u}\|\lambda^{\frac{1}{2}}(t). \qquad (3.5.18)
\end{aligned}
$$

上述证明过程中用到如下不等式:

$$
\|\overline{u}\|_{L^\infty(Q)} \leqslant c_2\left(\log\frac{|A\overline{u}|^2}{\lambda_1\|\overline{u}\|^2}+1\right)^{\frac{1}{2}}\|\overline{u}\|. \qquad (3.5.19)
$$

事实上, 设 $\Omega\subset\mathbb{R}^2$ 为具有紧致边界的区域 (例如 Ω 为有界区域或外区域), 则成立 (见 [3])

$$
\|v\|_{L^\infty(\Omega)} \leqslant C(1+\sqrt{\log(1+\|v\|_{H^2})}),\quad \forall v\in H^2(\Omega):\|v\|_{H^1}\leqslant 1.
$$

用 $\dfrac{v}{\|v\|_{H^1}}$ 代替 v, 可得

$$
\|v\|_{L^\infty(\Omega)} \leqslant C\left(1+\sqrt{\log\left(1+\frac{\|v\|_{H^2}}{\|v\|_{H^1}}\right)}\right)\|v\|_{H^1},\quad \forall v\in H^2(\Omega). \qquad (3.5.20)
$$

对于 $\overline{u}$ 而言, 有 $\|\overline{u}\|_{H^2(Q)}=|A\overline{u}|$, $\|\overline{u}\|_{H^1}=\|\overline{u}\|$. 此外, $|A\overline{u}|^2\geqslant\lambda_1\|\overline{u}\|$. 因此

$$
\begin{aligned}
1+\frac{\|\overline{u}\|_{H^2}}{\|\overline{u}\|_{H^1}} &= 1+\frac{|A\overline{u}|}{\|\overline{u}\|} \\
&\leqslant 1+\lambda_1+\frac{|A\overline{u}|}{\lambda_1\|\overline{u}\|} \\
&\leqslant (1+\lambda_1)\frac{|A\overline{u}|}{\lambda_1\|\overline{u}\|}+\frac{|A\overline{u}|}{\lambda_1\|\overline{u}\|} \\
&= (2+\lambda_1)\frac{|A\overline{u}|}{\lambda_1\|\overline{u}\|}.
\end{aligned}
$$

进一步, 成立

$$
1+\sqrt{\log\left(1+\frac{|A\overline{u}|}{\|\overline{u}\|}\right)} \leqslant \left(1+\log\left(1+\frac{|A\overline{u}|}{\|\overline{u}\|}\right)\right)^{\frac{1}{2}}
$$

$$\leqslant \left(1+\log(2+\lambda_1)+\log\frac{|A\overline{u}|^2}{\lambda_1\|\overline{u}\|^2}\right)^{\frac{1}{2}}$$

$$\leqslant \left(1+\log(2+\lambda_1)\right)^{\frac{1}{2}}\left(1+\log\frac{|A\overline{u}|^2}{\lambda_1\|\overline{u}\|^2}\right)^{\frac{1}{2}}.$$

从而, 在 (3.5.20) 中用 $\overline{u}$ 代替 v, 可得

$$\|\overline{u}\|_{L^\infty(Q)} \leqslant c_2\left(\log\frac{|A\overline{u}|^2}{\lambda_1\|\overline{u}\|^2}+1\right)^{\frac{1}{2}}\|\overline{u}\|,$$

此即为 (3.5.19) 式.

将 (3.5.17), (3.5.18) 代入 (3.5.16) 中, 可得

$$\frac{d}{dt}\lambda(t) \leqslant \frac{4c_1^2\rho_1}{\nu}|A\overline{u}|\lambda^{\frac{1}{2}}(t)+\frac{2c_2^2}{\nu}\left(\log\frac{|A\overline{u}|^2}{\lambda_1\|\overline{u}\|^2}+1\right)\|\overline{u}\|^2\lambda(t). \tag{3.5.21}$$

令

$$g(t)=\frac{2c_1^2\rho_1}{\nu}|A\overline{u}|,\quad f(t)=\frac{c_2^2}{\nu}\left(\log\frac{|A\overline{u}|^2}{\lambda_1\|\overline{u}\|^2}+1\right)\|\overline{u}\|^2.$$

则 (3.5.21) 式可改写为

$$\frac{d}{dt}\sqrt{\lambda(t)} \leqslant g(t)+f(t)\sqrt{\lambda(t)}. \tag{3.5.22}$$

对 (3.5.22) 式, 应用如下 Gronwall 不等式.

设 $0\leqslant y\in C^1([0,\infty))$, α, $\beta\geqslant 0$ 且 α, $\beta\in L^1((0,\infty))$. 假定

$$y'(t)\leqslant \alpha(t)y(t)+\beta(t),\quad \forall t\geqslant 0.$$

则

$$y(t)\leqslant y(t_0)e^{\int_{t_0}^t\alpha(\tau)d\tau}+\int_{t_0}^t\beta(s)e^{\int_s^t\alpha(\tau)d\tau}ds,\quad \forall 0\leqslant t_0\leqslant t<\infty.$$

可知成立

$$\sqrt{\lambda(t)}\leqslant\sqrt{\lambda(t_0)}e^{\int_{t_0}^t f(s)ds}+\int_{t_0}^t g(s)e^{\int_s^t f(\tau)d\tau}ds$$

$$\leqslant e^{\int_{t_0}^t f(s)ds}\left(\sqrt{\lambda(t_0)}+\int_{t_0}^t g(s)ds\right),\quad \forall 0\leqslant t_0\leqslant t<\infty.$$

令 $t=t_*$, $\lambda(t_*)=\lambda_*$. 由上式, 对任意的 $0\leqslant t_0\leqslant t_*$, 成立

$$\sqrt{\lambda(t_0)}\geqslant\sqrt{\lambda_*}e^{-\int_{t_0}^{t_*}f(s)ds}-\int_{t_0}^{t_*}g(s)ds.$$

因此

$$\int_0^{t_*}\sqrt{\lambda(t_0)}dt_0\geqslant\lambda_*^{\frac{1}{2}}\int_0^{t_*}e^{-\int_{t_0}^{t_*}f(s)ds}dt_0-\int_0^{t_*}\int_{t_0}^{t_*}g(s)dsdt_0. \tag{3.5.23}$$

下面估计 (3.5.23) 右端两项.

回忆 (3.5.9) 式: 对于 $\overline{u}\in X$, 成立

$$\int_{t_0}^{t_*}|A\overline{u}(s)|^2\leqslant 17G^2\nu\lambda_1,\ \ 0\leqslant t_0\leqslant t_*.$$

因此

$$\begin{aligned}\int_0^{t_*}\int_{t_0}^{t_*}g(s)dsdt_0&=\frac{2c_1^2\rho_1}{\nu}\int_0^{t_*}\int_{t_0}^{t_*}|A\overline{u}(s)|dsdt_0\\&\leqslant\frac{2c_1^2\rho_1}{\nu}\int_0^{t_*}(t_*-t_0)^{\frac{1}{2}}\left(\int_{t_0}^{t_*}|A\overline{u}(s)|^2ds\right)^{\frac{1}{2}}dt_0\\&\leqslant\frac{2c_1^2\rho_1}{\nu}\int_0^{t_*}(t_*-t_0)^{\frac{1}{2}}(17G^2\nu\lambda_1)^{\frac{1}{2}}dt_0\\&=\frac{2c_1^2}{\nu}(2G\nu\lambda_1^{\frac{1}{2}})(17G^2\nu\lambda_1)^{\frac{1}{2}}\frac{2}{3}t_*^{\frac{3}{2}}\\&=c'c_1^2G^2\nu^{\frac{1}{2}}\lambda_1t_*^{\frac{3}{2}},\end{aligned} \tag{3.5.24}$$

这里用到 $\rho_1=\dfrac{2|f|}{\nu\lambda_1^{\frac{1}{2}}}=2G\nu\lambda_1^{\frac{1}{2}}$.

$$\begin{aligned}\lambda_*^{\frac{1}{2}}\int_0^{t_*}e^{-\int_{t_0}^{t_*}f(s)ds}dt_0&=\lambda_*^{\frac{1}{2}}\int_0^{t_*}e^{-\frac{c_2^2}{\nu}\int_{t_0}^{t_*}\left(\log\frac{|A\overline{u}(s)|^2}{\lambda_1|\overline{u}(s)|^2}+1\right)\|\overline{u}(s)\|^2ds}dt_0\\&\geqslant\lambda_*^{\frac{1}{2}}\int_0^{t_*}e^{-\beta(t_*-t_0)}dt_0\\&=\frac{\lambda_*^{\frac{1}{2}}}{\beta}(1-e^{-\beta t_*}),\end{aligned} \tag{3.5.25}$$

其中

$$\beta = \frac{c_2^2}{\nu} \sup_{u \in X} \left(\|u\|^2 \left(\log \frac{|Au|^2}{\lambda_1 |u|^2} + 1 \right) \right).$$

注意到, 在 (3.5.25) 中, β 越大, 最后一个 “$\geqslant$” 越成立. 故在 (3.5.25) 式中, 我们将取 β 为 $\beta = c_2^2 c_3 G^2 \nu \lambda_1 (\log(G^4 \nu^2 \lambda_1) + 1)$ (见下面的 (3.5.26) 式).

下面估计 β.

对于 $u \in X$, 成立 (见引理 3.5.1)

$$\|u\|^2 \leqslant (2\rho_1)^2 = 16 G^2 \nu^2 \lambda_1, \quad |Au|^2 \leqslant c_2 (G^2 \nu \lambda_1)^2.$$

令

$$\Phi(x, y) = x \left(\log \frac{y}{x} + 1 \right),$$

其中

$$0 \leqslant x \leqslant 16 G^2 \nu^2 \lambda_1, \ \ 0 \leqslant y \leqslant c_2 G^4 \nu^2 \lambda_1.$$

若 $x \geqslant (G^4 \nu^2 \lambda_1)^{-1}$, 则

$$\begin{aligned} \Phi(x, y) &\leqslant 16 G^2 \nu^2 \lambda_1 \big(\log c_2 (G^4 \nu^2 \lambda_1)^2 + 1 \big) \\ &\leqslant c_3 G^2 \nu^2 \lambda_1 \big(\log(G^4 \nu^2 \lambda_1) + 1 \big). \end{aligned}$$

若 $x < (G^4 \nu^2 \lambda_1)^{-1} \leqslant 1$ (论证过程中总假定 $G^4 \nu^2 \lambda_1 > 1$, 见证明完毕后面的注), 则

$$\begin{aligned} \Phi(x, y) &\leqslant x \left(\log y + 1 + \log \frac{1}{x} \right) \\ &\leqslant (\log y + 1) + x \log \frac{1}{x} \\ &\leqslant \log(c_2 G^4 \nu^2 \lambda_1) + 1 + \frac{1}{e} \\ &\leqslant c_3 G^2 \nu^2 \lambda_1 (\log(G^4 \nu^2 \lambda_1) + 1). \end{aligned}$$

上述证明过程用到: $x \log \dfrac{1}{x} \leqslant \dfrac{1}{e}, \forall x \in [0, 1]$.

因此, 上述讨论表明, β 的上界估计为

$$\beta \leqslant c_3 c_2^2 G^2 \nu \lambda_1 (\log(G^4 \nu^2 \lambda_1) + 1). \tag{3.5.26}$$

由 (3.5.23)—(3.5.25) 式, 成立

$$\int_0^{t_*} \sqrt{\lambda(t_0)}dt_0 \geqslant \frac{\lambda_*^{\frac{1}{2}}}{\beta}(1 - e^{-\beta t_*}) - c'c_1^2G^2\nu^{\frac{1}{2}}\lambda_1 t_*^{-\frac{3}{2}}.$$

取 $t_* = \dfrac{1}{\beta}$, 可得

$$\int_0^{t_*} \sqrt{\lambda(t_0)}dt_0 \geqslant \frac{\lambda_*^{\frac{1}{2}}}{\beta}(1 - e^{-1}) - c'c_1^2G^2\nu^{\frac{1}{2}}\lambda_1 \beta^{\frac{3}{2}}. \tag{3.5.27}$$

注意到 $\lambda_* > \dfrac{1}{2}\lambda_{N_0+1} \sim \omega_0 N_0 \lambda_1$, 因此当 N_0 比较大时, $N_0 \gtrsim G^4\nu\lambda_1\beta^{-1}$, 成立

$$\frac{\lambda_*^{\frac{1}{2}}}{\beta}(1-e^{-1}) - c'c_1^2G^2\nu^{\frac{1}{2}}\lambda_1\beta^{-\frac{3}{2}} \geqslant \frac{\lambda_{N_0+1}^{\frac{1}{2}}}{\sqrt{2}\beta}(1-e^{-1}) - c'c_1^2G^2\nu^{\frac{1}{2}}\lambda_1\beta^{-\frac{3}{2}} \geqslant 0. \tag{3.5.28}$$

因此, 利用 (3.5.27) 式和 Hölder 不等式, 可得

$$\begin{aligned}\int_0^{t_*} \lambda(t_0)dt_0 &\geqslant \frac{1}{t_*}\left(\int_0^{t_*} \sqrt{\lambda(t_0)}dt_0\right)^2 \\ &\geqslant \beta\left(\frac{\lambda_*^{\frac{1}{2}}}{\beta}(1 - e^{-1}) - c'c_1^2G^2\nu^{\frac{1}{2}}\lambda_1\beta^{-\frac{3}{2}}\right)^2.\end{aligned}$$

利用 $\delta_* = \delta(t_*)$ 的表达式, 以及 $\lambda_* > \dfrac{1}{2}\lambda_{N_0+1} \backsim \omega_0 N_0 \lambda_1$, 可知

$$\begin{aligned}\delta_* &= e^{-\nu\int_0^{t_*}[\lambda(\tau) - (4c_1G\nu\lambda_1^{\frac{1}{2}})\lambda^{\frac{1}{2}}(\tau)]d\tau} \\ &\leqslant e^{-\frac{\nu}{2}\int_0^{t_*}\lambda(\tau)d\tau + 8c_1^2G^2\nu^2\lambda_1 t_*} \\ &\leqslant e^{-\frac{\nu\beta}{2}[\lambda_*^{\frac{1}{2}}\beta^{-1}(1-e^{-1}) - c'c_1^2G^2\nu^{\frac{1}{2}}\lambda_1\beta^{-\frac{3}{2}}]^2 + 8c_1^2G^2\nu\lambda_1\beta^{-1}} \\ &\leqslant e^{-c_4\nu\beta[\lambda_*\beta^{-2} - c_5G^4\nu\lambda_1^2\beta^{-3}] + 8c_1^2G^2\nu\lambda_1\beta^{-1}} \\ &\leqslant e^{-\frac{c_4}{2}\nu\lambda_{N_0+1}\beta^{-1} + c_6G^4\nu^2\lambda_1^2\beta^{-2} + 8c_1^2G^2\nu\lambda_1\beta^{-1}}.\end{aligned}$$

为了保证 $\delta_* < \dfrac{1}{8}$, 我们可以找到常数 c_7, 以及选取 N_0 使得

$$N_0 \geqslant c_7 \max\left\{\frac{\beta}{\nu\lambda_1},\ \frac{G^4\nu^2\lambda_1^2}{\beta^2}\cdot\frac{\beta}{\nu\lambda_1},\ \frac{G^2\nu\lambda_1}{\beta}\cdot\frac{\beta}{\nu\lambda_1},\ G^4\nu\lambda_1\beta^{-1}\right\}$$

$$= c_7 \max\left\{\frac{\beta}{\nu\lambda_1},\ \frac{G^4\nu\lambda_1}{\beta},\ G^2\right\}. \tag{3.5.29}$$

利用 $\beta = c_3c_2^2G^2\nu\lambda_1(\log G^4\nu^2\lambda_1 + 1)$, 可知

$$\frac{\beta}{\nu\lambda_1} = c_2^2c_3G^2(\log G^4\nu^2\lambda_1 + 1),$$

$$\frac{G^4\nu\lambda_1}{\beta} = \frac{G^2}{c_2^2c_3(\log G^4\nu^2\lambda_1 + 1)}.$$

结合 (3.5.29), 可以选取如下 N_0:

$$N_0 \geqslant c_8G^2(\log G^4\nu^2\lambda_1 + 1). \tag{3.5.30}$$

进一步, 对于 $t = t_* = \dfrac{1}{\beta}$, 利用已证结论:

$$\mathrm{Lip}_X(S(t)) \leqslant e^{8c_1^2G^2\nu\lambda_1 t},\quad \forall t > 0.$$

可知算子 $S_* = S(t_*)$ 的 Lipschitz 常数 L_* 的上界估计, 即

$$L_* = \mathrm{Lip}_X(S_*) \leqslant e^{8c_1^2G^2\nu\lambda_1 t_*} = e^{\frac{8c_1^2G^2\nu\lambda_1}{c_2^2c_3G^2\nu\lambda_1(\log G^4\nu^2\lambda_1+1)}}$$
$$= e^{\frac{8c_1^2}{c_2^2c_3(\log G^4\nu^2\lambda_1+1)}} \leqslant e^{\frac{8c_1^2}{c_2^2c_3}} = e^{c_{10}}.$$

在 (3.5.30) 中, 取 $N_0 = 2\big(c_8G^2(\log G^4\nu^2\lambda_1 + 1)\big)$. 由命题 3.3.2 的证明过程知, $d_F(\mathcal{M}) \leqslant d_F(\mathcal{M}_*) + 1$, 以及

$$d_F(\mathcal{M}_*) \leqslant N_0 \max\{1, c_5\} \leqslant 2c_8 \max\{1, c_5\}G^2(\log G^4\nu^2\lambda_1 + 1),$$

从而

$$d_F(\mathcal{M}) \leqslant c_8'G^2(\log G^4\nu^2\lambda_1 + 1).$$

注 在上述证明过程中, 假定了 $G^2\nu^2\lambda_1 > 1$. 利用 Grashof 数定义, 若 $\min\{G, |f|\} > 1$, 自然成立 $G^2\nu^2\lambda_1 > 1$.

将上述结果总结如下:

命题 3.5.2 设 $f \in V$, 则带有周期边值条件的二维 Navier-Stokes 方程 (3.5.1) 存在一个指数分形吸引子 $\mathcal{M} \subseteq X$, 其分形维数 $d_F(\mathcal{M})$ 有如下估计:

$$d_F(\mathcal{M}) \leqslant c_8'G^2(\log G^4\nu^2\lambda_1 + 1),$$

其中 $G=\dfrac{|f|}{\nu^2\lambda_1}$ 是 Grashof 数, 常数 c_8' 依赖于波形因子 $S_f=\dfrac{\|f\|}{\sqrt{\lambda_1}|f|}$. 此外, 由命题 3.3.2 的证明过程可知, 指数吸引子 $\mathcal{M}$ 的收敛速率估计如下:

$$\operatorname{dist}(S(t)X,\mathcal{M})\leqslant c_{11}\delta_*^{\frac{t}{t_*}}=c_{11}\delta_*^{\beta t}=c_{11}e^{-\beta t\log\frac{1}{\delta_*}}\leqslant c_{11}e^{-\beta t\log 8},\quad \forall t\geqslant 0.$$

这里 $\beta=c_2^2c_3G^2\nu\lambda_1(\log G^4\nu^2\lambda_1+1)$, 并且用到 $\delta_*<\dfrac{1}{8}$.

3.5.2　三维 Navier-Stokes 方程的指数吸引子

对于三维 Navier-Stokes 方程, 整体光滑解的存在性还是没有解决的一个重大问题, 甚至整体弱解的唯一性也是不清楚的. 只有解决这些问题, 才有可能考虑指数吸引子的存在性问题. 为此, 总将三维 Navier-Stokes 方程的解 u 限制在 $L^\infty(0,\infty;V)$ 中有界, 即 $u\in L^\infty(0,\infty;V)$ 且 $\|u\|_{L^\infty(0,\infty;V)}\leqslant C<+\infty$. 利用经典 Navier-Stokes 方程正则性理论, 我们知道 $u\in L^\infty(0,\infty;V)\cap L^2(0,\infty;D(A))$ 是强解且关于时空变量是光滑的, 自然地假定存在不变集 $X\subseteq V$ 且 X 在 V 中有界, 在 H 中是闭的.

考虑三维不可压缩 Navier-Stokes 方程:

$$\partial_t u+\nu Au+B(u,u)=f, \tag{3.5.31}$$

$$u(0)=u_0, \tag{3.5.32}$$

其中 $u_0\in X$, $f\in H$. 记 Reynolds 数 $\overline{Re}$ 定义如下:

$$\overline{Re}=\frac{1}{\nu\lambda_1^{\frac{1}{2}}}\sup_{u\in X}\sup_{x\in\Omega}|u(x)|,$$

以及 Grashof 数定义如下:

$$G=\frac{|f|}{\nu^2\lambda_1^{\frac{3}{4}}}.$$

由方程 (3.5.31), 可得

$$\begin{aligned}\frac{1}{2}\frac{d}{dt}|u|^2+\nu\|u\|^2&=(f,u)\\&\leqslant|f||u|\leqslant\frac{\nu\lambda_1}{2}|u|^2+\frac{|f|^2}{2\nu\lambda_1}.\end{aligned}$$

由于 $\|u\|^2\geqslant\lambda_1|u|^2$, 由上式可得

$$\frac{d}{dt}|u|^2+\nu\lambda_1|u|^2\leqslant\frac{|f|^2}{\nu\lambda_1}.$$

简单计算可得

$$|u(t)|^2 \leqslant |u_0|^2 e^{-\nu\lambda_1 t} + \frac{|f|^2}{(\nu\lambda_1)^2}(1 - e^{-\nu\lambda_1 t}), \quad \forall t \geqslant 0. \tag{3.5.33}$$

由于 $u_0 \in X$, X 在 V 中是有界的. 故存在 $c_0 = c_0(X)$, 使得 $\|u_0\| \leqslant c_0$. 从而

$$|u_0|^2 \leqslant \frac{\|u_0\|^2}{\lambda_1} \leqslant \frac{c_0^2}{\lambda_1}.$$

另一方面, 由 $G = \dfrac{|f|}{\nu^2\lambda_1^{\frac{3}{4}}}$, 可知 $|f| = G\nu^2\lambda_1^{\frac{3}{4}}$. 结合 (3.5.33) 式, 可得

$$|u(t)|^2 \leqslant \frac{c_0^2}{\lambda_1} e^{-\nu\lambda_1 t} + G^2\nu^2\lambda_1^{-\frac{1}{2}}, \quad \forall t \geqslant 0,$$

即有

$$|u(t)| \leqslant \frac{c_0}{\sqrt{\lambda_1}} e^{-\frac{\nu\lambda_1 t}{2}} + G\nu\lambda_1^{-\frac{1}{4}}, \quad \forall t \geqslant 0.$$

令

$$\frac{c_0}{\sqrt{\lambda_1}} e^{-\frac{\nu\lambda_1 t_0}{2}} = G\nu\lambda_1^{-\frac{1}{4}},$$

可得

$$t_0 = \frac{2}{\nu\lambda_1} \log \frac{c_0}{G\nu\lambda_1^{\frac{1}{4}}}.$$

因此, 对任意的 $t \geqslant t_0$, 由 (3.5.33) 式, 成立

$$|u(t)| \leqslant 2G\nu\lambda_1^{-\frac{1}{4}}. \tag{3.5.34}$$

再次利用方程 (3.5.31), 可得

$$\begin{aligned}
\frac{1}{2}\frac{d}{dt}\|u\|^2 + \nu|Au|^2 &= (f, Au) - (B(u,u), Au) \\
&\leqslant |f||Au| + |B(u,u)||Au| \\
&\leqslant |f||Au| + \|u\|_{L^\infty}\|u\||Au| \\
&\leqslant \frac{\nu}{4}|Au|^2 + \frac{|f|^2}{\nu} + \overline{Re}(\nu\lambda_1^{\frac{1}{2}})|u|^{\frac{1}{2}}|Au|^{\frac{3}{2}} \\
&\leqslant \frac{\nu}{2}|Au|^2 + \frac{|f|^2}{\nu} + \frac{c_1}{8}\overline{Re}^4\nu\lambda_1^2|u|^2.
\end{aligned}$$

将 (3.5.34) 代入上式, 成立

$$\begin{aligned}\frac{d}{dt}\|u\|^2 + +\nu|Au|^2 &\leqslant \frac{2}{\nu}|f|^2 + \frac{c_1}{4}\overline{Re}^4\nu\lambda_1^2(2G\nu\lambda_1^{-\frac{1}{4}})^2 \\ &= 2G^2\nu^3\lambda_1^{\frac{3}{2}} + c_1\overline{Re}^4 G^2\nu^3\lambda_1^{\frac{3}{2}} \\ &= G^2\nu^3\lambda_1^{\frac{3}{2}}(2 + c_1\overline{Re}^4) \triangleq K, \quad \forall t \geqslant t_0.\end{aligned}$$

由于 $|Au|^2 \geqslant \lambda_1\|u\|^2$, 结合上式, 可知

$$\frac{d}{dt}\|u\|^2 + \nu\lambda_1\|u\|^2 \leqslant K, \quad \forall t \geqslant t_0.$$

从而成立

$$\begin{aligned}\|u(t)\|^2 &\leqslant \|u_0\|^2 e^{-\nu\lambda_1 t} + \frac{K}{\nu\lambda_1}(1 - e^{-\nu\lambda_1 t}) \\ &\leqslant c_0^2 e^{-\nu\lambda_1 t} + \frac{K}{\nu\lambda_1}, \quad \forall t \geqslant t_0.\end{aligned} \tag{3.5.35}$$

令 $c_0^2 e^{-\nu\lambda_1 t} = \dfrac{K}{\nu\lambda_1}$, 可得

$$\begin{aligned}t &= \frac{1}{\nu\lambda_1}\log\frac{c_0^2\nu\lambda_1}{K} \\ &= \frac{1}{\nu\lambda_1}\log\frac{c_0^2\nu\lambda_1}{G^2\nu^3\lambda_1^{\frac{3}{2}}(2 + c_1 G^{-2}(\overline{Re})^4)} \\ &= \frac{2}{\nu\lambda_1}\log\frac{c_0}{G\nu\lambda_1^{\frac{1}{4}}\sqrt{2 + c_1 G^{-2}(\overline{Re})^4}} \\ &< \frac{2}{\nu\lambda_1}\log\frac{c_0}{G\nu\lambda_1^{\frac{1}{4}}} = t_0.\end{aligned}$$

因此, 由 (3.5.35) 式, 可得

$$\|u(t)\| \leqslant \left(\frac{2K}{\nu\lambda_1}\right)^{\frac{1}{2}}, \quad \forall t \geqslant t_0. \tag{3.5.36}$$

令

$$X_1 = \overline{\bigcup_{t \geqslant t_0} S(t)X},$$

则 X_1 是 V 中的一个闭的不变集且 $\forall u \in X$, 成立

$$|u| \leqslant 2G\nu\lambda_1^{-\frac{1}{4}}, \quad \|u\| \leqslant \left(\frac{2K}{\nu\lambda_1}\right)^{\frac{1}{2}}. \tag{3.5.37}$$

事实上, 对任意的 $s \geqslant 0$, 成立

$$\begin{aligned} S(s)X_1 &= S(s)\left(\overline{\bigcup_{t\geqslant t_0} S(t)X}\right) \\ &\subseteq \overline{\bigcup_{t\geqslant t_0} S(s+t)X} = \overline{\bigcup_{\tau\geqslant s+t_0} S(\tau)X} \\ &\subseteq \overline{\bigcup_{\tau\geqslant t_0} S(\tau)X} = X_1, \end{aligned}$$

即

$$S(s)X_1 \subseteq X_1, \quad \forall s \geqslant 0.$$

此外, 设 $u \in X_1$, 则存在序列 $u_n \in \bigcup\limits_{t\geqslant t_0} S(t)X$, 使得 $\lim\limits_{n\to\infty} \|u_n - u\| = 0$. 而对于 u_n, 存在 $t_n \geqslant t_0$, 使得 $u_n \in S(t_n)X$. 进一步, 存在 $u_{0n} \in X$, 使得 $u_n = S(t_n)u_{0n}$. 利用 (3.5.34), (3.5.37), 可知

$$|u_n| \leqslant 2G\nu\lambda_1^{-\frac{1}{4}}, \quad \|u_n\| \leqslant \left(\frac{2K}{\nu\lambda_1}\right)^{\frac{1}{2}}.$$

令 $n \longrightarrow \infty$, 成立

$$|u| \leqslant 2G\nu\lambda_1^{-\frac{1}{4}}, \quad \|u\| \leqslant \left(\frac{2K}{\nu\lambda_1}\right)^{\frac{1}{2}},$$

此即为 (3.5.37) 式.

设 $u, v \in X_1$ 是方程 (3.5.31) 的两个解. 记 $\overline{u} = \dfrac{1}{2}(u+v)$, $w = u - v$, 则 $\overline{u} \in X_1$, w 满足

$$\partial_t w + \nu A w + B(\overline{u}, w) + B(w, \overline{u}) = 0. \tag{3.5.38}$$

利用 (3.5.38) 以及 Reynolds 数 $\overline{Re}$ 的定义知

$$\begin{aligned} \frac{d}{dt}|w|^2 + 2\nu\|w\|^2 &= -2(B(w,\overline{u}), w) \\ &= 2(B(w,w),\overline{u}) \end{aligned}$$

$$\begin{aligned}&\leqslant 2\|\overline{u}\|_{L^\infty}|w|\|w\|\\&\leqslant 2\overline{Re}\nu\lambda_1^{\frac{1}{2}}|w|\|w\|\\&\leqslant \nu\|w\|^2+(\overline{Re})^2\nu\lambda_1|w|^2.\end{aligned}$$

记 $\lambda(t)=\dfrac{\|w\|^2}{|w|^2}$, 结合上式, 可得

$$\frac{d}{dt}|w|^2+\big(\nu\lambda(t)-\nu\lambda_1(\overline{Re})^2\big)|w|^2\leqslant 0.$$

直接计算, 成立

$$|w(t)|^2\leqslant \delta^2(t)|w(0)|^2, \tag{3.5.39}$$

其中

$$\delta(t)=e^{-\frac{\nu}{2}\int_0^t\lambda(s)ds+\frac{\nu\lambda_1}{2}(\overline{Re})^2t}. \tag{3.5.40}$$

下面寻找 $t=t_*$, 使得 $S_*=S(t_*)$ 满足挤压性质, 即对于 $\delta_*=\delta(t_*)<\dfrac{1}{8}$, 存在 $N_0=N_0(\delta_*)$, 使得 $|Q_{N_0}w_*|>|P_{N_0}w_*|$, 蕴含着 $|w_*|<\delta_*|w(0)|$, 其中 $w_*=S_*=u(t_*)-v(t_*)$.

利用 $|Q_{N_0}w_*|>|P_{N_0}w_*|$, 可知

$$\begin{aligned}\lambda_*=\lambda(t_*)=\frac{\|w_*\|^2}{|w_*|^2}&=\frac{\|P_{N_0}w_*\|^2+\|Q_{N_0}w_*\|^2}{|P_{N_0}w_*|^2+|Q_{N_0}w_*|^2}\\&\geqslant\frac{\|Q_{N_0}w_*\|^2}{|P_{N_0}w_*|^2+|Q_{N_0}w_*|^2}>\frac{1}{2}\frac{\|Q_{N_0}w_*\|^2}{|Q_{N_0}w_*|^2}\geqslant\frac{1}{2}\lambda_{N_0+1}.\end{aligned}$$

由于 $\lambda_N\approx\omega_0\lambda_1N^{\frac{2}{3}}$, 可知存在 $c_0>0$, 使得

$$\lambda_*>\frac{1}{2}\lambda_{N_0+1}=c_0\lambda_1(N_0+1)^{\frac{2}{3}}. \tag{3.5.41}$$

在 3.5.1 节中已证 (见 (3.5.16) 式), 商范数 $\lambda(t)=\dfrac{\|w(t)\|^2}{|w(t)|^2}$ 满足

$$\frac{d}{dt}\lambda(t)\leqslant-\nu|(A-\lambda(t))\xi|^2+\frac{2}{\nu}(|B(\xi,\overline{u})|^2+|B(\overline{u},\xi)|^2), \tag{3.5.42}$$

其中 $\xi=\dfrac{w}{|w|}$.

注意到 $\lambda(t) = \|\xi\|^2$. 利用 Reynolds 数 $\overline{Re}$ 定义以及 (3.5.37) 式, 可得

$$|B(\overline{u}, \xi)|^2 = |\overline{u} \cdot \nabla \xi|^2 \leqslant |\overline{u}|_{L^\infty}^2 \|\xi\|^2 = (\overline{Re})^2 \nu^2 \lambda_1 \lambda(t), \tag{3.5.43}$$

$$\begin{aligned}|B(\xi, \overline{u})| &= |\xi \cdot \nabla \overline{u}| \leqslant |\xi|_{L^6} |\nabla \overline{u}|_{L^3} \leqslant |\xi|_{L^6} |\nabla \overline{u}|_{L^2}^{\frac{1}{2}} |\nabla \overline{u}|_{L^6}^{\frac{1}{2}} \\ &\lesssim \|\xi\| \|\overline{u}\|^{\frac{1}{2}} |A\overline{u}|^{\frac{1}{2}} \lesssim \left(\frac{2K}{\nu\lambda_1}\right)^{\frac{1}{4}} |A\overline{u}|^{\frac{1}{2}} \lambda^{\frac{1}{2}}(t),\end{aligned}$$

即存在 $c_1 > 0$, 使得

$$|B(\xi, \overline{u})|^2 \leqslant \left(\frac{2c_1 K}{\nu\lambda_1}\right)^{\frac{1}{2}} |A\overline{u}| \lambda(t). \tag{3.5.44}$$

将 (3.5.43), (3.5.44) 代入 (3.5.42) 中, 成立

$$\frac{d}{dt}\lambda(t) \leqslant \frac{2}{\nu}\left(\left(\frac{2c_1 K}{\nu\lambda_1}\right)^{\frac{1}{2}} |A\overline{u}| + (\overline{Re})^2 \nu^2 \lambda_1\right)\lambda(t). \tag{3.5.45}$$

令

$$f(t) = \frac{2}{\nu}\left(\left(\frac{2c_1 K}{\nu\lambda_1}\right)^{\frac{1}{2}} |A\overline{u}| + (\overline{Re})^2 \nu^2 \lambda_1\right).$$

则 (3.5.45) 式可写为

$$\frac{d}{dt}\lambda(t) \leqslant f(t)\lambda(t). \tag{3.5.46}$$

对任意的 $0 < t_0 < t$, 由 (3.5.46) 式, 可得

$$\lambda(t_0) \geqslant \lambda(t) e^{-\int_{t_0}^t f(s)ds}. \tag{3.5.47}$$

已知

$$\frac{d}{dt}\|u\|^2 + \nu |Au|^2 \leqslant K, \quad \forall t \geqslant t_0,$$

可得

$$\begin{aligned}\int_{t_0}^t |Au(s)|^2 ds &\leqslant \frac{1}{\nu}\|u(t_0)\|^2 + \frac{K}{\nu}(t - t_0) \\ &\leqslant \frac{1}{\nu}\left(\frac{2K}{\nu\lambda_1}\right) + \frac{K}{\nu}(t - t_0), \quad \forall t \geqslant t_0.\end{aligned}$$

同理

$$\int_{t_0}^{t}|Av(s)|^2ds\leqslant\frac{1}{\nu}\left(\frac{2K}{\nu\lambda_1}\right)+\frac{K}{\nu}(t-t_0),\ \ \forall t\geqslant t_0.$$

由于 $\overline{u}=\frac{1}{2}(u+v)$, 可知成立

$$\int_{t_0}^{t}|A\overline{u}(s)|^2ds\leqslant\int_{t_0}^{t}(|Au(s)|^2+|Av(s)|^2)ds\leqslant\frac{1}{\nu}\left(\frac{2K}{\nu\lambda_1}\right)+\frac{K}{\nu}(t-t_0),\ \ \forall t\geqslant t_0.$$

从而, 对任意 $0\leqslant t_0\leqslant t\leqslant\frac{2}{\nu\lambda_1}$, 成立

$$\int_{t_0}^{t}|A\overline{u}(s)|^2ds\leqslant\frac{4K}{\nu^2\lambda_1}.$$

因此, 对任意 $0\leqslant t_0\leqslant t\leqslant\frac{2}{\nu\lambda_1}$, 成立

$$\begin{aligned}\int_{t_0}^{t}f(s)ds&=\frac{2}{\nu}\left(\frac{2c_1K}{\nu\lambda_1}\right)^{\frac{1}{2}}\int_{t_0}^{t}|Au(s)|ds+2(\overline{Re})^2\nu\lambda_1(t-t_0)\\&\leqslant\left(\frac{8c_1K}{\nu^3\lambda_1}\right)^{\frac{1}{2}}\left(\int_{t_0}^{t}|Au(s)|^2ds\right)^{\frac{1}{2}}(t-t_0)^{\frac{1}{2}}+2(\overline{Re})^2\nu\lambda_1(t-t_0)\\&\leqslant\left(\frac{8c_1K}{\nu^3\lambda_1}\right)^{\frac{1}{2}}\left(\frac{4K}{\nu^2\lambda_1}\right)^{\frac{1}{2}}(t-t_0)^{\frac{1}{2}}+2(\overline{Re})^2\nu\lambda_1(t-t_0)\\&\leqslant\left(\frac{8c_1K}{\nu^3\lambda_1}\frac{4K}{\nu^2\lambda_1}\frac{2}{\nu\lambda_1}\right)^{\frac{1}{2}}+2(\overline{Re})^2\nu\lambda_1\frac{2}{\nu\lambda_1}\\&=\frac{8Kc_1^{\frac{1}{2}}}{\nu^3\lambda_1^{\frac{3}{2}}}+4(\overline{Re})^2\triangleq\beta.\end{aligned}\tag{3.5.48}$$

在 (3.5.48) 式中, 取 $t=t_*=\frac{2}{\nu\lambda_1}$, 可得

$$e^{\int_{t_0}^{t_*}f(s)ds}\leqslant e^{\beta},\quad 0\leqslant t_0\leqslant t_*.$$

在 (3.5.47) 式中令 $t=t_*$, 结合上式, 可知

$$\lambda(t_0)\geqslant\lambda(t_*)e^{-\int_{t_0}^{t_*}f(s)ds}\geqslant\lambda_*e^{-\beta},\quad 0\leqslant t_0\leqslant t_*.$$

再利用 (3.5.41) 式: $\lambda_* > \frac{1}{2}\lambda_{N_0+1} = c_0\lambda_1(N_0+1)^{\frac{2}{3}}$, 可得

$$\int_0^{t_*} \lambda(t_0)dt_0 \geqslant \lambda_* e^{-\beta} t_* > c_0\lambda_1(N_0+1)^{\frac{2}{3}} e^{-\beta} t_*.$$

从而, 利用 $\delta(t)$ 的表达式 (3.5.40), 成立

$$\begin{aligned}\delta_* = \delta(t_*) &= e^{-\frac{\nu}{2}\int_0^{t_*}\lambda(t_0)dt_0 + \frac{1}{2}\nu\lambda_1(\overline{Re})^2 t_*} \\ &< e^{-\frac{1}{2}\nu\lambda_1 t_*[c_0(N_0+1)^{\frac{2}{3}}e^{-\beta}-(\overline{Re})^2]} := e^{-\alpha},\end{aligned} \tag{3.5.49}$$

其中

$$\alpha = \frac{1}{2}\nu\lambda_1 t_*\big(c_0(N_0+1)^{\frac{2}{3}}e^{-\beta} - (\overline{Re})^2\big).$$

下面我们详细分析 (3.5.49) 中的项, 找出 N_0 的下界并使得 $\delta_* < \frac{1}{8}$.

注意到

$$K = G^2\nu^3\lambda_1^{\frac{3}{2}}(2 + c_1G^{-2}(\overline{Re})^4), \quad \beta = \frac{8Kc_1^{\frac{1}{2}}}{\nu^3\lambda_1^{\frac{3}{2}}} + 4(\overline{Re})^2.$$

从而

$$\begin{aligned}\beta &= \frac{8c_1^{\frac{1}{2}}}{\nu^3\lambda_1^{\frac{3}{2}}}[G^2\nu^3\lambda_1^{\frac{3}{2}}(2 + c_1G^{-2}(\overline{Re})^4)] + 4(\overline{Re})^2 \\ &= 8c_1^{\frac{1}{2}}G^2(2 + c_1G^{-2}(\overline{Re})^4) + 4(\overline{Re})^2.\end{aligned}$$

由于 $t_* = \frac{2}{\nu\lambda_1}$, 由 α 的定义知

$$\begin{aligned}\alpha &= \frac{1}{2}\nu\lambda_1 t_*[c_0(N_0+1)^{\frac{2}{3}}e^{-\beta} - (\overline{Re})^2] \\ &= c_0(N_0+1)^{\frac{2}{3}}e^{-8c_1^{\frac{3}{2}}(2G^2+c_1(\overline{Re})^4)-4(\overline{Re})^2} - (\overline{Re})^2.\end{aligned}$$

因此, 要保证

$$\delta_* = \delta(t_*) \leqslant e^{-\alpha} < \frac{1}{8}.$$

只需

$$\alpha = c_0(N_0+1)^{\frac{2}{3}}e^{-8c_1^{\frac{3}{2}}(2G^2+c_1(\overline{Re})^4)-4(\overline{Re})^2} - (\overline{Re})^2 \geqslant 3\log 2. \tag{3.5.50}$$

(3.5.50) 式等价于

$$N_0 \geqslant c_0^{-\frac{3}{2}}(3\log 2+\overline{Re}^2)^{\frac{3}{2}}e^{12c_1^{\frac{3}{2}}(2G^2+c_1(\overline{Re})^4)+6(\overline{Re})^2}.$$

因此, 只需要求出

$$N_0 \geqslant c_4(1+\overline{Re}^3)e^{c_5(G^2+\overline{Re}^4+\overline{Re}^2)}$$

即可. 这样, 我们就证明了: 存在 $t_*=\dfrac{2}{\nu\lambda_1}$, 使得 $S_*=S(t_*)$ 在 X_1 上满足挤压性质.

在 (3.5.38) 式下面的证明中已证

$$\frac{d}{dt}|w|^2 \leqslant \overline{Re}^2\nu\lambda_1|w|^2, \quad \forall t\geqslant 0.$$

简单计算, 可知

$$|w(t)|^2 \leqslant e^{\overline{Re}^2\nu\lambda_1 t}|w(0)|^2, \quad \forall t\geqslant 0.$$

特别地, 取 $t=t_*=\dfrac{2}{\nu\lambda_1}$, 可得

$$\begin{aligned}|S_*u_0-S_*v_0| &= |S(t_*)u_0-S(t_*)v_0|\\ &= |w(t_*)| \leqslant e^{\frac{\nu\lambda_1}{2}\overline{Re}^2 t_*}|u_0-v_0|\\ &= e^{\overline{Re}^2}|u_0-v_0|, \quad \forall u_0,v_0\in X_1,\end{aligned}$$

即有

$$L_*=\mathrm{Lip}_{X_1}(S(t_*))\leqslant e^{\overline{Re}^2}.$$

利用定理 3.3.5 知, 方程 (3.5.31) 在 X_1 中存在一个指数吸引子 $\mathcal{M}$, 其分形维数 $d_F(\mathcal{M})\lesssim N_0$, 并且 $\mathcal{M}$ 的指数收敛估计如下 (见 (3.3.52) 式、(3.3.53) 式):

$$h(S(t)X_1,\mathcal{M})\leqslant c_6\delta_*^{\frac{t}{t_*}}<c_6\left(\frac{1}{8}\right)^{\frac{t}{t_*}}=c_6e^{-(\frac{3\nu\lambda_1}{2}\log 2)t}, \quad \forall t\geqslant 0,$$

这里用到 $t_*=\dfrac{2}{\nu\lambda_1}$.

将上述的讨论结果总结如下.

假定 X 是 V 中的一个吸收集, 即存在 $t_0=t_0(X)>0$, 使得 $S(t)X\subseteq X$, $\forall t\geqslant t_0$. 记 $X_1=\overline{\bigcup\limits_{t\geqslant t_0}S(t)X}$.

命题 3.5.3 三维 Navier-Stokes 方程的解算子 $S(t)$, 在 X_1 中有指数分形吸引子 $\mathcal{M}$, 其分形维数 $d_F(\mathcal{M})$ 估计如下:

$$d_F(\mathcal{M}) \leqslant c_7(1+\overline{Re}^3)e^{c_5(G^2+\overline{Re}^4+\overline{Re}^2)},$$

其中 c_7 与 Grashof 数 G、Reynolds 数 $\overline{Re}$ 无关. 并且, 指数吸引子 $\mathcal{M}$ 的收敛估计为

$$h(S(t)X_1,\mathcal{M}) \leqslant c_6 e^{-\left(\frac{3\nu\lambda_1}{2}\log 2\right)t}, \quad \forall t \geqslant 0.$$

3.6 谱 障 碍

本节介绍谱障碍 (spectral barrier) 及其性质, 进一步研究指数吸引子的存在性.

设 H 是可分的 Hilbert 空间, 考虑如下形式的演化方程

$$\partial_t u + Au + R(u) = 0, \tag{3.6.1}$$

其中 A 是正的、自伴算子, 定义域为 $D(A)\subset H$, 且具有紧的逆算子.

令 $V=D(A^{\frac{1}{2}})$, 记 V 的范数为 $\|u\|=|u|_{D(A^{\frac{1}{2}})}=|A^{\frac{1}{2}}u|$. 进一步假设初值问题 (3.6.1) 是适定的, 其非线性算子半群 $\{S(t)\}_{t\geqslant 0}$ 是解算子, 且

$$S(t): H \longrightarrow D(A), \quad t>0.$$

如同 3.3 节, 假定存在吸收集 B, 其形式如下:

$$B=\{u\in H;\ |u|\leqslant \rho_0,\ \|u\|\leqslant \rho_1\}.$$

关于非线性算子 R, 假定 $R: D(A)\longrightarrow H$ 是连续的, 且存在 $\beta\in\left(0,\dfrac{1}{2}\right]$, $c_0>0$, 使得

$$|R(u)-R(v)| \leqslant c_0|A^\beta(u-v)|, \quad \forall u,v\in D(A). \tag{3.6.2}$$

对任意的 $u,v\in D(A)$, 利用假设条件 (3.6.2), 成立

$$\begin{aligned}
(R(u)-R(v),u-v) &\geqslant -|R(u)-R(v)||u-v| \\
&\geqslant -c_0|A^\beta(u-v)||u-v| \\
&\geqslant -c_0|u-v|^{1-2\beta}|A^{\frac{1}{2}}(u-v)|^{2\beta}|u-v| \\
&= -c_0|u-v|^{2(1-\beta)}\|u-v\|^{2\beta}.
\end{aligned}$$

记 $\mu_0 = c_0^{\frac{1}{1-\beta}}$, $\alpha = 1-\beta \in \left[\frac{1}{2}, 1\right)$, 则上式可写为

$$(R(u)-R(v), u-v) \geqslant -\mu_0^{\alpha}|u-v|^{2\alpha}\|u-v\|^{2(1-\alpha)}, \quad \forall u, v \in D(A). \tag{3.6.3}$$

在指数吸引子理论中, 为了解谱障碍的思想办法, 先回忆商范数 $\lambda(t)$. 在 3.3 节中已证明, 如果商范数 $\lambda(t)$ 在 $t=t_*$ 处足够大, 则可以控制商范数 t_* 之后 (即 $t<t_*$) 的演化, 从而可以保证指数吸引子的存在. 本节中, 关于商范数 $\lambda(t)$, 我们施加更强的限制条件 (即谱障碍), 进一步研究指数吸引子的存在性.

定义 3.6.1　称正实数 μ 为演化方程 (3.6.1) 的一个谱障碍, 如果对任意的 u, $v \in D(A)$:

$$\|u-v\|^2 = \mu|u-v|^2,$$

蕴含着下式成立

$$|(A-\mu)(u-v)|^2 + (R(u)-R(v), (A-\mu)(u-v)) > 0.$$

注　由谱障碍定义知, μ 不可能是算子 A 的特征值. 并且, 正如上述定义的谱障碍名称, μ 确实在某种意义上阻碍了商范数 $\lambda(t)$ 的增长, 见命题 3.6.2 中的 (i).

命题 3.6.2　设 μ 是演化 (3.6.1) 的一个谱障碍, $u(t)=S(t)u_0$, $v(t)=S(t)v_0$ 是 (3.6.1) 的两个解. 令 $\lambda(t) = \dfrac{\|u(t)-v(t)\|^2}{|u(t)-v(t)|^2}$, 成立

(i) 如果 $\lambda(0) \leqslant \mu$, 则 $\lambda(t) \leqslant \mu$, $\forall t \geqslant 0$;

(ii) 设 $\mu > \mu_0$, μ_0 来自 (3.6.3). 如果存在 $t>0$, 使得 $\lambda(t) > \mu$, 则

$$|u(t)-v(t)| \leqslant |u(s)-v(s)|e^{-\mu^{1-\alpha}(\mu^{\alpha}-\mu_0^{\alpha})(t-s)}, \quad \forall s \in [0,t].$$

证明　在 3.3 节中已证商范数 $\lambda(t)$ 满足下述微分方程

$$\frac{1}{2}\frac{d}{dt}\lambda(t) + |(A-\lambda(t))\xi(t)|^2 = -\frac{1}{|w|}(R(u)-R(v), (A-\lambda(t))\xi(t)), \tag{3.6.4}$$

其中 $\xi(t) = \dfrac{w(t)}{|w(t)|}$, $w(t) = u(t)-v(t)$.

(i) $\lambda(0) \leqslant \mu$. 分两种情况. (a) $\lambda(0) < \mu$; (b) $\lambda(0) = \mu$.

情形 (a): $\lambda(0) < \mu$ 发生.

定义 $t_0 = \sup\{t \geqslant 0;\ \lambda(t) < \mu\}$. 由 $\lambda(t)$ 的连续性知, $0 < t_0 \leqslant \infty$. 若 $t_0 < \infty$, 则 $\lambda(t) < \mu$, $0 < t < t_0$, $\lambda(t_0) = \mu$.

$\lambda(t_0) = \mu$ 等价于

$$\|u(t_0)-v(t_0)\|^2 = \mu|u(t_0)-v(t_0)|^2.$$

利用谱障碍定义知

$$|(A-\mu)(u(t_0)-v(t_0))|^2+(R(u(t_0))-R(v(t_0)),(A-\mu)(u(t_0)-v(t_0)))>0.$$

结合 (3.6.4) 式, 可知

$$\begin{aligned}\frac{d}{dt}\lambda(t)\Big|_{t=t_0}=&-\frac{2}{|w(t_0)|}(|(A-\lambda(t_0))w(t_0)|^2\\&+(R(u(t_0))-R(v(t_0)),(A-\lambda(t_0))w(t_0)))<0,\end{aligned}$$

即有

$$\frac{d}{dt}\lambda(t)\Big|_{t=t_0}<0. \tag{3.6.5}$$

从而, 存在 $\varepsilon=\varepsilon(t_0)>0$, 使得 $\lambda'(t_0)<0$, $\forall t\in[t_0,t_0+\varepsilon]$. 因此, 由 (3.6.5) 式, 可得 $\lambda(t_0+\varepsilon)<\lambda(t_0)=\mu$, 这与 t_0 的定义矛盾. 故 $t_0=+\infty$.

情形 (b): $\lambda(0)=\mu$, 即

$$\|u(0)-v(0)\|^2=\mu|u(0)-v(0)|^2.$$

利用谱障碍定义知

$$|(A-\mu)(u(0)-v(0))|^2+(R(u(0))-R(v(0)),(A-\mu)(u(0)-v(0)))>0.$$

结合 (3.6.4) 式, 成立

$$\frac{d}{dt}\lambda(t)\Big|_{t=0}<0.$$

从而, 存在 $\varepsilon_0>0$, 使得 $\lambda'(t)<0$, $\forall t\in[0,\varepsilon_0]$. 进而, $\lambda(\varepsilon_0)<\lambda(0)=\mu$. 定义

$$t_1=\sup\{t\geqslant\varepsilon_0;\ \lambda(t)<\mu\},$$

可知 $\varepsilon_0<t_1\leqslant\infty$. 若 $t_1<\infty$, 则

$$\lambda(t)<\mu,\quad\forall t\in[\varepsilon_1,t_1);\quad\lambda(t_1)=\mu.$$

$\lambda(t_1)=\mu$ 等价于

$$\|u(t_1)-v(t_1)\|^2=\mu|u(t_1)-v(t_1)|^2.$$

利用谱障碍定义知

$$|(A-\mu)(u(t_1)-v(t_1))|^2+(R(u(t_1))-R(v(t_1)),(A-\mu)(u(t_1)-v(t_1)))>0.$$

结合 (3.6.4) 式, 可知

$$\frac{d}{dt}\lambda(t)\bigg|_{t=t_1} = -\frac{2}{|w(t_1)|}(|(A-\lambda(t_1))w(t_1)|^2 + (R(u(t_1))-R(v(t_1)),(A-\lambda(t_1))w(t_1))) < 0.$$

因此, 存在 $\varepsilon_1=\varepsilon_1(t_1)>0$, 使得 $\lambda'(t)<0$, $\forall t\in[t_1,t_1+\varepsilon_1]$. 从而, $\lambda(t_1+\varepsilon_1)<\lambda(t_1)=\mu$. 这与 t_1 的定义矛盾. 故 $t_1=+\infty$.

从上述两种情形 (a), (b) 的结论可知: $\lambda(t)\leqslant\mu$, $\forall t\geqslant 0$, 即 (i) 成立.

现在证明结论 (ii). 由于 $w(t)=u(t)-v(t)$ 满足

$$\frac{dw}{dt}+Aw+R(u)-R(v)=0,\quad w(0)=u(0)-v(0),$$

故成立

$$\frac{1}{2}\frac{d}{dt}|w|^2+\|w(t)\|^2+(R(u)-R(v),w)=0. \tag{3.6.6}$$

利用 (3.6.3) 式, 以及 $\lambda(t)=\dfrac{\|w\|^2}{|w|^2}$, 可得

$$\begin{aligned}(R(u)-R(v),w)&\geqslant -\mu_0^\alpha|w|^{2\alpha}\|w\|^{2(1-\alpha)}\\&=-\mu_0^\alpha\lambda^{1-\alpha}|w|^2.\end{aligned} \tag{3.6.7}$$

将 (3.6.7) 式代入 (3.6.6) 式中, 成立

$$\frac{1}{2}\frac{d}{dt}|w(t)|^2+\lambda^{1-\alpha}(t)(\lambda^\alpha(t)-\mu_0^\alpha)|w(t)|^2\leqslant 0,\ \ \forall t\geqslant 0. \tag{3.6.8}$$

根据 (ii) 中的假设条件: 存在 $t>0$, 使得 $\lambda(t)>\mu$, 则成立

$$\lambda(s)>\mu,\quad \forall s\in[0,t]. \tag{3.6.9}$$

事实上, 若存在 $t_0\in[0,t)$, 使得 $\lambda(t_0)\leqslant\mu$. 利用已证结论 (i) 知: $\lambda(s)\leqslant\mu$, $\forall s\in[t_0,+\infty)$. 特别地, $\lambda(t)\leqslant\mu$, 矛盾. 故 (3.6.9) 式成立.

对 (3.6.8) 式应用 Gronwall 不等式, 结合 (3.6.9), 可得对任意的 $s\in[0,t]$, 成立

$$\begin{aligned}|w(t)|^2&\leqslant|w(s)|^2e^{-2\int_s^t\lambda^{1-\alpha}(\tau)(\lambda^\alpha(\tau)-\mu_0^\alpha)d\tau}\\&\leqslant|w(s)|^2e^{-2\mu^{1-\alpha}(\mu^\alpha-\mu_0^\alpha)(t-s)},\end{aligned}$$

或写为

$$|u(t)-v(t)| \leqslant |u(s)-v(s)|e^{-\mu^{1-\alpha}(\mu^{\alpha}-\mu_0^{\alpha})(t-s)}, \quad \forall s \in [0,t].$$

此即为 (ii) 中结论. □

定理 3.6.3 设演化方程 (3.6.1) 有一个谱障碍 μ 使得 $\mu > \mu_0$, 则 (3.6.1) 代表的动力系统有一个指数吸引子.

证明 设 $\mu > \mu_0$ 是 (3.6.1) 的一个谱障碍. 沿用 3.3 节的记号, 选择充分大的 N_0, 使得 $\frac{1}{2}\lambda_{N_0+1} > \mu$, 其中 λ_{N_0+1} 表示算子 A 的第 N_0+1 个特征值. 对于 $S_* = S(t_*)$ (这里 $t_* > 0$ 待定), 在 3.3 节中已证

$$|(I-P_{N_0})(S_*u_0 - S_*v_0)| > |P_{N_0}(S_*u_0 - S_*v_0)|,$$

蕴含着

$$\lambda_* = \lambda(t_*) > \frac{1}{2}\lambda_{N_0+1} > \mu.$$

因此, 利用命题 3.6.2 中 (ii), 以及定理 3.6.3 中假设条件 $\mu > \mu_0$, 可知

$$|u(t_*)-v(t_*)| \leqslant |u_0 - v_0|e^{-\mu^{1-\alpha}(\mu^{\alpha}-\mu_0^{\alpha})t_*}. \tag{3.6.10}$$

记 $\delta = e^{-\mu^{1-\alpha}(\mu^{\alpha}-\mu_0^{\alpha})t_*}$, 在 (3.6.10) 中取 $t_* > \dfrac{3\log 2}{\mu^{1-\alpha}(\mu^{\alpha}-\mu_0^{\alpha})}$, 则成立 $\delta < \frac{1}{8}$. 此时, (3.6.10) 可以写为

$$|S_*u_0 - S_*v_0| \leqslant \delta|u_0 - v_0|, \quad \delta < \frac{1}{8},$$

即对于 S_* 而言, 挤压性质成立. 利用命题 3.3.2, 可知演化方程 (3.6.1) 存在一个指数吸引子. □

如果还是如同 3.3 节中取 $t_* = \dfrac{1}{c_3}$, 则需要从 t_* 开始, 选取足够大的谱障碍 μ (是否存在, 需要证明, 这里假设可以取到), 使得

$$\mu^{1-\alpha}(\mu^{\alpha}-\mu_0^{\alpha})t_* > 3\log 2,$$

此即保证成立:

$$\delta = e^{-\mu^{1-\alpha}(\mu^{\alpha}-\mu_0^{\alpha})t_*} < \frac{1}{8}.$$

最后, 取充分大的 N_0 使得 $\frac{1}{2}\lambda_{N_0+1} > \mu$, 这样的构造过程 ($t_*$ 可能很小, 代价是谱障碍可能很大) 保证了指数吸引子的存在.

在很多应用中, 谱障碍 μ 一般取如下形式:

$$\mu=\frac{1}{2}(\lambda_{N+1}+\lambda_N).$$

这是算子 A 的两个相邻特征值 λ_N, λ_{N+1} 的中间值, 其中 N 一般选取比较大.

下面的引理保证了谱障碍 μ 的存在性, 这是一个直观且易理解的充分条件.

记 $\sigma(A)=\{\lambda_k;\ k\in\mathbb{N}\}$ 为算子 A 的谱, 其中 λ_k 为算子 A 的第 k 个特征值.

引理 3.6.4　假定 μ 是一个正的实数, k 充分大, 使得

$$d(\mu,\sigma(A))>k\mu^{\alpha},\quad \alpha=1-\beta,\ \beta\in\left(0,\frac{1}{2}\right], \tag{3.6.11}$$

则 μ 是 (3.6.1) 的一个谱障碍.

证明　设 $u,v\in D(A)$ 满足

$$\|u-v\|^2=\mu|u-v|^2. \tag{3.6.12}$$

根据谱障碍定义, 只需验证

$$|(A-\mu)(u-v)|^2+(R(u)-R(v),(A-\mu)(u-v))>0. \tag{3.6.13}$$

设算子 A 的特征值为 $\{\lambda_k\}$, 相应特征函数为 $\{e_k\}$, 且 $(e_k,e_j)=\delta_{kj}$. 记 $w=u-v$, 则 $w=\sum\limits_{j=1}^{\infty}(w,e_j)e_j$ 且 $|w|^2=\sum\limits_{j=1}^{\infty}|(w,e_j)|^2$. 从而

$$\begin{aligned}Aw-\mu w&=\sum_{j=1}^{\infty}(w,e_j)Ae_j-\mu\sum_{j=1}^{\infty}(w,e_j)e_j\\&=\sum_{j=1}^{\infty}(\lambda_j-\mu)(w,e_j)e_j.\end{aligned}$$

因此, 成立

$$\begin{aligned}|Aw-\mu w|^2&=\sum_{j=1}^{\infty}(\lambda_j-\mu)^2|(w,e_j)|^2\\&\geqslant\inf_{j\geqslant1}(\lambda_j-\mu)^2\sum_{j=1}^{\infty}|(w,e_j)|^2\\&=d(\mu,\sigma(A))|w|^2.\end{aligned}$$

将 (3.6.11), (3.6.12) 代入上式, 可得

$$\begin{aligned}|(A-\mu)(u-v)|^2 &= |Aw-\mu w|^2\\ &\geqslant d(\mu,\sigma(A))\mu^{-1}\|u-v\|^2\\ &> k\mu^{\alpha-1}\|u-v\|^2.\end{aligned}\tag{3.6.14}$$

另一方面, 由于

$$|A^\beta w| \leqslant |w|^{1-2\beta}|A^{\frac{1}{2}}w|^{2\beta} = |w|^{2\alpha-1}\|w\|^{2(1-\alpha)},\quad \alpha=1-\beta,\ \beta\in\left(0,\frac{1}{2}\right].$$

再利用假设条件 (3.6.2), 成立

$$\begin{aligned}|R(u)-R(v)| &\leqslant c_0|A^\beta(u-v)|\\ &\leqslant c_0|u-v|^{2\alpha-1}\|u-v\|^{2(1-\alpha)}\\ &= c_0(\mu^{-1}\|u-v\|)^{2\alpha-1}\|u-v\|^{2(1-\alpha)}\\ &= c_0\mu^{1-2\alpha}\|u-v\|.\end{aligned}\tag{3.6.15}$$

由 (3.6.14), (3.6.15), 成立

$$\begin{aligned}&|(A-\mu)(u-v)|^2+(R(u)-R(v),(A-\mu)(u-v))\\ &\geqslant |(A-\mu)(u-v)|^2-|R(u)-R(v)||(A-\mu)(u-v)|\\ &= |(A-\mu)(u-v)|(|(A-\mu)(u-v)|-|R(u)-R(v)|)\\ &> (k\mu^{\alpha-1})^{\frac{1}{2}}((k\mu^{\alpha-1})^{\frac{1}{2}}-c_0\mu^{1-2\alpha})\|u-v\|^2>0,\end{aligned}$$

此即为 (3.6.13) 式. 上述最后一步要求 $(k\mu^{\alpha-1})^{\frac{1}{2}}>c_0\mu^{1-2\alpha}$, 即 $k>c_0^2\mu^{3-5\alpha}$. 说明, 选取当 $k>c_0^2\mu^{3-5\alpha}$ 时, μ 为 (3.6.1) 的一个谱障碍. □

注 若当取 $\mu=\frac{1}{2}(\lambda_{N+1}+\lambda_N)$ 时, 由于

$$0<\lambda_1\leqslant\lambda_2\leqslant\cdots\leqslant\lambda_N<\frac{1}{2}(\lambda_{N+1}+\lambda_N)<\lambda_{N+1}\leqslant\lambda_{N+2}\leqslant\cdots,$$

可知

$$d(\mu,\sigma(A))=\frac{1}{2}(\lambda_{N+1}+\lambda_N)-\lambda_N=\frac{1}{2}(\lambda_{N+1}-\lambda_N).$$

此时, 引理 3.6.4 中的假设条件:

$$d(\mu,\sigma(A))>k\mu^\alpha$$

等价于

$$\frac{1}{2}(\lambda_{N+1}-\lambda_N) > k\left(\frac{\lambda_{N+1}+\lambda_N}{2}\right)^{\alpha}, \tag{3.6.16}$$

其中 $\alpha = 1-\beta, \beta \in \left(0, \frac{1}{2}\right], k > c_0^2\mu^{3-5\alpha}$.

特别地, 取 $k = 2c_0^2\mu^{3-5\alpha}$, 则 (3.6.16) 等价于

$$\frac{1}{2}(\lambda_{N+1}-\lambda_N) > 2c_0^2\left(\frac{\lambda_{N+1}+\lambda_N}{2}\right)^{3-4\alpha}. \tag{3.6.17}$$

由于 $\alpha \in \left[\frac{1}{2}, 1\right)$, 可知 $3-4\alpha \in (-1, 1]$. 因此, 当 $\alpha \neq \frac{1}{2}$ 时, $3-4\alpha < 1$, (3.6.17) 式是有可能成立的.

第 4 章　惯性流形

本章对耗散动力系统引入惯性流形概念, 这是近几年在非线性动力系统中出现的一个新概念. 惯性流形是将无限维情形转化为有限维情形, 用来描述动力系统的大时间渐近行为. 在构造惯性几种方法中, 简要介绍一种方法, 即谱间隙. 无论选择哪种方法, 都是在相同类型条件下的等同变化出现, 这种情况称为谱间隙条件. 它需要偏微分方程线性部分的频谱具有足够大的间隙, 使得 Lyapunov-Perron 的不动点方法给出一个呈指数级吸引的不变集. 谱间隙条件当然是限制性的, 甚至对于二维空间中的简单线性偏微分算子, 也并不总是能够获得对连续特征值间隙的显式控制. 最简单的例子是具有二维空间周期边界条件的拉普拉斯算子, 其特征值是明确已知的, 间隙条件可以通过适当选择的子序列来满足. 关于偏微分算子在更高的空间维数上, 除了有趣的平均值方法之外, 我们所知道的并不多. 回到经典方程: 二维 Navier-Stokes 方程, 其惯性流形的存在性仍然是一个悬而未决的问题. 最近, 对于周期边界条件情形, M. Kwak[13] 通过二维拉普拉斯算子的谱隙性质, 证明了二维 Navier-Stokes 全局吸引子的惯性形式系统的存在性. 这也表明了吸引子的图像位于有限维的 Lipschitz 流形上. 然而, 嵌入映射 (从两个分量的速度矢量到九分量扩展矢量), 现在称为 Kwak 变换, 不是全局同胚 (它的逆是多值的), 吸引子外的惯性形式的轨迹在 Navier-Stokes 流下不是不变的.

在近似惯性流形的构造中也出现了类似于构造近似指数吸引子的问题: 只有在上半连续的意义上, 它们才在精确吸引子附近. 用 $\mathscr{A}$ 和 $\mathcal{M}$ 表示精确的全局吸引子和指数吸引子, 用 $\mathscr{A}_\epsilon$ 和 $\mathcal{M}_\epsilon$ 表示相应的近似全局吸引子和指数吸引子, 在经典 Galerkin 近似意义下, 可以证明 $\mathscr{A}$ 在 $\mathcal{M}_\epsilon$ 的 η-球邻域内. 而且, $\mathscr{A}_\epsilon$ 也在 $\mathcal{M}$ 的 η-球邻域内. 本质上, 在经典 Galerkin 近似意义下, 还可以证明近似和精确的指数吸引子 $\mathcal{M}_\epsilon$, $\mathcal{M}$ 至少对于 Hausdorff 距离是连续的. 由于这些鲁棒性 (近似下的稳定性), 我们倾向于相信, 无论何时对吸引子进行近似, 实际上, 它是由某种指数吸引子产生的. 因此, 使得对有限维分形对象的研究更加令人向往. 受一致收敛速度的启发, 人们更倾向于将这些对象称为指数吸引子, 而不是惯性集. 如果对考虑的耗散偏微分方程可以获得一个惯性流形, 就可以一次性解决与耗散偏微分方程有关的许多理论问题.

在 Hilbert 空间 H (有限维或无限维) 中, 考虑动力系统

$$u'(t) = F(u),$$

其中 $u(t)$ 表示上述动力系统的解, 对应的初始值为 $u(0) = u_0$.

假定半群 $\{S(t)\}_{t\geqslant 0}$ 存在, 其中

$$S(t) : u_0 \longmapsto u(t).$$

上述动力系统的一个惯性流形是一个有限维的 Lipschitz 流形 $\mathcal{M}$, 满足下述性质:

(a) (正不变性) $S(t)\mathcal{M} \subset \mathcal{M}$, $\forall t \geqslant 0$;

(b) (指数吸引) $d(u(t), \mathcal{M}) \leqslant \eta_1 e^{-\eta_2 t}$, $\forall t \geqslant 0$, $\eta_1, \eta_2 > 0$.

粗略地讲, 惯性流形是指内含吸引子、指数地吸引解的轨道且在其上无限维系统约化为有限维动力系统的有限维正不变 Lipschitz 流形. 详细定义将在 4.3 节中给出.

4.1 锥 性 质

一些微分方程的解, 其显著的几何结构通常体现为锥的性质. 4.1.1 节中给出锥性质定义; 4.1.2 节中给出锥性质的推广; 4.1.3 节中对锥性质与耗散动力系统轨迹的重要性质 (挤压性质) 建立联系.

4.1.1 锥性质的定义

设 H 为 Hilbert 空间, $F : H \longrightarrow H$ 为连续映射. 考虑初值问题:

$$\frac{du}{dt} = F(u), \tag{4.1.1}$$

$$u(0) = u_0. \tag{4.1.2}$$

假定对任意 $u_0 \in H$, 问题 (4.1.1), (4.1.2) 存在唯一的解 $u(t)$, $t > 0$ 且 $u \in C^1(\mathbb{R}_+, H)$, 记

$$u(t) = S(t)u_0, \quad S(t) : \begin{cases} H \longrightarrow H, \\ u_0 \longmapsto u(t) \end{cases}$$

为半群. 还假定给定正交投影 $P : H \longrightarrow H$. 从而 H 可分解为正交子空间 PH, QH 的直和, $Q = I - P$, 即 $H = PH \oplus QH$. 进一步, 假定对任意的 $v_1, v_2 \in H$, 记 $y = P(v_1 - v_2)$, $z = Q(v_1 - v_2)$, 成立

$$\begin{cases} (F(v_1) - F(v_2), y) \geqslant -\lambda|y|^2 - \mu_1|y||z|, \\ (F(v_1) - F(v_2), z) \leqslant -\Lambda|z|^2 + \mu_2|y||z|, \end{cases} \tag{4.1.3}$$

$$\Lambda-\lambda>\mu_1\gamma+\mu_2\gamma^{-1}, \tag{4.1.4}$$

其中 $\Lambda,\lambda,\mu_1,\mu_2,\gamma>0$, $(\cdot,\cdot)$, $|\cdot|$ 分别表示 H 内积和范数.

H 中的锥 $\mathscr{C}_\gamma$, 定义如下:

$$\mathscr{C}_\gamma=\{v\in H;\ \ |Qv|\leqslant\gamma|Pv|\}. \tag{4.1.5}$$

锥性质以下述定理形式体现.

定理 4.1.1 假设条件如上, u_1, u_2 表示 (4.1.1) 的两个解.

(i) 若 $u_1(0)\in u_2(0)+\mathscr{C}_\gamma$, 则 $u_1(t)\in u_2(t)+\mathscr{C}_\gamma$, $\forall t\geqslant 0$. 用图 1 表示如下.

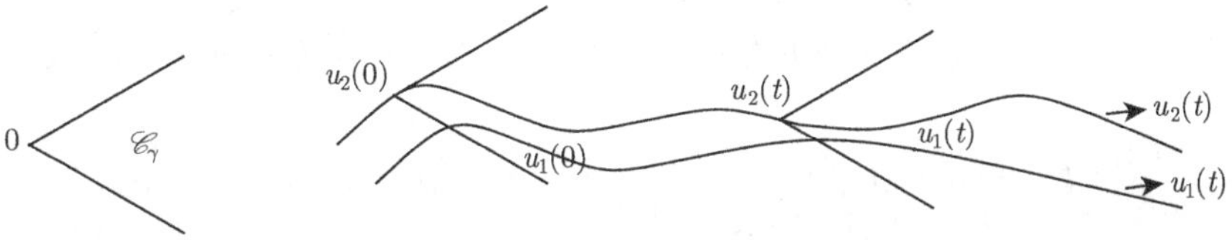

图 1

(ii) 若 $u_1(0)\notin u_2(0)+\mathscr{C}_\gamma$, 则要么存在 $t_0>0$ 满足 $u_1(t_0)\in u_2(t_0)+\mathscr{C}_\gamma$, 结果有 $u_1(t)\in u_2(t)+\mathscr{C}_\gamma$, $\forall t\geqslant t_0$; 要么 $u_1(t)\notin u_2(t)+\mathscr{C}_\gamma$, 在这种情形下, 存在 $\nu>0$, 使得

$$|u_1(t)-u_2(t)|\leqslant(1+\gamma^{-2})^{\frac{1}{2}}|u_1(0)-u_2(0)|e^{-\nu t},\ \ \forall t>0. \tag{4.1.6}$$

证明 记 $u=u_1-u_2$, 则 u 满足

$$\frac{du}{dt}=F(u_1)-F(u_2). \tag{4.1.7}$$

令 $y=Pu$, $z=Qu$. 分别在 (4.1.7) 两边作内积, 由假设条件 (4.1.3), 可得

$$\frac{1}{2}\frac{d}{dt}|y|^2=(F(u_1)-F(u_2),y)\geqslant-\lambda|y|^2-\mu_1|y||z|, \tag{4.1.8}$$

$$\frac{1}{2}\frac{d}{dt}|z|^2=(F(u_1)-F(u_2),z)\leqslant-\Lambda|z|^2+\mu_2|y||z|. \tag{4.1.9}$$

由 (4.1.8), (4.1.9), 成立

$$\frac{1}{2}\frac{d}{dt}(|z|^2-\gamma^2|y|^2)\leqslant-\Lambda|z|^2+\lambda\gamma^2|y|^2+(\mu_1\gamma^2+\mu_2)|y||z|. \tag{4.1.10}$$

注意到, 若 $u(t)\in\partial\mathscr{C}_\gamma$, 则 $|z(t)|=\gamma|y(t)|$. 由 (4.1.10), 可知

$$\frac{1}{2}\frac{d}{dt}(|z|^2-\gamma^2|y|^2)\leqslant-(\Lambda-\lambda-(\mu_1\gamma+\mu_2\gamma^{-1}))|z|^2. \tag{4.1.11}$$

由假设条件 (4.1.4) 知 $\Lambda - \lambda - (\mu_1\gamma + \mu_2\gamma^{-1}) > 0$.

下面验证: 若存在 $t_1 \geqslant 0$, 使得 $u(t_1) \in \mathscr{C}_\gamma$, 则

$$u(t) \in \mathscr{C}_\gamma, \quad \forall t > t_1. \tag{4.1.12}$$

如果 $u(t_1) = 0$, 即 $u_1(t_1) = u_2(t_1)$, 利用 (4.1.1) 的唯一性, 成立 $u_1(t) = u_2(t)$, $\forall t > t_1$, 即 $u(t) = 0$, $\forall t > t_1$. 自然有 $u(t) \in \mathscr{C}_\gamma$, $\forall t > t_1$.

下面总假定 $u(t_1) \neq 0$. $u(t_1) \in \mathscr{C}_\gamma$, $t_1 \geqslant 0$. 下面分两种情形进行讨论.

情形 (1): $u(t_1) \notin \partial\mathscr{C}_\gamma$.

事实上, 若存在 (第一个点) $t_2 > t_1$ 使得 $u(t_2) \in \partial\mathscr{C}_\gamma \backslash \{0\}$, 且 $u(t) \in \mathscr{C}_\gamma$, $\forall t_1 < t < t_2$. 可知 $|z(t_2)| = \gamma|y(t_2)| \neq 0$, 故 (4.1.11) 式在 $t = t_2$ 处成立, 即

$$\frac{d}{dt}(|z(t)|^2 - \gamma^2|y(t)|^2)\bigg|_{t=t_2} \leqslant -2(\Lambda - \lambda - (\mu_1\gamma + \mu_2\gamma^{-1}))|z(t_2)|^2.$$

由函数的连续性可知 $\exists t_2' < t_2$, 使得

$$\frac{d}{dt}(|z(t)|^2 - \gamma^2|y(t)|^2) \leqslant -2(\Lambda - \lambda - (\mu_1\gamma + \mu_2\gamma^{-1}))|z(t_2)|^2, \quad \forall t_2' \leqslant t \leqslant t_2,$$

从而

$$\begin{aligned} 0 &= |z(t_2)|^2 - \gamma^2|y(t_2)|^2 \\ &\leqslant |z(t)|^2 - \gamma^2|y(t)|^2 - 2(\Lambda - \lambda - (\mu_1\gamma + \mu_2\gamma^{-1}))|z(t_2)|^2(t_2 - t) \\ &< |z(t)|^2 - \gamma^2|y(t)|^2, \quad \forall t_2' \leqslant t < t_2, \end{aligned}$$

即有

$$\gamma|y(t)| < |z(t)|, \quad \forall \max\{t_1, t_2'\} < t < t_2,$$

这与 $u(t) \in \mathscr{C}_\gamma$, $\forall t_1 < t < t_2$ 矛盾, 从而 (4.1.12) 式成立.

情形 (2): $u(t_1) \in \partial\mathscr{C}_\gamma$.

利用连续性可知, 存在 $t_1' > t$, 使得

(a) $u(t) \in \mathscr{C}_\gamma$, $\forall t_1 < t \leqslant t_1'$. 此归结为情形 (1), 可知 $u(t) \in \mathscr{C}_\gamma$, $\forall t > t_1'$, 进而有 $u(t) \in \mathscr{C}_\gamma$, $\forall t > t_1$.

或

(b) $u(t) \notin \mathscr{C}_\gamma$, $\forall t_1 < t \leqslant t_1'$, 且由 (4.1.11), 成立

$$\frac{d}{dt}(|z(t)|^2 - \gamma^2|y(t)|^2) \leqslant -(\Lambda - \lambda - (\mu_1\gamma + \mu_2\gamma^{-1}))|z(t_1)|^2, \ \forall t_1 < t \leqslant t_1'.$$

从而

$$|z(t)|^2 - \gamma^2|y(t)|^2 \leqslant |z(t_1)|^2 - \gamma^2|y(t_1)|^2 - (\Lambda - \lambda - (\mu_1\gamma + \mu_2\gamma^{-1}))|z(t_1)|^2(t - t_1)$$
$$= -(\Lambda - \lambda - (\mu_1\gamma + \mu_2\gamma^{-1}))|z(t_1)|^2(t - t_1) < 0, \quad \forall t_1 < t \leqslant t_1',$$

即 $|z(t)| < \gamma|y(t)|$, $\forall t_1 < t \leqslant t_1'$. 说明 $u(t)$ 在 $\mathscr{C}_\gamma$ 内部, 即 $u(t) \in \mathscr{C}_\gamma \backslash \partial\mathscr{C}_\gamma$, $\forall t_1 < t \leqslant t_1'$. 这与 (b) 矛盾.

由 (a), (b) 讨论知, 在情形 (2) 发生时, 成立 $u(t) \in \mathscr{C}_\gamma$, $t_1 < t \leqslant t_1'$. 重复上述讨论过程知, $u(t) \in \mathscr{C}_\gamma$, $\forall t > t_1$. 因此, 结合情形 (1), (2) 结论可知 (4.1.12) 成立. 到目前为止, 已证毕定理 4.1.1 中的 (i) 和 (ii) 中的第一部分.

下面证明 (ii) 中第二部分. 为此, 假定 $u(t) \notin \mathscr{C}_\gamma$, $\forall t \geqslant 0$, 即 $|z(t)| > \gamma|y(t)|$, $\forall t \geqslant 0$. 利用 (4.1.9) 知

$$\frac{1}{2}\frac{d}{dt}|z(t)|^2 \leqslant -\Lambda|z|^2 + \mu_2\gamma^{-1}|z|^2 = -(\Lambda - \mu_2\gamma^{-1})|z(t)|^2, \quad \forall t \geqslant 0.$$

记 $\nu = \Lambda - \mu_2\gamma^{-1}$. 由 (4.1.4) 知 $\nu > \lambda + \mu_1\gamma > 0$, 从而 $\dfrac{d}{dt}|z(t)|^2 \leqslant -2\nu|z(t)|^2$, $\forall t \geqslant 0$. 简单计算, 可知 $|z(t)|^2 \leqslant |z(0)|^2 e^{-2\nu t}$, $\forall t \geqslant 0$, 从而

$$|y(t)|^2 \leqslant \frac{1}{\gamma^2}|z(t)|^2 \leqslant \frac{1}{\gamma^2}|z(0)|^2 e^{-2\nu t}, \quad \forall t \geqslant 0.$$

因此

$$|u(t)|^2 = |z(t)|^2 + |y(t)|^2 \leqslant (1 + \gamma^{-2})|z(0)|^2 e^{-2\nu t}$$
$$\leqslant (1 + \gamma^{-2})|u(0)|^2 e^{-2\nu t}, \quad \forall t \geqslant 0. \tag{4.1.13}$$

□

注 假定 B 是 H 的一个子集, 且 (4.1.1) 的轨道都在 B 中, 则定理 4.1.1 中的 H 可以替换为 B. 例如, 这样的子集 B 可以为 H 中对半群 $S(\cdot)$ 的正不变集, 即 $S(t)B \subset B$, $\forall t \geqslant 0$; 或者 B 是 H 中吸引集, 在这种情形下应用定理 4.1.1 时, 要求轨道 $u_1(\cdot)$, $u_2(\cdot)$ 进入 B 中后. 定理 4.1.1 是和演化方程中锥不变性质相联系的, 但在本节中直接应用不方便, 需要将定理 4.1.1 进行必要推广.

4.1.2 锥性质的推广

在对偏微分方程应用时, 定理 4.1.1 的假设条件有很多不好验证, 例如, 映射 F 将 H 映射到 H 自射, 或 $\forall u_0 \in H$, $S(t)u_0$ 关于 $t \in \mathbb{R}_+$ 是 C^1 的等等.

下面从两方面推广定理 4.1.1. 一方面, 考虑函数 $u(t) = p(t) + q(t)$, 其中 $p(t) = Pu(t)$, $q(t) = Qu(t)$, 此时, u 不一定是 (4.1.1) 的两个解的差. 另一方面, 在定理 4.1.1 的证明过程中仅利用了微分不等式 (4.1.8), (4.1.9) 以及 (4.1.4), 而没有使用方程 (4.1.1), 因此, 在下面的定理 4.1.2 中, 不再提及方程 (4.1.1).

定理 4.1.2 假定 H 为 Hilbert 空间, $H = PH \oplus QH$, 其中 P 是 H 上的投影算子, $Q = I - P$. 设 $u \in C(\mathbb{R}_+, H)$, $y = Pu$, $z = Qu$ 以及

(a) 若存在 $t_0 \geqslant 0$, 使得 $u(t_0) = 0$, 则 $u(t) = 0$, $\forall t \geqslant t_0$;

(b) 当 $|z(t)| \geqslant \gamma|y(t)|$ 时, 微分不等式 (4.1.8), (4.1.9) 成立;

(c) (4.1.4) 成立.

记 $\mathscr{C}_\gamma$ 为 (4.1.5) 中的锥. 下述结论成立:

(i) 若 $u_0 \in \mathscr{C}_\gamma$, 则 $u(t) \in \mathscr{C}_\gamma$, $\forall t \geqslant 0$;

(ii) 若 $u_0 \notin \mathscr{C}_\gamma$, 则要么存在 $t_0 > 0$, 使得 $u(t_0) \in \mathscr{C}_\gamma$, 在这种情况下, $u(t) \in \mathscr{C}_\gamma$, $\forall t \geqslant t_0$; 要么 $u(t) \notin \mathscr{C}_\gamma$, $\forall t \geqslant 0$, 在这种情形下, 成立

$$\begin{cases} |Qu(t)| \leqslant |Qu(0)|e^{-\nu t}, \\ |u(t)| \leqslant (1 + \gamma^{-2})^{\frac{1}{2}}|u(0)|e^{-\nu t}, \end{cases} \tag{4.1.14}$$

其中 $\nu = \Lambda - \mu_2/\gamma > 0$.

在定理 4.1.1 的证明过程中, 利用 (4.1.1), 当 (4.1.8), (4.1.9) 建立完成时, 接下来的证明不再利用方程 (4.1.1), 也即为定理 4.1.2 的证明过程, 此处略去.

注 定理 4.1.2 中 u 可以不是 (4.1.1) 的两个解之差; 假设条件 (4.1.4) 是不可缺失的; 不等式 (4.1.8), (4.1.9) 可以被限制在 H 的某个子集 B 中.

注 锥性质的 “无穷小” 版本.

假定 u 是 (4.1.1), (4.1.2) 的解, 如果存在 $t_0 > 0$, 使得 $u'(t_0) \in \mathring{\mathscr{C}}_\gamma$ (表示 $\mathscr{C}_\gamma$ 的内部), 则 $u'(t) \in \mathscr{C}_\gamma$, $\forall t \geqslant t_0$.

事实上, 对任意充分小 $0 < h \leqslant h_0$, 由于 $u'(t_0) \in \mathring{\mathscr{C}}_\gamma$, 利用 Taylor 展开式可知 $u(t_0 + h) = u(t_0) + hu'(t_0) + o(h) \in u(t_0) + \mathscr{C}_\gamma$. 对于这样充分小的 h, $u_1(t) = u(t + h)$, $u_2(t) = u(t)$ 是 (4.1.1) 的两个解, 且 $u_1(t_0) \in u_2(t_0) + \mathscr{C}_\gamma$. 利用锥性质 (定理 4.1.1), 可知 $\forall 0 < h \leqslant h_0$, $\forall t \geqslant t_0$, 有 $u_1(t) \in u_2(t) + \mathscr{C}_\gamma$, 即 $u(t + h) \in u(t) + \mathscr{C}_\gamma$ 或写为 $u(t + h) - u(t) \in \mathscr{C}_\gamma$. 由于 $\mathscr{C}_\gamma$ 是 H 中闭集, 自然有 $u'(t) = \lim\limits_{h \to 0} \dfrac{1}{h}(u(t + h) - u(t)) \in \mathscr{C}_\gamma$, $\forall t \geqslant t_0$.

4.1.3 挤压性质

C. Foias, R. Temam 在 1979 年 (见文献 [8]) 研究 Navier-Stokes 方程时, 提出了挤压性质 (squeezing property) 概念. 由锥性质可以导出挤压性质, 因此, 锥

性质有时也称为强挤压性质. 需要说明的是, 挤压性质不需要像 (4.1.4) 那样的谱间隙假设条件.

设定理 4.1.2 中假设条件满足 (或定理 4.1.1 中假设条件成立, $u = u_1 - u_2$, u_1, u_2 为 (4.1.1) 的两个解, 且 $u_1, u_2 \in B \subset H$, 要求 (4.1.8), (4.1.9) 在 B 中成立). 利用定理 4.1.2 中 (ii), 如果存在 $t_0 > 0$, 使得 $u(t_0) \notin \mathscr{C}_\gamma$, 则 $u(t) \notin \mathscr{C}_\gamma$, $\forall t \in (0, t_0)$, 并且 (4.1.14) 在 $t = t_0$ 处成立.

挤压性质: $\forall t \geqslant t_0$,

$$\begin{cases} \text{要么}\ \ |Qu(t)| \leqslant \gamma |Pu(t)|\ \ \text{成立}, \\ \text{要么}\ \ |u(t)| \leqslant (1+\gamma^{-2})^{\frac{1}{2}} |u(0)| e^{-\nu t}\ \ \text{成立}. \end{cases} \tag{4.1.15}$$

则 $\forall t \geqslant t_0$, 有

$$(1+\gamma^{-2})^{\frac{1}{2}} e^{-\nu t} \leqslant \frac{1}{2},$$

从而 $\forall t \geqslant t_0$, 成立

$$|u(t)| \leqslant \frac{1}{2} |u(0)|, \tag{4.1.16}$$

其中

$$t_0 = \frac{1}{\nu} \log \left[2(1+\gamma^{-2})^{\frac{1}{2}} \right] > 0. \tag{4.1.17}$$

因此, $\forall t \geqslant t_0$,

$$\begin{cases} \text{要么}\ \ |Qu(t)| \leqslant \gamma |Pu(t)|, \\ \text{要么}\ \ |u(t)| \leqslant \dfrac{1}{2} |u(0)|. \end{cases} \tag{4.1.18}$$

4.2 惯性流形的建立

在 4.2.1 节中我们粗略地描述惯性流形的建立方法. 在 4.2.2 节中介绍一类形式上比较一般化的演化方程, 对其进行研究并给出精细的假设条件; 此外, 还对这类演化方程给出其修正的 (prepared) 形式. 在 4.2.3 节中引入映射 $\mathcal{F}$, 其不动点被用来构造惯性流形.

4.2.1 惯性流形的建立方法

本节不给出详细的假设条件, 也不详细论证, 仅粗略地介绍惯性流形的建立过程和方法.

假定 H 是 Hilbert 空间, 内积和范数分别表示为 $(\cdot,\cdot)$, $|\cdot|$; $I \subset \mathbb{R}^1$, $F : H \longrightarrow H$ 是 Fréchet 可微的.

考虑演化方程

$$\frac{du}{dt} = F(u), \tag{4.2.1}$$

其中 $u \in C^1(I, H)$.

设 P 是 H 上的正交投影, $Q = I - P$. 因此, H 可以表示为正交子空间 PH, QH 的直和, 即 $H = PH \oplus QH$. 在接下来的讨论中, PH 中的元素记为 $y, y_i, \cdots$, 而 QH 中元素用 $z, z_i, \cdots$ 表示. 我们的目的是寻找 (4.2.1) 的惯性流形 $\mathcal{M}$, 其形式表现为 Lipschitz 映射 $\Phi: PH \to QH$ 的图: $\{(y, \Phi(y)); y \in PH\}$. 设 $u(t) \in \mathcal{M}$, $t \in I$. 记 $y = Pu$, 可知 $u = (y, \Phi(y))$. 则 (4.2.1) 蕴含着下式成立:

$$\frac{du}{dt} = F(y + \Phi(y)). \tag{4.2.2}$$

分别将 (4.2.2) 在 PH, QH 上进行投影, 可得

$$\begin{cases} \dfrac{dy}{dt} = PF(y + \Phi(y)), \\ \dfrac{d\Phi(y)}{dt} = QF(y + \Phi(y)). \end{cases} \tag{4.2.3}$$

现在假定 Φ 是已知的 (自然 $\mathcal{M}$ 也是已知的), $u_0 = (y_0, \Phi(y_0)) \in \mathcal{M}$. 在适当的假设条件下 (特别地, PH 是有限维的), 给定 (4.2.3) 的初始条件:

$$y(0) = y_0, \quad y_0 \in PH. \tag{4.2.4}$$

(4.2.3) 中第一个方程定义了唯一的解

$$y(t) = y(t; y_0, \Phi), \quad \forall t \in \mathbb{R}^1.$$

假定 F 可以分解为 $F = F_1 + F_2$, 使得下述方程

$$\frac{dz}{dt} = QF_1(y + z) + QF_2(y + \Phi(y)) \tag{4.2.5}$$

存在唯一的解 $z(t) = z(t; y_0, \Phi)$ 且 $z(t)$ 是有界的, 即 $z \in C_b(\mathbb{R}^1, QH)$.

注 (4.2.5) 中的 $y(t)$, $\Phi(y(t))$ 是已知的. 如果 $z(t) = \Phi(y(t))$, $\forall t \in \mathbb{R}^1$. 特别地, 在 $t = 0$ 处, 有

$$z_0 \triangleq z(0) = z(0; y_0, \Phi) = \Phi(y_0). \tag{4.2.6}$$

此时, 惯性流形 $\mathcal{M}$ 的构造如下: 记 $\mathcal{H}$ 为 PH 至 QH 的一个适当函数类, 定义 $\mathcal{F}\Phi, \Phi \in \mathcal{H}$ 如下:

$$\mathcal{F}\Phi(y_0) = z(0; y_0, \Phi), \quad y_0 \in PH.$$

在适当的假设条件下, $\mathcal{F}\Phi \in \mathcal{H}$. 因此, $\mathcal{F}\Phi : PH \to QH$. 从而 (4.2.6) 等价于

$$\mathcal{F}\Phi(y_0) = \Phi(y_0), \quad \forall y_0 \in PH$$

或写为

$$\mathcal{F}\Phi = \Phi, \tag{4.2.7}$$

即 $\Phi \in \mathcal{H}$ 是 $\mathcal{F}$ 的一个不动点.

$\mathcal{F}$ 的不动点将通过运用严格的不动点定理获得, 并且我们将证明 $\mathcal{F}$ 的不动点 Φ 的图确实是 (4.2.1) 的惯性流形.

4.2.2 初始方程和预备方程

设 H 是可分的 Hilbert 空间, 算子 A 在 H 中是线性的、闭的、无界的、正的、自伴的, 其定义域 $D(A) \subset H$ 是 Hilbert 空间, 其范数为 $|Au|$, 并且 $A : D(A) \longrightarrow H$ 是同构映射. 还假定 A^{-1} 在 H 中是紧算子, 从而算子 A 的特征值 λ_j 和相应的特征向量 ω_j 存在且具有性质: $\{\omega_j\}$ 构成 H 的一组标准正交基且

$$\begin{cases} A\omega_j = \lambda_j \omega_j, \quad j = 1, 2, \cdots, \\ 0 < \lambda_1 \leqslant \lambda_2 \leqslant \cdots \leqslant \lambda_j \longrightarrow \infty, \quad j \longrightarrow \infty. \end{cases} \tag{4.2.8}$$

对于 $s \in \mathbb{R}^1$, 还可以定义 A^s. 设 $w \in H$, $w = \sum\limits_{j=1}^{\infty} b_j \omega_j$, 则 $A^s w = \sum\limits_{j=1}^{\infty} \lambda_j^s b_j \omega_j$, 其定义域表示为 $D(A^s) = \{w \in H; |A^s w| < \infty\}$. 还假定 (非线性) 算子 R 拥有下述性质: 对于某个 $\alpha \in \mathbb{R}^1$, R: $D(A^\alpha) \longrightarrow D(A^{\alpha - \frac{1}{2}})$ 局部 Lipschitz 连续, 即

$$\begin{cases} |A^{\alpha - \frac{1}{2}} R(u) - A^{\alpha - \frac{1}{2}} R(v)| \leqslant C_M |A^\alpha (u - v)|, \\ \forall u, v \in D(A^\alpha), \quad |A^\alpha u| \leqslant M, \quad |A^\alpha v| \leqslant M. \end{cases} \tag{4.2.9}$$

注 这里的算子 R 满足 $R(0) = 0$, 这可以从方程 (4.2.11) 导出.

在 (4.2.9) 中令 $v = 0$, 可知 $R : D(A^\alpha) \longrightarrow D(A^{\alpha - \frac{1}{2}})$ 是有界的算子映射, 且

$$\|R\|_{\mathcal{L}(D(A^\alpha) \longrightarrow D(A^{\alpha - \frac{1}{2}}))} = \sup_{u \in D(A^\alpha), u \neq 0, |A^\alpha u| \leqslant 1} \frac{|A^{\alpha - \frac{1}{2}} R(u)|}{|A^\alpha u|} \leqslant C_1. \tag{4.2.10}$$

考虑如下演化方程

$$\frac{du}{dt} + Au + R(u) = 0 \tag{4.2.11}$$

和方程 (4.2.1) 比较, (4.2.1) 中的 $F(u) = -Au - R(u)$. 我们这里不讨论方程 (4.2.11) 解的存在性、唯一性, 以及整体吸引子的存在性等, 而是直接假定方程 (4.2.11) 拥有这些性质, 下面逐一列出.

对任意 $u_0 \in D(A^\alpha)$, 方程 (4.2.11) 在 $\mathbb{R}_+$ 上存在唯一的解 u, 满足 $u(0) = u_0$ 且

$$u \in C(\mathbb{R}_+; D(A^\alpha)) \cap L^2(0, T; D(A^{\alpha+\frac{1}{2}})), \quad \forall T > 0,$$

并且, $\forall t \geqslant 0$, $S(t): u_0 \longrightarrow u(t)$ 是 $D(A^\alpha) \longrightarrow D(A^\alpha)$ 连续的. (4.2.12)

半群 $S(\cdot)$ 拥有一个正不变的吸收集 $\mathcal{B}_0 \subset D(A^\alpha)$ (即$S(t)\mathcal{B}_0 \subset \mathcal{B}_0$, $\forall t \geqslant 0$). $\mathcal{B}_0$ 的 ω-极限集, 记为$\mathscr{A}$, 是半群 $S(\cdot)$ 在 $D(A^\alpha)$ 中的最大吸引子. (4.2.13)

由于吸引集 $\mathcal{B}_0$ 的存在, 在研究 (4.2.11) 的过程中, 当 $|A^\alpha u|$ 充分大时 (即 $A^\alpha u \notin \mathcal{B}_0$), 可以忽略非线性项 $R(u)$ 的行为 (即 $R(u) = 0$). 因此, 我们考虑方程 (4.2.11) 的截断的形式, 称为修正 (prepared) 方程.

设吸引集 $\mathcal{B}_0 \subset B_\rho(0)$, 这里 $B_\rho(0) \subset D(A^\alpha)$. 由吸引子 $\mathscr{A}$ 的构造, 自然也有 $\mathscr{A} \subset B_\rho(0)$. 选择 C^∞ 截断函数 θ, 满足 $0 \leqslant \theta(s) \leqslant 1$, $\forall s \in [0, \infty)$; $\theta(s) \equiv 1$, $\forall 0 \leqslant s \leqslant 1$; $\theta(s) = 0$, $\forall s \geqslant 2$; $\sup_{s\geqslant 0} |\theta'(s)| \leqslant 2$. 令 $\theta_\rho(s) = \theta\left(\dfrac{s}{\rho}\right)$. 记

$$R_\theta(u) = \theta_\rho(|A^\alpha u|)R(u), \quad \forall u \in D(A^\alpha). \tag{4.2.14}$$

在 (4.2.11) 中用 R_θ 代替 R, 即下述的修正方程:

$$\frac{du}{dt} + Au + R_\theta(u) = 0. \tag{4.2.15}$$

容易看出, 带有初始值的方程 (4.2.15), 在类似方程 (4.2.11) 关于 $R(u)$ 的假设下, 也有 (4.2.11) 的解的类似性质.

记 $S_\theta(t)u_0 = u(t)$, 其中 u 是 (4.2.15) 的解, u_0 为 (4.2.15) 的初始函数. 由于 $\mathcal{B}_0 \subset B_\rho(0) \subset D(A^\alpha)$, 当 $u \in \mathcal{B}_0$ 时, $R_\theta(u) = R(u)$, (4.2.11) 和 (4.2.15) 是一致的. 因此, 对于 (4.2.11) 的解 u, 存在 $t_0 = t_0(u_0) > 0$, $\forall t \geqslant t_0$, 有 $u(t) = S(t)u_0 \in \mathcal{B}_0$, 从而 u 也是 (4.2.15) 的解. 反之, 若假定 $B_\rho(0) \subset D(A^\alpha)$ 是 (4.2.15) 的吸收集, 则 (4.2.15) 的解也是 (4.2.11) 的解. 事实上, 设 u 是 (4.2.15) 的解, 则存在 $t_1 = t_1(u_0) > 0$, 使得 $\forall t \geqslant t_1$, 有 $u(t) = S_\theta(t)u_0 \in B_\rho(0) \subset D(A^\alpha)$. 可知 $|A^\alpha u| < \rho$, 从而 $\theta_\rho(|A^\alpha u|) = 1$, $R_\theta(u) = R(u)$. 说明 u 也是 (4.2.11) 的解. 因此, 对修正方程 (4.2.15), 我们假定

$$B_\rho(0) \subset D(A^\alpha) \text{ 是 (4.2.15) 的吸收集}. \tag{4.2.16}$$

上述讨论表明, 在 (4.2.16) 的假设条件下, (4.2.11) 与 (4.2.15) 是一致的.

下面对算子 R_θ 建立一些技术性的有用的性质.

引理 4.2.1 算子 $R_\theta : D(A^\alpha) \longrightarrow D(A^{\alpha-\frac{1}{2}})$ 是整体有界的, 即

$$\sup_{u\in D(A^\alpha)} |A^{\alpha-\frac{1}{2}}R_\theta(u)| \leqslant \sup_{|A^\alpha u|\leqslant 2\rho} |A^{\alpha-\frac{1}{2}}R(u)| = M_1. \tag{4.2.17}$$

证明 利用假设条件 (4.2.9), $\forall u \in D(A^\alpha) : |A^\alpha u| \leqslant 2\rho$, 成立 $|A^{\alpha-\frac{1}{2}}R(u)| \leqslant C_{2\rho} \triangleq M_1$, 从而有

$$|A^{\alpha-\frac{1}{2}}R_\theta(u)| = \theta_\rho(|A^\alpha u|)|A^{\alpha-\frac{1}{2}}R(u)| \leqslant |A^{\alpha-\frac{1}{2}}R(u)| \leqslant M_1. \qquad \square$$

引理 4.2.2 算子 $R_\theta : D(A^\alpha) \longrightarrow D(A^{\alpha-\frac{1}{2}})$ 是 Lipschitz 映射, 即 $\forall u_1, u_2 \in D(A^\alpha)$, 成立

$$|A^{\alpha-\frac{1}{2}}R_\theta(u_1) - A^{\alpha-\frac{1}{2}}R_\theta(u_2)| \leqslant M_2|A^\alpha u_1 - A^\alpha u_2|,$$

这里 $M_2 = \dfrac{2M_1}{\rho} + C_{2\rho}$.

证明 设 $u_1, u_2 \in D(A^\alpha)$, 记 $\theta_i = \theta_\rho(|A^\alpha u_i|)$, $i = 1, 2$;

$$L = |A^{\alpha-\frac{1}{2}}R_\theta(u_1) - A^{\alpha-\frac{1}{2}}R_\theta(u_2)| = |\theta_1 A^{\alpha-\frac{1}{2}}R(u_1) - \theta_2 A^{\alpha-\frac{1}{2}}R(u_2)|. \tag{4.2.18}$$

需要讨论三种情形.

(a) $|A^\alpha u_1| \geqslant 2\rho$, 且 $|A^\alpha u_2| \geqslant 2\rho$.

此情形下, $\theta_1 = \theta_2 = 0$, $L = 0$.

(b) $|A^\alpha u_1| < 2\rho \leqslant |A^\alpha u_2|$.

记 u_* 为线段 $[u_1, u_2]$ 与球面 $\partial B_{2\rho}(0)$ 的交点 (在 $D(A^\alpha)$ 中), 即有 $|A^\alpha u_*| = 2\rho$. 如图 2 所示.

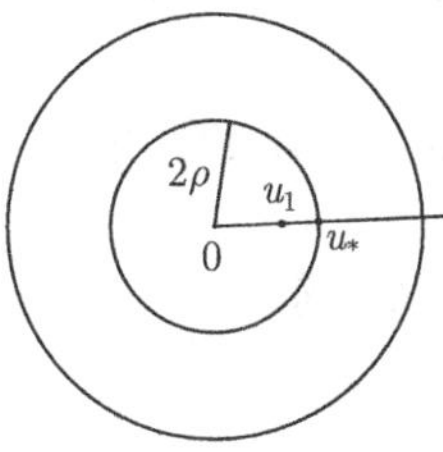

图 2

记 $u_* = \varepsilon u_1 + (1-\varepsilon)u_2$, $\varepsilon \in (0, 1]$. 从而 $\theta_\rho(|A^\alpha u_*|) = 0$ 以及有

$$L = |\theta_1 A^{\alpha-\frac{1}{2}}R(u_1)|$$

$$
\begin{aligned}
&= |\theta_\rho(|A^\alpha u_1|) - \theta_\rho(|A^\alpha u_*|)||A^{\alpha-\frac{1}{2}}R(u_1)| \\
&\leqslant M_1 \int_0^1 |\theta'_\rho(s|A^\alpha u_1| + (1-s)|A^\alpha u_*|)ds|\big||A^\alpha u_1| - |A^\alpha u_*|\big| \\
&\leqslant \frac{2M_1}{\rho}|A^\alpha(u_1 - u_*)| \\
&= \frac{2M_1}{\rho}|A^\alpha(u_1 - \varepsilon u_1 - (1-\varepsilon)u_2)| \\
&= \frac{2M_1}{\rho}(1-\varepsilon)|A^\alpha(u_1 - u_2)| \\
&\leqslant \frac{2M_1}{\rho}|A^\alpha(u_1 - u_2)|.
\end{aligned}
$$

同理, 若 $|A^\alpha u_2| < 2\rho \leqslant |A^\alpha u_1|$, 也有

$$
L \leqslant \frac{2M_1}{\rho}|A^\alpha(u_1 - u_2)|.
$$

(c) $|A^\alpha u_1| < 2\rho$ 且 $|A^\alpha u_2| < 2\rho$.

$$
\begin{aligned}
L &= |(\theta_1 - \theta_2)A^{\alpha-\frac{1}{2}}R(u_1) + \theta_2 A^{\alpha-\frac{1}{2}}(R(u_1) - R(u_2))| \\
&\leqslant |A^{\alpha-\frac{1}{2}}R(u_1)| \int_0^1 |\theta'_\rho(s|A^\alpha u_1| + (1-s)|A^\alpha u_2|)|ds \\
&\quad \times \big||A^\alpha u_1| - |A^\alpha u_2|\big| + \theta_2|A^{\alpha-\frac{1}{2}}(R(u_1) - R(u_2))| \\
&\leqslant \frac{2M_1}{\rho}|A^\alpha(u_1 - u_2)| + C_{2\rho}|A^\alpha(u_1 - u_2)| \\
&= \left(\frac{2M_1}{\rho} + C_{2\rho}\right)|A^\alpha(u_1 - u_2)|.
\end{aligned}
$$

上述 (a)—(c) 的讨论表明: $\forall u_1, u_2 \in D(A^\alpha)$, 成立

$$
|A^{\alpha-\frac{1}{2}}R_\theta(u_1) - A^{\alpha-\frac{1}{2}}R_\theta(u_2)| \leqslant M_2|A^\alpha u_1 - A^\alpha u_2|, \quad M_2 = \frac{2M_1}{\rho} + C_{2\rho}. \tag{4.2.19}
$$

□

4.2.3 映射 $\mathcal{F}$ 的性质

设 N 为正整数, 记

$$
P = P_N, \quad Q = I - P = I - P_N, \tag{4.2.20}
$$

其中 $P_N : H \longrightarrow \text{span}\{\omega_1, \omega_2, \cdots, \omega_N\}$ 是满射投影.

$\forall \beta \in \mathbb{R}^1$, 成立

$$PA^\beta = A^\beta P, \quad QA^\beta = A^\beta Q.$$

事实上, 记 $w = \sum\limits_{j=1}^{\infty} b_j \omega_j$, 则

$$(PA^\beta)w = P(A^\beta w) = P_N\left(\sum_{j=1}^{\infty} \lambda_j^\beta b_j \omega_j\right) = \sum_{j=1}^{N} \lambda_j^\beta b_j \omega_j,$$

$$(A^\beta P)w = A^\beta (P_N w) = A^\beta\left(\sum_{j=1}^{N} b_j \omega_j\right) = \sum_{j=1}^{N} \lambda_j^\beta b_j \omega_j,$$

说明 $PA^\beta = A^\beta P$. 从而有

$$QA^\beta = (I-P)A^\beta = A^\beta - PA^\beta = A^\beta - A^\beta P = A^\beta (I-P) = A^\beta Q,$$

即 $QA^\beta = A^\beta Q$.

设 $b, \ell > 0$. 定义集合 $\mathcal{H} = \mathcal{H}_{b,\ell}^\alpha$, 其中元素 Φ 为由 $PD(A^\alpha)$ 至 $QD(A^\alpha)$ 的 Lipschitz 映射组成且满足

$$\begin{cases} \text{supp}\,\Phi \subset \{y \in PD(A^\alpha); |A^\alpha y| \leqslant 2\rho\}, \\ |A^\alpha \Phi(y)| \leqslant b, \quad \forall y \in PD(A^\alpha), \\ |A^\alpha \Phi(y_1) - A^\alpha \Phi(y_2)| \leqslant \ell |A^\alpha (y_1 - y_2)|, \quad \forall y_1, y_2 \in D(A^\alpha), \end{cases} \tag{4.2.21}$$

即 $\mathcal{H} = \{\Phi : PD(A^\alpha) \longrightarrow QD(A^\alpha)$ 是 Lipschitz 连续且 (4.2.21) 成立$\}$.

直接可以验证

$$d(\Phi_1, \Phi_2) = \sup_{y \in PD(A^\alpha)} |A^\alpha (\Phi_1(y) - \Phi_2(y))| \tag{4.2.22}$$

是 $\mathcal{H} = \mathcal{H}_{b,\ell}^\alpha$ 上的距离, $\mathcal{H} = (\mathcal{H}, d)$ 是完备的度量空间.

令 $\Phi \in \mathcal{H}$, $y_0 \in PD(A^\alpha)$. 考虑下述问题

$$\frac{dy}{dt} + Ay + PR_\theta(y + \Phi(y)) = 0, \quad y(0) = y_0. \tag{4.2.23}$$

利用引理 4.2.2 和 (4.2.20), (4.2.21), 可知 $\forall \sigma_1, \sigma_2 \in PD(A^\alpha)$, 成立

$$|PR_{\theta_1}(\sigma_1 + \Phi(\sigma_1)) - PR_{\theta_2}(\sigma_2 + \Phi(\sigma_2))|_{D(A^{\alpha - \frac{1}{2}})}$$

$$
\begin{aligned}
&= |PA^{\alpha-\frac{1}{2}}R_{\theta_1}(\sigma_1+\Phi(\sigma_1)) - PA^{\alpha-\frac{1}{2}}R_{\theta_2}(\sigma_2+\Phi(\sigma_2))| \\
&\leqslant |A^{\alpha-\frac{1}{2}}R_{\theta_1}(\sigma_1+\Phi(\sigma_1)) - A^{\alpha-\frac{1}{2}}R_{\theta_2}(\sigma_2+\Phi(\sigma_2))| \\
&\leqslant M_2|A^{\alpha}(\sigma_1+\Phi(\sigma_1)) - A^{\alpha}(\sigma_2+\Phi(\sigma_2))| \\
&\leqslant M_2(|A^{\alpha}(\sigma_1-\sigma_2)| + |A^{\alpha}\Phi(\sigma_1) - A^{\alpha}\Phi(\sigma_2)|) \\
&\leqslant M_2(1+\ell)|A^{\alpha}(\sigma_1-\sigma_2)| \\
&= M_2(1+\ell)|\sigma_1-\sigma_2|_{D(A^{\alpha})},
\end{aligned}
$$

即映射: $\begin{cases} D(A^{\alpha}) \longrightarrow D(A^{\alpha-\frac{1}{2}}), \\ \sigma \longmapsto PR_{\theta}(\sigma+\Phi(\sigma)) \end{cases}$ 是 Lipschitz 连续的. 由于 $PD(A^{\alpha})$ 是有限维的, 由标准的常微分方程理论知, (4.2.23) 在 $\mathbb{R}^1$ 上存在唯一的解 $y(t) = y(t; y_0, \Phi)$.

考虑下述方程

$$
\frac{dz}{dt} + Az + QR_{\theta}(y+\Phi(y)) = 0. \tag{4.2.24}
$$

由 (4.2.23) 知, $y = y(t)$, $\Phi(y) = \Phi(y(t))$ 在 $\mathbb{R}^1$ 上是已知的. 记 $\sigma = -QR_{\theta}(y + \Phi(y))$. 则 σ 是已知的且由引理 4.2.1 知

$$
\begin{aligned}
\|\sigma(t)\|_{L^{\infty}(\mathbb{R}^1, D(A^{\alpha-\frac{1}{2}}))} &= \sup_{t\in\mathbb{R}^1} |A^{\alpha-\frac{1}{2}}\sigma(t)| \\
&= \sup_{t\in\mathbb{R}^1} |A^{\alpha-\frac{1}{2}}QR_{\theta}(y(t)+\Phi(y(t)))| \\
&= \sup_{t\in\mathbb{R}^1} |QA^{\alpha-\frac{1}{2}}R_{\theta}(y(t)+\Phi(y(t)))| \\
&\leqslant \sup_{t\in\mathbb{R}^1} |A^{\alpha-\frac{1}{2}}R_{\theta}(y(t)+\Phi(y(t)))| \leqslant M_1,
\end{aligned}
$$

即 $\sigma \in L^{\infty}(\mathbb{R}^1, D(A^{\alpha-\frac{1}{2}}))$ 且 $\|\sigma(t)\|_{L^{\infty}(\mathbb{R}^1, D(A^{\alpha-\frac{1}{2}}))} \leqslant M_1$.

利用下面的引理 4.2.3 知, (4.2.24) 存在唯一的解 $z = z(t; y_0, \Phi)$, 且

$$
z \in C_b(\mathbb{R}^1; QD(A^{\alpha})). \tag{4.2.25}
$$

特别地, $z(0) = z(0; y_0, \Phi) \in QD(A^{\alpha})$. 注意到 $y_0 \in PD(A^{\alpha})$, 这样产生一个映射, 记为

$$
\mathcal{F}\Phi:\ PD(A^{\alpha}) \longrightarrow QD(A^{\alpha}),
$$

$$y_0 \longmapsto z(0; y_0, \Phi).$$

下一节中, 我们将证明 $\mathcal{F}\Phi \in \mathcal{H}$, $\forall \Phi \in \mathcal{H}$ 以及研究映射 $\mathcal{F}$ 的相关性质. 特别地, 将给出 $\mathcal{F}\Phi(y_0)$ 的积分表达式, 其中 $y \in PD(A^\alpha)$, $\Phi \in \mathcal{H}$.

引理 4.2.3 对任意 $\alpha \in \mathbb{R}^1$, 设 $\sigma \in L^\infty(\mathbb{R}^1, D(A^{\alpha-\frac{1}{2}}))$. 则下述问题

$$\frac{d\xi}{dt} + A\xi = \sigma \tag{4.2.26}$$

存在唯一的解 $\xi \in C_b(\mathbb{R}^1; D(A^\alpha))$.

证明 (i) 设 $\alpha \in \mathbb{R}^1$, $\xi_0 \in D(A^\alpha)$. 考虑初值齐次问题

$$\frac{d\xi}{dt} + A\xi = 0, \quad \xi(0) = \xi_0. \tag{4.2.27}$$

问题 (4.2.27) 存在唯一的解 $\xi(t) = e^{-tA}\xi_0$, 且

$$\xi \in C([0,\infty); D(A^\alpha)) \cap C((0,\infty); D(A^{\alpha+\frac{1}{2}})).$$

事实上, 由下面的 (4.2.28) 知 $|A^\alpha \xi(t)| \leqslant |A^\alpha \xi_0|$, $\forall t \geqslant 0$. 从而, 对 $\forall t \geqslant 0$ 及 $\forall h > 0$, 成立

$$\begin{aligned}
|\xi(t+h) - \xi(t)|_{D(A^\alpha)} &= |A^\alpha \xi(t+h) - A^\alpha \xi(t)| \\
&= |A^\alpha e^{-(t+h)A}\xi_0 - A^\alpha e^{-tA}\xi_0| \\
&= |(e^{-hA} - I)A^\alpha e^{-tA}\xi_0| \\
&\leqslant \|e^{-hA} - I\||A^\alpha \xi(t)| \\
&\leqslant \|e^{-hA} - I\||A^\alpha \xi_0| \to 0, \quad h \to 0.
\end{aligned}$$

说明 $\xi \in C([0,\infty); D(A^\alpha))$. 在下面的 (4.2.32) 中用 $\alpha + \dfrac{1}{2}$ 代替 α, 可得

$$\|e^{-tA}\|_{\mathcal{L}(D(A^\alpha), D(A^{\alpha+\frac{1}{2}}))} \leqslant \left(\frac{1}{2t} + \lambda_1\right)^{\frac{1}{2}} e^{-\lambda_1 t}, \quad \forall t > 0.$$

从而, $\forall t > 0$, $\forall h > 0$, 成立

$$\begin{aligned}
|\xi(t+h) - \xi(t)|_{D(A^{\alpha+\frac{1}{2}})} &= |A^{\alpha+\frac{1}{2}} e^{-(t+h)A}\xi_0 - A^{\alpha+\frac{1}{2}} e^{-tA}\xi_0| \\
&= |(e^{-hA} - I)A^{\alpha+\frac{1}{2}} e^{-tA}\xi_0|
\end{aligned}$$

$$\leqslant \|e^{-hA} - I\| |A^{\alpha+\frac{1}{2}}\xi(t)|$$

$$\leqslant \|e^{-hA} - I\| \left(\frac{1}{2t} + \lambda_1\right)^{\frac{1}{2}} e^{-\lambda_1 t} |A^\alpha \xi_0| \to 0, \quad h \to 0.$$

说明 $\xi \in C((0,\infty); D(A^{\alpha+\frac{1}{2}}))$.

下面验证

$$\forall t > 0, \quad e^{-tA} : \begin{cases} D(A^{\alpha-\frac{1}{2}}) \longrightarrow D(A^\alpha), \\ \xi_0 \longmapsto \xi(t) \end{cases}$$

是连续的;

$$\forall t \geqslant 0, \quad e^{-tA} : \begin{cases} D(A^\alpha) \longrightarrow D(A^\alpha), \\ \xi_0 \longmapsto \xi(t) \end{cases}$$

是连续的.

利用 (4.2.27), $\forall t \in \mathbb{R}^1$, 成立

$$\frac{1}{2}\frac{d}{dt}|A^\alpha \xi|^2 + |A^{\alpha+\frac{1}{2}}\xi|^2 = 0, \tag{4.2.28}$$

$$\frac{d}{dt}|A^\alpha \xi|^2 + 2\lambda_1 |A^\alpha \xi|^2 \leqslant 0. \tag{4.2.29}$$

从而

$$|A^\alpha \xi(t)|^2 \leqslant |A^\alpha \xi(0)|^2 e^{-2\lambda_1 t},$$

或写为

$$|A^\alpha e^{-tA}\xi_0| \leqslant |A^\alpha \xi_0| e^{-\lambda_1 t}, \quad \forall t \geqslant 0,$$

说明

$$|e^{-tA}|_{\mathcal{L}(D(A^\alpha))} \leqslant e^{-\lambda_1 t}, \quad \forall \alpha \in \mathbb{R}^1, \ \forall t \geqslant 0. \tag{4.2.30}$$

现在估计 e^{-tA}, $t > 0$ 在 $\mathcal{L}(D(A^{\alpha-\frac{1}{2}}), D(A^\alpha))$ 中的范数.

在 (4.2.28) 中用 $\alpha - \dfrac{1}{2}$ 替代 α, 可得

$$\frac{d}{dt}|A^{\alpha-\frac{1}{2}}\xi|^2 + 2|A^\alpha \xi|^2 = 0,$$

以及

$$\frac{d}{dt}\left(e^{2\lambda_1 t}|A^{\alpha-\frac{1}{2}}\xi(t)|^2\right) + 2e^{2\lambda_1 t}|A^\alpha \xi(t)|^2 = 2\lambda_1 e^{2\lambda_1 t}|A^{\alpha-\frac{1}{2}}\xi(t)|^2.$$

从而, $\forall t > 0$, 成立

$$\begin{aligned}&e^{2\lambda_1 t}|A^{\alpha-\frac{1}{2}}\xi(t)|^2 + 2\int_0^t e^{2\lambda_1 s}|A^\alpha \xi(s)|^2 ds\\ \leqslant\ & |A^{\alpha-\frac{1}{2}}\xi(0)|^2 + 2\lambda_1\int_0^t e^{2\lambda_1 s}|A^{\alpha-\frac{1}{2}}\xi(s)|^2 ds.\end{aligned}$$

在 (4.2.30) 中用 $\alpha-\dfrac{1}{2}$ 替代 α, 可得

$$|e^{-tA}|_{\mathcal{L}(D(A^{\alpha-\frac{1}{2}}))} \leqslant e^{-\lambda_1 t}, \quad \forall t > 0.$$

从而

$$\begin{aligned}|A^{\alpha-\frac{1}{2}}\xi(t)|^2 &= |A^{\alpha-\frac{1}{2}}e^{-tA}\xi(0)|^2\\ &= |e^{-tA}\xi(0)|^2_{D(A^{\alpha-\frac{1}{2}})}\\ &\leqslant |e^{-tA}|^2_{\mathcal{L}(D(A^{\alpha-\frac{1}{2}}))}|A^{\alpha-\frac{1}{2}}\xi(0)|^2\\ &\leqslant e^{-2\lambda_1 t}|A^{\alpha-\frac{1}{2}}\xi(0)|^2.\end{aligned}$$

因此, $\forall t > 0$, 成立

$$\begin{aligned}\int_0^t e^{2\lambda_1 s}|A^\alpha\xi(s)|^2 ds &\leqslant \frac{1}{2}|A^{\alpha-\frac{1}{2}}\xi(0)|^2 + \lambda_1\int_0^t e^{2\lambda_1 s}e^{-2\lambda_1 s}|A^{\alpha-\frac{1}{2}}\xi(0)|^2 ds\\ &= \left(\frac{1}{2} + t\lambda_1\right)|A^{\alpha-\frac{1}{2}}\xi(0)|^2.\end{aligned}\tag{4.2.31}$$

由 (4.2.29), 可得

$$\frac{d}{dt}(t|A^\alpha\xi(t)|^2) + 2\lambda_1 t|A^\alpha\xi(t)|^2 \leqslant |A^\alpha\xi(t)|^2,$$

进一步有

$$\frac{d}{dt}\left(e^{2\lambda_1 t}(t|A^\alpha\xi(t)|^2)\right) \leqslant e^{2\lambda_1 t}|A^\alpha\xi(t)|^2, \ \ \forall t > 0.$$

两边关于 t 积分, 利用 (4.2.31), 可知

$$\begin{aligned}t|e^{-tA}\xi_0|^2_{D(A^\alpha)} &= t|A^\alpha e^{-tA}\xi_0|^2\\ &= t|A^\alpha\xi(t)|^2\end{aligned}$$

$$
\begin{aligned}
&\leqslant e^{-2\lambda_1 t}\int_0^t e^{2\lambda_1 s}|A^\alpha\xi(s)|^2 ds\\
&\leqslant \left(\frac{1}{2}+t\lambda_1\right)e^{-2\lambda_1 t}|A^{\alpha-\frac{1}{2}}\xi(0)|^2\\
&=\left(\frac{1}{2}+t\lambda_1\right)e^{-2\lambda_1 t}|\xi_0|^2_{D(A^{\alpha-\frac{1}{2}})},\quad \forall t>0.
\end{aligned}
$$

因此

$$
|e^{-tA}\xi_0|_{D(A^\alpha)}\leqslant\left(\frac{1}{2t}+\lambda_1\right)^{\frac{1}{2}}e^{-\lambda_1 t}|\xi_0|_{D(A^{\alpha-\frac{1}{2}})},\quad \forall t>0.
$$

说明

$$
|e^{-tA}|_{\mathcal{L}(D(A^{\alpha-\frac{1}{2}}),D(A^\alpha))}\leqslant\left(\frac{1}{2t}+\lambda_1\right)^{\frac{1}{2}}e^{-\lambda_1 t},\ \forall\alpha\in\mathbb{R}^1,\ \forall t>0. \tag{4.2.32}
$$

(ii) $L^\infty(\mathbb{R}^1,D(A^\alpha))$ 空间中解的唯一性.

设 $\xi_1,\xi_2\in L^\infty(\mathbb{R}^1,D(A^\alpha))$ 是 (4.2.26) 的两个解. 则 $\xi=\xi_1-\xi_2$ 满足方程 (4.2.26) $(\sigma\equiv 0)$, 自然 (4.2.27)—(4.2.29) 成立. $\forall t\in\mathbb{R}$ 及 $\forall t_0<t$, 在 (4.2.29) 两边积分, 可得

$$
|A^\alpha\xi(t)|^2\leqslant|A^\alpha\xi(t_0)|^2e^{-2\lambda_1(t-t_0)}.
$$

由于 $|A^\alpha\xi(t_0)|\leqslant|A^\alpha\xi_0|$ 关于 t_0 是有界的, 在上式中令 $t_0\longrightarrow-\infty$, 可得 $|A^\alpha\xi(t)|=0,\ \forall t\in\mathbb{R}^1$, 即有 $\xi(t)=0$, 从而 $\xi_1(t)=\xi_2(t),\ \forall t\in\mathbb{R}^1$.

(iii) $\forall t\in\mathbb{R}^1$ 及 $\forall t_0<t$, 在 (4.2.26) 两边积分, 成立 (这里是形式上的运算, 假定 (4.2.26) 的解 ξ 存在)

$$
\xi(t)=e^{-(t-t_0)A}\xi(t_0)+\int_{t_0}^t e^{-(t-\tau)A}\sigma(\tau)d\tau.
$$

如果 $\xi\in L^\infty(\mathbb{R}^1,D(A^\alpha))$ 是 (4.2.26) 的解, 利用 (4.2.30), 成立

$$
\begin{aligned}
|e^{-(t-t_0)A}\xi(t_0)|_{D(A^\alpha)}&\leqslant|e^{-(t-t_0)A}|_{\mathcal{L}(D(A^\alpha))}|\xi(t_0)|_{D(A^\alpha)}\\
&\leqslant e^{-\lambda_1(t-t_0)}|A^\alpha\xi(t_0)|\to 0,\ \ t_0\to-\infty.
\end{aligned}
$$

从而成立

$$
\xi(t)=\int_{-\infty}^t e^{-(t-\tau)A}\sigma(\tau)d\tau,\quad \forall t\in\mathbb{R}^1. \tag{4.2.33}
$$

下面验证 (4.2.33) 中右端积分是有意义的, 并且满足所要求的正则性质, 从而可知 (4.2.33) 中给出的 $\xi(t)$ 确实是 (4.2.26) 的解.

利用 (4.2.32) 式, 可知

$$\begin{aligned}
\left|A^\alpha \int_{-\infty}^t e^{-(t-\tau)A}\sigma(\tau)d\tau\right| &\leqslant \int_{-\infty}^t |A^\alpha e^{-(t-\tau)A}\sigma(\tau)|d\tau \\
&= \int_{-\infty}^t |e^{-(t-\tau)A}\sigma(\tau)|_{D(A^\alpha)}d\tau \\
&\leqslant \int_{-\infty}^t |e^{-(t-\tau)A}|_{\mathcal{L}(D(A^{\alpha-\frac{1}{2}}),D(A^\alpha))}|\sigma(\tau)|_{D(A^{\alpha-\frac{1}{2}})}d\tau \\
&\leqslant |\sigma|_{L^\infty(\mathbb{R}^1;D(A^{\alpha-\frac{1}{2}}))}\int_{-\infty}^t \left(\frac{1}{2(t-\tau)}+\lambda_1\right)^{\frac{1}{2}} e^{-\lambda_1(t-\tau)}d\tau \\
&= |\sigma|_{L^\infty(\mathbb{R}^1;D(A^{\alpha-\frac{1}{2}}))}\frac{1}{\sqrt{\lambda_1}}\int_0^\infty e^{-s}\left(1+\frac{1}{2s}\right)^{\frac{1}{2}}ds.
\end{aligned}$$

记

$$k_1 = \int_0^\infty e^{-s}\left(1+\frac{1}{2s}\right)^{\frac{1}{2}}ds < \infty. \tag{4.2.34}$$

则

$$\left|A^\alpha \int_{-\infty}^t e^{-(t-\tau)A}\sigma(\tau)d\tau\right| \leqslant \frac{k_1}{\sqrt{\lambda_1}}|\sigma|_{L^\infty(\mathbb{R}^1;D(A^{\alpha-\frac{1}{2}}))}, \quad \forall t>0,$$

即 (4.2.33) 中左端的积分是有意义的, 从而

$$|A^\alpha\xi(t)| \leqslant \frac{k_1}{\sqrt{\lambda_1}}|\sigma|_{L^\infty(\mathbb{R}^1;D(A^{\alpha-\frac{1}{2}}))}, \quad \forall t\in\mathbb{R}^1, \tag{4.2.35}$$

即 $\xi \in L^\infty(\mathbb{R}^1;D(A^\alpha))$.

下面验证: $\xi\in C_b(\mathbb{R}^1;D(A^\alpha))$.

$\forall t\in\mathbb{R}^1$ 及 $\forall h>0$ (与 $h<0$ 的证明类似), 有

$$\begin{aligned}
\xi(t+h)-\xi(t) &= \int_{-\infty}^{t+h} e^{-(t+h-\tau)A}\sigma(\tau)d\tau - \int_{-\infty}^t e^{-(t-\tau)A}\sigma(\tau)d\tau \\
&= \int_{-\infty}^t (e^{-hA}-I)e^{-(t-\tau)A}\sigma(\tau)d\tau + \int_t^{t+h} e^{-(t+h-\tau)A}\sigma(\tau)d\tau.
\end{aligned}$$

从而

$$|\xi(t+h)-\xi(t)|_{D(A^\alpha)}$$

$$
\begin{aligned}
&= |A^\alpha \xi(t+h) - A^\alpha \xi(t)| \\
&\leqslant \int_{-\infty}^{t} |(e^{-hA} - I) A^\alpha e^{-(t-\tau)A} \sigma(\tau)| d\tau + \int_{t}^{t+h} |A^\alpha e^{-(t+h-\tau)A} \sigma(\tau)| d\tau \\
&\leqslant |e^{-hA} - I|_{\mathcal{L}(D(A^\alpha))} \int_{-\infty}^{t} |A^\alpha e^{-(t-\tau)A} \sigma(\tau)| d\tau + \int_{t}^{t+h} |A^\alpha e^{-(t+h-\tau)A} \sigma(\tau)| d\tau.
\end{aligned}
$$

利用 (4.2.32), 可知

$$
\begin{aligned}
\int_{-\infty}^{t} |A^\alpha e^{-(t-\tau)A} \sigma(\tau)| d\tau &\leqslant |\sigma|_{L^\infty(\mathbb{R}^1; D(A^{\alpha-\frac{1}{2}}))} \int_{-\infty}^{t} |e^{-(t-\tau)A}|_{\mathcal{L}(D(A^{\alpha-\frac{1}{2}}), D(A^\alpha))} d\tau \\
&\leqslant |\sigma|_{L^\infty(\mathbb{R}^1; D(A^{\alpha-\frac{1}{2}}))} \int_{-\infty}^{t} \left(\frac{1}{2(t-\tau)} + \lambda_1 \right)^{\frac{1}{2}} e^{-\lambda_1 (t-\tau)} d\tau \\
&= \frac{k_1}{\sqrt{\lambda_1}} |\sigma|_{L^\infty(\mathbb{R}^1; D(A^{\alpha-\frac{1}{2}}))},
\end{aligned}
$$

以及

$$
\begin{aligned}
&\int_{t}^{t+h} |A^\alpha e^{-(t+h-\tau)A} \sigma(\tau)| d\tau \\
&\leqslant |\sigma|_{L^\infty(\mathbb{R}^1; D(A^{\alpha-\frac{1}{2}}))} \int_{t}^{t+h} |e^{-(t+h-\tau)A}|_{\mathcal{L}(D(A^{\alpha-\frac{1}{2}}), D(A^\alpha))} d\tau \\
&\leqslant |\sigma|_{L^\infty(\mathbb{R}^1; D(A^{\alpha-\frac{1}{2}}))} \int_{t}^{t+h} \left(\frac{1}{2(t+h-\tau)} + \lambda_1 \right)^{\frac{1}{2}} e^{-\lambda_1 (t+h-\tau)} d\tau \\
&= |\sigma|_{L^\infty(\mathbb{R}^1; D(A^{\alpha-\frac{1}{2}}))} \int_{0}^{h} \left(\frac{1}{2s} + \lambda_1 \right)^{\frac{1}{2}} e^{-\lambda_1 s} ds.
\end{aligned}
$$

因此, $\forall t \in \mathbb{R}^1$, 有

$$
\begin{aligned}
&|\xi(t+h) - \xi(t)|_{D(A^\alpha)} \\
&\leqslant \left(|e^{-hA} - I|_{\mathcal{L}(D(A^\alpha))} \frac{k_1}{\sqrt{\lambda_1}} + \int_{0}^{h} \left(\frac{1}{2s} + \lambda_1 \right)^{\frac{1}{2}} e^{-\lambda_1 s} ds \right) |\sigma|_{L^\infty\left(\mathbb{R}^1; D\left(A^{\alpha-\frac{1}{2}}\right)\right)} \\
&\longrightarrow 0, \quad h \longrightarrow 0.
\end{aligned}
$$

说明 $\xi \in C(\mathbb{R}^1; D(A^\alpha))$.

再利用 (4.2.35) 知, $\xi(t)$ 在 $D(A^\alpha)$ 中关于 t 是有界的, 从而 $\xi \in C_b(\mathbb{R}^1; D(A^\alpha))$. 由于 $\xi(t)$ 是从 (4.2.26) 作为解形式上导出的表达式 (4.2.33), 而现在 (4.2.33) 右

端有意义, 故 (4.2.33) 中的左端 $\xi(t)$ 一定是 (4.2.26) 的解且由 $\xi \in C_b(\mathbb{R}^1; D(A^\alpha))$ 以及 (ii) 结论知: $\xi(t)$ 是 (4.2.26) 的唯一解. □

注 由 (4.2.33) 知, 当 $\sigma = -QR_\theta(y+\Phi(y))$ 时, 利用 (4.2.24) 和 $\mathcal{F}\Phi$ 的定义知 $\mathcal{F}\Phi(y_0) = z(0; y_0, \Phi) = \xi(0)$, 即对于 $\Phi \in \mathcal{H} = \mathcal{H}_{b,\ell}^\alpha$, 成立

$$\mathcal{F}\Phi(y_0) = -\int_{-\infty}^0 e^{\tau A} QR_\theta(y(\tau) + \Phi(y(\tau)))d\tau, \quad \forall y_0 \in PD(A^\alpha). \tag{4.2.36}$$

(4.2.36) 是非常有用的一个关于 $\mathcal{F}\Phi(y_0)$ 的积分表达式.

4.3 惯性流形的存在性

对于初始方程 (4.2.11) 或修正方程 (4.2.15), 通过建立算子 $\mathcal{F}$ 的不动点, 我们构造出方程 (4.2.11) 或 (4.2.15) 的一个惯性流形. 4.3.1 节中叙述存在性的主要结论, 4.3.2 节和 4.3.3 节给出结论证明.

4.3.1 存在性

本节中, 我们寻找方程 (4.2.11) (或 (4.2.15)) 的惯性流形 $\mathcal{M}$, 是以 $\mathcal{H} = \mathcal{H}_{b,\ell}^\alpha$ 中某一个元素 Φ 的图形式表达出来的, 即

$$\mathcal{M} = \{(y, \Phi(y));\ y \in PD(A^\alpha)\}. \tag{4.3.1}$$

对于方程 (4.2.11) (或 (4.2.15)) 惯性流形 $\mathcal{M}$ 是一个有限维的流形, 满足下述三条性质:

$$\mathcal{M} \text{ 是 Lipschitz 连续的;} \tag{4.3.2}$$

$$\mathcal{M} \text{ 是对于半群 } S(\cdot) \text{ 正不变的, 即 } S(t)\mathcal{M} \subset \mathcal{M},\ \forall t \geqslant 0; \tag{4.3.3}$$

$$\mathcal{M} \text{ 指数的吸引 (4.2.11) (或 (4.2.15)) 的所有轨道.} \tag{4.3.4}$$

为了书写简单, 令 $\lambda_N = \lambda$, $\lambda_{N+1} = \Lambda$, 因此成立

$$|A^{\alpha+\frac{1}{2}}z|^2 = (A^{\alpha+1}z, A^\alpha z) \geqslant \Lambda |A^\alpha z|^2, \quad \forall z \in QD(A^\alpha); \tag{4.3.5}$$

$$|A^{\alpha+\frac{1}{2}}y|^2 = (A^{\alpha+1}y, A^\alpha y) \leqslant \lambda |A^\alpha y|^2, \quad \forall y \in PD(A^\alpha). \tag{4.3.6}$$

在前面已有的假设条件下, 我们补充下述技术性假设条件: 对于给定的 ℓ, $0 < \ell \leqslant \dfrac{1}{8}$ 且假定

$$\Lambda > M_2^2\big(\ell^{-1}(1+\ell) + 4k_4 + 11\big)^2, \tag{4.3.7}$$

$$\Lambda - \lambda > 2M_2\ell^{-1}(1+\ell)(\lambda^{\frac{1}{2}} + \Lambda^{\frac{1}{2}}), \tag{4.3.8}$$

其中 M_2 来自于 (4.2.19) 式, k_4 是一个绝对的常数 (见下面).

注 由于 $P = P_N$, $\Lambda = \lambda_{N+1}$, $\lambda = \lambda_N$, N 是一个适当的正整数. 条件 (4.3.7) 意味着 N 充分大, 而条件 (4.3.8) 称为谱间隙 (或谱缺口) (spectral gap).

定理 4.3.1 前面关于算子 A 和 R 的假设条件全部成立, 以及 (4.2.9), (4.2.12), (4.2.13), (4.2.16), (4.2.20) 和 (4.3.7), (4.3.8) 假设条件也成立, 则存在 $b > 0$, 使得下述结论成立:

(i) $\mathcal{F}: \mathcal{H}^\alpha_{b,\ell} \to \mathcal{H}^\alpha_{b,\ell}$ 是严格压缩映射, 从而存在唯一的不动点 $\Phi \in \mathcal{H}^\alpha_{b,\ell}$;

(ii) Φ 的图是方程 (4.2.11) 和方程 (4.2.15) 的惯性流形.

注 $S_\theta(t)\mathcal{M} \subset \mathcal{M}$, $\forall t \geqslant 0$. 但是, $S(t)\mathcal{M} \subset \mathcal{M}$, $\forall t \geqslant 0$ 不一定成立. 严格地讲, $S(t)(\mathcal{M} \cap \mathcal{B}_0) \subset \mathcal{M}$, $\forall t \geqslant 0$ 成立, 这里 $\mathcal{B}_0$ 是 $S(t)$ 的正不变吸收集.

事实上, 设 $(y_0, \Phi(y_0)) = u_0 \in \mathcal{M}$, $u(t) = S_\theta(t)u_0$, $t \geqslant 0$ 是 (4.2.15) 的解. 记 $u(t) = (p(t), q(t))$, $t \geqslant 0$, 其中 $p(t) = Pu(t)$, $q(t) = Qu(t)$. 利用 Φ 的构造 (见后面的证明) 知, $q(t) = \Phi(p(t))$, 从而 $S_\theta(t)u_0 = u(t) \in \mathcal{M}$, $\forall t \geqslant 0$, 即 $S_\theta(t)\mathcal{M} \subset \mathcal{M}$, $\forall t \geqslant 0$. 设 $(y_0, \Phi(y_0)) = u_0 \in \mathcal{M} \cap \mathcal{B}_0$. 由于 $\mathcal{B}_0$ 是半群 $S(\cdot)$ 的正不变集, 故 $S(t)u_0 \in \mathcal{B}_0$, $\forall t \geqslant 0$. 因为 $\mathcal{B}_0 \subset B_\rho(0) \subset D(A^\alpha)$, 可知 $S(t)u_0 = S_\theta(t)u_0$, $\forall t \geqslant 0$. 又因为 $S_\theta(t)u_0 \in \mathcal{M}$, $\forall t \geqslant 0$, 所以 $S(t)u_0 \in \mathcal{M}$, $\forall t \geqslant 0$, 即 $S(t)(\mathcal{M} \cap \mathcal{B}_0) \subset \mathcal{M}$.

4.3.2 映射 $\mathcal{F}$ 的性质

引理 4.3.2 对任意 $\Phi \in \mathcal{H} = \mathcal{H}^\alpha_{b,\ell}$, 成立

$$\operatorname{supp} \mathcal{F}\Phi \subset \{y \in PD(A^\alpha);\ |A^\alpha y| \leqslant 2\rho\}. \tag{4.3.9}$$

证明 设 $y_0 \in PD(A^\alpha)$ 满足 $|A^\alpha y_0| > 2\rho$. 令 $u_0 = y_0 + \Phi(y_0)$, 则

$$|A^\alpha u_0| = (|A^\alpha y_0|^2 + |A^\alpha \Phi(y_0)|^2)^{\frac{1}{2}} \geqslant |A^\alpha y_0| > 2\rho,$$

因此 $\theta_\rho(|A^\alpha u_0|) = 0$. 此外, 利用连续性, 当 $|t|$ 非常小时, $|A^\alpha u(t)| > 2\rho$, $\theta_\rho(|A^\alpha u(t)|) = 0$, 这里 $u(t) = y(t) + \Phi(y(t))$, $y(t)$ 满足

$$\frac{dy}{dt} + Ay = -PR_\theta(u) = 0. \tag{4.3.10}$$

因此, 当 $|t|$ 非常小时, 成立

$$\frac{1}{2}\frac{d}{dt}|A^\alpha y|^2 + \lambda_1 |A^\alpha y|^2 \leqslant \frac{1}{2}\frac{d}{dt}|A^\alpha y|^2 + |A^{\alpha+\frac{1}{2}} y|^2 = 0,$$

或写为

$$\frac{d}{dt}|A^\alpha y| + \lambda_1 |A^\alpha y| \leqslant 0,$$

即

$$\frac{d}{dt}(e^{\lambda_1 t}|A^\alpha y(t)|) \leqslant 0, \quad |t| \text{ 非常小}.$$

从而对任意 $\tau < 0$, $|\tau|$ 非常小, 成立

$$|A^\alpha y(\tau)| \geqslant |A^\alpha y_0| e^{-\tau\lambda_1} \geqslant |A^\alpha y_0| > 2\rho.$$

记 $\tau_0 = \inf\{\tau < 0; \ |A^\alpha y(\tau)| > 2\rho\}$. 上述已证结论表明 $\tau_0 < 0$. 下证 $\tau_0 = -\infty$. 事实上, 若 $\tau_0 > -\infty$, 则由 τ_0 定义知 $|A^\alpha y(\tau_0)| = 2\rho$; $|A^\alpha y(\tau)| > 2\rho$, $\forall \tau_0 < \tau < 0$; $|A^\alpha y(\tau)| < 2\rho$, $\forall \tau < \tau_0$, 且 $0 < |\tau - \tau_0| \ll 1$. 利用

$$\left[\frac{1}{2}\frac{d}{dt}|A^\alpha y(t)|^2 + |A^{\alpha+\frac{1}{2}} y(t)|^2\right]_{t=\tau_0} = 0,$$

以及

$$|A^{\alpha+\frac{1}{2}} y(\tau_0)|^2 \geqslant \lambda_1 |A^\alpha y(\tau_0)|^2 = \lambda_1 (2\rho)^2,$$

可知

$$\left[\frac{d}{dt}|A^\alpha y(t)|^2\right]_{t=\tau_0} \leqslant -2\lambda_1(2\rho)^2.$$

利用连续性知: $\forall \tau < \tau_0$ 且 $0 < |\tau - \tau_0| \ll 1$, 成立

$$\frac{d}{d\tau}|A^\alpha y(\tau)|^2 \leqslant -\lambda_1(2\rho)^2.$$

从而

$$\begin{aligned}(2\rho)^2 = |A^\alpha y(\tau_0)|^2 &\leqslant |A^\alpha y(\tau)|^2 - \lambda_1(2\rho)^2(\tau_0 - \tau) \\ &< |A^\alpha y(\tau)|^2, \quad \forall \tau < \tau_0: \ 0 < |\tau - \tau_0| \ll 1,\end{aligned}$$

即 $|A^\alpha y(\tau)| > 2\rho$, $\forall \tau < \tau_0: \ 0 < |\tau - \tau_0| \ll 1$, 与 τ_0 定义矛盾. 从而

$$|A^\alpha y(\tau)| > 2\rho, \quad \forall \tau < 0,$$

以及

$$\begin{aligned}|A^\alpha(y(\tau) + \Phi(y(\tau)))| &= (|A^\alpha y(\tau)|^2 + |A^\alpha \Phi(y(\tau))|^2)^{\frac{1}{2}} \\ &\geqslant |A^\alpha y(\tau)| > 2\rho, \quad \forall \tau < 0.\end{aligned}$$

对于 $t < 0$, 下述关于 z 的方程变为

$$\frac{dz}{dt} + Az = -QR_\theta(y(\tau) + \Phi(y(\tau))) = 0.$$

利用 (4.2.33) 知: $\forall t \leqslant 0$, 有

$$z(t) = -\int_{-\infty}^{t} e^{\tau AQ} QR_\theta(y(\tau) + \Phi(y(\tau)))d\tau = 0.$$

特别地,

$$0 = z(0) = z(0; y_0, \Phi(y_0)) = \mathcal{F}\Phi(y_0),$$

即对于 $y_0 \in PD(A^\alpha)$: $|A^\alpha y_0| > 2\rho$, 有 $\mathcal{F}\Phi(y_0) = 0$. 说明

$$\operatorname{supp} \mathcal{F}\Phi \subset \{y \in PD(A^\alpha);\ |A^\alpha y| \leqslant 2\rho\}.$$ □

引理 4.3.3 对任意 $\sigma \in \mathbb{R}^1$, $\tau < 0$, 成立

$$|(AQ)^\sigma e^{\tau AQ}|_{\mathcal{L}(QH)} \leqslant \begin{cases} k_2(\sigma)|\tau|^{-\sigma}, & -\dfrac{\sigma}{\Lambda} \leqslant \tau < 0, \\ \Lambda^\sigma e^{\tau\Lambda}, & \tau < -\dfrac{\sigma}{\Lambda}. \end{cases}$$

此外, 对于 $\sigma < 1$, 成立

$$\int_{-\infty}^{0} |(AQ)^\sigma e^{\tau AQ}|_{\mathcal{L}(QH)} d\tau \leqslant k_3(\sigma)\Lambda^{\sigma-1}, \tag{4.3.11}$$

其中 $k_2(\sigma) = (\sigma e^{-1})^\sigma$, $k_3(\sigma) = \dfrac{1}{(1-\sigma)e^\sigma}$.

证明 设 $v \in QH$, $v = \sum\limits_{j=N+1}^{\infty} b_j\omega_j$, 则

$$(AQ)^\sigma v = \sum_{j=N+1}^{\infty} \lambda_j^\sigma b_j\omega_j;$$

$$(AQ)^\sigma e^{\tau AQ} v = e^{\tau AQ}(AQ)^\sigma v = e^{\tau AQ}\left(\sum_{j=N+1}^{\infty} \lambda_j^\sigma b_j\omega_j\right)$$

$$= \sum_{j=N+1}^{\infty} \lambda_j^\sigma b_j(e^{\tau AQ}\omega_j) = \sum_{j=N+1}^{\infty} \lambda_j^\sigma b_j\left(\sum_{k=0}^{\infty} \frac{\tau^k}{k!}(AQ)^k\omega_j\right)$$

$$= \sum_{j=N+1}^{\infty} \lambda_j^{\sigma} b_j \left(\sum_{k=0}^{\infty} \frac{\tau^k}{k!} \lambda_j^k \omega_j \right) = \sum_{j=N+1}^{\infty} \lambda_j^{\sigma} b_j \left(\sum_{k=0}^{\infty} \frac{(\tau\lambda_j)^k}{k!} \omega_j \right)$$

$$= \sum_{j=N+1}^{\infty} \lambda_j^{\sigma} e^{\tau\lambda_j} b_j \omega_j,$$

$$|(AQ)^{\sigma} e^{\tau AQ} v|^2 = \left(\sum_{j=N+1}^{\infty} \lambda_j^{\sigma} e^{\tau\lambda_j} b_j \omega_j, \sum_{j=N+1}^{\infty} \lambda_k^{\sigma} e^{\tau\lambda_k} b_k \omega_k \right)$$

$$= \sum_{j=N+1}^{\infty} \sum_{k=N+1}^{\infty} (\lambda_j \lambda_k)^{\sigma} e^{\tau(\lambda_j+\lambda_k)} b_j b_k (\omega_j, \omega_k)$$

$$= \sum_{j=N+1}^{\infty} (\lambda_j^{\sigma} e^{\tau\lambda_j})^2 b_j^2$$

$$\leqslant \sup_{r \geqslant \Lambda} (r^{\sigma} e^{\tau r})^2 \sum_{j=N+1}^{\infty} b_j^2$$

$$= \sup_{r \geqslant \Lambda} (r^{\sigma} e^{\tau r})^2 |v|^2.$$

上述证明用到 $(\omega_j, \omega_k) = \delta_{jk}$, $\lambda_j \geqslant \Lambda$, $\forall j \geqslant N+1$. 从而

$$|(AQ)^{\sigma} e^{\tau AQ}|_{\mathcal{L}(QH)} \leqslant \sup_{r \geqslant \Lambda} (r^{\sigma} e^{\tau r}). \tag{4.3.12}$$

下面求 (4.3.12) 中的上界 $\sup_{r\geqslant\Lambda}(r^{\sigma}e^{\tau r})$, $\sigma \in \mathbb{R}^1$, $\tau < 0$.

记 $f(r) = r^{\sigma} e^{\tau r}$, $\tau < 0$, $r > 0$, 可知

$$f'(r) = (\sigma + \tau r) r^{\sigma-1} e^{\tau r} = (\sigma - |\tau| r) r^{\sigma-1} e^{\tau r}.$$

若 $r < \dfrac{\sigma}{|\tau|}$, 则 $f'(r) > 0$; 若 $r > \dfrac{\sigma}{|\tau|}$, 则 $f'(r) < 0$, 即 $\dfrac{\sigma}{|\tau|}$ 是 $f(r)$ 在 $(0, \infty)$ 上的最大值点, 从而

$$f(r) \leqslant f\left(\frac{\sigma}{|\tau|}\right) = (\sigma e^{-1})^{\sigma} |\tau|^{-\sigma}, \quad \forall r > 0.$$

(a) $-\dfrac{\sigma}{\Lambda} \leqslant \tau < 0$.

在此情形下, $\sigma > 0$ 且 $\Lambda \leqslant -\dfrac{\sigma}{\tau} = \dfrac{\sigma}{|\tau|}$. 因此 $f(r)$ 在 $r \geqslant \Lambda$ 区间上可以取到最大值, 即

$$\sup_{r\geqslant\Lambda}(r^{\sigma} e^{\tau r}) = \sup_{r\geqslant\Lambda} f(r) = f\left(\frac{\sigma}{|\tau|}\right) = (\sigma e^{-1})^{\sigma} |\tau|^{-\sigma}.$$

(b) $\tau < -\frac{\sigma}{\Lambda}$.

在此情形下, (i) 若 $\sigma > 0$, 则 $\Lambda > -\frac{\sigma}{\tau} = \frac{\sigma}{|\tau|}$. 从而有 $\forall r \geqslant \Lambda > \frac{\sigma}{|\tau|}$. 因 $f(r)$ 关于 $r \geqslant \Lambda > \frac{\sigma}{|\tau|}$ 是递减的, 故 $f(r) \leqslant f(\Lambda) = \Lambda^\sigma e^{\tau\Lambda}$, $\forall r \geqslant \Lambda$.

(ii) 若 $\sigma \leqslant 0$, 由于 $f'(r) = (\sigma - |\tau|r)r^{\sigma-1}e^{\tau r} < 0$, $\forall r > 0$, 即 $f(r)$ 在 $(0,\infty)$ 上是递减的, 故 $f(r) \leqslant f(\Lambda) = \Lambda^\sigma e^{\tau\Lambda}$, $\forall r \geqslant \Lambda$. 总之, 对于情形 (b), 成立

$$\sup_{r\geqslant\Lambda}(r^\sigma e^{\tau r}) \leqslant \Lambda^\sigma e^{\tau\Lambda}.$$

由 (a), (b) 情形的讨论, 引理 4.3.3 的第一部分证毕. 下面证明 (4.3.11) 成立. 分两种情况:

(1) $\sigma \leqslant 0$.

在第一部分已证

$$\sup_{r\geqslant\Lambda}(r^\sigma e^{\tau r}) \leqslant \Lambda^\sigma e^{\tau\Lambda}, \quad \tau < -\frac{\sigma}{\Lambda} = \frac{|\sigma|}{\Lambda}.$$

可知

$$\int_{-\infty}^0 |(AQ)^\sigma e^{\tau AQ}|_{\mathcal{L}(QH)} d\tau \leqslant \Lambda^\sigma \int_{-\infty}^0 e^{\tau\Lambda} d\tau = \Lambda^{\sigma-1}.$$

(2) $0 < \sigma < 1$.

利用已知结论

$$\sup_{r\geqslant\Lambda}(r^\sigma e^{\tau r}) = \begin{cases} (\sigma e^{-1})^\sigma |\tau|^{-\sigma}, & -\frac{\sigma}{\Lambda} \leqslant \tau < 0, \\ \Lambda^\sigma e^{\tau\Lambda}, & \tau < -\frac{\sigma}{\Lambda}, \end{cases}$$

可知

$$\begin{aligned}
\int_{-\infty}^0 |(AQ)^\sigma e^{\tau AQ}|_{\mathcal{L}(QH)} d\tau &\leqslant \int_{-\infty}^0 \sup_{r\geqslant\Lambda}(r^\sigma e^{\tau r}) d\tau \\
&= \int_{-\frac{\sigma}{\Lambda}}^0 (\sigma e^{-1})^\sigma |\tau|^{-\sigma} d\tau + \int_{-\infty}^{-\frac{\sigma}{\Lambda}} \Lambda^\sigma e^{\tau\Lambda} d\tau \\
&= (\sigma e^{-1})^\sigma \int_0^{\frac{\sigma}{\Lambda}} \tau^{-\sigma} d\tau + \int_{\frac{\sigma}{\Lambda}}^\infty \Lambda^\sigma e^{-\tau\Lambda} d\tau \\
&= \left(\frac{(\sigma e^{-1})^\sigma}{1-\sigma} \sigma^{1-\sigma} + e^{-\sigma} \right) \Lambda^{\sigma-1}
\end{aligned}$$

$$
\begin{aligned}
&= \left(\frac{k_2}{1-\sigma}\sigma^{1-\sigma} + e^{-\sigma}\right)\Lambda^{\sigma-1} \\
&= k_3(\sigma)\Lambda^{\sigma-1},
\end{aligned}
$$

其中

$$
k_3(\sigma) = e^{-\sigma} + \frac{k_2}{1-\sigma}\sigma^{1-\sigma} = \frac{1}{(1-\sigma)e^{\sigma}}. \tag{4.3.13}
$$

□

引理 4.3.4 存在常数 M_3, 使得下述估计成立:

$$
\sup_{y_0 \in PD(A^\alpha)} |A^\alpha \mathcal{F}\Phi(y_0)| \leqslant M_3 \Lambda^{-\frac{1}{2}}. \tag{4.3.14}
$$

证明 利用 (4.2.36) 式中 $\mathcal{F}$ 的表达式:

$$
\mathcal{F}\Phi(y_0) = -\int_{-\infty}^{0} e^{\tau AQ} R_\theta(y(\tau) + \Phi(y(\tau)))d\tau, \quad \forall y_0 \in PD(A^\alpha),
$$

可得

$$
\begin{aligned}
|A^\alpha \mathcal{F}\Phi(y_0)| &= \left|\int_{-\infty}^{0} A^\alpha e^{\tau AQ} R_\theta(y(\tau) + \Phi(y(\tau)))d\tau\right| \\
&= \left|\int_{-\infty}^{0} (AQ)^{\frac{1}{2}} e^{\tau AQ} (AQ)^{\alpha-\frac{1}{2}} R_\theta(y(\tau) + \Phi(y(\tau)))d\tau\right| \\
&\leqslant \sup_{u \in D(A^\alpha)} |(AQ)^{\alpha-\frac{1}{2}} R_\theta(u)| \int_{-\infty}^{0} |(AQ)^{\frac{1}{2}} e^{\tau AQ}|_{\mathcal{L}(QH)} d\tau \\
&\leqslant M_1 k_3\left(\frac{1}{2}\right)\Lambda^{-\frac{1}{2}}.
\end{aligned}
$$

□

4.3.3 锥性质的运用

本节利用锥性质的推广形式 (即定理 4.1.2), 证明 $\mathcal{F}\Phi$ 在 $D(A^\alpha)$ 中是 Lipschitz 连续的.

引理 4.3.5 给定 $\gamma > 0$ 并假定

$$
\Lambda > \left(2M_2\gamma^{-1}(1+\ell)\right)^2, \tag{4.3.7$'$}
$$

$$
\Lambda - \lambda > M_2(1+\ell)(\lambda^{\frac{1}{2}} + \gamma^{-1}\Lambda^{\frac{1}{2}}). \tag{4.3.8$'$}
$$

则对任意 $\Phi \in \mathcal{H}_{b,\ell}^{\alpha}$, 成立

$$|A^{\alpha}(\mathcal{F}\Phi(y_{01}) - \mathcal{F}\Phi(y_{02}))| \leqslant \gamma |A^{\alpha}(y_{01} - y_{02})|, \quad \forall y_{01}, y_{02} \in PD(A^{\alpha}). \quad (4.3.15)$$

特别地, 如果 (4.3.7), (4.3.8) 满足, 则 (4.3.15) 式对于 $\gamma = \dfrac{1}{2}$ 成立.

证明 设 $\Phi \in \mathcal{H}_{b,\ell}^{\alpha}$, y_1, $y_2 \in PD(A^{\alpha})$. 令 $y_i(t) = y(t; y_{0i}, \Phi)$, $z_i(t) = z(t; y_{0i}, \Phi)$, $u_i(t) = y_i(t) + \Phi(y_i(t))$, $i = 1, 2$, $y(t) = y_1(t) - y_2(t)$, $z(t) = z_1(t) - z_2(t)$, 则成立

$$\frac{dy_i}{dt} + Ay_i + PR_{\theta}(u_i) = 0, \quad i = 1, 2, \quad (4.3.16)$$

$$\frac{dy}{dt} + Ay = -(PR_{\theta}(u_1) - PR_{\theta}(u_2)), \quad (4.3.17)$$

$$\begin{aligned}
\frac{1}{2}\frac{d}{dt}|A^{\alpha}y|^2 + |A^{\alpha+\frac{1}{2}}y|^2 &= -(A^{\alpha-\frac{1}{2}}(PR_{\theta}(u_1) - PR_{\theta}(u_2)), A^{\alpha+\frac{1}{2}}y) \\
&\geqslant -|A^{\alpha-\frac{1}{2}}(PR_{\theta}(u_1) - PR_{\theta}(u_2))||A^{\alpha+\frac{1}{2}}y| \\
&\geqslant -M_2|A^{\alpha}(u_1 - u_2)||A^{\alpha+\frac{1}{2}}y|,
\end{aligned}$$

上述证明中最后一个不等式用到引理 4.2.3.

由于 $\Phi \in \mathcal{H}_{b,\ell}^{\alpha}$, 可知

$$|A^{\alpha}(\Phi(y_1) - \Phi(y_2))| \leqslant \ell |A^{\alpha}(y_1 - y_2)| = \ell |A^{\alpha}y|.$$

此外

$$\begin{aligned}
|A^{\alpha}(u_1 - u_2)| &= |A^{\alpha}y + A^{\alpha}(\Phi(y_1) - \Phi(y_2))| \\
&\leqslant |A^{\alpha}y| + |A^{\alpha}(\Phi(y_1) - \Phi(y_2))|.
\end{aligned}$$

因此

$$|A^{\alpha}(u_1 - u_2)| \leqslant (1 + \ell)||A^{\alpha}y|. \quad (4.3.18)$$

结合 (4.3.18), 可知

$$\frac{1}{2}\frac{d}{dt}|A^{\alpha}y|^2 \geqslant -|A^{\alpha+1}y|^2 - M_2(1 + \ell)|A^{\alpha+\frac{1}{2}}y||A^{\alpha}y|.$$

利用 (4.3.6):

$$|A^{\alpha+\frac{1}{2}}y|^2 \leqslant \lambda |A^{\alpha}y|^2, \quad \forall y \in PD(A^{\alpha}),$$

可得

$$\frac{1}{2}\frac{d}{dt}|A^\alpha y|^2 \geqslant -(\lambda + M_2(1+\ell)\lambda^{\frac{1}{2}})|A^\alpha y|^2. \tag{4.3.19}$$

类似地,

$$\frac{dz_i}{dt} + Az_i + QR_\theta(u_i) = 0, \quad i = 1, 2, \tag{4.3.20}$$

$$\frac{dz}{dt} + Az = -(QR_\theta(u_1) - QR_\theta(u_2)), \tag{4.3.21}$$

$$\begin{aligned}\frac{1}{2}\frac{d}{dt}|A^\alpha z|^2 + |A^{\alpha+\frac{1}{2}}z|^2 &= -(A^{\alpha-\frac{1}{2}}Q(R_\theta(u_1) - R_\theta(u_2)), A^{\alpha+\frac{1}{2}}z) \\ &\leqslant |A^{\alpha-\frac{1}{2}}Q(R_\theta(u_1) - R_\theta(u_2))||A^{\alpha+\frac{1}{2}}z| \\ &\leqslant M_2|A^\alpha(u_1 - u_2)||A^{\alpha+\frac{1}{2}}z|.\end{aligned}$$

利用 (4.3.18), 成立

$$\frac{1}{2}\frac{d}{dt}|A^\alpha z|^2 \leqslant -|A^{\alpha+\frac{1}{2}}z|^2 + M_2(1+\ell)|A^\alpha y||A^{\alpha+\frac{1}{2}}z|. \tag{4.3.22}$$

假定

$$|A^\alpha z| \geqslant \gamma|A^\alpha y|. \tag{4.3.23}$$

简单计算表明: 下述函数

$$f(s) = -s^2 + M_2(1+\ell)|A^\alpha y|s,$$

关于 $s \geqslant \dfrac{M_2}{2}(1+\ell)|A^\alpha y|$ 是递减的. 由 (4.3.5), (4.3.23) 和 (4.3.7)′, 可知

$$|A^{\alpha+\frac{1}{2}}z| \geqslant \Lambda^{\frac{1}{2}}|A^\alpha z| \geqslant \gamma\Lambda^{\frac{1}{2}}|A^\alpha y| \geqslant \frac{M_2}{2}(1+\ell)|A^\alpha y|.$$

从而

$$f(|A^{\alpha+\frac{1}{2}}z|) \leqslant f(\Lambda^{\frac{1}{2}}|A^\alpha z|),$$

即

$$-|A^{\alpha+\frac{1}{2}}z|^2 + M_2(1+\ell)|A^\alpha y||A^{\alpha+\frac{1}{2}}z| \leqslant -\Lambda|A^\alpha z|^2 + M_2(1+\ell)\Lambda^{\frac{1}{2}}|A^\alpha y||A^\alpha z|.$$

结合 (4.3.22), 成立

$$\frac{1}{2}\frac{d}{dt}|A^\alpha z|^2 \leqslant -\Lambda|A^\alpha z|^2 + M_2(1+\ell)\Lambda^{\frac{1}{2}}|A^\alpha y||A^\alpha z|. \tag{4.3.24}$$

注意到 (4.3.19), (4.3.24) 分别对应着 (4.1.8) (其中 $\mu_1 = M_2(1+\ell)\lambda^{\frac{1}{2}}$), (4.1.9) (其中 $\mu_2 = M_2(1+\ell)\Lambda^{\frac{1}{2}}$). 另外, 由假设条件 (4.3.8)′:

$$\Lambda - \lambda > M_2(1+\ell)(\lambda^{\frac{1}{2}} + \Lambda^{\frac{1}{2}}\gamma^{-1}) = \mu_1 + \mu_2\gamma^{-1} \geqslant \mu_1\gamma + \mu_2\gamma^{-1}$$

知, 此即为定理 4.1.2 中要求的假设条件 (4.1.4), 这里一般要求 $\gamma \leqslant 1$, 因为 γ 是 (4.3.15) 中映射 $\mathcal{F}\Phi$ 的压缩常数. 为了可以对 $u(t) = y(t) + z(t)$ 应用定理 4.1.2, 还需验证: 若存在 $t_0 \in \mathbb{R}^1$, 使得 $u(t_0) = 0$, 则 $u(t) = 0$, $\forall t \geqslant t_0$. 事实上, 由于 $u(t_0) = y(t_0) + z(t_0)$, $y(t_0) \in PD(A^\alpha)$, $z(t_0) \in QD(A^\alpha)$. 若 $u(t_0) = 0$, 则 $y(t_0) = 0$, $z(t_0) = 0$, 或写为 $y_1(t_0) = y_2(t_0)$. 由于 (4.3.16) 解的唯一性知 $y_1(t) = y_2(t)$, $\forall t \in \mathbb{R}^1$. 由于 $u_i(t) = y_i(t) + \Phi(y_i(t))$, $i = 1, 2$, 可知 $u_1(t) = u_2(t)$, $\forall t \in \mathbb{R}^1$. 从而 $u(t) = u_1(t) - u_2(t) = 0$, $\forall t \in \mathbb{R}^1$. 自然有 $u(t) = 0$, $\forall t \geqslant t_0$. 定理 4.1.2 的所有假设条件均满足, 对 $u(t) = y(t) + z(t)$, 应用定理 4.1.2 可知, 在 $(-\infty, 0)$ 上有两种情形可能发生.

(i) 要么存在 $t_0 < 0$ 使得 $|A^\alpha z(t_0)| \leqslant \gamma|A^\alpha y(t_0)|$, 即 $u(t_0) \in \mathscr{C}_\gamma$. 应用定理 4.1.2 结论知: $u(t) \in \mathscr{C}_\gamma$, $\forall t \geqslant t_0$, 即 $|A^\alpha z(t)| \leqslant \gamma|A^\alpha y(t)|$, $\forall t \geqslant t_0$. 特别地, $|A^\alpha z(0)| \leqslant \gamma|A^\alpha y(0)|$. 由于

$$z(0) = z_1(0; y_{01}, \Phi) - z_2(0; y_{02}, \Phi) = \mathcal{F}\Phi(y_{01}) - \mathcal{F}\Phi(y_{02}),$$

以及 $y(0) = y_{01} - y_{02}$, 可得

$$|A^\alpha(\mathcal{F}\Phi(y_{01}) - \mathcal{F}\Phi(y_{02}))| \leqslant \gamma|A^\alpha(y_{01} - y_{02})|,$$

此即为 (4.3.15) 式.

(ii) 要么 $|A^\alpha z(t)| > \gamma|A^\alpha y(t)|$, $\forall t < 0$, 即 $u(t) \notin \mathscr{C}_\gamma$, $\forall t < 0$. 应用定理 4.1.2 知, $\forall -\infty < t_0 < t < 0$, 成立

$$|A^\alpha z(t)| = |A^\alpha Qu(t)| \leqslant |A^\alpha Qu(t_0)|e^{-\nu(t-t_0)} = |A^\alpha z(t_0)|e^{-\nu(t-t_0)},$$

其中 $\nu = \Lambda - \mu_2\gamma^{-1} = \Lambda - M_2(1+\ell)\Lambda^{\frac{1}{2}}\gamma^{-1}$.

记 $\sigma = -Q(R_\theta(u_1) - R_\theta(u_2))$. 利用 (4.2.33), 可知 (4.3.21) 中的解 $z(t)$, 其表达式如下:

$$z(t) = \int_{-\infty}^t e^{-(t-\tau)A}\sigma(\tau)d\tau, \quad \forall t \in \mathbb{R}^1.$$

利用引理 4.2.1 知, 对于 u_1, $u_2 \in D(A^\alpha)$, 成立

$$|A^{\alpha-\frac{1}{2}}\sigma(t)| \leqslant |A^{\alpha-\frac{1}{2}}QR_\theta(u_1)| + |A^{\alpha-\frac{1}{2}}QR_\theta(u_2)| \leqslant 2M_1, \quad \forall t \in \mathbb{R}^1,$$

即 $\sigma \in L^\infty(\mathbb{R}^1; D(A^{\alpha-\frac{1}{2}}))$ 且 $|\sigma|_{L^\infty(\mathbb{R}^1;D(A^{\alpha-\frac{1}{2}}))} \leqslant 2M_1$. 利用估计式 (4.2.35), 成立

$$|A^\alpha z(t)| \leqslant \frac{k_1}{\sqrt{\lambda_1}}|\sigma|_{L^\infty(\mathbb{R}^1;D(A^{\alpha-\frac{1}{2}}))} \leqslant \frac{2M_1k_1}{\sqrt{\lambda_1}}, \quad \forall t \in \mathbb{R}^1.$$

特别地,

$$|A^\alpha z(t_0)| \leqslant \frac{2M_1k_1}{\sqrt{\lambda_1}}, \quad \forall -\infty < t_0 < 0.$$

因此, 在

$$|A^\alpha z(t)| \leqslant |A^\alpha z(t_0)|e^{-\nu(t-t_0)}, \quad \forall -\infty < t_0 < t < 0$$

中令 $t_0 \longrightarrow -\infty$, 可得 $|A^\alpha z(t)| = 0$, $\forall t < 0$. 这与 $|A^\alpha z(t)| > \gamma|A^\alpha y(t)| \geqslant 0$, $\forall t < 0$, 矛盾. 说明情形 (ii) 不会发生. 综上讨论, (4.3.15) 式成立. 当 $\gamma = \dfrac{\ell}{2}$ 时, 由 (4.3.7) 式, 成立

$$\Lambda > M_2^2\big(\ell^{-1}(1+\ell) + 4k_4 + 11\big)^2 > \big(M_2\ell^{-1}(1+\ell)\big)^2 = \big(2M_2\gamma^{-1}(1+\ell)\big)^2,$$

此即为 (4.3.7)′ 式.

由 (4.3.8) 式, 可知

$$\begin{aligned}\Lambda - \lambda &> 2M_2\ell^{-1}(1+\ell)(\lambda^{\frac{1}{2}} + \Lambda^{\frac{1}{2}}) \\ &= M_2\gamma^{-1}(1+\ell)(\lambda^{\frac{1}{2}} + \Lambda^{\frac{1}{2}}) \\ &= M_2(1+\ell)(\gamma^{-1}\lambda^{\frac{1}{2}} + \gamma^{-1}\Lambda^{\frac{1}{2}}) \\ &> M_2(1+\ell)(\lambda^{\frac{1}{2}} + \gamma^{-1}\Lambda^{\frac{1}{2}}),\end{aligned}$$

此即为 (4.3.8)′ 式. 这里 $\dfrac{1}{\gamma} = \dfrac{2}{\ell} \geqslant 16$, $0 < \ell \leqslant \dfrac{1}{8}$. 因此, 当 (4.3.7), (4.3.8) 成立时, (4.3.15) 对于 $\gamma = \dfrac{\ell}{2}$ 是成立的. □

由引理 4.3.2、引理 4.3.4 和引理 4.3.5, 即得下述结论成立.

命题 4.3.6 取 $b \geqslant M_3\Lambda^{-\frac{1}{2}}$, 并假设 (4.3.7), (4.3.8) 成立, 则 $\mathcal{F}$ 将 $\mathcal{H}_{b,\ell}^\alpha$ 映射到 $\mathcal{H}_{b,\ell}^\alpha$ 自身, 即 $\forall \Phi \in \mathcal{H}_{b,\ell}^\alpha$, 有 $\mathcal{F}\Phi \in \mathcal{H}_{b,\ell}^\alpha$.

下面证明 $\mathcal{F}: \mathcal{H}_{b,\ell}^\alpha \to \mathcal{H}_{b,\ell}^\alpha$ 是 Lipschitz 映射.

命题 4.3.7 假定给定 $\eta > 0$, (4.3.7) 满足以及

$$\Lambda \geqslant (2M_2k_4\eta^{-1})^2, \quad k_4 = k_3\left(\frac{1}{2}\right), \tag{4.3.7″}$$

$$\Lambda - \lambda > M_2(1+\ell)(\lambda^{\frac{1}{2}} + \Lambda^{\frac{1}{2}}) + 2M_2\eta^{-1}\lambda^{\frac{1}{2}}. \tag{4.3.8$''$}$$

则成立

$$d(\mathcal{F}\Phi_1, \mathcal{F}\Phi_2) \leqslant \eta d(\Phi_1, \Phi_2), \quad \forall \Phi_1, \Phi_2 \in \mathcal{H}^{\alpha}_{b,\ell}. \tag{4.3.25}$$

特别地, 若 (4.3.7), (4.3.8) 满足, 对于 $\eta = \dfrac{1}{2}$, (4.3.25) 成立.

证明 设 $\Phi_1, \Phi_2 \in \mathcal{H}^{\alpha}_{b,\ell}$, $y_0 \in PD(A^{\alpha})$, $y_i(t) = y_i(t; y_0, \Phi_i)$, $z_i(t) = z_i(t; y_0, \Phi_i)$, $u_i(t) = y_i(t) + \Phi_i(y_i(t))$, $i = 1, 2$, $y = y_1 - y_2$, $z = z_1 - z_2$, 则

$$\frac{dy}{dt} + Ay = -(PR_{\theta}(u_1) - PR_{\theta}(u_2)),$$

以及

$$\begin{aligned}
\frac{1}{2}\frac{d}{dt}|A^{\alpha}y|^2 + |A^{\alpha+\frac{1}{2}}y|^2 &= -(A^{\alpha-\frac{1}{2}}(PR_{\theta}(u_1) - PR_{\theta}(u_2)), A^{\alpha+\frac{1}{2}}y) \\
&\geqslant -|A^{\alpha-\frac{1}{2}}(PR_{\theta}(u_1) - PR_{\theta}(u_2))||A^{\alpha+\frac{1}{2}}y| \\
&\geqslant -M_2|A^{\alpha}(u_1 - u_2)||A^{\alpha+\frac{1}{2}}y|.
\end{aligned}$$

上述最后一步的证明用到引理 4.2.2 的结论:

$$|A^{\alpha-\frac{1}{2}}P(R_{\theta}(u_1) - R_{\theta}(u_2))| \leqslant M_2|A^{\alpha}(u_1 - u_2)|. \tag{4.3.26}$$

注意到

$$\begin{aligned}
|A^{\alpha}(u_1 - u_2)| &= |A^{\alpha}y + A^{\alpha}(\Phi_1(y_1) - \Phi_2(y_2))| \\
&= (|A^{\alpha}y|^2 + |A^{\alpha}(\Phi_1(y_1) - \Phi_2(y_2))|^2)^{\frac{1}{2}} \\
&\leqslant |A^{\alpha}y| + |A^{\alpha}(\Phi_1(y_1) - \Phi_2(y_2))| \\
&\leqslant |A^{\alpha}y| + |A^{\alpha}(\Phi_1(y_1) - \Phi_1(y_2))| + |A^{\alpha}(\Phi_1(y_2) - \Phi_2(y_2))|.
\end{aligned}$$

由于 $\Phi_1, \Phi_2 \in \mathcal{H}^{\alpha}_{b,\ell}$, 可得

$$|A^{\alpha}(\Phi_1(y_1) - \Phi_1(y_2))| \leqslant \ell|A^{\alpha}(y_1 - y_2)| = \ell|A^{\alpha}y|,$$

以及

$$|A^{\alpha}(\Phi_1(y_2) - \Phi_2(y_2))| \leqslant \sup_{y \in PD(A^{\alpha})} |A^{\alpha}(\Phi_1(y) - \Phi_2(y))| = d(\Phi_1, \Phi_2).$$

从而可得

$$|A^{\alpha}(u_1 - u_2)| \leqslant (1+\ell)|A^{\alpha}y| + d(\Phi_1, \Phi_2). \tag{4.3.27}$$

进一步, 成立

$$\begin{aligned}\frac{1}{2}\frac{d}{dt}|A^\alpha y|^2 &\geqslant -|A^{\alpha+\frac{1}{2}}y|^2 - M_2|A^\alpha(u_1-u_2)||A^{\alpha+\frac{1}{2}}y| \\ &\geqslant -\lambda|A^\alpha y|^2 - M_2((1+\ell)|A^\alpha y| + d(\Phi_1,\Phi_2))\lambda^{\frac{1}{2}}|A^\alpha y| \\ &= -(\lambda + M_2(1+\ell)\lambda^{\frac{1}{2}})|A^\alpha y|^2 - M_2\lambda^{\frac{1}{2}}d(\Phi_1,\Phi_2)|A^\alpha y|,\end{aligned}$$

或写为

$$\frac{d}{dt}|A^\alpha y| + \tilde{\lambda}|A^\alpha y| \geqslant -M_2\lambda^{\frac{1}{2}}d(\Phi_1,\Phi_2), \tag{4.3.28}$$

其中 $\tilde{\lambda} = \lambda + M_2(1+\ell)\lambda^{\frac{1}{2}}$.

利用 (4.2.36) 式, 成立

$$\mathcal{F}\Phi_1(y_0) = -\int_{-\infty}^0 e^{\tau AQ}QR_\theta(y_1+\Phi_1(y_1))d\tau,$$

$$\mathcal{F}\Phi_2(y_0) = -\int_{-\infty}^0 e^{\tau AQ}QR_\theta(y_2+\Phi_1(y_2))d\tau.$$

因此

$$\mathcal{F}\Phi_1(y_0) - \mathcal{F}\Phi_2(y_0) = I_1 + I_2, \tag{4.3.29}$$

其中

$$I_1 = -\int_{-\infty}^0 e^{\tau AQ}Q(R_\theta(y_1+\Phi_1(y_1)) - R_\theta(y_2+\Phi_1(y_2)))d\tau,$$

$$I_2 = -\int_{-\infty}^0 e^{\tau AQ}Q(R_\theta(y_2+\Phi_1(y_2)) - R_\theta(y_2+\Phi_2(y_2)))d\tau.$$

利用引理 4.2.2, 成立

$$\begin{aligned}&|A^{\alpha-\frac{1}{2}}Q(R_\theta(y_2+\Phi_1(y_2)) - R_\theta(y_2+\Phi_2(y_2)))| \\ =& |QA^{\alpha-\frac{1}{2}}(R_\theta(y_2+\Phi_1(y_2)) - R_\theta(y_2+\Phi_2(y_2)))| \\ \leqslant& |A^{\alpha-\frac{1}{2}}(R_\theta(y_2+\Phi_1(y_2)) - R_\theta(y_2+\Phi_2(y_2)))| \\ \leqslant& M_2|A^\alpha(\Phi_1(y_2) - \Phi_2(y_2))| \\ \leqslant& M_2 d(\Phi_1,\Phi_2).\end{aligned}$$

因此, 利用引理 4.3.3, 可得

$$
\begin{aligned}
|A^\alpha I_2| &\leqslant \int_{-\infty}^{0} |(AQ)^{\frac{1}{2}} e^{\tau AQ}(AQ)^{\alpha-\frac{1}{2}} Q(R_\theta(y_2+\Phi_1(y_2))-R_\theta(y_2+\Phi_2(y_2)))|d\tau \\
&\leqslant M_2 d(\Phi_1,\Phi_2)\int_{-\infty}^{0} |(AQ)^{\frac{1}{2}} e^{\tau AQ}|_{\mathcal{L}(QH)}d\tau \\
&\leqslant M_2 k_3\left(\frac{1}{2}\right)\Lambda^{-\frac{1}{2}} d(\Phi_1,\Phi_2).
\end{aligned} \tag{4.3.30}
$$

现在估计 $|A^\alpha I_1|$, 为此考虑下述方程

$$
\frac{d\tilde{z}}{dt} + A\tilde{z} = -Q(R_\theta(y_1+\Phi_1(y_1)) - R_\theta(y_2+\Phi_1(y_2))). \tag{4.3.31}
$$

记 $\sigma = -Q(R_\theta(y_1+\Phi_1(y_1)) - R_\theta(y_2+\Phi_1(y_2)))$. 利用引理 4.2.1, 知

$$
|A^{\alpha-\frac{1}{2}}\sigma(t)| \leqslant 2 \sup_{u\in D(A^\alpha)} |A^{\alpha-\frac{1}{2}} R_\theta(u)| \leqslant 2M_1, \quad \forall t \in \mathbb{R}^1.
$$

利用引理 4.2.3, 上述方程 (4.3.31) 存在唯一的解 $\tilde{z} \in C_b(\mathbb{R}^1, D(A^\alpha))$ 且 $\tilde{z}(0) = I_1$. 由 (4.3.31), 并利用引理 4.2.2, 成立

$$
\begin{aligned}
\frac{1}{2}\frac{d}{dt}|A^\alpha \tilde{z}|^2 + |A^{\alpha+\frac{1}{2}}\tilde{z}|^2 &= -(A^{\alpha-\frac{1}{2}} Q(R_\theta(y_1+\Phi_1(y_1)) - R_\theta(y_2+\Phi_1(y_2))), A^{\alpha+\frac{1}{2}}\tilde{z}) \\
&\leqslant |QA^{\alpha-\frac{1}{2}}(R_\theta(y_1+\Phi_1(y_1)) - R_\theta(y_2+\Phi_1(y_2)))||A^{\alpha+\frac{1}{2}}\tilde{z}| \\
&\leqslant M_2(|A^\alpha(y_1-y_2)| + |A^\alpha(\Phi_1(y_1)-\Phi_1(y_2))|)|A^{\alpha+\frac{1}{2}}\tilde{z}| \\
&\leqslant M_2(|A^\alpha y| + \ell|A^\alpha(y_1-y_2)|)|A^{\alpha+\frac{1}{2}}\tilde{z}| \\
&= M_2(1+\ell)|A^\alpha y||A^{\alpha+\frac{1}{2}}\tilde{z}|,
\end{aligned}
$$

即

$$
\frac{1}{2}\frac{d}{dt}|A^\alpha \tilde{z}|^2 \leqslant -|A^{\alpha+\frac{1}{2}}\tilde{z}|^2 + M_2(1+\ell)|A^\alpha y||A^{\alpha+\frac{1}{2}}\tilde{z}|.
$$

记 $f(s) = -s^2 + M_2(1+\ell)|A^\alpha y|s$, 容易验证: $f(s)$ 关于 $s \geqslant \dfrac{M_2(1+\ell)}{2}|A^\alpha y|$ 是单调递减的.

假设

$$
|A^\alpha \tilde{z}| \geqslant |A^\alpha y|. \tag{4.3.32}
$$

则

$$|A^{\alpha+\frac{1}{2}}\tilde{z}| \geqslant \Lambda^{\frac{1}{2}}|A^\alpha \tilde{z}| \geqslant \Lambda^{\frac{1}{2}}|A^\alpha y| > \frac{M_2(1+\ell)}{2\gamma}|A^\alpha y| > \frac{M_2(1+\ell)}{2}|A^\alpha y|.$$

因此

$$f(|A^{\alpha+\frac{1}{2}}\tilde{z}|) \leqslant f(\Lambda^{\frac{1}{2}}|A^\alpha \tilde{z}|).$$

从而成立

$$\frac{1}{2}\frac{d}{dt}|A^\alpha \tilde{z}|^2 \leqslant -\Lambda|A^\alpha \tilde{z}|^2 + M_2(1+\ell)\Lambda^{\frac{1}{2}}|A^\alpha y||A^\alpha \tilde{z}|,$$

或写为

$$\frac{d}{dt}|A^\alpha \tilde{z}| \leqslant -\Lambda|A^\alpha \tilde{z}| + M_2(1+\ell)\Lambda^{\frac{1}{2}}|A^\alpha y|.$$

因此, 在对 (4.3.32) 成立的时间 t: $|A^\alpha \tilde{z}(t)| \geqslant |A^\alpha y(t)|$, 有

$$\begin{aligned}\frac{d}{dt}|A^\alpha \tilde{z}| &\leqslant -\Lambda|A^\alpha \tilde{z}| + M_2(1+\ell)\Lambda^{\frac{1}{2}}|A^\alpha \tilde{z}|\\ &= -\tilde{\Lambda}|A^\alpha \tilde{z}|,\\ \tilde{\Lambda} &= \Lambda - M_2(1+\ell)\Lambda^{\frac{1}{2}},\end{aligned}$$

或写为

$$\frac{d}{dt}|A^\alpha \tilde{z}| + \tilde{\Lambda}|A^\alpha \tilde{z}| \leqslant 0. \tag{4.3.33}$$

需要指出的是, 上述 $\tilde{\Lambda} > 0$, 这是由于 (4.3.7) 式:

$$\Lambda^{\frac{1}{2}} > M_2\left\{\frac{1+\ell}{\ell} + 4k_4 + 11\right\} > M_2\frac{1+\ell}{\ell} > M_2(1+\ell), \quad 0 < \ell \leqslant \frac{1}{8},$$

可知 $\tilde{\Lambda} = \Lambda^{\frac{1}{2}}(\Lambda^{\frac{1}{2}} - M_2(1+\ell)) > 0$. 注意到 $y(0) = y_1(0) - y_2(0) = 0$. 如果 $\tilde{z}(0) = 0$, 则 $I_1 = \tilde{z}(0) = 0$, $|A^\alpha I_1| = 0$, 关于 I_1 的估计是平凡的. 因此, 假定 $\tilde{z}(0) \neq 0$, 从而 $|A^\alpha \tilde{z}(0)| > 0 = |A^\alpha y(0)|$. 因此, 对于 $t < 0$ 且 $|t|$ 充分小, 成立

$$|A^\alpha \tilde{z}(t)| > 0 = |A^\alpha y(t)|. \tag{4.3.34}$$

下面分两种情形进行论证:

(i) (4.3.34) 式对任意 $t < 0$ 成立.

在此情形下, 由于 $\tilde{\Lambda} > 0$, 利用 (4.3.33), 成立

$$|A^\alpha \tilde{z}(t)| \leqslant |A^\alpha \tilde{z}(t_0)|e^{-\tilde{\Lambda}(t-t_0)}, \quad \forall t_0 < t \leqslant 0.$$

由于已知 $\tilde{z} \in C_b(\mathbb{R}^1, D(A^\alpha))$, 故在上式中令 $t_0 \longrightarrow -\infty$, 可得 $|A^\alpha \tilde{z}(t)| = 0$, $\forall t \leqslant 0$. 特别地, $\tilde{z}(0) = 0$, 这与假设 $\tilde{z}(0) \neq 0$ 矛盾.

(ii) (4.3.34) 式对某个 $t < 0$ 不成立.

记 $t_0 = \inf\{t < 0; |A^\alpha \tilde{z}(t)| > |A^\alpha y(t)|\}$. 可知 $-\infty < t_0 < 0$ 且 $\forall t \in (t_0, 0]$, (4.3.34) 式成立并且 $|A^\alpha z(t_0)| = |A^\alpha y(t_0)|$. 由 (4.3.28), (4.3.33) 式, 可得

$$\frac{d}{dt}(|A^\alpha \tilde{z}| - |A^\alpha y|) + \tilde{\Lambda}|A^\alpha \tilde{z}| - \tilde{\lambda}|A^\alpha y| \leqslant M_2 \lambda^{\frac{1}{2}} d(\Phi_1, \Phi_2), \quad \forall t_0 < t < 0.$$

由于 $|A^\alpha \tilde{z}(t)| > |A^\alpha y(t)|$, $\forall t_0 < t < 0$. 故

$$\begin{aligned} & \tilde{\Lambda}|A^\alpha \tilde{z}| - \tilde{\lambda}|A^\alpha y| - (\tilde{\Lambda} - \tilde{\lambda})(|A^\alpha \tilde{z}| - |A^\alpha y|) \\ = & \tilde{\lambda}|A^\alpha \tilde{z}| - \tilde{\lambda}|A^\alpha y| + (\tilde{\Lambda} - \tilde{\lambda})|A^\alpha y| \\ > & (\tilde{\Lambda} - \tilde{\lambda})|A^\alpha y| = \Lambda - \lambda - M_2(1 + \ell)(\lambda^{\frac{1}{2}} + \Lambda^{\frac{1}{2}}) > 0, \end{aligned}$$

最后一步用到 (4.3.8)′, $0 < \gamma \leqslant 1$.

从而成立

$$\frac{d}{dt}(|A^\alpha \tilde{z}| - |A^\alpha y|) + (\tilde{\Lambda} - \tilde{\lambda})(|A^\alpha \tilde{z}| - |A^\alpha y|) \leqslant M_2 \lambda^{\frac{1}{2}} d(\Phi_1, \Phi_2), \ \forall t_0 < t < 0.$$

记 $f(t) = |A^\alpha \tilde{z}(t)| - |A^\alpha y(t)|$, 由上式, 可得

$$f'(t) + (\tilde{\Lambda} - \tilde{\lambda}) f(t) \leqslant M_2 \lambda^{\frac{1}{2}} d(\Phi_1, \Phi_2), \quad \forall t_0 < t < 0.$$

简单计算, 可知

$$f(t) \leqslant e^{-(\tilde{\Lambda} - \tilde{\lambda})(t - t_0)} f(t_0) + \frac{M_2 \lambda^{\frac{1}{2}}}{\tilde{\Lambda} - \tilde{\lambda}} d(\Phi_1, \Phi_2)(1 - e^{-(\tilde{\Lambda} - \tilde{\lambda})(t - t_0)}), \quad \forall t_0 < t < 0.$$

由于 $f(t_0) = 0$, 可得

$$|A^\alpha \tilde{z}(t)| \leqslant |A^\alpha y(t)| + \frac{M_2 \lambda^{\frac{1}{2}}}{\tilde{\Lambda} - \tilde{\lambda}} d(\Phi_1, \Phi_2), \ \forall t_0 < t < 0.$$

特别地, 取 $t = 0$, 由于 $|A^\alpha y(0)| = 0$, 可得

$$|A^\alpha \tilde{z}(0)| \leqslant \frac{M_2 \lambda^{\frac{1}{2}}}{\tilde{\Lambda} - \tilde{\lambda}} d(\Phi_1, \Phi_2).$$

由于 $\tilde{\Lambda}-\tilde{\lambda}=\Lambda-\lambda-M_2(1+\ell)(\lambda^{\frac{1}{2}}+\Lambda^{\frac{1}{2}})>0$ 以及 $\tilde{z}(0)=I_1$, 由上式成立

$$|A^\alpha I_1|\leqslant\frac{M_2\lambda^{\frac{1}{2}}}{\Lambda-\lambda-M_2(1+\ell)(\lambda^{\frac{1}{2}}+\Lambda^{\frac{1}{2}})}d(\Phi_1,\Phi_2). \tag{4.3.35}$$

结合 $|A^\alpha I_2|$ 的估计式 (4.3.30), 最终可得

$$\begin{aligned}&|A^\alpha(\mathcal{F}\Phi_1(y_0)-\mathcal{F}\Phi_2(y_0))|\\ \leqslant\ &|A^\alpha I_1|+|A^\alpha I_2|\\ \leqslant\ &\left(M_2k_3\left(\frac{1}{2}\right)\Lambda^{-\frac{1}{2}}+\frac{M_2\lambda^{\frac{1}{2}}}{\Lambda-\lambda-M_2(1+\ell)(\lambda^{\frac{1}{2}}+\Lambda^{\frac{1}{2}})}\right)d(\Phi_1,\Phi_2).\end{aligned} \tag{4.3.36}$$

注意到, 由 (4.3.7)$''$ 知

$$M_2k_3\left(\frac{1}{2}\right)\Lambda^{-\frac{1}{2}}=M_2k_4\Lambda^{-\frac{1}{2}}\leqslant\frac{\eta}{2}.$$

由 (4.3.8)$''$ 可导出

$$\frac{M_2\lambda^{\frac{1}{2}}}{\Lambda-\lambda-M_2(1+\ell)(\lambda^{\frac{1}{2}}+\Lambda^{\frac{1}{2}})}\leqslant\frac{\eta}{2}.$$

因此, 当 (4.3.7)$''$, (4.3.8)$''$ 满足时, 由 (4.3.36) 式可知 (4.3.25) 式成立.

当 (4.3.7) 式成立时, 即

$$\Lambda>M_2^2(\ell^{-1}(1+\ell)+4k_4+11)^2>(4M_2k_4)^2,$$

此即为 $\eta=\dfrac{1}{2}$ 时的 (4.3.7)$''$.

当 (4.3.8) 式成立时, 即

$$\begin{aligned}\Lambda-\lambda&>2M_2\ell^{-1}(1+\ell)(\lambda^{\frac{1}{2}}+\Lambda^{\frac{1}{2}})\\&=M_2\ell^{-1}(1+\ell)(\lambda^{\frac{1}{2}}+\Lambda^{\frac{1}{2}})+M_2\ell^{-1}(1+\ell)(\lambda^{\frac{1}{2}}+\Lambda^{\frac{1}{2}})\\&>M_2(1+\ell)(\lambda^{\frac{1}{2}}+\Lambda^{\frac{1}{2}})+4M_2\lambda^{\frac{1}{2}},\end{aligned}$$

此即为 $\eta=\dfrac{1}{2}$ 时的 (4.3.8)$''$.

注意到 (4.3.7), (4.3.8) 中的 ℓ 要求 $0<\ell\leqslant\dfrac{1}{8}$. 因此, 当 (4.3.7), (4.3.8) 满足时, (4.3.25) 式对于 $\eta=\dfrac{1}{2}$ 成立. □

4.3.4　定理 4.3.1 的证明

本节给出定理 4.3.1 的证明. 命题 4.3.6 和命题 4.3.7 的结论表明, 映射 $\mathcal{F}$: $\mathcal{H}_{b,\ell}^{\alpha}\to\mathcal{H}_{b,\ell}^{\alpha}$ 是严格压缩的. 由于 $\mathcal{H}_{b,\ell}^{\alpha}$ 是完备度量空间, 利用压缩不动点定理知, 存在唯一的 $\Phi\in\mathcal{H}_{b,\ell}^{\alpha}$, 使得 $\mathcal{F}\Phi=\Phi$. 下面验证 Φ 的图: $\mathcal{M}=\{(y,\Phi(y));y\in PD(A^{\alpha})\}$, 关于修正方程的半群 $S_{\theta}(\cdot)$ 是正不变的, 即 $S_{\theta}(t)\mathcal{M}\subset\mathcal{M}$, $\forall t\geqslant 0$. (关于原始方程的半群 $S(\cdot)$ 正不变的意思指 $S(t)(\mathcal{M}\cap\mathcal{B}_0)\subset\mathcal{M}$, $\forall t\geqslant 0$, 这里 $\mathcal{B}_0\subset B_{\rho}(0)\subset D(A^{\alpha})$ 是半群 $S(\cdot)$ 的正的不变吸收集, 即 $S(t)\mathcal{B}_0\subset\mathcal{B}_0$, $\forall t\geqslant 0$.) 事实上, 对于不动点 $\Phi\in\mathcal{H}_{b,\ell}^{\alpha}$: $\mathcal{F}\Phi=\Phi$, 自然成立 $\mathcal{F}\Phi(y_0)=\Phi(y_0)$, $\forall y_0\in PD(A^{\alpha})$. 由 (4.2.36) 式:

$$\mathcal{F}\Phi(y_0)=-\int_{-\infty}^{0}e^{\tau A}QR_{\theta}(y(\tau)+\Phi(y(\tau)))d\tau,\ \ \forall y_0\in PD(A^{\alpha}),$$

其中 $y(t)$ 满足

$$\frac{dy}{dt}+Ay=-PR_{\theta}(y+\Phi(y)),\ \ y(0)=y_0,$$

且是唯一的, 可得

$$\Phi(y_0)=-\int_{-\infty}^{0}e^{\tau A}QR_{\theta}(y(\tau)+\Phi(y(\tau)))d\tau,\ \ \forall y_0\in PD(A^{\alpha}).$$

下面验证: $\forall t\in\mathbb{R}^1$, 成立

$$\Phi(y(t))=-\int_{-\infty}^{t}e^{-(t-\tau)A}QR_{\theta}(y(\tau)+\Phi(y(\tau)))d\tau.$$

事实上, $\forall t\in\mathbb{R}^1$, 记 $s=\tau-t$, $\tilde{y}(s)=y(\tau)$, 其中

$$\frac{dy(\tau)}{d\tau}+Ay(\tau)=-PR_{\theta}(y(\tau)+\Phi(y(\tau))),\quad y(\tau)|_{\tau=t}=y(t).$$

从而 $\tilde{y}(0)=y(t)$ 且 $\tilde{y}(s)$ 满足

$$\begin{aligned}\frac{d\tilde{y}(s)}{ds}+A\tilde{y}(s)&=\frac{dy(\tau)}{d\tau}\frac{d\tau}{ds}+Ay(\tau)\\&=\frac{dy(\tau)}{d\tau}+Ay(\tau)\\&=-PR_{\theta}(y(\tau)+\Phi(y(\tau)))\\&=-PR_{\theta}(\tilde{y}(s)+\Phi(\tilde{y}(s))).\end{aligned}$$

因此, 对于 $\tilde{y}(0)\in PD(A^{\alpha})$, 成立

$$\begin{aligned}\Phi(y(t))=\Phi(\tilde{y}(0))&=-\int_{-\infty}^{0}e^{sAQ}QR_{\theta}(\tilde{y}(s)+\Phi(\tilde{y}(s)))ds\\&=-\int_{-\infty}^{t}e^{-(t-\tau)AQ}QR_{\theta}(y(\tau)+\Phi(y(\tau)))d\tau.\end{aligned}$$

利用 (4.2.33) 式可知, 对于不动点 Φ, 成立

$$\frac{d\Phi(y(t))}{dt}+A\Phi(y(t))=-QR_{\theta}(y(t)+\Phi(y(t))).$$

设 $(y_0,\Phi(y_0))\in\mathcal{M}$, 则

$$\begin{cases}\dfrac{dy(t)}{dt}+Ay(t)=-PR_{\theta}(y(t)+\Phi(y(t))),\\ y(0)=y_0\end{cases}$$

存在唯一解 $y(t)$, 以及 $\Phi(y(t))$ 满足

$$\frac{d\Phi(y(t))}{dt}+A\Phi(y(t))=-QR_{\theta}(y(t)+\Phi(y(t))).$$

令 $u(t)=y(t)+\Phi(y(t))$, 则

$$\begin{cases}\dfrac{du(t)}{dt}+Au(t)=-R_{\theta}(u(t)),\\ (Pu)(0)=y_0,\ (Qu)(0)=\Phi(y(0))=\Phi(y_0),\ \text{或}\ u(0)=(y_0,\Phi(y(0)))\in\mathcal{M},\end{cases}$$

即 $u(t)$ 是修正方程 (4.2.15) 的解, 初始值为 $u(0)=(y_0,\Phi(y(0)))$, 从而可以用解半群 $S_{\theta}(\cdot)$ 表示, 即 $u(t)=S_{\theta}(t)(y_0,\Phi(y(0)))=(y(t),\Phi(y(t)))\in\mathcal{M}$. 说明: $S_{\theta}(t)\mathcal{M}\subset\mathcal{M}$, $\forall t\geqslant 0$. 最后只需验证 Φ 的图 $\mathcal{M}$ 指数地吸引修正方程 (和原始方程) 的所有轨道即可. 为此, 下面做一些预备知识.

1. Lipschitz 性质

设 $u_1(\cdot)$, $u_2(\cdot)$ 是修正方程 (4.2.15) 的两个解. 记 $u(\cdot)=u_1(\cdot)-u_2(\cdot)$. 显然

$$\frac{du}{dt}+Au+R_{\theta}(u_1)-R_{\theta}(u_2)=0, \tag{4.3.37}$$

以及

$$\frac{1}{2}\frac{d}{dt}|A^{\alpha}u|^2+|A^{\alpha+\frac{1}{2}}u|^2=-(A^{\alpha-\frac{1}{2}}(R_{\theta}(u_1)-R_{\theta}(u_2)),A^{\alpha+\frac{1}{2}}u)$$

$$
\begin{aligned}
&\leqslant |A^{\alpha-\frac{1}{2}}(R_\theta(u_1)-R_\theta(u_2))||A^{\alpha+\frac{1}{2}}u|\\
&\leqslant M_2|A^\alpha u||A^{\alpha+\frac{1}{2}}u|\\
&\leqslant \frac{1}{2}|A^{\alpha+\frac{1}{2}}u|^2+\frac{M_2^2}{2}|A^\alpha u|^2.
\end{aligned}
$$

因此

$$
\frac{d}{dt}|A^\alpha u|^2+|A^{\alpha+\frac{1}{2}}u|^2\leqslant M_2^2|A^\alpha u|^2, \tag{4.3.38}
$$

进而有

$$
|A^\alpha u(t)|^2\leqslant |A^\alpha u(0)|^2e^{M_2^2t}.
$$

设 $0\leqslant t\leqslant 2t_0$, t_0 待定, 成立 $e^{M_2^2t}\leqslant e^{2M_2^2t_0}<2$, 可知 $t_0=\dfrac{1}{2M_2^2}\log 2$. 因此

$$
|A^\alpha u(t)|^2\leqslant 2|A^\alpha u(0)|^2,\ \ 0\leqslant t\leqslant 2t_0. \tag{4.3.39}
$$

2. 锥性质

设 $u_1(\cdot)$, $u_2(\cdot)$ 是修正方程 (4.2.15) 的两个解, $u(\cdot)=u_1(\cdot)-u_2(\cdot)$. 在 $D(A^\alpha)$ 中定义锥 $\mathscr{C}_\gamma$ 如下:

$$
\mathscr{C}_\gamma=\left\{\xi\in D(A^\alpha);\ |A^\alpha Q\xi|\leqslant\frac{1}{8}|A^\alpha P\xi|\right\}.
$$

类似于 (4.1.8), (4.1.9), 对于 $y=Pu$, $z=Qu$, 成立

$$
\begin{aligned}
&\frac{du}{dt}+Au+R_\theta(u_1)-R_\theta(u_2)=0,\\
&\frac{dy}{dt}+Ay=-P(R_\theta(u_1)-R_\theta(u_2)),
\end{aligned}
$$

$$
\begin{aligned}
\frac{1}{2}\frac{d}{dt}|A^\alpha y|^2+|A^{\alpha+\frac{1}{2}}y|^2&=-(A^{\alpha-\frac{1}{2}}P(R_\theta(u_1)-R_\theta(u_2)),A^{\alpha+\frac{1}{2}}y)\\
&\geqslant -|PA^{\alpha-\frac{1}{2}}(R_\theta(u_1)-R_\theta(u_2))||A^{\alpha+\frac{1}{2}}y|\\
&\geqslant -M_2|A^\alpha u||A^{\alpha+\frac{1}{2}}y|\\
&\geqslant -M_2(|A^\alpha y|+|A^\alpha z|)|A^{\alpha+\frac{1}{2}}y|.
\end{aligned}
$$

因

$$
|A^{\alpha+\frac{1}{2}}y|\leqslant\lambda^{\frac{1}{2}}|A^\alpha y|,\ \ \forall y\in PD(A^\alpha),
$$

故可得

$$\begin{aligned}\frac{1}{2}\frac{d}{dt}|A^\alpha y|^2 &\geqslant -\lambda|A^\alpha y|^2 - M_2(|A^\alpha y| + |A^\alpha z|)\lambda^{\frac{1}{2}}|A^\alpha y| \\ &= -(\lambda + M_2\lambda^{\frac{1}{2}})|A^\alpha y|^2 - M_2\lambda^{\frac{1}{2}}|A^\alpha y||A^\alpha z|. \end{aligned}\tag{4.3.40}$$

类似地,

$$\frac{dz}{dt} + Az = -Q(R_\theta(u_1) - R_\theta(u_2)),$$

$$\begin{aligned}\frac{1}{2}\frac{d}{dt}|A^\alpha z|^2 + |A^{\alpha+\frac{1}{2}}z|^2 &= -(A^{\alpha-\frac{1}{2}}Q(R_\theta(u_1) - R_\theta(u_2)), A^{\alpha+\frac{1}{2}}z) \\ &\leqslant |QA^{\alpha-\frac{1}{2}}(R_\theta(u_1) - R_\theta(u_2))||A^{\alpha+\frac{1}{2}}z| \\ &\leqslant M_2|A^\alpha u||A^{\alpha+\frac{1}{2}}z| \\ &\leqslant M_2(|A^\alpha y| + |A^\alpha z|)|A^{\alpha+\frac{1}{2}}z|.\end{aligned}$$

从而成立

$$\frac{1}{2}\frac{d}{dt}|A^\alpha z|^2 \leqslant -|A^{\alpha+\frac{1}{2}}z|^2 + M_2(|A^\alpha y| + |A^\alpha z|)|A^{\alpha+\frac{1}{2}}z|.$$

记 $f(s) = -s^2 + M_2(|A^\alpha y| + |A^\alpha z|)s$, 则 $f(s)$ 关于 $s \geqslant \frac{M_2}{2}(|A^\alpha y| + |A^\alpha z|)$ 是严格递减的. 由 (4.3.7) 式: $\Lambda > M_2^2\left(\ell^{-1}(1+\ell) + 4k_4 + 11\right)^2$, 可知

$$\Lambda^{\frac{1}{2}} > 11M_2, \quad \frac{1}{8}\left(\Lambda^{\frac{1}{2}} - \frac{M_2}{2}\right) > \frac{1}{8}\left(11M_2 - \frac{M_2}{2}\right) > \frac{M_2}{2}.$$

因此, 当 $|A^\alpha z| > \frac{1}{8}|A^\alpha y|$ 时, 成立

$$\begin{aligned}|A^{\alpha+\frac{1}{2}}z| \geqslant \Lambda^{\frac{1}{2}}|A^\alpha z| &= \left(\Lambda^{\frac{1}{2}} - \frac{M_2}{2}\right)|A^\alpha z| + \frac{M_2}{2}|A^\alpha z| \\ &> \frac{1}{8}\left(\Lambda^{\frac{1}{2}} - \frac{M_2}{2}\right)|A^\alpha y| + \frac{M_2}{2}|A^\alpha z| \\ &> \frac{M_2}{2}(|A^\alpha y| + |A^\alpha z|).\end{aligned}$$

利用 $f(s)$ 关于 $s \geqslant \frac{M_2}{2}(|A^\alpha y| + |A^\alpha z|)$ 的递减性, 可知

$$f(|A^{\alpha+\frac{1}{2}}|) \leqslant f(\Lambda^{\frac{1}{2}}|A^\alpha z|),$$

即当 $|A^\alpha z| > \dfrac{1}{8}|A^\alpha y|$ 时, 成立

$$\begin{aligned}\frac{1}{2}\frac{d}{dt}|A^\alpha z|^2 &\leqslant -\Lambda|A^\alpha z|^2 + M_2(|A^\alpha y| + |A^\alpha z|)\Lambda^{\frac{1}{2}}|A^\alpha z| \\ &= -(\Lambda - M_2\Lambda^{\frac{1}{2}})|A^\alpha z|^2 + M_2\Lambda^{\frac{1}{2}}|A^\alpha y||A^\alpha z|. \end{aligned} \tag{4.3.41}$$

条件 (4.1.4), 可由 (4.3.40), (4.3.41) 表述如下$\left(\gamma = \dfrac{1}{8}\right)$:

$$\begin{aligned}&(\Lambda - M_2\Lambda^{\frac{1}{2}}) - (\lambda + M_2\lambda^{\frac{1}{2}}) > \frac{1}{8}(M_2\lambda^{\frac{1}{2}}) + 8(M_2\Lambda^{\frac{1}{2}}) \\ \Longleftrightarrow\ &\Lambda - \lambda > M_2\left(\frac{1}{8}\lambda^{\frac{1}{2}} + 8\Lambda^{\frac{1}{2}}\right) + M_2(\lambda^{\frac{1}{2}} + \Lambda^{\frac{1}{2}}) = M_2\left(\frac{9}{8}\lambda^{\frac{1}{2}} + 9\Lambda^{\frac{1}{2}}\right).\end{aligned}$$

上述条件由前面的 (4.3.8) 保证成立$\left(0 < \ell \leqslant \dfrac{1}{8}\right)$:

$$\begin{aligned}\Lambda - \lambda &> 2M_2\ell^{-1}(1+\ell)(\lambda^{\frac{1}{2}} + \Lambda^{\frac{1}{2}}) \\ &= M_2(1+\ell^{-1})(\lambda^{\frac{1}{2}} + \Lambda^{\frac{1}{2}}) \\ &\geqslant M_2(9\lambda^{\frac{1}{2}} + 9\Lambda^{\frac{1}{2}}) \\ &> M_2\left(\frac{9}{8}\lambda^{\frac{1}{2}} + 9\Lambda^{\frac{1}{2}}\right).\end{aligned}$$

如果存在 $t_0 \in \mathbb{R}^1$, 使得 $u(t_0) = 0$, 即 $u_1(t_0) = u_2(t_0)$. 对下述方程

$$\frac{du_i}{dt} + Au_i + R_\theta(u_i) = 0, \quad i = 1, 2,$$

利用唯一性, 可导出 $u_1(t) = u_2(t)$, $\forall t \geqslant t_0$, 即 $u(t) = 0$, $\forall t \geqslant t_0$. 此外, 由 (4.3.7) 式:

$$\Lambda^{\frac{1}{2}} > M_2(\ell^{-1}(1+\ell) + 4k_4 + 11) > M_2(1+\ell^{-1}) \geqslant 9M_2, \quad 0 < \ell \leqslant \frac{1}{8},$$

可知 (4.1.14) 中

$$\nu = \Lambda - 9M_2\Lambda^{\frac{1}{2}} > 0. \tag{4.3.42}$$

上述讨论表明: 关于锥性质的所有假设均成立. 因此, 定理 4.1.2 结论成立.

现在考虑方程 (4.2.15) 的解 $u(t)$, $u(0) = u_0 \in D(A^\alpha)$. 由于 $\mathcal{M}$ 是有限维的, 存在 $v_0 \in \mathcal{M}$, 使得

$$d(u_0, \mathcal{M}) := \inf_{\omega \in \mathcal{M}} |A^\alpha(u_0 - \omega)| = |A^\alpha(u_0 - v_0)|. \tag{4.3.43}$$

对于 $v_0 \in \mathcal{M} \subset D(A^\alpha)$, 设 $v(t)$ 是对应于 $v(0) = v_0$ 的 (4.2.15) 的解. 由于 $v_0 \in \mathcal{M}$, 可知 $v(t) = S_\theta(t)v_0 \in \mathcal{M}$. 因此, 对任意 $t \geqslant 0$, 成立

$$d(u(t), \mathcal{M}) \leqslant |A^\alpha(u(t) - v(t))|. \tag{4.3.44}$$

下面对 $w = u-v$ 应用锥性质 (即定理 4.1.2). 设 $t_0 \leqslant t \leqslant 2t_0$, 其中 $t_0 = \dfrac{1}{2M_2^2}\log 2$ (见 (4.3.39) 式). 如果 $\omega(t) \notin \mathscr{C}_\gamma\left(\gamma = \dfrac{1}{8}\right)$, 则 $\omega(\tau) \notin \mathscr{C}_\gamma$, $\forall \tau \leqslant t$. 事实上, 若存在 $\tau_1 < t$, 使得 $\omega(\tau_1) \in \mathscr{C}_\gamma$, 则由定理 4.1.2 中 (ii) 的第一部分结论知: $\omega(\tau) \in \mathscr{C}_\gamma$, $\forall \tau \geqslant \tau_1$. 从而取 $\tau = t$ 时, 有 $\omega(t) \in \mathscr{C}_\gamma$, 与 $\omega(t) \notin \mathscr{C}_\gamma$ 矛盾. 由 (4.1.14) 中第二个不等式, 成立

$$\begin{aligned}
|A^\alpha(u(t) - v(t))| &\leqslant (1 + \gamma^{-2})^{\frac{1}{2}} |A^\alpha(u(0) - v(0))| e^{-\nu t} \\
&= \sqrt{65}|A^\alpha(u_0 - v_0)|e^{-\nu t} \\
&= \sqrt{65} d(u_0, \mathcal{M}) e^{-\nu t},
\end{aligned}$$

这里用到 (4.3.43).

利用 (4.3.44), 由上式可得

$$d(u(t), \mathcal{M}) \leqslant \sqrt{65} d(u_0, \mathcal{M}) e^{-\nu t} < 9 d(u_0, \mathcal{M}) e^{-\nu t}, \quad \forall t_0 \leqslant t \leqslant 2t_0.$$

回忆 (4.3.7) 式: $\Lambda^{\frac{1}{2}} > M_2(\ell^{-1}(1 + \ell) + 4k_4 + 11) > 11M_2$, 从而, 由 (4.3.42) 知

$$\nu = \Lambda^{\frac{1}{2}}(\Lambda^{\frac{1}{2}} - 9M_2) > 11M_2(11M_2 - 9M_2) = 22M_2.$$

又由 $t_0 = \dfrac{1}{2M_2^2}\log 2$, 可得

$$\nu t_0 > 22M_2^2 \times \frac{\log 2}{2M_2^2} = 11\log 2,$$

从而

$$9e^{-\nu t} < 9e^{-11\log 2} = 9 \times 2^{-11} < \frac{1}{2}.$$

因此, 对于 $t_0 \leqslant t \leqslant 2t_0$, 成立

$$d(S_\theta(t)u_0, \mathcal{M}) < \frac{1}{2} d(u_0, \mathcal{M}). \tag{4.3.45}$$

如果 $\omega(t)\in\mathscr{C}_\gamma$, 由于 $(Pu(t),\Phi(Pu(t)))\in\mathcal{M}$, 可得

$$\begin{aligned}d(u(t),\mathcal{M})&\leqslant|A^\alpha(u(t)-(Pu(t)+\Phi(Pu(t))))|\\&=|A^\alpha(Qu(t)-\Phi(Pu(t)))|.\end{aligned}$$

注意到, 由于 $v(t)=S_\theta v_0\in\mathcal{M}$ (因为 $v_0\in\mathcal{M}$), 从而 $Qv(t)=\Phi(Pv(t))$. 因此, 利用 (4.3.39)以及 $\omega(t)\in\mathscr{C}_\gamma$, 成立

$$\begin{aligned}d(u(t),\mathcal{M})&\leqslant|A^\alpha Q(u(t)-v(t))|+|A^\alpha(\Phi(Pv(t))-\Phi(Pu(t)))|\\&\leqslant|A^\alpha Q\omega(t)|+\ell|A^\alpha P(u(t)-v(t))|\\&\leqslant\frac{1}{8}|A^\alpha P\omega(t)|+\ell|A^\alpha P\omega(t)|\\&=\left(\frac{1}{8}+\ell\right)|A^\alpha(u(t)-v(t))|\\&\leqslant\left(\frac{1}{8}+\ell\right)\sqrt{2}|A^\alpha(u_0-v_0)|\\&<\frac{1}{2}|A^\alpha(u_0-v_0)|=\frac{1}{2}d(u_0,\mathcal{M}),\quad\forall t_0\leqslant t\leqslant 2t_0.\end{aligned}\tag{4.3.46}$$

总之, 由上述两种可能情形的结论 (4.3.45), (4.3.46), 成立

$$d(S_\theta(t)u_0,\mathcal{M})<\frac{1}{2}d(u_0,\mathcal{M}),\ \ \forall t_0\leqslant t\leqslant 2t_0.\tag{4.3.47}$$

从而, 对任意正整数 n, 利用上述结论 (4.3.47), 可得

$$\begin{aligned}d(S_\theta(nt_0)u_0,\mathcal{M})&=d(S_\theta(t_0)S_\theta((n-1)t_0)u_0,\mathcal{M})\\&<\frac{1}{2}d(S_\theta((n-1)t_0)u_0,\mathcal{M})\\&=\frac{1}{2}d(S_\theta(t_0)S_\theta((n-2)t_0)u_0,\mathcal{M})\\&<\frac{1}{2^2}d(S_\theta((n-2)t_0)u_0,\mathcal{M})\\&<\cdots\\&<\frac{1}{2^n}d(u_0,\mathcal{M}).\end{aligned}\tag{4.3.48}$$

注意到, 对任意 $t\geqslant t_0$, 即 $t\in[t_0,\infty)=\bigcup\limits_{n=0}^{\infty}[(n+1)t_0,(n+2)t_0)$, 其中 $t_0=\dfrac{1}{2M_2^2}\log 2$. 可知, 存在非负整数 n 使得 $(n+1)t_0\leqslant t<(n+2)t_0$, 从而 $t_0\leqslant$

$t - nt_0 < 2t_0$. 记 $t_1 = t - nt_0$, 则 $t = nt_0 + t_1$, $t_0 \leqslant t_1 < 2t_0$. 利用 (4.3.47), (4.3.48), 可得

$$\begin{aligned} d(S_\theta(t)u_0, \mathcal{M}) &= d(S_\theta(nt_0)S_\theta(t_1)u_0, \mathcal{M}) \\ &< 2^{-n}d(S_\theta(t_1)u_0, \mathcal{M}) < 2^{-(n+1)}d(u_0, \mathcal{M}). \end{aligned} \tag{4.3.49}$$

由 $(n+1)t_0 \leqslant t < (n+2)t_0$, 可知 $n + 2 > \dfrac{t}{t_0}$, $n + 1 > \dfrac{t}{t_0} - 1$ 以及

$$\begin{aligned} 2^{-(n+1)} &= e^{-(n+1)\log 2} \\ &< e^{(1-\frac{t}{t_0})\log 2} = e^{\log 2}e^{-\frac{t}{t_0}\log 2} \\ &= 2e^{-\frac{\log 2}{t_0}t} = 2e^{-2M_2^2 t}, \end{aligned}$$

这里用到 $t_0 = \dfrac{1}{2M_2^2}\log 2$. 结合 (4.3.49) 式, 成立

$$d(S_\theta(t)u_0, \mathcal{M}) < 2e^{-2M_2^2 t}d(u_0, \mathcal{M}), \quad \forall t \geqslant t_0.$$

令 $\eta_1 = 2$, $\eta_2 = 2M_2^2$, 上式可改为

$$d(S_\theta(t)u_0, \mathcal{M}) < \eta_1 e^{-\eta_2 t}d(u_0, \mathcal{M}), \quad \forall t \geqslant t_0. \tag{4.3.50}$$

这样, 对修正方程 (4.2.15), 我们建立了指数吸引性质 (4.3.4).

下面考虑原始方程 (4.2.11). 设 $u_0 \in D(A^\alpha)$. 由于关于半群 $S(\cdot)$ 的吸收集 $\mathcal{B}_0 \subset B_\rho \subset D(A^\alpha)$, 因此存在 $t_1 = t_1(u_0)$, 使得 $S(t)u_0 \in \mathcal{B}_0$, $\forall t \geqslant t_1$. 从而也有 $S(t_1)u_0 \in \mathcal{B}_0$, 以及 $S(t)u_0 = S_\theta(t)u_0$, $\forall t \geqslant t_1$. 因此, $\forall t \geqslant t_1 + t_0$, 其中 $t_0 = \dfrac{1}{2M_2^2}\log 2$, 利用 (4.3.50), 成立

$$d(S(t)u_0, \mathcal{M}) = d(S_\theta(t)u_0, \mathcal{M}) \leqslant \eta_1 e^{-\eta_2 t}d(u_0, \mathcal{M}). \qquad \square$$

4.3.5 定理 4.3.1 的更一般形式

在定理 4.3.1 中用 $D(A^{\alpha-\gamma})$, $0 \leqslant \gamma \leqslant \dfrac{1}{2}$ 代替 (4.2.9) 中的 $D(A^{\alpha-\frac{1}{2}})$, 即对于 $\alpha \in \mathbb{R}^1$, $0 \leqslant \gamma \leqslant \dfrac{1}{2}$. 假定算子 R 满足 $\forall u, v \in D(A^\alpha)$ 且 $|A^\alpha u|, |A^\alpha v| \leqslant M$, 成立

$$|A^{\alpha-\gamma}R(u) - A^{\alpha-\gamma}R(v)| \leqslant C_{M,\gamma}|A^\alpha(u - v)|. \tag{4.3.51}$$

引理 4.2.1 可以改为

$$\sup_{u\in D(A^\alpha)} |A^{\alpha-\gamma}R_\theta(u)| \leqslant M_1, \tag{4.3.52}$$

$$\sup_{u_1,u_2\in D(A^\alpha)} |A^{\alpha-\gamma}(R_\theta(u_1)-R_\theta(u_2))| \leqslant M_2|A^\alpha(u_1-u_2)|. \tag{4.3.53}$$

假定 (4.2.12), (4.2.13), (4.2.16), (4.2.20) 成立, 将定理 4.3.1 假设条件 (4.3.8)中的 $\lambda^{\frac{1}{2}}$, $\Lambda^{\frac{1}{2}}$ 分别替换为 λ^γ, Λ^γ, 即

$$\Lambda-\lambda > 8M_2\ell^{-1}(\ell+1)(\lambda^\gamma+\Lambda^\gamma), \tag{4.3.54}$$

则下述结论成立.

定理 4.3.8 假定定理 4.3.1 中假设条件成立, 并将 (4.2.9), (4.3.8) 分别替换为 (4.3.51), (4.3.54), 则定理 4.3.1 的结论仍然成立 (无需作任何修改).

4.4 惯性流形的应用

本节介绍定理 4.3.1 的一个应用, 即对 n 维空间上带高阶导数黏性项的修正 Navier-Stokes 方程:

$$\partial_t u+\varepsilon(-\Delta)^r u-\nu\Delta u+(u\cdot\nabla)u+\nabla p=f, \tag{4.4.1}$$

$$\nabla\cdot u=0, \tag{4.4.2}$$

这里函数 $u=(u_1,u_2,\cdots,u_n)(x,t):\mathbb{R}^n\times\mathbb{R}_+\longrightarrow\mathbb{R}^n$, $p=p(x,t):\mathbb{R}^n\times\mathbb{R}_+\longrightarrow\mathbb{R}^1$ 分别为流体的速度场和压强. ε, $\nu>0$ 为常数, $r>1$. 注意到, 当 $\varepsilon=0$ 时, (4.4.1)即为经典的 Navier-Stokes 方程. 我们考虑空间变量为周期边值条件情形. 假定 u, p 在每一个方向 $x_1, x_2, \cdots, x_n$ 是周期的, 周期为 $L>0$, 即

$$\begin{cases} u(x+Le_i,t)=u(x,t), \quad i=1,2,\cdots,n; \\ p(x+Le_i,t)=p(x,t), \end{cases} \tag{4.4.3}$$

其中 $\{e_1,\cdots,e_n\}$ 是 $\mathbb{R}^n$ 中的自然基. 进一步, 假定

$$\int_\Omega f(x)dx=0,\ \int_\Omega u(x,t)dx=0,\ \int_\Omega p(x,t)dx=0, \tag{4.4.4}$$

其中 $\Omega=(0,L)^n$ 是 n 立方体.

记 $\dot{L}^2(\Omega)=\left\{v\in L^2(\Omega);\ \int_\Omega v(x)dx=0\right\}$,

$$H=\{v\in\dot{L}^2(\Omega);\ \operatorname{div} v=0,\ v_i|_{x_i=L}=v_i|_{x_i=0}=0,\ i=1,2,\cdots,n\};$$

$$Au = \varepsilon(-\Delta)^r u, \quad R(u) = -\nu\Delta u + B(u,u), \quad \forall u \in D(A) := \dot{H}^{2r}_{\rm per}(\Omega) \cap H;$$

$$(B(u,v),w) = \int_\Omega ((u\cdot\nabla)v)\cdot w dx, \quad \forall u,v,w \in D(A).$$

设 $u \in H$, $v \in D(A^{\frac{1}{2}}) \subset \dot{H}^{2r}_{\rm per}(\Omega)$, 则

$$(B(u,u),v) = \int_\Omega ((u\cdot\nabla)u)\cdot v dx = -\int_\Omega ((u\cdot\nabla)v)\cdot u dx = -(B(u,v),u).$$

因此

$$|(B(u,u),v)| = \left|\int_\Omega ((u\cdot\nabla)v)\cdot u dx\right| \leqslant |u|^2|\nabla v|_{L^\infty(\Omega)}.$$

设 $r > 1 + \frac{n}{2}$, 则 $D(A^{\frac{1}{2}}) = D((-\Delta)^{\frac{r}{2}}) \subset \dot{H}^{2r}_{\rm per}(\Omega)$, $H^{r-1}(\Omega) \subset L^\infty(\Omega)$ 为连续嵌入. 因此, 存在常数 c 使得

$$\begin{aligned} &|(B(u,u),v)| \leqslant c|u|^2|A^{\frac{1}{2}}v|, \\ &|A^{-\frac{1}{2}}B(u,u)| \leqslant c|u|^2. \end{aligned} \tag{4.4.5}$$

上述证明用到

$$|\nabla v|_{L^\infty(\Omega)} \lesssim |\nabla v|_{H^{r-1}(\Omega)} \lesssim |v|_{H^r(\Omega)} \lesssim |v|_{D(A^{\frac{1}{2}})} \lesssim |A^{\frac{1}{2}}v|.$$

此外, 由于 $r > 1 + \frac{n}{2} \geqslant 2$, $n \geqslant 2$, 可得

$$(-\nu\Delta u, v) = \nu(u, -\Delta v) \leqslant \nu|u||-\Delta v| \leqslant \nu|u||v|_{\dot{H}^2} \leqslant \nu|u||v|_{\dot{H}^r} \leqslant c|u||A^{\frac{1}{2}}v|.$$

说明

$$|A^{-\frac{1}{2}}(-\Delta u)| \leqslant c|u|. \tag{4.4.6}$$

从而, $\forall u \in H = D(A^0)$, 成立

$$\begin{aligned} |A^{-\frac{1}{2}}R(u)| &= |A^{-\frac{1}{2}}(-\nu\Delta)u + A^{-\frac{1}{2}}B(u,u)| \\ &\leqslant \nu|A^{-\frac{1}{2}}(-\Delta u)| + |A^{-\frac{1}{2}}B(u,u)| \\ &\leqslant c(|u| + |u|^2). \end{aligned}$$

说明: 对于 $\alpha = 0$, 算子 R 是从 $H = D(A^0)$ 中的任一有界集到 $D(A^{-\frac{1}{2}})$ 的有界映射. 即: 对任一有界集 $B_M \subset H$, 映射 $R : B_M \subset H \to D(A^{-\frac{1}{2}})$ 是有界的.

即 (4.2.10) 是成立的 (此时 $\alpha=0$). 设 $u_1,\ u_2\in H,\ v\in D(A^{\frac{1}{2}}),\ u=u_1-u_2$, $\bar{u}=\dfrac{u_1+u_2}{2}$, 直接计算知

$$B(u_1,u_1)-B(u_2,u_2)=B(\bar{u},u)+B(u,\bar{u}).$$

从而

$$\begin{aligned}|(B(u_1,u_1)-B(u_2,u_2),v)|&=|(B(\bar{u},u)+B(u,\bar{u}),v)|\\&=|-(B(\bar{u},v),u)-(B(u,v),\bar{u})|\\&\leqslant 2|\bar{u}||u||\nabla v|_{L^\infty}\\&\leqslant 2c|\bar{u}||u||A^{\frac{1}{2}}v|,\quad \forall v\in D(A^{\frac{1}{2}}).\end{aligned}$$

说明

$$|A^{-\frac{1}{2}}(B(u_1,u_1)-B(u_2,u_2))|\leqslant 2c|\bar{u}||u|=c|u_1+u_2||u_1-u_2|. \tag{4.4.7}$$

由 (4.4.6), (4.4.7)知: $\forall u_1,u_2\in H$ 且 $|u_1|,|u_2|\leqslant M$, 成立

$$\begin{aligned}|A^{-\frac{1}{2}}R(u_1)-A^{-\frac{1}{2}}R(u_2)|&\leqslant|A^{-\frac{1}{2}}(-\nu\Delta)(u_1-u_2)|+|A^{-\frac{1}{2}}(B(u_1,u_1)-B(u_2,u_2))|\\&\leqslant c|u_1-u_2|+c|u_1+u_2||u_1-u_2|\\&\leqslant c(1+2M)|u_1-u_2|.\end{aligned}$$

说明 (4.2.9) 式成立. 对于算子 $A=\varepsilon(-\Delta)^r$ 的第 N 个特征值, 有经典的谱结果: 当 $N\longrightarrow\infty$ 时, 成立 (见 R. Courant, D. Hilbert[5]) $\lambda_N\backsim\lambda_1 N^{\frac{2r}{n}}$.

引理 4.4.1　设 $\lambda=\lambda_N,\ \Lambda=\lambda_{N+1}$ 且当 $N\longrightarrow\infty$ 时, $\lambda_N\backsim cN^\beta,\ \beta>2$, 则对任意充分大的 N, (4.3.8) 式成立, 即 $\Lambda-\lambda>2M_2\ell^{-1}(1+\ell)(\lambda^{\frac{1}{2}}+\Lambda^{\frac{1}{2}})$. 同理, 若 $\beta>\dfrac{1}{1-\gamma},\ 0\leqslant\gamma\leqslant\dfrac{1}{2}$, 则当 N 充分大时, (4.3.54) 式成立, 即 $\Lambda-\lambda>8M_2\ell^{-1}(1+\ell)(\lambda^\gamma+\Lambda^\gamma)$.

证明　假设 (4.3.8) 式不成立, 即存在充分大的正整数 m_0, 使得 $\forall m\geqslant m_0$, 成立

$$\lambda_{m+1}-\lambda_m\leqslant\delta(\lambda_m^{\frac{1}{2}}+\lambda_{m+1}^{\frac{1}{2}}),\quad \delta=2M_2\ell^{-1}(1+\ell),$$

以及 $\lambda_m\sim cm^\beta$. 从而

$$\lambda_{m+1}\leqslant\lambda_{m_0}+\delta\sum_{j=m_0}^{m}(\lambda_j^{\frac{1}{2}}+\lambda_{j+1}^{\frac{1}{2}}),\ \ \forall m\geqslant m_0.$$

由于

$$\sum_{j=m_0}^{m}(\lambda_j^{\frac{1}{2}}+\lambda_{j+1}^{\frac{1}{2}})\sim c\sum_{j=m_0}^{m}(j^{\frac{\beta}{2}}+(j+1)^{\frac{\beta}{2}}),$$

以及

$$\sum_{j=m_0}^{m}(j^{\frac{\beta}{2}}+(j+1)^{\frac{\beta}{2}})\leqslant 2\sum_{j=m_0}^{m}(j+1)^{\frac{\beta}{2}}\leqslant 2m(m+1)^{\frac{\beta}{2}}\leqslant 2^{1+\frac{\beta}{2}}m^{1+\frac{\beta}{2}}.$$

可知, $\exists c_1>0$, 使得

$$\lambda_{m+1}\leqslant\lambda_{m_0}+c_1m^{1+\frac{\beta}{2}},\quad \forall m\geqslant m_0.$$

另一方面, $\lambda_{m+1}\sim cm^{\beta}$, $\forall m\geqslant m_0$. 可知, $m^{\frac{\beta}{2}-1}\leqslant c_2$, $\forall m\geqslant m_0$, 其中 c_2 与 m 无关. 由于 $\beta>2$, 这是一个矛盾. 故当 N 充分大时, (4.3.8) 式成立. 当 $\beta>\dfrac{1}{1-\gamma}$, $0\leqslant\gamma\leqslant\dfrac{1}{2}$ 时, (4.3.51) 式的证明是类似的. □

利用引理 4.4.1 以及已经验证的 (4.2.9), (4.2.10) 式, 即可得如下结果.

定理 4.4.2 假定 $r>n$, $n\geqslant 2$, $\alpha=0$. 当 N 充分大时, 锥性质可以应用于修正的 Navier-Stokes 方程 (4.4.1), (4.4.2). 从而存在由定理 4.3.1 给出的惯性流形.

注 对于 $\alpha\neq 0$, 也可以建立 $D(A^{\alpha})$ 中的惯性流形. 对于 $\varepsilon=0$, 此时 (4.4.1), (4.4.2) 即为经典的 Navier-Stokes 方程, 此时定理 4.4.2 不适用. 因此, 对于充分小的 ε, 定理 4.4.2 中建立的惯性流形可以看作是经典 Navier-Stokes 方程的一个近似惯性流形.

4.5 惯性流形的近似和稳定性

在定理 4.3.1 中建立的惯性流形关于演化方程的某种扰动是稳定的, 为了说明主要的想法, 我们限制在一个特定例子来解释这类稳定性结果, 即对应于方程 (4.2.11) 或 (4.2.15) 的近似 Galerkin 方程扰动的稳定性.

设算子 A 的特征值及相应的特征函数为 $\{\lambda_j\}$, $\{\omega_j\}$, 对任意 $M\geqslant 1$, (4.2.15) 的扰动方程如下:

$$\frac{du_M}{dt}+Au_M+P_MR_\theta(u_M)=0,\tag{4.5.1}$$

其中 u_M 取值于 $P_MD(A)$ 中, $P_M:H\longrightarrow\mathrm{span}\{\omega_1,\cdots,\omega_M\}$ 为投影算子. 假定当 N 充分大时 ($P=P_N$, $\lambda=\lambda_N$, $\Lambda=\lambda_{N+1}$), 定理 4.3.1 中假设条件是满足的,

从而对任意 $M \geqslant N$, 不难验证定理 4.3.1 中假设条件对方程 (4.5.1) 也成立, 因此, 方程 (4.5.1) 存在一个惯性流形, 记为 $\mathcal{M}_M$, 它是一个 Lipschitz 函数 Φ_M 的图, 这里

$$\Phi_M : PD(A^\alpha) \longrightarrow QP_MD(A^\alpha) \subset QD(A^\alpha).$$

注 当 $M \geqslant N$ 时, $PP_M = P$, 故 $PD(A^\alpha) = PP_MD(A^\alpha)$. 现在的目标是研究: 当 $M \longrightarrow \infty$ 时, Φ_M 的收敛性 (在某种意义下), 其极限函数 Φ 是否能够构造相应确切方程 (exact equation) 的惯性流形.

定理 4.5.1 设定理 4.3.1 中假设条件满足. 特别地, 给定 $\ell : 0 < \ell \leqslant \dfrac{1}{8}$ 及正整数 N, 使得 (4.3.7), (4.3.8) 成立 ($P = P_N$, $\lambda = \lambda_N$, $\Lambda = \lambda_{N+1}$). 进一步, 假设 (4.2.12), (4.2.13), (4.2.16) 对方程 (4.5.1) 成立. 则对任意 $M > N$, 方程 (4.5.1) 存在一个惯性流形 $\mathcal{M}_M$, 它是由下述 Lipschitz 函数 Φ_M 的图构成的:

$$\Phi_M : PD(A^\alpha) \longrightarrow QP_MD(A^\alpha) = (P_M - P_N)D(A^\alpha) \subset QD(A^\alpha).$$

并且, Φ_M 的 Lipschitz 常数 ℓ 是和定理 4.3.1 中 Lipschitz 函数 $\Phi : PD(A^\alpha) \longrightarrow QD(A^\alpha)$ 的 Lipschitz 常数是相同的. 最后, 还成立

$$d(\Phi_M, \Phi) \leqslant k_6(\lambda_{N+1}\lambda_{M+1})^{-\frac{1}{4}}, \tag{4.5.2}$$

其中

$$d(\Phi_M, \Phi) = \sup_{y_0 \in PD(A^\alpha)} |A^\alpha\Phi_M(y_0) - A^\alpha\Phi(y_0)|, \quad k_6 = \frac{1}{1-\ell}k_3\left(\frac{3}{4}\right)M_1.$$

证明 直接验证可知: 方程 (4.5.1) 满足类似性质 (4.2.9), (4.2.10); 而 (4.2.12), (4.2.13), (4.2.16) 已在本定理中假设成立. 对于 $M \geqslant N$, 假设条件 (4.3.5)—(4.3.8) 显然对 (4.5.1) 也是成立的. 因此, 我们推知, 定理 4.3.1 的构造过程可以适用于 (4.5.1). 下面我们回顾一下这个构造的细节.

记集合 $\mathcal{H}^\alpha_{b,\ell,M}$ (而不是 $\mathcal{H}^\alpha_{b,\ell}$) 由下述函数 Φ_M 构成, 这里

$$\Phi_M : PD(A^\alpha) \to QP_MD(A^\alpha) \subset QD(A^\alpha),$$

其中

$$\begin{cases} \operatorname{supp} \Phi_M \subset \{y \in PD(A^\alpha); |A^\alpha y| \leqslant 2\rho\}, \\ |A^\alpha\Phi_M(y)| \leqslant b, \ \forall y \in PD(A^\alpha), \\ |A^\alpha\Phi_M(y_1) - A^\alpha\Phi_M(y_2)| \leqslant \ell|A^\alpha(y_1 - y_2)|, \ \forall y_1, y_2 \in PD(A^\alpha). \end{cases} \tag{4.5.3}$$

由上述定义可知 $\mathcal{H}^{\alpha}_{b,\ell,M} \subset \mathcal{H}^{\alpha}_{b,\ell}$, $\forall M \geqslant N$. 提供不动点的算子 $\mathcal{F}$, 在本节中用 $\mathcal{F}_M$ 替换, 类似于 (4.2.38) 式, 成立

$$\mathcal{F}_M\Phi_M(y_0) = -\int_{-\infty}^{0} e^{\tau AQP_M} QP_M R_\theta(y_M + \Phi_M(y_M))d\tau. \tag{4.5.4}$$

在 (4.5.4) 中, $y_M = y_M(\tau; y_0, \Phi_M)$ 是 (4.2.23) 的解 ($\Phi = \Phi_M$), 即是下述问题的解:

$$\begin{aligned}&\frac{dy_M(t)}{dt} + Ay_M(t) + PR_\theta(y_M + \Phi_M(y_M))(t),\\ &y_M(0) = y_0,\ \ y_0 \in PD(A^\alpha),\ \ \Phi_M \in \mathcal{H}^{\alpha}_{b,\ell,M}.\end{aligned} \tag{4.5.5}$$

由于 $P_M, Q_M = I - P_M$ 是正交投影算子, 且对于 $M \geqslant N$, 有 $P_M P_N = P_N P_M = P_N$, 可知

$$QP_M = (I-P)P_M = P_M - PP_M = P_M - P,$$

其中 $P = P_N$, $N \leqslant M$.

对应于 (4.2.24), 成立

$$\frac{dz_M}{dt} + Az_M + QP_M R_\theta(y_M + \Phi_M(y_M)) = 0. \tag{4.5.6}$$

类似于 (4.2.24) 式, (4.5.6) 有唯一的解 $z_M = z_M(t; y_0, \Phi_M)$, 并且由 $\mathcal{F}_M$ 的定义知

$$\mathcal{F}_M\Phi_M(y_0) = z_M(0; y_0, \Phi_M).$$

设 $\Phi_M \in \mathcal{H}^{\alpha}_{b,\ell,M} \subset \mathcal{H}^{\alpha}_{b,\ell}$, $y_0 \in PD(A^\alpha) = PP_M D(A^\alpha)$. 则 (4.2.23) 的解 $y = y(t; y_0, \Phi_M)$ 与 (4.5.5) 的解 $y_M = y_M(t; y_0, \Phi_M)$ 是相同的. 下面验证

$$\mathcal{F}\Phi_M(y_0) - \mathcal{F}_M\Phi_M(y_0) = Q_M\mathcal{F}\Phi_M(y_0), \tag{4.5.7}$$

$$\begin{aligned}(4.5.7) &\Leftrightarrow (I - Q_M)\mathcal{F}\Phi_M(y_0) = \mathcal{F}_M\Phi_M(y_0)\\ &\Leftrightarrow P_M\mathcal{F}\Phi_M(y_0) = \mathcal{F}_M\Phi_M(y_0)\\ &\Leftrightarrow -\int_{-\infty}^{0} P_M e^{\tau AQ} QR_\theta(y(\tau) + \Phi_M(y(\tau)))d\tau\\ &= -\int_{-\infty}^{0} e^{\tau AQP_M} QP_M R_\theta(y_M(\tau) + \Phi_M(y_M(\tau)))d\tau\\ &\Leftrightarrow \int_{-\infty}^{0} P_M e^{\tau AQ} QR_\theta(y_M(\tau) + \Phi_M(y_M(\tau)))d\tau\end{aligned}$$

$$= \int_{-\infty}^{0} e^{\tau AQP_M} QP_M R_\theta(y_M(\tau) + \Phi_M(y_M(\tau)))d\tau.$$

这里用到上面论证结论:

$$y(\tau) = y(\tau; y_0, \Phi_M) = y_M(\tau; y_0, \Phi_M) = y_M(\tau), \quad y_0 \in PD(A^\alpha).$$

因此, 只需验证

$$P_M e^{\tau AQ} Q = e^{\tau AQP_M} QP_M. \tag{4.5.8}$$

先证明: $\forall M \geqslant N$, 下述三个等式成立.

(a) $P_M Q = QP_M$; (b) $QQ_M = Q_M Q$; (c) $P_M AQ = AQP_M$.

验证 (a). 注意到

$$P_M Q = P_M(I - P) = P_M - P_M P = P_M - P,$$

$$QP_M = (I - P)P_M = P_M - PP_M = P_M - P.$$

因此, $P_M Q = QP_M$.

验证 (b). 利用 (a), 成立

$$QQ_M = (I - P)Q_M = Q_M - PQ_M = Q_M - Q_M P = Q_M(I - P) = Q_M Q.$$

最后验证 (c). $\forall y, z \in H$, 成立

$$\begin{aligned}
((P_M AQ)y, z) &= ((P_M AQ)P_M y, z) + ((P_M AQ)Q_M y, z) \\
&= ((P_M AQ)P_M y, P_M z) + (P_M(AQQ_M)y, z) \\
&= ((AQP_M)y, P_M z) \\
&= ((AQP_M)y, z) - ((AQP_M)y, Q_M z) \\
&= ((AQP_M)y, z) - (AP_M(Qy), Q_M z) \quad (\text{用到 (b)}) \\
&= ((AQP_M)y, z).
\end{aligned}$$

说明 $P_M AQ = AQP_M$, 即 (c) 成立.

现在证明 (4.5.8) 式成立. 事实上, 利用上述 (a), (b), (c) 性质, 可知

$$P_M e^{\tau AQ} Q = P_M \left(\sum_{k=0}^{\infty} \frac{(\tau AQ)^k}{k!} \right) Q$$

$$
\begin{aligned}
&= \sum_{k=0}^{\infty} \frac{\tau^k}{k!}(P_M(AQ)^k)Q \\
&= \sum_{k=0}^{\infty} \frac{\tau^k}{k!}((AQ)^k P_M)Q \\
&= \sum_{k=0}^{\infty} \frac{\tau^k}{k!}(AQ)^k(P_M Q) \\
&= \sum_{k=0}^{\infty} \frac{(\tau AQ)^k}{k!}(QP_M) \\
&= e^{\tau AQP_M} QP_M,
\end{aligned}
$$

此即为 (4.5.8) 式.

对任意 $M > N$, $\forall \Phi_M \in \mathcal{H}^{\alpha}_{b,\ell,M}$ 以及 $\forall y_0 \in PD(A^{\alpha})$, 利用 (4.5.7) 式, 可得

$$
\begin{aligned}
|A^{\alpha}\mathcal{F}\Phi_M(y_0) - A^{\alpha}\mathcal{F}_M\Phi_M(y_0)| &= |A^{\alpha}Q_M\mathcal{F}\Phi_M(y_0)| \\
&= |Q_M A^{\alpha} Q_M \mathcal{F}\Phi_M(y_0)| \\
&= |Q_M A^{\alpha}\mathcal{F}\Phi_M(y_0)| \\
&= |Q_M A^{-\frac{1}{4}} A^{\alpha+\frac{1}{4}}\mathcal{F}\Phi_M(y_0)| \\
&\leqslant \lambda_{M+1}^{-\frac{1}{4}} |A^{\alpha+\frac{1}{4}}\mathcal{F}\Phi_M(y_0)|.
\end{aligned}
\tag{4.5.9}
$$

利用引理 4.3.3 和 (4.2.17) 式, 可得

$$
\begin{aligned}
|A^{\alpha+\frac{1}{4}}\mathcal{F}\Phi_M(y_0)| &= \left| -\int_{-\infty}^{0} A^{\alpha+\frac{1}{4}} e^{\tau AQ} R_\theta(y+\Phi_M(y))d\tau \right| \\
&\leqslant \int_{-\infty}^{0} |(AQ)^{\frac{3}{4}} e^{\tau AQ} A^{\alpha-\frac{1}{2}} R_\theta(y+\Phi_M(y))| d\tau \\
&\leqslant \int_{-\infty}^{0} |(AQ)^{\frac{3}{4}} e^{\tau AQ}|_{\mathcal{L}(QH)} d\tau \sup_{u\in D(A^{\alpha})} |A^{\alpha-\frac{1}{2}} R_\theta(u)| \\
&\leqslant M_1 k_3 \left(\frac{3}{4}\right) \Lambda^{-\frac{1}{4}},
\end{aligned}
\tag{4.5.10}
$$

以及

$$
|A^{\alpha}\mathcal{F}\Phi_M(y_0)| = \left| -\int_{-\infty}^{0} (AQ)^{\frac{1}{2}} e^{\tau AQ} A^{\alpha-\frac{1}{2}} R_\theta(y+\Phi_M(y))d\tau \right|
$$

$$
\begin{aligned}
&\leqslant \int_{-\infty}^{0} |(AQ)^{\frac{1}{2}} e^{\tau AQ}|_{\mathcal{L}(QH)} d\tau \sup_{u\in D(A^\alpha)} |A^{\alpha-\frac{1}{2}} R_\theta(u)| \\
&\leqslant M_1 k_3 \left(\frac{1}{2}\right) \Lambda^{-\frac{1}{2}}.
\end{aligned} \tag{4.5.11}
$$

由 (4.5.9), (4.5.10), 成立

$$
\begin{aligned}
d(\mathcal{F}\Phi_M, \mathcal{F}_M\Phi_M) &\leqslant k_3\left(\frac{3}{4}\right) M_1 \Lambda^{-\frac{1}{4}} \lambda_{M+1}^{-\frac{1}{4}} \\
&= k_3\left(\frac{3}{4}\right) M_1 (\lambda_{N+1}\lambda_{M+1})^{-\frac{1}{4}}, \quad \forall \Phi_M \in \mathcal{H}_{b,\ell,M}^{\alpha}.
\end{aligned} \tag{4.5.12}
$$

由于 Φ, Φ_M 分别是算子 $\mathcal{F}, \mathcal{F}_M$ 的不动点, 即 $\Phi = \mathcal{F}\Phi$, $\Phi_M = \mathcal{F}\Phi_M$. 从而利用 (4.5.12), 可得

$$
\begin{aligned}
d(\Phi, \Phi_M) &= d(\mathcal{F}\Phi, \mathcal{F}_M\Phi_M) \\
&\leqslant d(\mathcal{F}\Phi, \mathcal{F}\Phi_M) + \mathrm{dist}(\mathcal{F}\Phi_M, \mathcal{F}_M\Phi_M) \\
&\leqslant \ell d(\Phi, \Phi_M) + k_3\left(\frac{3}{4}\right) M_1 (\lambda_{N+1}\lambda_{M+1})^{-\frac{1}{4}}.
\end{aligned}
$$

故成立

$$
d(\Phi, \Phi_M) \leqslant \frac{1}{1-\ell} k_3\left(\frac{3}{4}\right) M_1 (\lambda_{N+1}\lambda_{M+1})^{-\frac{1}{4}},
$$

此即为 (4.5.2) 式. □

第 5 章　惯性流形和慢流形

在长期研究中高纬度大尺度大气与海洋的水平运动规律的过程中, 人们已经较为明确地认识到较为缓慢的准地转运动为其主要形态, 其他较小尺度上的运动则具有相对较快的时间变化尺度, 且为次要的成分. 通常上述缓慢的准地转运动对应于 Rossby 波这一慢变模态, 而快变的成分则对应于惯性重力波模态. 经验与初步的理论分析表明, 大气运动中上述准地转运动起主导作用, 而快变的惯性重力波模态往往受它的控制. 这一事实在天气分析和数值模式初始化中扮演着极为重要的角色, 促使人们想要更加深入地探讨这一缓慢运动的实质及它与快变过程的关系. 所有这些问题最终都指向一个概念, 即所谓慢流形, 对于它的理解是认识其他相关问题的关键. 可以说这一概念是目前动力气象及海洋学最富思辨性和应用价值的核心概念之一, 它实际上以不同形式构成几乎所有地球流体动力学理论问题 (包括波动、切变不稳定、波流相互作用和适应问题) 的基础, 就这一问题所涉及的数学观念的先进性、地球流体动力学问题的基础与广泛性而言, 慢流形代表了地球流体动力学理论的最高境界之一.

本章中的函数空间是 Banach 空间, 不一定是 Hilbert 空间, 基本的线性算子 A 也不一定是自伴的. 特别是, 非自伴算子允许我们将惯性流形的概念与气象学中出现的慢流形联系起来. 本章简单介绍动力学系统的慢流形的存在性, 旨在为我国从事大气动力学、中尺度动力学及数值模式初始化的研究者了解该领域概貌并较快切入具体研究问题提供一些线索.

5.1　惯性流形和慢流形的简介

考虑抽象方程的如下一般形式:

$$\frac{du}{dt}+Au=R(u). \tag{5.1.1}$$

设给定三个 Banach 空间 E, F, $\mathcal{E}$, 其范数分别记为 $|\cdot|_E$, $|\cdot|_F$, $|\cdot|_{\mathcal{E}}$. 有如下连续包含关系

$$E\subset F\subset \mathcal{E}, \tag{5.1.2}$$

并且 E 在 F 中, F 在 $\mathcal{E}$ 中均是稠密的.

假定非线性算子 $R: E \to F$ 是 C^1 的, 且满足如下有界性和 Lipschitz 性质:

$$|R(u)|_F \leqslant M_0, \quad \forall u \in E, \tag{5.1.3}$$

$$|R(u) - R(v)|_F \leqslant M_1 |u - v|_E, \quad \forall u, v \in E, \tag{5.1.4}$$

这里 M_0, M_1 为正整数.

关于 (5.1.1) 中的线性算子 A, 假定 A 的定义域 $D(A)$ 在 $\mathcal{E}$ 中是稠密的. 进一步, 还假定线性方程

$$\begin{cases} \dfrac{du}{dt} + Au = 0, \\ u(0) = u_0 \end{cases} \tag{5.1.5}$$

在 $\mathcal{E}$ 上定义了一个强连续半群 $\{e^{-tA}\}_{t \geqslant 0}$, 使得

$$e^{-tA} F \subset E, \quad \forall t > 0. \tag{5.1.6}$$

注　称半群 $\{e^{-tA}\}_{t \geqslant 0}$ 在 $\mathcal{E}$ 上是强连续的, 如果成立

$$\lim_{t \to 0} e^{-tA} u_0 = u_0, \quad \forall u_0 \in \mathcal{E}.$$

1. 特征投影算子 P_n, Q_n

假定序列 $\{P_n\}_{n \in \mathbb{N}}$ 是算子 A 的特征投影算子列, 且存在两组数列 $\{\lambda_n\}_{n \in \mathbb{N}}$, $\{\Lambda_n\}_{n \in \mathbb{N}}$ 满足: 存在 $\lambda_* > 0$, 使得

$$\Lambda_n \geqslant \lambda_n \geqslant \lambda_*, \ \forall n \in \mathbb{N}, \tag{5.1.7}$$

$$\lim_{n \to \infty} \lambda_n = +\infty, \tag{5.1.8}$$

$$\overline{\lim_{n \to \infty}} \frac{\Lambda_n}{\lambda_n} \text{ 是有界的}. \tag{5.1.9}$$

记 $Q_n = I - P_n$. 假定

$$P_n \mathcal{E} \text{ 和 } Q_n \mathcal{E} \text{ 在 } e^{-tA}, \ \forall t \geqslant 0 \text{ 作用下是不变的}. \tag{5.1.10}$$

$$\{e^{-tA}\}_{t \geqslant 0} \text{ 可以在 } P_n \mathcal{E} \text{ 延拓为一个群 } \{e^{-tA}\}_{t \geqslant \mathbb{R}^1}. \tag{5.1.11}$$

还假定这些投影算子定义了 $\{e^{-tA}\}_{t \geqslant 0}$ 的一个指数二分性 (exponential dichotomy):

$$\begin{cases} |e^{-tA} P_n|_{\mathcal{L}(E)} \leqslant k_1 e^{-\lambda_n t}, \ \forall t \leqslant 0, \\ |e^{-tA} P_n|_{\mathcal{L}(F,E)} \leqslant k_1 \lambda_n^{\alpha} e^{-\lambda_n t}, \ \forall t \leqslant 0, \end{cases} \tag{5.1.12}$$

$$\begin{cases} |e^{-tA}Q_n|_{\mathcal{L}(F,E)} \leqslant k_2(t^{-\alpha}+\Lambda_n^{\alpha})e^{-\Lambda_n t}, \quad \forall t>0, \\ |A^{-1}e^{-tA}Q_n|_{\mathcal{L}(F,E)} \leqslant k_2\Lambda_n^{\alpha-1}e^{-\Lambda_n t}, \quad \forall t \geqslant 0, \\ |e^{-tA}Q_n|_{\mathcal{L}(E)} \leqslant k_2 e^{-\Lambda_n t}, \quad \forall t \geqslant 0. \end{cases} \tag{5.1.13}$$

自然地, 由于 P_n, Q_n 是 A 的特征投影算子, 故成立

$$P_nA = AP_n, \quad Q_nA = AQ_n, \quad \forall n \in \mathbb{N}. \tag{5.1.14}$$

最后, 关于非线性方程 (5.1.1), 我们假定初边值问题

$$\begin{cases} \dfrac{du}{dt} + Au = R(u), \\ u(0) = u_0. \end{cases} \tag{5.1.15}$$

在 E 上定义一个连续半群 $\{S(t)\}_{t\geqslant 0}$, 即 $u(t) = S(t)u_0$, $\forall t \geqslant 0$.

注 假定 (5.1.2)—(5.1.15) 是本章中的通用假设条件. 在 5.3 节中展示如何验证上述假设条件, 特别是 (5.1.5)—(5.1.13). 特别地, 展示如何恢复 Hilbert 情形, 并且提出一个与慢流形有关的非自伴情形.

我们回忆一下惯性流形的概念.

称一个有限维的 Lipschitz 流形 $\mathcal{M}$ 是方程 (5.1.15) (或半群 $\{S(t)\}_{t\geqslant 0}$) 的一个惯性流形, 如果下述性质成立:

(i) $\mathcal{M}$ 关于半群 $\{S(t)\}_{t\geqslant 0}$ 是正不变的, 即

$$S(t)\mathcal{M} \subset \mathcal{M}, \quad \forall t \geqslant 0;$$

(ii) $\mathcal{M}$ 以指数收敛率吸收方程 (5.1.1) 的所有轨迹.

2. 惯性流形的构造

对任意给定的 $n \in \mathbb{N}$, 对 (5.1.15) 应用特征投影算子 P_n, Q_n, 利用 (5.1.14) 可知, (5.1.15) 等价于一个 $y = P_nu$, $z = Q_nu$ 的耦合系统

$$\begin{cases} \dfrac{dy}{dt} + Ay = P_nR(y+z), \\ y(0) = y_0 \end{cases} \tag{5.1.16}$$

和

$$\begin{cases} \dfrac{dz}{dt} + Az = Q_nR(y+z), \\ z(0) = z_0, \end{cases} \tag{5.1.17}$$

其中 $y_0 = P_n u_0$, $z_0 = Q_n u_0$.

类似于第 4 章的 Hilbert 情形, 基于 Lyapunov-Perron 方法, 我们构造惯性流形, 其为映射 $\Phi : P_n E \longrightarrow Q_n E$ 的曲线图集合, 这里 Φ 是映射 $\mathscr{F}$ 的不动点. 现在我们简单介绍映射 $\mathscr{F}$ 的构造.

假定映射 Φ 是已知的, 且关于半群 $\{S(t)\}_{t\geqslant 0}$ 是不变的, 则对于轨迹 $u(t) = S(t)u_0$, $u_0 \in \mathcal{M}$, $t \geqslant 0$, 成立

$$z(t) = \Phi(y(t)). \tag{5.1.18}$$

结合 (5.1.16), (5.1.17), 可知对 $t > 0$, y 满足

$$\begin{cases} \dfrac{dy}{dt} + Ay = P_n R(y + \Phi(y)), \\ y(0) = y_0, \end{cases} \tag{5.1.19}$$

以及 $z = \Phi(y) = \Phi(y(t))$ 满足

$$\frac{d\Phi(y)}{dt} + A\Phi(y) = Q_n R(y + \Phi(y)), \quad t > 0. \tag{5.1.20}$$

由 (5.1.20) 可知, $\forall 0 < t_0 < t$, 成立

$$\Phi(y(t)) = e^{-(t-t_0)A}\Phi(y(t_0)) + \int_{t_0}^{t} e^{-(t-s)A} Q_n R(y(s) + \Phi(y(s)))ds. \tag{5.1.21}$$

由于 (5.1.19) 是一个有限维的常微分方程组, 并且 A 是线性的, Φ 是 Lipschitz 的, 非线性算子 R 也是 Lipschitz 的, 故在整个实轴 $\mathbb{R}^1$ 上, (5.1.19) 都存在唯一的 C^1 解 $y = y(t)$. 从而, 我们也可以在整个实数轴 $\mathbb{R}^1$ 上考虑 (5.1.20), 以及 (5.1.21) 中的 $0 < t_0 < t$ 可以去掉非负性, 改为 $t_0 < t$.

我们还假定 Φ 是有界的 (见 5.2 节). 因此, 在 (5.1.21) 中令 $t_0 \longrightarrow -\infty$, 成立

$$\Phi(y(t)) = \int_{-\infty}^{t} e^{-(t-s)A} Q_n R(y(s) + \Phi(y(s)))ds. \tag{5.1.22}$$

特别地, 在 (5.1.22) 中取 $t = 0$, 可得

$$\Phi(y_0) = \int_{-\infty}^{0} e^{sA} Q_n R(y(s) + \Phi(y(s)))ds. \tag{5.1.23}$$

因此, 构造 Φ 的途径, 很自然的方式是将 Φ 取为下述映射的不动点: $\Psi \longrightarrow \mathscr{F}\Psi$, 其中 $\mathscr{F}\Psi$ 定义如下:

$$\mathscr{F}\Psi(y_0) = \int_{-\infty}^{0} e^{sA} Q_n R(y(s) + \Phi(y(s)))ds, \tag{5.1.24}$$

这里 $\Psi: P_nE \longrightarrow Q_nE$ 是一个 Lipschitz 有界函数, $y=y(t)$ 是下述初值问题的解:

$$\begin{cases} \dfrac{dy}{dt}+Ay=P_nR(y+\Psi(y)), \\ y(0)=y_0. \end{cases} \tag{5.1.25}$$

注 若 $u_0 \notin \mathcal{M}$, 即 $z_0 \neq \Phi(y_0)$, 即使在 (5.1.25) 中 $\Psi=\Phi$, (5.1.25) 的解 y 也不是 (5.1.16) 的解.

下面介绍 (5.1.24), (5.1.25) 中 Ψ 所属函数空间的精确定义.

$$\mathcal{H}_{\ell,b}=\{\Psi: P_nE\to Q_nE,\ \mathrm{Lip}\Psi\leqslant \ell,\ |\Psi|_\infty=\sup_{y\in P_nE}|\Psi(y)|_E\leqslant b\},$$

并且 $(\mathcal{H}_{\ell,b},d)$ 是度量空间, 其中距离 d 定义如下:

$$d(\Psi_1,\Psi_2)=\sup_{y\in P_nE}|\Psi_1(y)-\Psi_2(y)|_E=|\Psi_1-\Psi_2|_\infty. \tag{5.1.26}$$

设 $\Psi\in\mathcal{H}_{\ell,b}$, (5.1.25) 显然是有限维的常微分方程组且在 $\mathbb{R}^1$ 上存在唯一的解 $y=y(t)$. 5.2 节将证明, $\forall y_0\in P_nE$, $\mathscr{F}\Psi(y_0)\in Q_nE$, 并且还成立: 对于 $\Psi\in\mathcal{H}_{\ell,b}$, $\mathscr{F}\Psi\in\mathcal{H}_{\ell,b}$ 且 $\mathscr{F}$ 是 $\mathcal{H}_{\ell,b}$ 上的一个严格压缩映射. 利用压缩不动点定理, $\mathscr{F}$ 存在一个不动点 $\Phi\in\mathcal{H}_{\ell,b}$, 并且可以证明 Φ 的曲线图集合是 $\{S(t)\}_{t\geqslant 0}$ 的一个惯性流形.

5.2 主 要 结 果

本节中, 我们叙述并证明一个主要结果, 即在整体 Lipschitz 情形下 (指 R 满足 (5.1.3), (5.1.4)), 惯性流形的存在性.

5.2.1 惯性流形的存在性

定理 5.2.1 假设条件 (5.1.2)—(5.1.15) 成立, 并且存在两个常数 c_1, c_2, 仅依赖于 k_1, k_2, α, ℓ, b 使得

$$\Lambda_n-\lambda_n\geqslant c_1(M_0+M_1+M_1^2)(\Lambda_n^\alpha+\lambda_n^\alpha), \tag{5.2.1}$$

以及

$$\lambda_n^{1-\alpha}\geqslant c_2(M_0+M_1). \tag{5.2.2}$$

则由 (5.1.24), (5.1.25) 定义的映射 $\mathcal{H}:\mathcal{H}_{\ell,b}\to\mathcal{H}_{\ell,b}$ 是严格压缩的. 记 $\Phi\in\mathcal{H}_{\ell,b}$ 为其不动点, 即 $\mathcal{H}\Phi=\Phi$. Φ 的曲线图集合 $\mathcal{M}$ 是方程 (5.1.15) 的一个惯性流形. 进一步, Φ 是连续可微的函数, 从而 $\mathcal{M}$ 是 C^1 正则类 (记 $\mathcal{M}\in C^1$).

注 条件 (5.2.1) 被称为 "谱裂口" 条件 (spectral gap condition). 方程 (5.1.19), (5.1.20) 是 (5.1.15) 的惯性形式. 另一个与惯性流形相关的概念是渐近完备性. 惯性流形 $\mathcal{M}$ 称为渐近完备的, 如果下述性质成立: 对任意 $u_0 \in E$, 存在 $\bar{u}_0 \in \mathcal{M}$ 和 $\tau \in \mathbb{R}^1$, 使得

$$\lim_{t\to\infty} |S(t)u_0 - S(t+\tau)\bar{u}_0|_E = 0. \tag{5.2.3}$$

可以证明, 定理 5.2.1 给出的惯性流形是渐近完备的.

5.2.2 映射 $\mathscr{F}$ 的性质

为书写简洁, 记 $\Lambda = \Lambda_n$, $\lambda = \lambda_n$, $P = P_n$, $Q = Q_n$.

引理 5.2.2 设 $\Psi \in \mathcal{H}_{\ell,b}$, 成立

$$|\mathscr{F}\Psi(y_0)|_E \leqslant b, \quad \forall y_0 \in PE, \tag{5.2.4}$$

这里要求假设条件 (5.2.2) 中的 $c_2 \geqslant \dfrac{k_2(1+\gamma_\alpha)}{b}$, γ_α 见下面的 (5.2.5) 式.

证明 由于

$$\mathscr{F}\Psi(y_0) = \int_{-\infty}^0 e^{sA}QR(y(s)+\Psi(y(s)))ds,$$

利用 (5.1.3) 和 (5.1.13), 可知

$$\begin{aligned}|\mathscr{F}\Psi(y_0)|_E &\leqslant \int_{-\infty}^0 |e^{sA}Q|_{\mathcal{L}(F,E)}|R(y(s)+\Psi(y(s)))|_F ds\\ &\leqslant k_2M_0\int_{-\infty}^0 (|s|^{-\alpha}+\Lambda^\alpha)e^{\Lambda s}ds\\ &\leqslant k_2M_0\Lambda^{\alpha-1}(1+\gamma_\alpha).\end{aligned}$$

上述证明用到如下事实: 设 $0 \leqslant \alpha < 1$, $a > 0$, 成立

$$\int_{-\infty}^0 |s|^{-\alpha}e^{as}ds = a^{\alpha-1}\gamma_\alpha, \quad \gamma_\alpha = \int_0^\infty s^{-\alpha}e^{-s}ds. \tag{5.2.5}$$

利用 (5.1.7), (5.2.2) 可知, 当 $c_2 \geqslant \dfrac{k_2(1+\gamma_\alpha)}{b}$ 时, 成立

$$|\mathscr{F}\Psi(y_0)|_E \leqslant k_2M_0\lambda^{\alpha-1}(1+\gamma_\alpha) \leqslant k_2(1+\gamma_\alpha)c_2^{-1} \leqslant b, \quad \forall y_0 \in PE.$$

此即为 (5.2.4) 式. □

引理 5.2.3 设 $\Psi \in \mathcal{H}_{\ell,b}$, 则成立

$$|\mathscr{F}\Psi(y_{01}) - \mathscr{F}\Psi(y_{02})|_E \leqslant \ell|y_{01} - y_{02}|_E, \quad \forall y_{01},\ y_{02} \in PE, \tag{5.2.6}$$

这里要求条件 (5.2.1) 中的 c_1 满足

$$c_1 \geqslant 2k_1k_2\ell^{-1}(1+\ell)(1+\gamma_\alpha) + k_1(1+\ell).$$

证明 分如下三步证明.

第一步 设函数 $f \geqslant 0$ 满足

$$f(t) \leqslant ae^{-\gamma' t} + b\int_t^0 e^{-\gamma(t-s)}f(s)ds, \quad \forall t \leqslant 0, \tag{5.2.7}$$

其中 $a, b, \gamma, \gamma' > 0$, 则 $\forall t < 0$, 成立

$$\int_t^0 e^{\gamma s}f(s)ds \leqslant \frac{a}{\gamma - \gamma' + b}e^{-bt}, \tag{5.2.8}$$

$$f(t) \leqslant \frac{a(\gamma - \gamma' + 2b)}{\gamma - \gamma' + b}e^{-(b+\gamma)t}. \tag{5.2.9}$$

验证 (5.2.8) 式、(5.2.9) 式成立. 设

$$r(t) = \int_t^0 e^{\gamma s}f(s)ds, \quad t < 0.$$

由 (5.2.7) 可得

$$\begin{aligned} -r'(t) = e^{\gamma t}f(t) &\leqslant ae^{(\gamma-\gamma')t} + b\int_t^0 e^{\gamma s}f(s)ds \\ &= ae^{(\gamma-\gamma')t} + br(t), \quad \forall t < 0. \end{aligned}$$

从而

$$(e^{bt}(-r(t)))' \leqslant ae^{(b+\gamma-\gamma')t}, \quad \forall t < 0.$$

利用 $r(0) = 0$, 简单计算, 可知

$$\begin{aligned} r(t) &= e^{-bt}\int_t^0 ae^{(b+\gamma-\gamma')s}ds \\ &= \frac{a}{\gamma - \gamma' + b}e^{-bt}(1 - e^{(b+\gamma-\gamma')t}) \end{aligned}$$

$$\leqslant \frac{a}{\gamma-\gamma'+b}e^{-bt}, \quad \forall t<0,$$

此即为 (5.2.8) 式.

利用 $\gamma+b>\gamma'$ 以及条件 (5.2.7), 结合已证结论 (5.2.8), 可知

$$\begin{aligned} f(t) &\leqslant ae^{-\gamma' t}+br(t)e^{-\gamma t} \\ &\leqslant ae^{-(\gamma+b)t}+\frac{ab}{\gamma-\gamma'+b}e^{-(\gamma+b)t} \\ &= \frac{a(\gamma-\gamma'+2b)}{\gamma-\gamma'+b}e^{-(\gamma+b)t}, \quad \forall t<0, \end{aligned}$$

此即为 (5.2.9) 式.

第二步　设 y_1, y_2 是 (5.1.25) 的两个解, $y_i(0)=y_{0i}\in PE$, $i=1,2$, $\Psi\in\mathcal{H}_{\ell,b}$. 则成立

$$|y_1(t)-y_2(t)|_E \leqslant 2k_1|y_{01}-y_{02}|_E e^{-\tilde{\lambda}t}, \quad \forall t\leqslant 0, \tag{5.2.10}$$

其中 $\tilde{\lambda}=\lambda+k_1M_11(+\ell)\lambda^\alpha$.

验证 (5.2.10) 式成立. 将 (5.1.25) 的两个解 y_1, y_2 写成如下形式:

$$y_i(t)=e^{-At}y_{0i}+\int_0^t e^{-(t-s)A}PR(y_i(s)+\Psi(y_i(s)))ds, \ \ \forall t\in\mathbb{R}^1.$$

记 $y(t)=y_1(t)-y_2(t)$. 由上式可知: $\forall t\in\mathbb{R}^1$, 成立

$$y(t)=e^{-tA}(y_{01}-y_{02})+\int_0^t e^{-(t-s)A}P(R(y_1(s)+\Psi(y_1(s)))-R(y_2(s)+\Psi(y_2(s))))ds.$$

利用 (5.1.4), (5.1.12) 和 $\Psi\in\mathcal{H}_{\ell,b}$, 对任意的 $t<0$, 由上式可得

$$\begin{aligned} |y(t)|_E &\leqslant |e^{-tA}P|_{\mathcal{L}(E)}||y_{01}-y_{02}|_E \\ &\quad+\int_t^0 |e^{-(t-s)A}P|_{\mathcal{L}(F,E)}|R(y_1(s)+\Psi(y_1(s)))-R(y_2(s)+\Psi(y_2(s)))|_F ds \\ &\leqslant k_1e^{-\lambda t}|y_{01}-y_{02}|_E \\ &\quad+k_1\lambda^\alpha M_1\int_t^0 e^{-\lambda(t-s)}(|y_1(s)-y_2(s)|_E+|\Psi(y_1(s))-\Psi(y_2(s))|_E)ds \\ &\leqslant k_1e^{-\lambda t}|y_{01}-y_{02}|_E+k_1M_1\lambda^\alpha(1+\ell)\int_t^0 e^{-\lambda(t-s)}|y(s)|_E ds. \end{aligned}$$

应用第一步结论, 其中 $f(t) = |y(t)|_E$, 可得

$$|y(t)|_E \leqslant 2k_1 e^{-(\lambda + k_1 M_1 \lambda^\alpha (1+\ell))t} = 2k_1 e^{-\tilde{\lambda} t}, \quad \forall t < 0,$$

此即为 (5.2.10) 式.

第三步 验证 (5.2.6) 式成立.

设 y_1, y_2 是 (5.1.25) 的两个解, $y_i(0) = y_{0i} \in PE$, $i = 1, 2$, $\Psi \in \mathcal{H}_{\ell,b}$. 由 $\mathscr{F}$ 的定义 (5.1.24), 可得

$$\mathscr{F}\Psi(y_{01}) - \mathscr{F}\Psi(y_{02}) = \int_{-\infty}^{0} e^{sA} Q(R(y_1(s) + \Psi(y_1(s))) - R(y_2(s) + \Psi(y_2(s))))ds.$$

利用 (5.1.4), (5.1.13) 和 $\Psi \in \mathcal{H}_{\ell,b}$, 结合第二步的结论 (5.2.10), 可知

$$\begin{aligned}
&|\mathscr{F}\Psi(y_{01}) - \mathscr{F}\Psi(y_{02})|_E \\
\leqslant & \int_{-\infty}^{0} |e^{sA}Q|_{\mathcal{L}(F,E)} |R(y_1(s) + \Psi(y_1(s))) - R(y_2(s) + \Psi(y_2(s)))|_F ds \\
\leqslant & k_2 M_1 \int_{-\infty}^{0} (|s|^{-\alpha} + \Lambda^\alpha) e^{\Lambda s} (|y_1(s) - y_2(s)|_E + |\Psi(y_1(s)) - \Psi(y_2(s))|_E) ds \\
\leqslant & k_2 M_1 (1+\ell) \int_{-\infty}^{0} (|s|^{-\alpha} + \Lambda^\alpha) e^{\Lambda s} |y(s)|_E ds \\
\leqslant & 2k_1 k_2 M_1 (1+\ell) |y_{01} - y_{02}|_E \int_{-\infty}^{0} (|s|^{-\alpha} + \Lambda^\alpha) e^{(\Lambda - \tilde{\lambda})s} ds.
\end{aligned} \tag{5.2.11}$$

在积分 $\int_{-\infty}^{0} (|s|^{-\alpha} + \Lambda^\alpha) e^{(\Lambda - \tilde{\lambda})s} ds$ 中要求 $\Lambda - \tilde{\lambda} > 0$. 利用条件 (5.2.1): $c_1(M_0 + M_1 + M_1^2)(\lambda^\alpha + \Lambda^\alpha) \leqslant \Lambda - \lambda$, 可知

$$\begin{aligned}
\Lambda - \tilde{\lambda} &= \Lambda - \lambda - k_1 M_1 \lambda^\alpha (1+\ell) \geqslant \Lambda - \lambda - \frac{k_1(1+\ell)}{c_1}(\Lambda - \lambda) \\
&= (\Lambda - \lambda)\left(1 - \frac{k_1(1+\ell)}{c_1}\right) > 0,
\end{aligned}$$

其中要求 $c_1 > k_1(1+\ell)$.

从而, 当 $c_1 > k_1(1+\ell)$ 时, 成立 $\Lambda - \tilde{\lambda} > 0$. 利用 (5.2.5), 可得

$$\int_{-\infty}^{0} (|s|^{-\alpha} + \Lambda^\alpha) e^{(\Lambda - \tilde{\lambda})s} ds = (\Lambda - \tilde{\lambda})^{\alpha - 1} \gamma_\alpha + \Lambda^\alpha (\Lambda - \tilde{\lambda})^{-1} \leqslant \Lambda^\alpha (\Lambda - \tilde{\lambda})^{-1} (1 + \gamma_\alpha).$$

将上式代入 (5.2.11) 中, 成立

$$|\mathscr{F}\Psi(y_{01})-\mathscr{F}\Psi(y_{02})|_E \leqslant 2k_1k_2(1+\ell)(1+\gamma_\alpha)M_1\Lambda^\alpha(\Lambda-\tilde{\lambda})^{-1}|y_{01}-y_{02}|_E. \tag{5.2.12}$$

为了证明 (5.2.6) 式, 只需证明下述估计成立;

$$2k_1k_2(1+\ell)(1+\gamma_\alpha)M_1\Lambda^\alpha(\Lambda-\tilde{\lambda})^{-1} \leqslant \ell. \tag{5.2.13}$$

(5.2.13) 式成立等价于

$$\begin{aligned} &\Lambda-\tilde{\lambda}=\Lambda-\lambda-k_1M_1\lambda^\alpha(1+\ell) \geqslant 2k_1k_2(1+\ell)(1+\gamma_\alpha)\ell^{-1}M_1\Lambda^\alpha \\ \Longleftrightarrow\, &\Lambda-\lambda \geqslant I \triangleq k_1(1+\ell)M_1\lambda^\alpha+2k_1k_2(1+\ell)(1+\gamma_\alpha)\ell^{-1}M_1\Lambda^\alpha. \end{aligned}$$

利用条件 (5.2.1), 可知

$$I \leqslant (k_1(1+\ell)c_1^{-1}+2k_1k_2(1+\ell)(1+\gamma_\alpha)\ell^{-1}c_1^{-1})(\Lambda-\lambda) \leqslant \Lambda-\lambda,$$

上述估计式要求

$$c_1 \geqslant k_1(1+\ell)+2k_1k_2(1+\ell)(1+\gamma_\alpha)\ell^{-1}.$$

因此, 当 $c_1 \geqslant k_1(1+\ell)+2k_1k_2(1+\ell)(1+\gamma_\alpha)\ell^{-1}$ 时, 由 (5.2.12), (5.2.13) 式, 成立

$$|\mathscr{F}\Psi(y_{01})-\mathscr{F}\Psi(y_{02})|_E \leqslant \ell|y_{01}-y_{02}|_E, \quad \forall y_{01},\, y_{02} \in PE. \qquad \square$$

注　引理 5.2.2 和引理 5.2.3 表明, 映射 $\mathscr{F}: \mathcal{H}_{\ell,b} \longrightarrow \mathcal{H}_{\ell,b}$.

引理 5.2.4　设 $\delta>0$, 对任意的 $\Psi_1,\, \Psi_2 \in \mathcal{H}_{\ell,b}$, 成立

$$|\mathscr{F}\Psi_1-\mathscr{F}\Psi_2|_\infty \leqslant \delta|\Psi_1-\Psi_2|_\infty, \tag{5.2.14}$$

其中要求条件 (5.2.1), (5.2.2) 中的 c_1, c_2 进一步满足如下要求:

$$c_1 \geqslant k_1(1+\ell)+4k_1k_2\delta^{-1}(1+\ell)(1+\gamma_\alpha), \;\; c_2 \geqslant \max\{1,\, 2k_2\delta^{-1}(1+\gamma_\alpha)\}.$$

证明　设 $y_0 \in PE$, y_1, y_2 是 (5.1.25) 的两个解, 对应于 $\Psi=\Psi_1$ 和 $\Psi=\Psi_2$, 则 y_1, y_2 可表示成如下形式:

$$y_i(t)=e^{-tA}y_0+\int_0^t e^{-(t-s)A}PR(y_i(s)+\Psi(y_i(s)))ds, \quad i=1,2,\ t\in\mathbb{R}^1. \tag{5.2.15}$$

从而

$$\mathscr{F}\Psi_i(y_0)=\int_{-\infty}^0 e^{sA}QR(y_i(s)+\Psi_i(y_i(s)))ds, \quad i=1,2.$$

因此, 对任意的 $y_0 \in PE$, 成立

$$\mathscr{F}\Psi_1(y_0)-\mathscr{F}\Psi_2(y_0)=\int_{-\infty}^{0} e^{sA}Q(R(y_1(s)+\Psi_1(y_1(s)))-R(y_2(s)+\Psi_2(y_2(s))))ds.$$

利用 (5.1.13), 可得

$$\begin{aligned}&|\mathscr{F}\Psi_1(y_0)-\mathscr{F}\Psi_2(y_0)|\\ \leqslant&\int_{-\infty}^{0}|e^{sA}Q|_{\mathcal{L}(F,E)}|R(y_1(s)+\Psi_1(y_1(s)))-R(y_2(s)+\Psi_2(y_2(s)))|_F ds\\ \leqslant&\, k_2\int_{-\infty}^{0}(|s|^{-\alpha}+\Lambda^{\alpha})e^{\Lambda s}r(s)ds,\end{aligned}\tag{5.2.16}$$

其中

$$\begin{aligned}r(s)=&\,|R(y_1(s)+\Psi_1(y_1(s)))-R(y_2(s)+\Psi_2(y_2(s)))|_F\\ \leqslant&\, M_1(|y_1(s)-y_2(s)|_E+|\Psi_1(y_1(s))-\Psi_2(y_2(s))|_E)\\ \leqslant&\, M_1(|y(s)|_E+|\Psi_1(y_1(s))-\Psi_2(y_1(s))|_E+|\Psi_2(y_1(s))-\Psi_2(y_2(s))|_E)\\ \leqslant&\, M_1(|y(s)|_E+|\Psi_1-\Psi_2|_\infty+\ell|y_1(s)-y_2(s)|_E)\\ \leqslant&\, M_1(|\Psi_1-\Psi_2|_\infty+(1+\ell)|y(s)|_E),\end{aligned}\tag{5.2.17}$$

这里 $y(s)=y_1(s)-y_2(s)$. 将 (5.2.17) 代入 (5.2.16) 中, 并利用 (5.2.5) 式, 可得

$$\begin{aligned}&|\mathscr{F}\Psi_1(y_0)-\mathscr{F}\Psi_2(y_0)|\\ \leqslant&\, k_2M_1\int_{-\infty}^{0}(|s|^{-\alpha}+\Lambda^{\alpha})e^{\Lambda s}(|\Psi_1-\Psi_2|_\infty+(1+\ell)|y(s)|_E)ds\\ \leqslant&\, k_2(1+\gamma_\alpha)M_1\Lambda^{\alpha-1}|\Psi_1-\Psi_2|_\infty\\ &+k_2(1+\ell)M_1\int_{-\infty}^{0}(|s|^{-\alpha}+\Lambda^{\alpha})e^{\Lambda s}|y(s)|_E ds.\end{aligned}\tag{5.2.18}$$

由 (5.1.12) 和 (5.2.15), 可知

$$|y(s)|_E\leqslant\int_t^0|e^{-(t-s)A}P|_{\mathcal{L}(F,E)}r(s)ds\leqslant k_1\lambda^{\alpha}\int_t^0 e^{-\lambda(t-s)}r(s)ds.$$

将 (5.2.17) 代入上式中, 可得

$$|y(t)|_E\leqslant k_1\lambda^{\alpha}M_1\int_t^0 e^{-\lambda(t-s)}(|\Psi_1-\Psi_2|_\infty+(1+\ell)|y(s)|_E)ds$$

$$
\begin{aligned}
&\leqslant k_1\lambda^{\alpha-1}M_1|\Psi_1-\Psi_2|_\infty e^{-\lambda t}\\
&\quad + k_1(1+\ell)\lambda^\alpha M_1\int_t^0 e^{-\lambda(t-s)}|y(s)|_E ds,\quad \forall t<0.
\end{aligned}\tag{5.2.19}
$$

对 (5.2.19) 式, 应用引理 5.2.3 中第一步结论 (5.2.9), 可知

$$
|y(s)|_E \leqslant 2k_1\lambda^{\alpha-1}M_1|\Psi_1-\Psi_2|_\infty e^{-\lambda' t},\quad \forall t<0,\tag{5.2.20}
$$

其中 $\lambda'=\lambda+k_1(1+\ell)\lambda^\alpha M_1$.

利用假设条件 (5.2.2) 知, $\lambda^{\alpha-1}M_1\leqslant\dfrac{1}{c_2}$. 结合 (5.2.20), 成立

$$
|y(t)|_E \leqslant \frac{2k_1}{c_2}|\Psi_1-\Psi_2|_\infty e^{-\lambda' t},\quad \forall t<0.\tag{5.2.21}
$$

将 (5.2.21) 代入 (5.2.18) 中, 成立

$$
\begin{aligned}
&|\mathscr{F}\Psi_1(y_0)-\mathscr{F}\Psi_2(y_0)|_E\\
\leqslant & k_2(1+\gamma_\alpha)M_1\Lambda^{\alpha-1}|\Psi_1-\Psi_2|_\infty\\
&+\frac{2k_1k_2(1+\ell)}{c_2}M_1|\Psi_1-\Psi_2|_\infty\int_{-\infty}^0(|s|^{-\alpha}+\Lambda^\alpha)e^{(\Lambda-\lambda')s}ds.
\end{aligned}\tag{5.2.22}
$$

在积分 $\displaystyle\int_{-\infty}^0(|s|^{-\alpha}+\Lambda^\alpha)e^{(\Lambda-\lambda')s}ds$ 中要求 $\Lambda-\lambda'>0$, 即有

$$
\int_{-\infty}^0(|s|^{-\alpha}+\Lambda^\alpha)e^{(\Lambda-\lambda')s}ds=(\Lambda-\lambda')^{\alpha-1}\gamma_\alpha+\Lambda^\alpha(\Lambda-\lambda')^{-1}\leqslant\Lambda^\alpha(\Lambda-\lambda')^{-1}(1+\gamma_\alpha).
$$

结合 (5.2.22) 式, 利用 (5.2.1), (5.2.2), 可得

$$
\begin{aligned}
&|\mathscr{F}\Psi_1(y_0)-\mathscr{F}\Psi_2(y_0)|_E\\
\leqslant&\big(k_2(1+\gamma_\alpha)M_1\Lambda^{\alpha-1}+2k_1k_2(1+\ell)(1+\gamma_\alpha)c_2^{-1}M_1\Lambda^\alpha(\Lambda-\lambda')^{-1}\big)|\Psi_1-\Psi_2|_\infty\\
\leqslant&\big(k_2(1+\gamma_\alpha)c_2^{-1}+2k_1k_2(1+\ell)(1+\gamma_\alpha)(c_1-k_1(1+\ell))^{-1}\big)|\Psi_1-\Psi_2|_\infty.
\end{aligned}\tag{5.2.23}
$$

在上述推导过程中, 不妨假定了 $c_2\geqslant 1$, 并利用条件 (5.2.1), (5.2.2) 可知, $M_1\Lambda^{\alpha-1}\leqslant c_2^{-1}$ 以及

$$
M_1\Lambda^\alpha(\Lambda-\lambda')^{-1}=M_1\Lambda^\alpha(\Lambda-\lambda-k_1(1+\ell)M_1\lambda^\alpha)^{-1}
$$

$$
\begin{aligned}
&\leqslant c_1^{-1}(\Lambda-\lambda)(\Lambda-\lambda-k_1(1+\ell)c_1^{-1}(\Lambda-\lambda))^{-1}\\
&=c_1^{-1}(1-k_1(1+\ell)c_1^{-1})^{-1}\\
&=(c_1-k_1(1+\ell))^{-1}.
\end{aligned}
$$

因此, 对于 $\delta>0$, 令

$$
k_0(1+\gamma_\alpha)c_2^{-1}\leqslant\frac{\delta}{2},\quad 2k_1k_2(1+\ell)(1+\gamma_\alpha)(c_1-k_1(1+\ell))^{-1}\leqslant\frac{\delta}{2},
$$

其等价于

$$
c_2\geqslant\frac{2k_2(1+\gamma_\alpha)}{\delta},\quad c_1\geqslant k_1(1+\ell)+\frac{4k_1k_2(1+\ell)(1+\gamma_\alpha)}{\delta}.
$$

此时, 由 (5.2.23) 式, 可得

$$
|\mathscr{F}\Psi_1(y_0)-\mathscr{F}\Psi_2(y_0)|_E\leqslant\delta|\Psi_1-\Psi_2|_\infty,\quad \forall y_0\in PE.
$$

由此即得

$$
|\mathscr{F}\Psi_1-\mathscr{F}\Psi_2|_\infty=\sup_{y_0\in PE}|\mathscr{F}\Psi_1(y_0)-\mathscr{F}\Psi_2(y_0)|_E\leqslant\delta|\Psi_1-\Psi_2|_\infty,\ \forall\Psi_1,\Psi_2\in\mathcal{H}_{\ell,b},
$$

此即为 (5.2.14) 式. □

注 在引理 5.2.4 中, 我们只需要 $\delta<1$ 即可, 例如取 $\delta=\dfrac{1}{2}$.

由引理 5.2.2—引理 5.2.4, 映射 $\mathscr{F}:\mathcal{H}_{\ell,b}\to\mathcal{H}_{\ell,b}$ 是 Lipschitz 连续, 且 Lipschitz 常数 $\delta<1$. 利用压缩原理, 映射 $\mathscr{F}$ 在 $\mathcal{H}_{\ell,b}$ 中存在唯一不动点 Φ, 即

$$
\mathscr{F}\Phi=\Phi,\quad \Phi\in\mathcal{H}_{\ell,b}. \tag{5.2.24}
$$

接下来, 我们研究 Φ 的性质, 并证明 Φ 的曲线图集合 $\mathcal{M}$ 是一个惯性流形. 下面我们首先验证 $\mathcal{M}$ 关于半群 $\{S(t)\}_{t\geqslant0}$ 是正的不变的.

设 $u_0\in\mathcal{M}$, 即

$$
u_0=y_0+z_0,\quad y_0\in PE,\quad z_0=\Phi(y_0)\in QE, \tag{5.2.25}
$$

则对任意的 $t\in\mathbb{R}^1$, 由于 $\Phi\in\mathcal{H}_{\ell,b}$, 此时相应的 (5.1.25) 的解 $y=y(t)$ 满足

$$
\begin{cases}
\dfrac{dy}{dt}+Ay=PR(y+\Phi(y)),\\
y(0)=y_0.
\end{cases} \tag{5.2.26}
$$

利用 (5.2.26) 解的唯一性, 可知 $\forall t_0>0$, $y(t_0)\in PE$ 且成立 $\tilde{y}(t)=y(t+t_0)$, 这里 $\tilde{y}$ 满足下述问题

$$\begin{cases} \dfrac{d\tilde{y}}{dt}+A\tilde{y}=PR(\tilde{y}+\Phi(\tilde{y})), \\ \tilde{y}(0)=y(t_0). \end{cases} \tag{5.2.27}$$

由 (5.2.27) 知, $\forall t_0>0$, 成立

$$\begin{aligned}\Phi(y(t_0))=\Phi(\tilde{y}(0))=\mathscr{F}\Phi(\tilde{y}(0))&=\int_{-\infty}^{0}e^{sA}QR(\tilde{y}(s)+\Phi(\tilde{y}(s)))ds\\&=\int_{-\infty}^{0}e^{sA}QR(y(s+t_0)+\Phi(y(s+t_0)))ds\\&=\int_{-\infty}^{t_0}e^{(s-t_0)A}QR(y(s)+\Phi(y(s)))ds.\end{aligned}$$

记 $z(t_0)=\Phi(y(t_0))$. 在上式中关于 $t_0>0$ 求导, 可得

$$\frac{dz}{dt}+Az=QR(y+\Phi(y)),\quad \forall t_0>0.$$

进一步, 由 (5.2.25) 可知

$$z(0)=\Phi(y(0))=\Phi(y_0)=z_0.$$

记 $w(t)=y(t)+z(t)$, 则 $w(0)=y(0)+z(0)=y_0+z_0=u_0\in\mathcal{M}$, 并且

$$\frac{dw}{dt}+Aw=R(y(t)+\Phi(y(t)))=R(w(t)).$$

利用 (5.1.15) 解的唯一性知

$$u(t)=w(t)=y(t)+z(t),\quad z(t)=\Phi(y(t)),\quad t\geqslant 0,$$

从而 $u(t)\in\mathcal{M}$, $\forall t\geqslant 0$, 即 $\forall u_0\in\mathcal{M}$, $S(t)u_0\in\mathcal{M}$, $\forall t\geqslant 0$, 或写为 $S(t)\mathcal{M}\subset\mathcal{M}$, $\forall t\geqslant 0$. 说明 $\mathcal{M}$ 关于半群 $\{S(t)\}_{t\geqslant 0}$ 是正的不变的.

5.2.3 Φ 的 C^1 光滑性质

在本小节中, 我们证明 $\Phi: PE\longrightarrow QE$ 不仅是 Lipschitz 映射, 还有更好的光滑性 (即 C^1 光滑映射). 证明是基于 Fiber 吸引压缩定理. 下面不加证明地给出 Fiber 吸引压缩定理, 其证明参见 M. W. Hirsch, L. C. Pugh[10].

设 X, Y 为度量空间, $f : X \longrightarrow X$ 是连续映射并且 f 拥有一个吸引不动点 $p \in X$ (即 $f(p) = p$ 且 $\forall x \in X$, $\lim\limits_{n\to\infty} f^n(x) = p$). 假定 $g : X \times Y \longrightarrow Y$ 是连续映射. 令 $g_x(\cdot) = g(x, \cdot)$, 设 $q \in Y$ 是 g_p 的一个不动点 (即 $g_p(q) = q$ 或 $g(p, q) = q$) 且成立

$$\limsup_{n\longrightarrow\infty} \mathrm{Lip}(g_{f^n(x)}) < 1, \quad \forall x \in X,$$

则 $(p, q) \in X \times Y$ 是映射 $F : X \times Y \longrightarrow X \times Y$ 的一个吸引不动点, 其中 $F(x, y) = (f(x), g_x(y))$, 即 $F(p, q) = (p, q)$ 且 $\lim\limits_{n\to\infty} F^n(x, y) = (p, q)$, $\forall (x, y) \in X \times Y$.

下面我们将上述定理应用于完备度量空间 X. 设 $f : X \longrightarrow X$ 是严格压缩映射, 即存在 $\theta_1 \in (0, 1)$, 使得

$$|f(x_1) - f(x_2)| \leqslant \theta_1 |x_1 - x_2|, \quad \forall x_1, x_2 \in X. \tag{5.2.28}$$

$g : X \times Y \longrightarrow Y$ 是连续映射, 且对任意 $x \in X$, $g_x : Y \longrightarrow Y$ 是严格压缩映射, 即存在 $\theta_2 \in (0, 1)$, 使得对任意 $x \in X$, 成立

$$|g_x(y_1) - g_x(y_2)| \leqslant \theta_2 |y_1 - y_2|, \quad \forall y_1, y_2 \in Y, \tag{5.2.29}$$

则 Fiber 吸引压缩定理中的所有假设条件均满足. 事实上, 由 (5.2.28) 可知存在唯一不动点 $p \in X$ 使得 $f(p) = p$. 从而, $\forall n \in \mathbb{N}$, 成立 $f^n(p) = p$. 因此

$$|f^n(x) - p| = |f^n(x) - f^n(p)| \leqslant \theta_1^n |x - p|, \quad \forall x \in X.$$

说明

$$\lim_{n\to\infty} f^n(x) = p, \quad \forall x \in X,$$

即 $p \in X$ 是 f 的一个吸引不动点. 在 (5.2.29) 中取 $x = p$, 可知 g_p 存在唯一不动点 $q \in Y$, 即 $g_p(q) = q$. 从而, $\forall n \in \mathbb{N}$, 成立 $g_p^n(q) = q$. 因此, 利用 (5.2.29), 成立

$$|g_p^n(y) - q| = |g_p^n(y) - g_p^n(q)| \leqslant \theta_2^n |y - q|, \quad \forall y \in Y.$$

说明

$$\lim_{n\to\infty} g_p^n(y) = q, \quad \forall y \in Y,$$

即 $q \in Y$ 是 g_p 的一个吸引不动点. 应用 Fiber 吸引不动点定理知, (p, q) 是 $F : X \times Y \to X \times Y$ 的一个吸引不动点, 即 $F(p, q) = (p, q)$ 且 $\lim\limits_{n\to\infty} F^n(x, y) = (p, q)$, $\forall (x, y) \in X \times Y$, 其中 $F(x, y) = (f(x), g_x(y))$. 考虑集合

$$G_\ell = \{\Delta : PE \longrightarrow \mathcal{L}(PE, QE), \ \sup_{y\in PE} |\Delta(y)|_{\mathcal{L}(PE,QE)} \leqslant \ell\}.$$

在 G_ℓ 上定义距离

$$d(\Delta,\Delta')=\sup_{y\in PE}|\Delta(y)-\Delta'(y)|_{\mathcal{L}(PE,\ QE)}.$$

可以验证: (G_ℓ,d) 是一个完备的度量空间.

设 $\Psi\in\mathcal{H}_{\ell,b}$, 在 G_ℓ 上定义映射 T_Ψ 如下: $\forall y_0,\eta_0\in PE$,

$$T_\Psi(\Delta)(y_0)\eta_0=\int_{-\infty}^0 e^{sA}QDR(y(s)+\Psi(y(s)))\cdot(\eta(s)+\Delta(y(s))\eta(s))ds. \quad (5.2.30)$$

在 (5.2.30) 中, $DR:E\to\mathcal{L}(E,F)$ 是 $R:E\to F$ 的 Fréchet 微分, y 是 (5.1.25) 的解, $y(0)=y_0$. 而 $\eta=\eta(t)$ 是上述线性微分方程 (即 (5.1.25) 的线性化形式) 在 $\mathbb{R}^1$ 上的解:

$$\begin{cases}\dfrac{d\eta}{dt}+A\eta=PDR(y+\Psi(y))\cdot(\eta+\Delta(y)\eta),\\ \eta(0)=\eta_0.\end{cases} \quad (5.2.31)$$

下面验证: 对任意给定 $\Psi\in\mathcal{H}_{\ell,b}$, 映射 $F_\Psi:G_\ell\to G_\ell$ 是连续的且 T_Ψ 在 G_ℓ 上是压缩的, 其压缩常数为 δ. 为此, 先介绍一些引理.

引理 5.2.5 设 $\eta(t)$ 是 (5.2.31) 的解, 其中 $\Psi\in\mathcal{H}_{\ell,b}$, $\Delta\in G_\ell$, 则对任意 $t<0$, 成立

$$|\eta(t)|_E\leqslant k_1e^{-\lambda t}|\eta_0|_E+k_1^2(1+\ell)\lambda^\alpha M_1|t|e^{-k_1(1+\ell)\lambda^\alpha M_1t}|\eta_0|_E.$$

证明 (5.2.31) 的解 $\eta(t)$ 可以写为如下形式: $\forall t<0$, 成立

$$\eta(t)=e^{-tA}\eta_0-\int_t^0 e^{-(t-s)A}PDR(y(s)+\Psi(y(s)))(\eta(s)+\Delta(y(s))\eta(s))ds. \quad (5.2.32)$$

利用条件 (5.1.4) 知

$$|DR(u)|_{\mathcal{L}(E,F)}\leqslant M_1,\quad \forall u\in E. \quad (5.2.33)$$

利用假设条件 (5.1.12), 结合 (5.2.33), 由 (5.2.32) 可知对 $\forall t<0$, 成立

$$\begin{aligned}|\eta(t)|_E\leqslant{}&|e^{-tA}P|_{\mathcal{L}(E)}|\eta_0|_E+\int_t^0|e^{-(t-s)A}P|_{\mathcal{L}(F,E)}\\&\times|DR(y(s)+\Psi(y(s)))|_{\mathcal{L}(F,E)}|\eta(s)+\Delta(y(s))\eta(s)|_Eds\\ \leqslant{}&k_1e^{-\lambda t}|\eta_0|_E+k_1\lambda^\alpha M_1\int_t^0 e^{-(t-s)\lambda}\end{aligned}$$

$$\times (|\eta(s)|_E + |\Delta(y(s))|_{\mathcal{L}(PE,QE)}|\eta(s)|_E)ds$$

$$\leqslant k_1 e^{-\lambda t}|\eta_0|_E + k_1(1+\ell)\lambda^\alpha M_1 \int_t^0 e^{-(t-s)\lambda}|\eta(s)|_E ds. \tag{5.2.34}$$

令 $z(t) = \int_t^0 e^{s\lambda}|\eta(s)|_E ds$. 利用 (5.2.34) 式, 可知

$$-z'(t) = e^{\lambda t}|\eta(t)|_E \leqslant k_1|\eta_0|_E + k_1(1+\ell)\lambda^\alpha M_1 z(t), \quad \forall t<0.$$

直接运算, 可得

$$z(t) \leqslant k_1|\eta_0|_E|t|e^{-k_1(1+\ell)\lambda^\alpha M_1 t}, \quad \forall t<0. \tag{5.2.35}$$

将 (5.2.35) 代入 (5.2.34), 成立

$$|\eta(t)|_E \leqslant k_1 e^{-\lambda t}|\eta_0|_E + k_1^2(1+\ell)\lambda^\alpha M_1|t|e^{-k_1(1+\ell)\lambda^\alpha M_1 t}|\eta_0|_E, \quad \forall t<0. \qquad \square$$

引理 5.2.6 设 $\Psi \in \mathcal{H}_{\ell,b}$, $\Delta \in G_\ell$, 成立

$$\sup_{y_0\in PE}|T_\Psi(\Delta)(y_0)|_{\mathcal{L}(PE,QE)} \leqslant \ell,$$

要求条件 (5.2.1) 中的 c_1 比较大.

证明 由 (5.2.30) 式, 对于 $y_0, \eta_0 \in E$, 成立

$$\begin{aligned}
&|T_\Psi(\Delta)(y_0)\eta_0|_E \\
\leqslant &\int_{-\infty}^0 |e^{sA}Q|_{\mathcal{L}(PE,QE)}|DR(y(s)+\Psi(y(s)))|_{\mathcal{L}(PE,QE)} \\
&\times (|\eta(s)|_E + |\Delta(y(s))|_{\mathcal{L}(QE,PE)}|\eta(s)|_E)ds \\
\leqslant &\, k_2(1+\ell)M_1\int_{-\infty}^0 (|s|^{-\alpha}+\Lambda^\alpha)e^{\Lambda s}|\eta(s)|_E ds \\
\leqslant &\, k_1k_2(1+\ell)M_1|\eta_0|_E\int_{-\infty}^0 (|s|^{-\alpha}+\Lambda^\alpha)e^{(\Lambda-\lambda)s}ds \\
&+ k_1^2k_2(1+\ell)^2\lambda^\alpha M_1^2|\eta_0|_E\int_{-\infty}^0 (|s|^{-\alpha}+\Lambda^\alpha)|s|e^{(\Lambda-k_1(1+\ell)\lambda^\alpha M_1)s}ds,
\end{aligned} \tag{5.2.36}$$

上述证明过程中用到条件 (5.1.13) 和引理 5.2.5 以及 (5.2.33) 式.

利用 (5.2.5) 式, 成立

$$\int_{-\infty}^0 (|s|^{-\alpha}+\Lambda^\alpha)e^{(\Lambda-\lambda)s}ds = (\Lambda-\lambda)^{\alpha-1}\gamma_\alpha + \Lambda^\alpha(\Lambda-\lambda)^{-1}$$

$$\leqslant \Lambda^\alpha(\Lambda-\lambda)^{-1}(1+\gamma_\alpha); \tag{5.2.37}$$

$$\begin{aligned}
&\int_{-\infty}^0 (|s|^{-\alpha}+\Lambda^\alpha)|s|e^{(\Lambda-k_1(1+\ell)\lambda^\alpha M_1)s}ds\\
=&\Lambda^\alpha\int_{-\infty}^0 |s|e^{(\Lambda-k_1(1+\ell)\lambda^\alpha M_1)s}ds+\int_{-\infty}^0 |s|^{1-\alpha}e^{(\Lambda-k_1(1+\ell)\lambda^\alpha M_1)s}ds\\
=&\Lambda^\alpha(\Lambda-k_1(1+\ell)\lambda^\alpha M_1)^{-2}\int_{-\infty}^0|s|e^s ds\\
&+(\Lambda-k_1(1+\ell)\lambda^\alpha M_1)^{\alpha-2}\int_{-\infty}^0|s|^{1-\alpha}e^s ds\\
\leqslant&\Lambda^\alpha(\Lambda-k_1(1+\ell)\lambda^\alpha M_1)^{-2}(\beta_\alpha+\beta_0),
\end{aligned} \tag{5.2.38}$$

其中

$$\beta_\alpha=\int_0^\infty s^{1-\alpha}e^{-s}ds,\quad \beta_0=\beta_\alpha|_{\alpha=0}.$$

在 (5.2.38) 中, 要求 $\Lambda-k_1(1+\ell)\lambda^\alpha M_1>0$.

将 (5.2.37), (5.2.38) 代入 (5.2.36) 中, 成立

$$\begin{aligned}
&|T_\Psi(\Delta)(y_0)\eta_0|_E\\
\leqslant&k_1k_2(1+\ell)(1+\gamma_\alpha)\Lambda^\alpha M_1(\Lambda-\lambda)^{-1}|\eta_0|_E\\
&+k_1^2k_2(1+\ell)^2(\beta_\alpha+\beta_0)\Lambda^\alpha\lambda^\alpha M_1^2(\Lambda-k_1(1+\ell)\lambda^\alpha M_1)^{-2}|\eta_0|_E.
\end{aligned} \tag{5.2.39}$$

在 (5.2.39) 中要求

$$\Lambda-k_1(1+\ell)\lambda^\alpha M_1>0. \tag{5.2.40}$$

利用条件 (5.2.1), 可知

$$\Lambda-k_1(1+\ell)\lambda^\alpha M_1>\Lambda-\lambda-\frac{k_1(1+\ell)}{c_1}(\Lambda-\lambda)=\left(1-\frac{k_1(1+\ell)}{c_1}\right)(\Lambda-\lambda)\geqslant 0.$$

上述估计中要求 $c_1\geqslant k_1(1+\ell)$.

因此, 当 $c_1\geqslant k_1(1+\ell)$ 时, (5.2.40) 式成立. 进一步, 成立

$$\begin{aligned}
&\Lambda^\alpha\lambda^\alpha M_1^2(\Lambda-k_1(1+\ell)\lambda^\alpha M_1)^{-2}\\
\leqslant&c_1^{-2}(\Lambda-\lambda)^{-2}(1-c_1^{-1}k_1(1+\ell))^{-2}(\Lambda-\lambda)^{-2}\\
=&(c_1-k_1(1+\ell))^{-2}.
\end{aligned} \tag{5.2.41}$$

再次利用假定条件 (5.2.1), 可得

$$\Lambda^\alpha M_1(\Lambda-\lambda)^{-1}\leqslant c_1^{-1}. \tag{5.2.42}$$

将 (5.2.41), (5.2.42) 代入 (5.2.39) 中, 可知

$$\begin{aligned}|T_\Psi(\Delta)(y_0)\eta_0|_E\leqslant\big(&k_1k_2(1+\ell)(1+\gamma_\alpha)c_1^{-1}\\&+k_1^2k_2(1+\ell)^2(\beta_\alpha+\beta_0)(c_1-k_1(1+\ell))^{-2}\big)|\eta_0|_E.\end{aligned} \tag{5.2.43}$$

令 $c_1\geqslant 1+k_1(1+\ell)$, $k_1k_2(1+\ell)(1+\gamma_\alpha)c_1^{-1}\leqslant\dfrac{\ell}{2}$, 以及

$$\begin{aligned}&k_1^2k_2(1+\ell)^2(\beta_\alpha+\beta_0)(c_1-k_1(1+\ell))^{-2}\\&\leqslant k_1^2k_2(1+\ell)^2(\beta_\alpha+\beta_0)(c_1-k_1(1+\ell))^{-1}\leqslant\frac{\ell}{2},\end{aligned}$$

即当

$$c_1\geqslant\max\{1+k_1(1+\ell),\ 2k_1k_2\ell^{-1}(1+\ell)(1+\gamma_\alpha),\ k_1(1+\ell)+2k_1^2k_2\ell^{-1}(1+\ell)^2(\beta_\alpha+\beta_0)\}$$

时, 由 (5.2.43), 成立

$$|T_\Psi(\Delta)(y_0)(\eta_0)|_E\leqslant\ell|\eta_0|_E,\quad\forall y_0,\eta_0\in PE.$$

说明

$$\sup_{y_0\in PE}|T_\Psi(\Delta)(y_0)|_{\mathcal{L}(PE,QE)}\leqslant\ell.$$ □

引理 5.2.7 设 $\Psi\in\mathcal{H}_{\ell,b}$, Δ_1, $\Delta_2\in G_\ell$. 假定 η_1, η_2 是 (5.2.31) 的解, 分别对应于 Δ_1, Δ_2, 则对任意 $t<0$, 成立

$$|\eta_1(t)-\eta_2(t)|_E\leqslant 4k_1^2d(\Delta_1,\Delta_2)|t|\lambda^\alpha M_1|\eta_0|_E e^{-(\lambda+k_1(1+\ell)\lambda^\alpha M_1)t},$$

要求条件 (5.2.2) 中的 $c_2>2k_1(1+\ell)$.

证明 设 $\Psi\in\mathcal{H}_{\ell,b}$, Δ_1, $\Delta_2\in G_\ell$, η_1, η_2 是对应于 Δ_1, Δ_2 的 (5.2.31) 的两个解, 即

$$\eta_i(t)=e^{-tA}\eta_0-\int_t^0 e^{-(t-s)A}PDR(y(s)+\Psi(y(s)))(\eta_i(s)+\Delta_i(y(s))\eta_i(s))ds,$$

其中 $t<0$, $i=1,2$, y 是 (5.1.25) 的解.

记 $\eta(t)=\eta_1(t)-\eta_2(t)$. 由上式可得

$$
\begin{aligned}
\eta(t)=&-\int_t^0 e^{-(t-s)A}PDR(y(s)+\Psi(y(s)))\\
&\times\big(\eta_1(s)-\eta_2(s)+\Delta_1(y(s))\eta_1(s)-\Delta_2(y(s))\eta_2(s)\big)ds\\
=&-\int_t^0 e^{-(t-s)A}PDR(y(s)+\Psi(y(s)))\\
&\times\big(\eta(s)+[\Delta_1(y(s))-\Delta_2(y(s))]\eta_1(s)+\Delta_2(y(s))\eta(s)\big)ds.
\end{aligned}
$$

利用假设条件 (5.1.12) 和 (5.2.33) 以及引理 5.2.5, 对任意 $t<0$, 成立

$$
\begin{aligned}
|\eta(t)|_E\leqslant&\int_t^0|e^{-(t-s)A}P|_{\mathcal{L}(QE,PE)}|DR(y(s)+\Psi(y(s)))|_{\mathcal{L}(PE,QE)}\\
&\times\big(|\eta(s)|_E+|\Delta_1(y(s))-\Delta_2(y(s))|_{\mathcal{L}(PE,QE)}|\eta_1(s)|_E\\
&\times+|\Delta_2(y(s))|_{\mathcal{L}(PE,QE)}|\eta(s)|_E\big)ds\\
\leqslant& k_1\lambda^\alpha M_1\int_t^0 e^{-(t-s)\lambda}((1+\ell)|\eta(s)|_E+d(\Delta_1,\Delta_2)|\eta_1(s)|_E)ds\\
\leqslant& k_1(1+\ell)\lambda^\alpha M_1\int_t^0 e^{-(t-s)\lambda}|\eta(s)|_E+J(t),
\end{aligned}
\tag{5.2.44}
$$

其中

$$
\begin{aligned}
J(t)=&k_1d(\Delta_1,\Delta_2)\lambda^\alpha M_1|\eta_0|_E e^{-\lambda t}\\
&\times\int_t^0(k_1+k_1^2(1+\ell)\lambda^\alpha M_1|s|e^{(\lambda-k_1(1+\ell)\lambda^\alpha M_1)s})ds\\
=&k_1d(\Delta_1,\Delta_2)\lambda^\alpha M_1|\eta_0|_E e^{-\lambda t}\\
&\times(k_1|t|+k_1^2(1+\ell)\lambda^\alpha M_1|t|(\lambda-k_1(1+\ell)\lambda^\alpha M_1)^{-1}).
\end{aligned}
\tag{5.2.45}
$$

利用条件 (5.2.2): $\lambda^{1-\alpha}\geqslant c_2(M_0+M_1)$, 可知当 $c_2>2k_1(1+\ell)$ 时, 成立

$$
\begin{aligned}
\lambda^\alpha M_1(\lambda-k_1(1+\ell)\lambda^\alpha M_1)^{-1}&\leqslant\lambda^\alpha M_1(\lambda-k_1(1+\ell)c_2^{-1}\lambda)^{-1}\\
&=\lambda^{\alpha-1}M_1(1-k_1(1+\ell)c_2^{-1})^{-1}\\
&\leqslant c_2^{-1}\frac{c_2}{c_2-k_1(1+\ell)}\\
&=\frac{1}{c_2-k_1(1+\ell)}<\frac{1}{k_1(1+\ell)}.
\end{aligned}
\tag{5.2.46}
$$

将 (5.2.46) 代入 (5.2.45), 可得

$$J(t) \leqslant 2k_1^2 d(\Delta_1, \Delta_2)\lambda^\alpha M_1|\eta_0|_E|t|e^{-\lambda t}, \quad c_2 > 2k_1(1+\ell). \tag{5.2.47}$$

将 (5.2.47) 代入 (5.2.44), $\forall t < 0$, 成立

$$\begin{aligned}|\eta(t)|_E \leqslant & 2k_1^2 d(\Delta_1, \Delta_2)\lambda^\alpha M_1|\eta_0|_E|t|e^{-\lambda t} \\ & + k_1(1+\ell)\lambda^\alpha M_1\int_t^0 e^{-(t-s)\lambda}|\eta(s)|_E ds.\end{aligned} \tag{5.2.48}$$

接下来, 我们需要下面一个事实. 设 $f \geqslant 0$ 满足

$$f(t) \leqslant a|t|e^{-\gamma' t} + b\int_t^0 e^{-\gamma(t-s)}f(s)ds, \quad \forall t \leqslant 0,$$

其中 $a, b, \gamma, \gamma' > 0$, $\gamma + b > \gamma'$. 则对任意 $t < 0$, 成立

$$f(t) \leqslant \frac{a(\gamma - \gamma' + 2b)|t|}{\gamma - \gamma' + b}e^{-(b+\gamma)t}. \tag{5.2.49}$$

上述结论类似于引理 5.2.3 证明中的第一步结论. 这里给出证明. 设 $t_0 \leqslant t < 0$, 则 $|t| \leqslant |t_0|$, 从而

$$f(t) \leqslant a|t_0|e^{-\gamma' t} + b\int_t^0 e^{-\gamma(t-s)}f(s)ds.$$

利用引理 5.2.3 证明中第一步结论, 可知

$$f(t) \leqslant \frac{a|t_0|(\gamma - \gamma' + 2b)}{\gamma - \gamma' + b}e^{-(b+\gamma)t}, \quad \forall t_0 \leqslant t < 0.$$

特别地, 在上式中取 $t_0 = t$, 即知 (5.2.49) 式成立.

利用 (5.2.49) 式, 由 (5.2.48), 可得

$$|\eta(t)|_E \leqslant 4k_1^2 d(\Delta_1, \Delta_2)|t|\lambda^\alpha M_1|\eta_0|_E e^{-(\lambda + k_1(1+\ell)\lambda^\alpha M_1)t}, \quad \forall t < 0. \qquad \square$$

引理 5.2.8 设 $\Psi \in \mathcal{H}_{\ell,b}$, $\delta > 0$. 则成立

$$d(T_\Psi(\Delta_1), T_\Psi(\Delta_2)) \leqslant \delta d(\Delta_1, \Delta_2), \quad \forall \Delta_1, \Delta_2 \in G_\ell,$$

这里要求条件 (5.2.1), (5.2.2) 中的 c_1, c_2 比较大.

证明　设 $\Psi \in \mathcal{H}_{\ell,b}$, $\Delta_1, \Delta_2 \in G_\ell$, $y_0, \eta_0 \in PE$, y 是 (5.1.25) 的解, η_1, η_2 是对应于 $\Delta_1(y)$, $\Delta_2(y)$ 的 (5.2.30) 的解且 $\eta_1(0) = \eta_2(0) = \eta_0$, 则

$$\begin{aligned}
&T_\Psi(\Delta_1)(y_0)\eta_0 - T_\Psi(\Delta_2)(y_0)\eta_0 \\
&= \int_{-\infty}^0 e^{sA}QDR(y(s) + \Psi(y(s)))(\eta_1(s) - \eta_2(s) \\
&\quad + \Delta_1(y(s))\eta_1(s) - \Delta_2(y(s))\eta_2(s))ds.
\end{aligned}$$

利用 (5.2.33), 条件 (5.1.13), 可得

$$\begin{aligned}
&|T_\Psi(\Delta_1)(y_0)\eta_0 - T_\Psi(\Delta_2)(y_0)\eta_0|_E \\
&\leqslant \int_{-\infty}^0 |e^{sA}Q|_{\mathcal{L}(QE,PE)}|DR(y(s) + \Psi(y(s)))|_{\mathcal{L}(PE,QE)}r_0(s)ds \\
&\leqslant k_2M_1\int_{-\infty}^0 (|s|^{-\alpha} + \Lambda^\alpha)e^{\Lambda s}r_0(s)ds, \qquad (5.2.50)
\end{aligned}$$

其中

$$r_0(s) = |\eta_1(s) - \eta_2(s) + \Delta_1(y(s))\eta_1(s) - \Delta_2(y(s))\eta_2(s)|_E.$$

由引理 5.2.5、引理 5.2.7, 对任意的 $t < 0$, 成立

$$|\eta_1(t)|_E \leqslant k_1|\eta_0|_E(e^{-\lambda t} + k_1(1+\ell)\lambda^\alpha M_1|t|e^{-k_1(1+\ell)\lambda^\alpha M_1 t}),$$

$$|\eta_1(t) - \eta_2(t)|_E \leqslant 4k_1^2 d(\Delta_1, \Delta_2)|t|\lambda^\alpha M_1|\eta_0|_E e^{-(\lambda + k_1(1+\ell)\lambda^\alpha M_1)t}.$$

从而, 对任意的 $s < 0$, 成立

$$\begin{aligned}
|r_0(s)|_E &\leqslant |\eta_1(s) - \eta_2(s)|_E + |\Delta_1(y(s)) - \Delta_2(y(s))|_{\mathcal{L}(PE,QE)}|\eta_1(s)|_E \\
&\quad + |\Delta_2(y(s))|_{\mathcal{L}(PE,QE)}|\eta_1(s) - \eta_2(s)|_E \\
&\leqslant d(\Delta_1, \Delta_2)|\eta_1(s)|_E + (1+\ell)|\eta_1(s) - \eta_2(s)|_E \\
&\leqslant k_1(1+\ell)|\eta_0|_E d(\Delta_1, \Delta_2) \\
&\quad \times \big(e^{-\lambda s} + k_1(1+\ell)\lambda^\alpha M_1|s|e^{-k_1(1+\ell)\lambda^\alpha M_1 s} \\
&\quad + 4k_1(1+\ell)\lambda^\alpha M_1|s|e^{-(\lambda + k_1(1+\ell)\lambda^\alpha M_1)s}\big). \qquad (5.2.51)
\end{aligned}$$

利用 (5.2.5), 可得

$$\int_{-\infty}^0 (|s|^{-\alpha} + \Lambda^\alpha)e^{(\Lambda - \lambda)s}ds = (\Lambda - \lambda)^{\alpha - 1}\gamma_\alpha + \Lambda^\alpha(\Lambda - \lambda)^{-1}. \qquad (5.2.52)$$

设 $a_0 > 0$, 还可得

$$\int_{-\infty}^{0} (|s|^{-\alpha} + \Lambda^\alpha)|s|e^{a_0 s} ds = \int_{-\infty}^{0} |s|^{1-\alpha} e^{a_0 s} ds + \Lambda^\alpha \int_{-\infty}^{0} |s| e^{a_0 s} ds$$
$$= a_0^{\alpha-2}\beta_\alpha + \Lambda^\alpha a_0^{-2}\beta_0. \tag{5.2.53}$$

利用 (5.2.52), (5.2.53), 将 (5.2.51) 代入 (5.2.50), 成立

$$\begin{aligned}
&|T_\Psi(\Delta_1)(y_0)\eta_0 - T_\Psi(\Delta_2)(y_0)\eta_0|_E \\
\leqslant\ & k_1k_2M_1|\eta_0|_E d(\Delta_1,\Delta_2)\int_{-\infty}^{0} (|s|^{-\alpha}+\Lambda^\alpha)\big(e^{(\Lambda-\lambda)s} \\
&+ k_1(1+\ell)\lambda^\alpha M_1|s|e^{(\Lambda-k_1(1+\ell)\lambda^\alpha M_1)s} \\
&+ 4k_1(1+\ell)\lambda^\alpha M_1|s|e^{(\Lambda-\lambda-k_1(1+\ell)\lambda^\alpha M_1)s}\big)ds \\
\leqslant\ & k_1k_2M_1|\eta_0|_E d(\Delta_1,\Delta_2)(\Lambda^\alpha(\Lambda-\lambda)^{-1}(1+\gamma_\alpha) + k_1(1+\ell)\lambda^\alpha M_1) \\
&\times [(\Lambda - k_1(1+\ell)\lambda^\alpha M_1)^{\alpha-2}\beta_\alpha + \Lambda^\alpha(\Lambda - k_1(1+\ell)\lambda^\alpha M_1)^{-2}\beta_0] \\
&+ 4k_1(1+\ell)\lambda^\alpha M_1[(\Lambda-\lambda-k_1(1+\ell)\lambda^\alpha M_1)^{\alpha-2}\beta_\alpha \\
&+ \Lambda^\alpha(\Lambda-\lambda-k_1(1+\ell)\lambda^\alpha M_1)^{-2}\beta_0] \\
\leqslant\ & k_1k_2M_1|\eta_0|_E d(\Delta_1,\Delta_2)(\Lambda^\alpha(\Lambda-\lambda)^{-1}(1+\gamma_\alpha) + 5k_1(1+\ell)\lambda^\alpha M_1 \\
&\times [(\Lambda-\lambda-k_1(1+\ell)\lambda^\alpha M_1)^{\alpha-2}\beta_\alpha \\
&+ \Lambda^\alpha(\Lambda-\lambda-k_1(1+\ell)\lambda^\alpha M_1)^{-2}\beta_0]) \\
\leqslant\ & k_1k_2M_1|\eta_0|_E d(\Delta_1,\Delta_2)(\Lambda^\alpha(\Lambda-\lambda)^{-1}(1+\gamma_\alpha) \\
&+ 5k_1(1+\ell)(\beta_\alpha+\beta_0)\lambda^\alpha M_1\Lambda^\alpha(\Lambda-\lambda-k_1(1+\ell)\lambda^\alpha M_1)^{-2}).
\end{aligned} \tag{5.2.54}$$

上述推导过程中要求 $\Lambda - \lambda - k_1(1+\ell)\lambda^\alpha M_1 > 0$.

利用条件 (5.2.1), (5.2.2), 可得

$$\Lambda^\alpha M_1 \leqslant (\Lambda-\lambda)c_1^{-1};$$

$$\begin{aligned}
&M_1\Lambda^\alpha\lambda^\alpha(\Lambda-\lambda-k_1(1+\ell)\lambda^\alpha M_1)^{-2} \\
\leqslant\ & c_1^{-2}(\Lambda-\lambda)^2(\Lambda-\lambda-k_1(1+\ell)c_1^{-1}(\Lambda-\lambda))^{-2} \\
=\ & \frac{1}{(c_1-k_1(1+\ell))^2},
\end{aligned}$$

这里要求 $c_1 > k_1(1+\ell)$.

由 (5.2.54) 式, 当 $c_1 \geqslant 1 + k_1(1+\ell)$ 时, 成立

$$\begin{aligned}
&|T_\Psi(\Delta_1)(y_0)\eta_0 - T_\Psi(\Delta_2)(y_0)\eta_0|_E \\
\leqslant\ & k_1k_2|\eta_0|_E d(\Delta_1,\Delta_2)((1+\gamma_\alpha)c_1^{-1} + 5k_1(1+\ell)(\beta_\alpha+\beta_0)(c_1-k_1(1+\ell))^{-2}) \\
\leqslant\ & k_1k_2(1+\gamma_\alpha+5k_1(1+\ell)(\beta_\alpha+\beta_0))(c_1-k_1(1+\ell))^{-1}d(\Delta_1,\Delta_2)|\eta_0|_E.
\end{aligned}$$

对于 $\delta > 0$, 取

$$c_1 \geqslant k_1(1+\ell) + k_1k_2(1+\gamma_\alpha+5k_1(1+\ell)(\beta_\alpha+\beta_0))\delta^{-1}.$$

由上式, 可得

$$|T_\Psi(\Delta_1)(y_0)\eta_0 - T_\Psi(\Delta_2)(y_0)\eta_0|_E \leqslant \delta d(\Delta_1,\Delta_2)|\eta_0|_E,\ \ \forall y_0,\eta_0 \in PE.$$

从而

$$|T_\Psi(\Delta_1)(y_0) - T_\Psi(\Delta_2)(y_0)|_{\mathcal{L}(PE,QE)} \leqslant \delta d(\Delta_1,\Delta_2),\ \ \forall y_0 \in PE.$$

说明

$$d(T_\Psi(\Delta_1),T_\Psi(\Delta_2)) = \sup_{y_0\in PE}|T_\Psi(\Delta_1)(y_0) - T_\Psi(\Delta_2)(y_0)|_{\mathcal{L}(PE,QE)} \leqslant \delta d(\Delta_1,\Delta_2).$$

□

由引理 5.2.2—引理 5.2.4 和引理 5.2.6、引理 5.2.8 知, $f = \mathscr{F}, g_\Psi = T_\Psi$ 满足 (5.2.28), (5.2.29). 从而 $\mathscr{F}$ 存在唯一吸引不动点 $\Phi \in \mathcal{H}_{\ell,b}, T_\Phi$ 也存在唯一吸引不动点 Δ_Φ. 利用 Fiber 吸引压缩定理, (Φ, T_Φ) 是下述映射 T 的吸引不动点:

$$\begin{aligned}
&T: \mathcal{H}_{\ell,b}\times G_\ell \to \mathcal{H}_{\ell,b}\times G_\ell, \\
&(\Psi,\Delta) \to (\mathscr{F}\Psi, T_\Psi(\Delta)),
\end{aligned}$$

即 $T(\Phi,\Delta) = (\Phi,\Delta_\Phi)$ 且当 $n \longrightarrow \infty$ 时, 对任意的 $(\Psi,\Delta) \in \mathcal{H}_{\ell,b}\times G_\ell$ 成立

$$T^n(\Psi,\Delta) \to (\Phi,\Delta_\Phi). \tag{5.2.55}$$

注意到, 对任意 $\varphi \in C^1 \cap \mathcal{H}_{\ell,b}$, 成立 $D\varphi \in \mathcal{L}(PE,\mathcal{L}(PE,QE))$, 并且

$$\mathscr{F}\varphi(y_0) = \int_{-\infty}^0 e^{sA}QR(y(s)+\varphi(y(s)))ds, \quad \mathscr{F}\varphi \in \mathcal{H}_{\ell,b},\ y_0 \in PE.$$

从而对任意 $\eta_0 \in PE$, $\mathscr{F}\varphi$ 的 Fréchet 微分形式如下:

$$D\mathscr{F}\varphi(y_0)\eta_0 = \int_{-\infty}^0 e^{sA}QDR(y(s)+\varphi(y(s)))(\eta(s)+D\varphi(y(s))\eta(s))ds, \tag{5.2.56}$$

其中 $y(s)$ 是 (5.1.25) 的解, $\eta(s)$ 是 (5.1.25) 第一变分方程的解:

$$\frac{d\eta}{dt}+A\eta=PDR(y(s)+\varphi(y(s)))(\eta(s)+D\varphi(y(s)))\eta(s),\quad \eta(0)=\eta_0\in PE.$$

由于已假定非线性映射 $R:PE\to QE$ 是 C^1 正则的 (见 5.1 节), 以及 $\varphi\in C^1\cap\mathcal{H}_{\ell,b}$, 可推知 $D\varphi\in G_\ell$, 并且 $D\varphi\in\mathcal{L}(PE,\mathcal{L}(PE,QE))$.

由 (5.2.56) 式, 可知 $\mathscr{F}\varphi\in C^1\cap\mathcal{H}_{\ell,b}$, 且由映射 T_φ 的定义 (5.2.30) 式知

$$T_\varphi(D\varphi)=D\mathscr{F}\varphi\in G_\ell,\quad 其中\quad \varphi\in C^1\cap\mathcal{H}_{\ell,b}.$$

结合映射 $T:\mathcal{H}_{\ell,b}\times G_\ell\to\mathcal{H}_{\ell,b}\times G_\ell$ 的定义 (5.2.55) 式, 成立

$$T(\varphi,D\varphi)=(\mathscr{F}\varphi,T_\varphi(D\varphi))=(\mathscr{F}\varphi,D\mathscr{F}\varphi),\quad \forall\varphi\in C^1\cap\mathcal{H}_{\ell,b}.$$

进而对任意 $n\in\mathbb{N}$, 可得

$$T^n(\varphi,D\varphi)=(\mathscr{F}^n\varphi,D\mathscr{F}^n\varphi),\quad \forall\varphi\in C^1\cap\mathcal{H}_{\ell,b}.\tag{5.2.57}$$

利用 (5.2.55) 式, 成立

$$\lim_{n\to\infty}T^n(\varphi,D\varphi)=(\Phi,\Delta_\Phi).\tag{5.2.58}$$

另一方面, 由 $\lim\limits_{n\to\infty}\mathscr{F}^n\varphi=\Phi$, 以及 (5.2.57) 式, 可知

$$\lim_{n\to\infty}T^n(\varphi,D\varphi)=\lim_{n\to\infty}(\mathscr{F}^n\varphi,D\mathscr{F}^n\varphi)=(\Phi,D\Phi).\tag{5.2.59}$$

这里用到如下事实: 当 $n\longrightarrow\infty$ 时, 成立

$$D\mathscr{F}^n\varphi\to D\Phi,\quad \forall\varphi\in\mathcal{H}_{\ell,b}.$$

这是因为 $D\mathscr{F}\in\mathcal{L}(PE,\mathcal{L}(PE,QE))$ 以及 $\lim\limits_{n\to\infty}\mathscr{F}^{n-1}\varphi=\Phi$, $\forall\varphi\in\mathcal{H}_{\ell,b}$. 从而成立

$$\lim_{n\to\infty}D\mathscr{F}^n\varphi=\lim_{n\to\infty}D\mathscr{F}(\mathscr{F}^{n-1}\varphi)=D\mathscr{F}(\Phi)=D\Phi,$$

用到 Φ 是 $\mathscr{F}$ 在 $\mathcal{H}_{\ell,b}$ 中的吸引不动点.

由 (5.2.58), (5.2.59), 可得

$$(\Phi,\Delta_\Phi)=(\Phi,D\phi).$$

因此

$$D\Phi=\Delta_\Phi.$$

在引理 5.2.6 中已证: 对任意 $\psi\in\mathcal{H}_{\ell,b}$, $\Delta\in G_\ell$, 成立 $|T_\Psi(\Delta)|_\infty\leqslant\ell$, 即 $T_\Psi(\Delta)$ 在 G_ℓ 上是线性连续算子. 由于 $T_\Phi(\Delta_\Phi)=\Delta_\Phi$, 故 $D\Phi=\Delta_\Phi$ 是连续的, 说明 $\Phi\in C^1\cap\mathcal{H}_{\ell,b}$.

5.2.4 定理 5.2.1 的证明

我们已经证明不动点 Φ 的曲线图 M 是正的不变的, 并且 M 和 Φ 都是 C^1 正则的. 下面只需验证 M 是指数吸收的即可.

对于 M 上的轨迹 $(y(t),\Phi(y(t)))$, 成立

$$\frac{d}{dt}\Phi(y(t))+A\Phi(y(t))=QR(y(t)+\Phi(y(t))),\quad \forall t>0.$$

由于 Φ 是 Fréchet 可微的, 由上式可得

$$D\Phi(y(t))\frac{dy(t)}{dt}+A\Phi(y(t))=QR(y(t)+\Phi(y(t))),\quad \forall t>0.$$

由于

$$\frac{dy(t)}{dt}+Ay(t)=PR(y(t)+\Phi(y(t))).$$

故成立

$$D\Phi(y)(-Ay+PR(y+\Phi(y)))+A\Phi(y)=QR(y+\Phi(y)). \tag{5.2.60}$$

方程 (5.2.60) 对于 $y=y(t),\forall t\geqslant 0$, 也成立 (相容性). 特别地, 取 $t=0$, 可得

$$D\Phi(y_0)=(-Ay_0+PR(y_0+\Phi(y_0)))+A\Phi(y_0)=QR(y_0+\Phi(y_0)). \tag{5.2.61}$$

(5.2.61) 式称为 Sacker 方程, 也可以用来构造惯性流形. 这里我们仅仅用它验证 M 是指数地吸收 (5.1.15) 的轨迹. 由于 $y_0\in PE=\mathscr{P}_nE$ 是任意的, (5.2.61) 式实际上是一个半线性双曲方程 (带有 n 个自变量 y_0, 但是 Φ 在无限维空间中). 设 u 是问题 (5.1.15) 的解, u_0 不一定在 M 中. 令 $y=\mathscr{P}u, z=QU$. 我们将证明这条轨迹 $u=(y,z)$ 是被 M 指数地吸收. 由于 y,z 分别满足 (5.1.16), (5.1.17), 结合 (5.2.60), 可知

$$\begin{aligned}\frac{d}{dt}(z-\Phi(y))&=-Az+QR(y+z)-D\Phi(y)\frac{dy}{dt}\\&=-Az+QR(y+z)-D\Phi(y)(-Ay+PR(y+z))\\&=-Az+QR(y+z)+A\Phi(y)-QR(y+\Phi(y))\\&\quad+D\Phi(y)(PR(y+\Phi(y))-PR(y+z))\\&=-A(z-\Phi(y))+QR(y+z)-QR(y+\Phi(y))\\&\quad-D\Phi(y)(PR(y+z)-PR(y+\Phi(y))).\end{aligned} \tag{5.2.62}$$

方程 (5.2.62) 的解可以写成如下形式:

$$
\begin{aligned}
z(t)-\Phi(y(t))=e^{-tA}(z_0-\Phi(y_0))+\int_0^t e^{-(t-s)A}Q[R(y(s)\\
+z(s))-R(y(s)+\Phi(y(s)))]-D\Phi(y(s))(PR(y(s)+z(s))\\
-PR(y(s)+\Phi(y(s))))ds.
\end{aligned}
\tag{5.2.63}
$$

由于 $D\Phi\in G_\ell$, 利用 (5.1.4), 对任意 $t>0$, 成立

$$
\begin{aligned}
&|R(y(s)+z(s))-R(y(s)+\Phi(y(s)))\\
&-D\Phi(y(s))(P(y(s)+z(s))-PR(y(s)+\Phi(y(s))))|_E\\
\leqslant\ & M_1|z(s)-\Phi(y(s))|_E+\ell M_1|z(s)-\Phi(y(s))|_E\\
=\ & M_1(1+\ell)|z(s)-\Phi(y(s))|_E.
\end{aligned}
\tag{5.2.64}
$$

利用 (5.1.12), (5.1.13), (5.2.63), (5.2.64), 对任意 $t>0$, 可得

$$
\begin{aligned}
|z(t)-\Phi(y(t))|_E\leqslant\ & k_2e^{-\Lambda t}|z_0-\Phi(y_0)|_E\\
&+k_2M_1(1+\ell)\int_0^t((t-s)^{-\alpha}+\Lambda^\alpha)e^{-\Lambda(t-s)}|z(s)\\
&-\Phi(y(s))|_E ds.
\end{aligned}
\tag{5.2.65}
$$

从而, $\forall t>0$, 成立

$$
\begin{aligned}
e^{\frac{\Lambda}{2}t}|z(t)-\Phi(y(t))|_E\leqslant\ & k_2e^{-\frac{\Lambda}{2}t}|z_0-\Phi(y_0)|_E\\
&+k_2M_1(1+\ell)\int_0^t((t-s)^{-\alpha}+\Lambda^\alpha)e^{-\frac{\Lambda}{2}(t-s)}e^{\frac{\Lambda}{2}s}|z(s)\\
&-\Phi(y(s))|_E ds.
\end{aligned}
\tag{5.2.66}
$$

记

$$
g(s)=e^{\frac{\Lambda}{2}s}|z(s)-\Phi(y(s))|_E,\quad G(t)=\sup_{s\in[0,t]}g(s).
$$

由 (5.2.66) 式, 对任意的 $t>0$, 可知

$$
\begin{aligned}
g(t)&\leqslant k_2|z_0-\Phi(y_0)|_E+k_2M_1(1+\ell)G(t)\int_0^t((t-s)^{-\alpha}+\Lambda^\alpha)e^{-\frac{\Lambda}{2}(t-s)}ds\\
&\leqslant k_2|z_0-\Phi(y_0)|_E+k_2(1+\ell)(2^{1-\alpha}\gamma_\alpha+2)M_1\Lambda^{\alpha-1}G(t).
\end{aligned}
\tag{5.2.67}
$$

上述证明过程中用到如下事实: 设 $t>0$, 成立

$$
\begin{aligned}
&\int_0^t ((t-s)^{-\alpha}+\Lambda^\alpha)e^{-\frac{\Lambda}{2}(t-s)}ds\\
&=\frac{2}{\Lambda}\int_0^{\frac{\Lambda}{2}t}\left(\left(\frac{2}{\Lambda}\tau\right)^{-\alpha}+\Lambda^\alpha\right)e^{-\tau}d\tau\\
&=\Lambda^{\alpha-1}2^{1-\alpha}\int_0^{\frac{\Lambda}{2}t}\tau^{-\alpha}e^{-\tau}d\tau+2\Lambda^{\alpha-1}\int_0^{\frac{\Lambda}{2}t}e^{-\tau}d\tau\\
&\leqslant \Lambda^{\alpha-1}\Big(2^{1-\alpha}\int_0^\infty \tau^{-\alpha}e^{-\tau}d\tau+2\int_0^\infty e^{-\tau}d\tau\Big)\\
&=\Lambda^{\alpha-1}(2^{1-\alpha}\gamma_\alpha+2).
\end{aligned}
$$

利用条件 (5.2.2) 可知, 当 C_2 满足 $C_2\geqslant 2k_2(1+\ell)(2^{1-\alpha}\gamma_\alpha+2)$ 时, 成立

$$
k_2(1+\ell)(2^{1-\alpha}\gamma_\alpha+2)M_1\Lambda^{\alpha-1}\leqslant k_2(1+\ell)(2^{1-\alpha}\gamma_\alpha+2)C_2^{-1}\leqslant\frac{1}{2}.
$$

进而, 由 (5.2.67) 式, 可得

$$
g(t)\leqslant k_2|z_0-\Phi(y_0)|_E+\frac{1}{2}G(t),\quad \forall t>0.
$$

由于 $G(t)=\sup_{s\in[0,t]}g(s)$ 关于 $t>0$ 是非减的, 由上式, 可得

$$
G(t)\leqslant k_2|z_0-\Phi(y_0)|_E+\frac{1}{2}G(t),\quad \forall t>0.
$$

因此

$$
G(t)\leqslant 2k_2|z_0-\Phi(y_0)|_E,\quad \forall t>0.
$$

即有

$$
|z(t)-\Phi(y(t))|_E\leqslant 2k_2|z_0-\Phi(y_0)|_E e^{-\frac{\Lambda}{2}t},\quad \forall t>0. \tag{5.2.68}
$$

由于 $u=(y,z)=S(t)u_0$, $y=Pu$, $z=Qu$, 以及 $(y,\Phi(y))\in\mathcal{M}$, 由 (5.2.68) 式, 可知

$$
\begin{aligned}
d(S(t)u,\mathcal{M})&\leqslant d((y(t),z(t)),(y(t),\Phi(y(t))))\\
&=|z(t)-\Phi(y(t))|_E\\
&\leqslant 2k_2|z_0-\Phi(y_0)|_E e^{-\frac{\Lambda}{2}t},\quad \forall t>0.
\end{aligned}\tag{5.2.69}
$$

利用 (5.1.13) 式和 $|\Phi(y_0)|_E \leqslant b$ (因为 $\Phi \in \mathcal{H}_{\ell,b}$), 可得

$$\begin{aligned}2k_2|z_0 - \Phi(y_0)|_E &\leqslant 2k_2(|Qu_0|_E + |\Phi(y_0)|_E)\\ &\leqslant 2k_2(|e^{-0\cdot A}Qu_0|_E + b)\\ &\leqslant 2k_2(k_2|u_0|_E + b).\end{aligned}$$

因此, 由 (5.2.69) 式, 可知

$$d(S(t)u_0, \mathcal{M}) \leqslant 2k_2(k_2|u_0|_E + b)e^{-\frac{\Lambda}{2}t}, \quad \forall t > 0. \qquad \square$$

5.3 补充与应用

本节中, 考虑非线性算子 $R: E \to F$ 不满足条件 (5.1.3), (5.1.4), 而是仅仅在 E 中的有界集上是 Lipschitz 连续和有界, 并在此情形下构造出惯性流形, 以及给出惯性流形的维数估计.

5.3.1 局部 Lipschitz 情形

这里考虑更一般的假设条件, 即对任意的 $u, v \in B_E(0, r)$, 成立

$$|R(u)|_F \leqslant d_0(r), \tag{5.3.1}$$

$$|R(u) - R(v)|_F \leqslant d_1(r)|u - v|_E. \tag{5.3.2}$$

还假定方程 (5.1.15) 拥有 E 中的一个吸收集, 其包含于 $B_E(0, \rho)$ 中, 而所有其他假设条件不变, 可以证明相应的修正方程存在一个惯性流形. 下面引入 (5.1.15) 的修正方程. 令

$$R_\theta(u) = \theta\left(\frac{|u|_E^2}{\rho^2}\right)R(u), \tag{5.3.3}$$

其中截断函数 $\theta: [0, +\infty) \longrightarrow [0, 1]$ 是 C^1 的, 满足

$$\theta(t) \equiv 1, \quad \forall t \in [0, 1]; \quad \theta(t) \equiv 0, \quad \forall t \in [4, +\infty).$$

(5.1.15) 的修正方程是指

$$\begin{cases} \dfrac{du}{dt} + Au = R_\theta(u), \\ u(0) = u_0. \end{cases} \tag{5.3.4}$$

我们假定初值问题 (5.3.4) 在 E 中是适定的, 相应的解算子半群记为 $\{S_\theta(t)\}_{t\geqslant 0}$. 还假定问题 (5.3.4) 的吸收集为 $B_E(0, \rho)$, 从而 (5.3.4) 和 (5.1.15) 有相同的整体

吸引子. 接下来讨论修正方程 (5.3.4) 存在惯性流形, 并揭示问题 (5.3.4) 的惯性流形和 (5.1.15) 的惯性流形之间的联系.

引理 5.3.1 对任意的 $u, v \in E$, 成立

$$|R_\theta(u)|_F \leqslant M_0, \tag{5.3.5}$$

$$|R_\theta(u) - R_\theta(v)|_F \leqslant M_1|u-v|_E, \tag{5.3.6}$$

其中

$$M_0 = d_0(2\rho), \tag{5.3.7}$$

$$M_1 = \frac{4L_\theta}{\rho}d_0(2\rho) + d_1(2\rho), \tag{5.3.8}$$

这里 L_θ 是函数 θ 的 Lipschitz 常数.

证明 利用假设条件 (5.3.1) 以及截断函数 θ 的性质, 可知

$$|R_\theta(u)|_F = \left|\theta\left(\frac{|u|_E^2}{\rho^2}\right)R(u)\right|_F \leqslant d_0(2\rho),$$

此即为 (5.3.5) 式.

下面验证 (5.3.6) 式. 对于 $u, v \in E$, 讨论如下三种情形.

(1) $|u|_E \leqslant 2\rho$, $|v|_E \leqslant 2\rho$. 利用 (5.3.1), (5.3.2), 成立

$$\begin{aligned}|R_\theta(u) - R_\theta(v)|_F &\leqslant \left|\left[\theta\left(\frac{|u|_E^2}{\rho^2}\right) - \theta\left(\frac{|v|_E^2}{\rho^2}\right)\right]R(u)\right|_F + \theta\left(\frac{|v|_E^2}{\rho^2}\right)|R(u)-R(v)|_F \\ &\leqslant L_\theta\left|\frac{|u|_E^2}{\rho^2} - \frac{|v|_E^2}{\rho^2}\right||R(u)|_F + |R(u)-R(v)|_F \\ &\leqslant L_\theta\frac{1}{\rho^2}(|u|_E + |v|_E)|u-v|_E d_0(2\rho) + d_1(2\rho)|u-v|_E \\ &\leqslant \left(\frac{4L_\theta}{\rho}d_0(2\rho) + d_1(2\rho)\right)|u-v|_E \\ &= M_1|u-v|_E.\end{aligned}$$

(2) $|u|_E \leqslant 2\rho$, $|v|_E > 2\rho$.

记 u_* 为线段 $[u, v]$ 与球面 $\partial B_E(0, 2\rho)$ 的交点. 则 $|u_*|_E = 2\rho$, 从而

$$R_\theta(u_*) = 0 \quad 且 \quad |u - u_*| < |u - v|.$$

因此

$$|R_\theta(u) - R_\theta(v)|_F = |R_\theta(u)|_F = |R_\theta(u) - R_\theta(u_*)|_F$$

$$
\begin{aligned}
&\leqslant \theta\left(\frac{|u|_E^2}{\rho^2}\right)|R(u)-R(u_*)|_F+\left|\theta\left(\frac{|u|_E^2}{\rho^2}\right)-\theta\left(\frac{|u_*|_E^2}{\rho^2}\right)\right||R(u_*)|_F\\
&\leqslant d_1(2\rho)|u-u_*|_E+L_\theta\left|\frac{|u|_E^2}{\rho^2}-\frac{|u_*|_E^2}{\rho^2}\right|d_0(2\rho)\\
&\leqslant d_1(2\rho)|u-u_*|_E+L_\theta d_0(2\rho)\frac{1}{\rho^2}(|u|_E+|u_*|_E)|u-u_*|_E\\
&\leqslant \left(d_1(2\rho)+\frac{4L_\theta d_0(2\rho)}{\rho}\right)|u-u_*|_E\\
&= M_1|u-u_*|_E\\
&< M_1|u-v|_E.
\end{aligned}
$$

(3) $|u|_E>2\rho,\ |v|_E>2\rho$.

此时, $R_\theta(u)=0,\ R_\theta(v)=0$, (5.3.6) 式自然成立.

由上述三种情形的讨论知, (5.3.6) 式成立. □

结合定理 5.2.1, 即可得下述结论.

定理 5.3.2 假设条件 (5.1.2), (5.1.5)—(5.1.14), (5.3.1), (5.3.2), 以及 (5.2.1), (5.2.2) 成立, 其中 M_0, M_1 由 (5.3.4) 给出. 则修正方程 (5.3.4) 存在 C^1 类惯性流形 $\mathcal{M}_\theta$, 其为定理 5.2.1 中的函数 $\Phi=\Phi_\theta\in\mathcal{H}_{b,l}$ 生成的图.

注 上述定理 5.3.2 中建立的惯性流形 $\mathcal{M}_\theta$ 关于半群 $\{S_\theta(t)\}_{t\geqslant 0}$ 是正不变的, 且具有 (5.1.15) 的惯性流形 $\mathcal{M}$ 的所有性质.

5.3.2 非自伴情形

当基本的线性算子 A 是非自伴时, 在本节中, 我们将展示如何应用定理 5.2.1 处理此情形.

在 Hilbert 空间 H 中, 考虑抽象方程

$$
\frac{du}{dt}+A_0u=R_0(u), \tag{5.3.9}
$$

$$
u(0)=u_0, \tag{5.3.10}
$$

这里 $A_0: D(A_0)\subset H\longrightarrow H$ 是 H 中线性闭的自伴正定无界算子; R_0 是 $D(A^\alpha)\longrightarrow H$ 的 C^1 映射, $0\leqslant\alpha<1$. 我们假定初值问题 (5.3.9), (5.3.10) 在 $D(A_0^\alpha)$ 中是适定的, 从而可以在 $D(A_0^\alpha)$ 上定义半群 $\{S_0(t)\}_{t\geqslant 0}$.

方程 (5.3.9) 来源于气象学或海洋学, 向量场 u 一般由水平方向的速度场、温度和空气的湿度或海水的盐密度构成.

设 $\overline{u}$ 是方程 (5.3.9) 的定常解, 即

$$A_0\overline{u} = R_0(\overline{u}). \tag{5.3.11}$$

则 $v = u - \overline{u}$ 满足

$$\frac{dv}{dt} + A_0 v = R_0(\overline{u} + v) - R_0(\overline{u}),$$

或写为

$$\frac{dv}{dt} + Av = R(v), \tag{5.3.12}$$

$$v(0) = v_0, \tag{5.3.13}$$

这里 $v_0 = u_0 - \overline{u}$,

$$Av = A_0 v - DR_0(\overline{u}) \cdot v, \tag{5.3.14}$$

$$R(v) = R_0(\overline{u} + v) - R_0(\overline{u}) - DR_0(\overline{u}) \cdot v, \tag{5.3.15}$$

$DR_0(\overline{u})$ 表示 R_0 在 $\overline{u}$ 处的 Fréchet 微分.

注　由 (5.3.15) 知, $R(0) = 0$, 并且

$$DR(v) = DR_0(\overline{u} + v) - DR_0(\overline{u}).$$

从而

$$DR(0) = DR_0(\overline{u}) - DR_0(\overline{u}) = 0.$$

我们将展示如何对问题 (5.3.12), (5.3.13) 应用定理 5.2.1, 其中函数空间均是 Hilbert 空间: $\mathcal{E} = F = H, E = D(A_0^\alpha)$. 但是算子 A 一般来讲是非自伴的, 其特征值是复数, 惯性流形的构造将基于算子 A 的广义特征向量.

考虑方程 (5.3.12) 中的算子 A 具有如下形式

$$A = A_0 + b,$$

其中算子 $A_0 : D(A_0) \subset H \longrightarrow H$ 是自伴的、正定的, 其特征值和相应的特征向量分别记为 μ_j, w_j, 即

$$\begin{aligned}
&A_0 w_j = \mu_j w_j, \;\; j \geqslant 1, \\
&0 < \mu_1 \leqslant \mu_2 \leqslant \cdots \leqslant \mu_j \longrightarrow \infty, \;\; j \longrightarrow \infty.
\end{aligned}$$

还假定当 $j \longrightarrow \infty$ 时, 成立

$$\mu_j \sim c_0 j^p, \;\; p > \frac{1}{1-\alpha}, \;\; 0 \leqslant \alpha < 1. \tag{5.3.16}$$

这里 $p > \dfrac{1}{1-\alpha}$ 是最具限制性的假设条件, 其与谱缺口 (或称谱间隙) 条件相关. $b: D(b) \subset H \longrightarrow H$ 是线性无界算子, 其被 A_0 在下述意义下控制: 存在某个 $0 \leqslant \alpha < 1$, 使得

$$D(A_0^\alpha) \subset D(b), \tag{5.3.17}$$

$$bA_0^{-\alpha} \text{ 在 } H \text{ 中有界}. \tag{5.3.18}$$

利用 (5.3.17) 可知, $D(A) = D(A_0)$. 事实上, 设 $v = \sum\limits_{j=1}^{\infty} a_j w_j \in H$. 若 $v \in D(A_0)$, 利用 (5.3.16), 则成立

$$|A_0^\alpha v|_H^2 = \left|\sum_{j=1}^{\infty} a_j \mu_j^\alpha w_j\right|_H^2 = \sum_{j=1}^{\infty} a_j^2 \mu_j^{2\alpha} \lesssim \sum_{j=1}^{\infty} a_j^2 \mu_j^2 = |A_0 v|_H^2 < \infty,$$

即 $v \in D(A_0^\alpha)$. 说明 $D(A_0) \subset D(A_0^\alpha)$. 从而, 结合 (5.3.17) 成立, $D(A_0) \subset D(A_0^\alpha) \subset D(b)$. 因此, $\forall v \in D(A_0)$, 有 $v \in D(b)$. 说明 $A_0 v$, bv 均有意义, 进一步, $(A_0 + b)v = A_0 v + bv$ 有意义, 即有 $v \in D(A_0 + b)$. 因此, $D(A_0) \subset D(A_0 + b)$. 另一方面, $\forall v \in D(A_0 + b)$, $(A_0 + b)v$ 有意义, 利用 $(A_0 + b)v = A_0 v + bv$ 可知, $A_0 v$, bv 有意义, 说明 $v \in D(A_0)$ 且 $v \in D(b)$, 进一步, $v \in D(A_0) \cap D(b) = D(A_0)$. 因此, $D(A_0 + b) \subset D(A_0)$. 综上讨论知, $D(A_0 + b) = D(A_0)$.

利用假设条件 (5.3.17), (5.3.18), 关于算子 A 的特征值和相应的特征向量, 成立如下重要性质 (这里不给出证明).

(i) 算子 $A = A_0 + b$ 的谱是由特征值 ν_j, $j \geqslant 1$ (有限重数) 构成的. 对这些特征值 ν_j 重新排序, 使得 $\{\mathrm{Re}(\nu_j)\}_{j \geqslant 1}$ 是非减的. 则当 $j \longrightarrow \infty$ 时, 成立

$$\mathrm{Re}(\nu_j) \sim \mu_j.$$

(ii) 存在常数 $c_0 > 0$, 使得

$$\sigma(A) \subset \bigcup_{j=1}^{\infty} B(\mu_j, c_0 \mu_j^\alpha),$$

其中 $\sigma(A)$ 表示 A 的谱, $B(\mu_j, c_0 \mu_j^\alpha)$ 是复平面 $\mathbb{C}$ 中以 μ_j 为心, 半径为 $c_0 \mu_j^\alpha$ 的开球. 并且, 若 $\lambda \notin \bigcup\limits_{j=1}^{\infty} B(\mu_j, c_0 \mu_j^\alpha)$, 成立

$$||(A - \lambda)^{-1}||_{\mathcal{L}(H)} \leqslant 2||(A_0 - \lambda)^{-1}||_{\mathcal{L}(H)},$$

以及

$$\|(A-\lambda)^{-1}-(A_0-\lambda)^{-1}\|_{\mathcal{L}(H)}\leqslant c_0\sup_{j\geqslant 1}\frac{\mu_j^\alpha}{|\lambda-\mu_j|}\sup_{j\geqslant 1}\frac{1}{|\lambda-\mu_j|}.$$

下面引入根向量的概念. 设 A 的一个特征值为 λ, 若存在正整数 k, 使得 $(A-\lambda)^k v=0$, 则称非零向量 v 为 A 的且属于特征值 λ 的根向量. 设 ν_j 为算子 A 的第 j 个特征值, v_j 为相应的广义特征向量 (即根向量), 即

$$\forall j\geqslant 1,\ \exists k_j\geqslant 1,\ (A-\nu_j)^{k_j}v_j=0.$$

(iii) 集合 $\{v_j\}_{j\geqslant 1}$ 在 H 中是完全的, 即

$$\overline{\text{span}\{v_1,v_2,\cdots,v_n\}}=H.$$

上述性质 (i) 的证明参见 I. C. Gohberg, M. G. Krein[9]; 性质 (ii), (iii) 的证明参见 A. Debussche, R. Temam[6].

利用假设条件 (5.3.16) (证明完全类似于引理 4.4.1) 可知, 存在一串子列 $\{\mu_{n_k}\}_{k\geqslant 1}$, 使得当 $k\longrightarrow\infty$ 时, 成立

$$\frac{\mu_{n_k+1}-\mu_{n_k}}{\mu_{n_k+1}^\alpha-\mu_{n_k}^\alpha}\longrightarrow\infty.$$

令 $E=D(A^\alpha)$, $F=\mathcal{E}=H$, 并假定 $R:D(A_\alpha)\longrightarrow H$ 是 C^1 映射, 且满足 (5.1.3), (5.1.4). 则除了需要验证指数二分法假设条件, 前面所列假设条件均满足.

定义算子 P_n,Q_n 如下:

$$P_n:H(\text{或}D(A))\longrightarrow\overline{\text{span}\{v_1,v_2,\cdots,v_n\}},$$

$$Q_n=I-P_n:H(\text{或}D(A))\longrightarrow\overline{\text{span}\{v_{n+1},\cdots\}},$$

这里算子 P_n, Q_n 称为算子 A 的特征投影且满足 $AP_n=P_nA$, $AQ_n=Q_nA$. 但是, 在非负自伴情形, P_n, Q_n 一般不是正交投影算子.

对于上述 $\{\mu_{n_k}\}_{k\geqslant 1}$ 中的序列 $\{n_k\}$, 下述性质成立, 其本质上等同于 (5.1.12), (5.1.13). 证明参见 A. Debussche, R. Temam[6].

引理 5.3.3 假定上述提到的假设条件成立. 则对任意的 $\beta>0$, 存在依赖于 β, 但不依赖于 n_k, t 的常数 $c'>0$, 使得

$$\|A^\beta e^{-tA}P_{n_k}\|_{\mathcal{L}(H)}\leqslant c'(\mu_{n_k}+2c_0\mu_{n_k}^\alpha)^\beta e^{-(\mu_{n_k}+2c_0\mu_{n_k}^\alpha)t},\ \ \forall t\leqslant 0,\ \ \forall n_k;$$

$$\|e^{-tA}(I-P_{n_k})\|_{\mathcal{L}(H)}\leqslant c'e^{-(\mu_{n_k+1}-2c_0\mu_{n_k+1}^\alpha)t},\ \ \forall t\geqslant 0,\ \ \forall n_k;$$

$$\|A^\beta e^{-tA}(I-P_{n_k})\|_{\mathcal{L}(H)}\leqslant c'(t^{-\beta}+\mu_{n_k+1}^\beta)e^{-(\mu_{n_k}-2c_0\mu_{n_k+1}^\alpha)t},\ \ \forall t>0,\ \ \forall n_k;$$

$$|A^\beta z| \geqslant c'(\mu_{n_k+1} - 2c_0\mu_{n_k+1}^\alpha)|z|, \quad \forall z \in (I - P_{n_k})D(A^\beta).$$

在引理 5.3.3 的基础上, 容易验证条件 (5.1.12), (5.1.13) 成立, 其中 $n = k$, $k_1 = k_2 = c'$, $\Lambda_k = \mu_{n_k+1} - 2c_0\mu_{n_k+1}^\alpha$, $\lambda_k = \mu_{n_k} + 2c_0\mu_{n_k}^\alpha$. 其他所有假设条件 (5.1.7)—(5.1.11) 即知成立, 其中 (5.1.7) 是对于充分大的 $n \geqslant n_1$ 成立. 因此, 可以无任何限制 (仅要求 $n \geqslant n_1$) 地应用定理 5.2.1, 即知初始问题 (5.3.12), (5.3.13) 存在一个 C^1 惯性流形 $\mathcal{M}$. 这里 $\mathcal{M} = \{(y, \Phi(y);\ \ y \in PE)\}$,

$$\Phi(y(t)) = -\int_{-\infty}^t e^{-(t-s)A}Q_nR(y(s) + \Phi(y(s)))ds,$$

其中 $y(t)$ 是唯一地满足如下初值问题:

$$\frac{dy}{dt} + Ay = -P_nR(y(t) + \Phi(y(t))), \quad y(0) = y_0.$$

特别地, 成立

$$\begin{aligned}\Phi(0) &= -\int_{-\infty}^t e^{-(t-s)A}Q_nR(\Phi(0))ds \\ &= -e^{-tA}\int_{-\infty}^t e^{sA}Q_nR(\Phi(0))ds \\ &= -e^{-tA}A^{-1}e^{sA}|_{s=-\infty}^{s=t}Q_nR(\Phi(0)) \\ &= -A^{-1}Q_nR(\Phi(0)).\end{aligned} \tag{5.3.19}$$

利用 Fréchet 微分定义, 还成立

$$D\Phi(0) = -A^{-1}Q_nDR(\Phi(0)). \tag{5.3.20}$$

记 $Q_nR(\Phi(0)) = \sum\limits_{k=n+1}^\infty a_kv_k$. 则

$$A^{-1}Q_nR(\Phi(0)) = \sum_{k=n+1}^\infty a_k\nu_k^{-1}v_k.$$

从而

$$|A^{-1}Q_nR(\Phi(0))|^2 = \sum_{k=n+1}^\infty a_k^2\nu_k^{-1}\overline{\nu_k^{-1}}$$

$$
\begin{aligned}
&= \sum_{k=n+1}^{\infty} \frac{a_k^2}{(\mathrm{Re}\nu_k)^2 + (\mathrm{Im}\nu_k)^2} \\
&\leqslant \sum_{k=n+1}^{\infty} a_k^2 (\mathrm{Re}\nu_k)^{-2} \\
&\leqslant \sum_{k=n+1}^{\infty} a_k^2 (\mathrm{Re}\nu_{n+1})^{-2} \\
&= (\mathrm{Re}\nu_{n+1})^{-2} |Q_n R(\Phi(0))|^2 \\
&\leqslant (\mathrm{Re}\nu_{n+1})^{-2} |R(\Phi(0))|^2.
\end{aligned}
$$

结合 (5.3.19) 式, 可知

$$
|\Phi(0)|^2 \leqslant (\mathrm{Re}\nu_{n+1})^{-2} |R(\Phi(0))|^2.
$$

由于 $\lim\limits_{n\to\infty} (\mathrm{Re}\nu_{n+1})^{-2} \lesssim \lim\limits_{n\to\infty} \mu_{n+1}^{-2} = 0$. 因此, 当 n 充分大时, 即可得 $\Phi(0) = 0$. 再由 (5.3.20) 以及 $DR(0) = 0$, 可知 $D\Phi(0) = 0$, 即 $\mathcal{M}$ 在 $0 \in P_n E$ 处与空间 $P_n E$ 相切.

总结已证上述结论:

$$
(0,0) = (0, \Phi(0)) \in \mathcal{M}, \ \ D\Phi(0) = 0.
$$

注　当 $\mathcal{M}$ 是慢流形时, 上述性质是自然地呈现的.

5.3.3 Navier-Stokes 型方程

考虑如下带有高阶黏性项的 Navier-Stokes 方程:

$$
\frac{\partial u}{\partial t} + \epsilon(-\Delta)^r u - \nu \Delta u + (u \cdot \nabla) u + \nabla p = f, \tag{5.3.21}
$$

$$
\nabla \cdot u = 0, \tag{5.3.22}
$$

这里 $u = u(x,t) : \mathbb{R}^\ell \times \mathbb{R}_+ \longrightarrow \mathbb{R}^\ell$, $p = p(x,t) : \mathbb{R}^\ell \times \mathbb{R}_+ \longrightarrow \mathbb{R}$, $\ell \geqslant 2$; $u = (u_1, \cdots, u_\ell)$; $\epsilon, \nu > 0$, $r > 1$.

假定 u, p 在每一个方向 $x_1, \cdots, x_\ell$ 上都是周期的, 周期为 $L > 0$, 即

$$
u(x + Le_i, t) = u(x,t), \quad p(x + Le_i, t) = p(x,t), \quad i = 1, \cdots, \ell,
$$

其中 $\{e_1, \cdots, e_\ell\}$ 是 $\mathbb{R}^\ell$ 的标准正交基. 进一步, 假定

$$
\int_\Omega f(x)dx = 0, \ \ \int_\Omega u(x,t)dx = 0, \ \ \int_\Omega p(x,t)dx = 0, \ \ \forall t > 0,
$$

其中 $\Omega=(0,L)^\ell$ 是边长为 L 的正方体.

记 $H^m_{\text{per}}(\Omega)$ 表示 $H^m(\mathbb{R}^\ell)$ 中所有 Ω-周期函数 (即每个方向 $x_1,\cdots,x_\ell$ 都是 L 周期的) 限制在 Ω 上的全体; $\dot{H}^m_{\text{per}}(\Omega)=\left\{v\in H^m_{\text{per}}(\Omega);\int_\Omega v(x)dx=0\right\}$. 显然, $H^m_{\text{per}}(\Omega),\dot{H}^m_{\text{per}}(\Omega)$ 都是 $H^m(\Omega)$ 中的 Hilbert 子空间.

定义 $F=\mathcal{E}=H$, 其中

$$H=\left\{v|_\Omega;\ \ v\in L^2_\sigma(\mathbb{R}^\ell),\ \int_\Omega v(x)dx=0\right\}.$$

令 $D(A_0)=\dot{H}^{4\ell}_{\text{per}}(\Omega)\cap H$, $D(A_0^{\frac{1}{2}})=\dot{H}^{2\ell}_{\text{per}}(\Omega)\cap H$, 以及

$$A_0u=\epsilon(-\Delta)^r u,\quad \forall u\in D(A_0);$$

$$(R_0(u),v)=-\nu\int_\Omega \Delta u\cdot vdx+\int_\Omega (u\cdot\nabla)u\cdot vdx-\int_\Omega f\cdot vdx,\quad \forall u,v\in D(A_0).$$

选取 $E=D(A_0^\alpha)$, 其中

$$\alpha=\frac{1}{4},\ \ \ell=2,3;\ \ \alpha=\frac{1}{16}+\frac{1}{4\ell},\ \ \ell\geqslant 4.$$

容易验证: 当 $r=2\ell$ 时, $R:D(A_0^\alpha)\longrightarrow H$ 是 C^1-映射. 此时, 方程

$$\frac{du}{dt}+A_0u=R_0(u),\ \ u(0)=u_0, \tag{5.3.23}$$

满足定理 5.2.1 的所有假设条件 (其中 (5.1.3), (5.2.3) 替换为 (5.3.1), (5.3.2)). 对 (5.3.23) 的修正方程应用定理 5.2.1, 可知存在一个 C^1 惯性流形 $\mathcal{M}=\mathcal{M}_\theta$, 这里 $r=2\ell$. 惯性流形是在 $D(A_0^\alpha)$ 中建立, 而在第 4 章中, $r>\ell$, 惯性流形是在 H 中获得. 需要指出的是, 也可以选取 $E=D(A_0^{\alpha+r})$, $F=\mathcal{E}=D(A_0^r)$. 对于适当的 α, r 值, 定理 5.2.1 和定理 5.3.2 也可以应用, 从而可以在 $D(A_0^{\alpha+r})$ 中得到惯性流形.

现在讨论非自伴情形. 考虑 (5.3.21), (5.3.22) 的定常问题. 设 $\overline{u},\overline{p}$ 满足

$$\epsilon(-\Delta)^r\overline{u}-\nu\Delta\overline{u}+(\overline{u}\cdot\nabla)\overline{u}+\nabla\overline{p}=f,$$

$$\nabla\cdot\overline{u}=0,$$

这里要求

$$\int_\Omega f(x)dx=0,\ \ \int_\Omega \overline{u}(x)dx=0,\ \ \int_\Omega \overline{p}(x)dx=0.$$

上述定常问题解的存在性, 可以参见 J. L. Lions[12] 和 R. Temam[18].

令 $v=u-\overline{u},q=p-\overline{p}$. 则成立

$$\frac{\partial v}{\partial t}+\epsilon(-\Delta)^r v-\nu\Delta v+(\overline{u}\cdot\nabla)v+(v\cdot\nabla)\overline{u}+(v\cdot\nabla)v+\nabla q=0, \tag{5.3.24}$$

$$\nabla\cdot v=0, \tag{5.3.25}$$

$$v(x+Le_i,t)=v(x,t),\ \ q(x+Le_i,t)=q(x,t),\ \ i=1,\cdots,\ell. \tag{5.3.26}$$

令

$$Av=\epsilon(-\Delta)^r v+\Pi((\overline{u}\cdot\nabla)v+(v\cdot\nabla)\overline{u}),\ \ \forall v\in D(A),$$

其中 $\Pi: L^2(\Omega)\longrightarrow H$ 为投影算子.

问题 (5.3.24)—(5.3.26) 等同于 (5.3.12), (5.3.13). 从而可以将定理 5.2.1 应用于这类方程的修正形式 (即定理 5.3.2), 通过算子 A 的根向量空间, 即 A 的根向量 (广义特征函数) $v_1,\cdots,v_n$ 张成的向量空间 (要求 n 充分大), 得到 C^1 惯性流形 $\mathcal{M}$ (即慢流形) 的存在性, 并且 $\mathcal{M}$ 包含 $D(A^\alpha)$ 中的 0, 且在 0 处相切于空间 P_nE.

参考文献

[1] Adams R A. Sobolev Spaces. New York: Academic Press, 1975.

[2] Billotti J E, Lasalle J P. Dissipative periodic processes. Bull. Amer. Math. Soc., 1971, 77(6): 1082-1089.

[3] Brezis H, Gallouet T. Nonlinear Schrödinger evolution equations. Nonlinear Analysis: Theory, Methods & Applications, 1980, 4(4): 677-681.

[4] Constantin P, Foias C. Global Lyapunov exponents, Kaplan-Yorke formulas and the dimension of the attractors for 2D Navier-Stokes equations. Communications on Pure and Applied Mathematics, 1985, 38: 1-27.

[5] Courant R, Hilbert D. Methods of Mathematical Physics. New York: Intersciences Publishers, 1953.

[6] Debussche A, Temam R. Inertial manifolds and the slow manifolds in meteorology. Differential and Integral Equations, 1991, 4(5): 897-931.

[7] Eden A, Foias C, Nicolaenko B, Temam R. Exponential Attractors for Dissipative Evolution Equations. Paris: Masson; Chichester: John Wiley Sons, Ltd., 1994.

[8] Foias C, Temam R. Some analytic and geometric properties of the solutions of the Navier-Stokes equations. J. Math. Pures Appl., 1979, 58: 339-368.

[9] Gohberg I C, Kreĭn M G. Introduction to the Theory of Linear Nonselfadjoint Operators in Hilbert Space. Providence: American Mathematical Society, 1969.

[10] Hirsch M W, Pugh L C. Stable manifolds and hyperbolic sets. Proc. Symp. Pure Math. Providence (RI): American Mathematical Society, 1970: 133-163.

[11] Lions J L. Problèmes aux limites dans les équations aux dérivées partielles. Univérsite de Montréal: Séminaire de Mathématiques Supérieures, 1962.

[12] Lions J L. Quelques méthodes de résolution des problémesaux limites non linéaires. Paris: Dunod, 1969.

[13] Kwak M. Finite dimensional inertial forms for the 2D Navier-Stokes equations. Indiana J. Math., 1992, 41: 927-982.

[14] Mallet-Paret J. Negatively invariant sets of compact maps and an extension of a theorem of Cartwright. J. Differential Equations, 1976, 22: 331-348.

[15] Métivier G. Métivier, Valeurs propres d'opérateurs définis sur la restriction de systémes variationnels a des sous-espaces. J. Math. Pures Appl., 1978, 57: 133-156.

[16] Temam R. Navier-Stokes Equations: Theory and Numerical Analysis. 3rd ed. Amsterdam: AMS Chelsea Publishing, 1984.

[17] Temam R. Infinite-Dimensional Dynamical Systems in Mechanics and Physics. 2nd ed. New York: Springer, 1997.

[18] Temam R. Navier-Stokes Equations and Nonlinear Functional Analysis. Philadelphia: Society for Industrial and Applied Mathematics, 1995.

[19] 戴正德, 郭柏灵. 惯性流形与近似惯性流形. 北京: 科学出版社, 2000.

[20] 熊金城. 点集拓扑讲义. 3 版. 北京: 高等教育出版社, 2003.

附　　录

本附录中，简单介绍 Hausdorff 维数的定义和 Lipschitz 映射变换下的一些重要的性质; 分形维数和盒子计数维数的定义与相关性质, 包括一些典型的例子; 拓扑熵和分形维数的关系; 一些常用的 Gronwall 不等式.

A. Hausdorff 维数

设 H 是可分的 Hilbert 空间, $A \subset H$ 是紧子集. 令

$$\mu_{d,\epsilon}(A) = \inf\left\{\sum_{i=1}^{k} r_i^d;\ r_i \leqslant \epsilon,\ A \subseteq \bigcup_{i=1}^{k} B_{r_i}\right\},$$

其中 B_{r_i} 表示 H 中半径为 r_i 的球.

显然, 当 $\epsilon > 0$ 变小时, $\mu_{d,\epsilon}$ 是变大的, 因为当 ϵ 变小时, 相应的球覆盖中每一个球是收缩的 (球径 r_i 随 ϵ 变小而变小), 其求和项变多.

因此成立

$$\sup_{\epsilon>0} \mu_{d,\epsilon}(A) = \lim_{\epsilon\to 0} \mu_{d,\epsilon}(A).$$

记

$$\mu_d(A) := \sup_{\epsilon\to 0} \mu_{d,\epsilon}(A) = \lim_{\epsilon\to 0} \mu_{d,\epsilon}(A).$$

若 $\mu_d(A) < \infty$, 则对任意 $c > d$, 成立 $\mu_c(A) = 0$; 若 $\mu_d(A) = \infty$, 则对任意 $e < d$, 成立 $\mu_e(A) = +\infty$.

事实上, 设 $c > d$, 有

$$\begin{aligned}
\mu_{c,\epsilon}(A) &= \inf\left\{\sum_{i=1}^{k} r_i^c,\ r_i \leqslant \epsilon, A \subseteq \bigcup_{i=1}^{k} B_{r_i}\right\} \\
&\leqslant \epsilon^{c-d} \inf\left\{\sum_{i=1}^{k} r_i^d,\ r_i \leqslant \epsilon, A \subseteq \bigcup_{i=1}^{k} B_{r_i}\right\} \\
&= \epsilon^{c-d} \mu_{d,\epsilon}(A)
\end{aligned}$$

$$\leqslant \epsilon^{c-d} \sup_{\epsilon \geqslant 0} \mu_{d,\epsilon}(A)$$

$$= \epsilon^{c-d} \mu_d(A).$$

由于假设 $\mu_d(A) < +\infty$, $c > d$, 可得

$$\mu_c(A) = \lim_{\epsilon \to 0} \mu_{c,\epsilon}(A) \leqslant \lim_{\epsilon \to 0} \epsilon^{c-d} \mu_d(A) = 0.$$

若 $e < d$, 则由上述已证结论知: 如果 $\mu_e(A) < +\infty$, 则 $\mu_d(A) = 0$, 与假设 $\mu_d(A) = +\infty$ 矛盾, 故 $\mu_e(A) = +\infty$.

可以验证: μ_d 是一个测度, 即 $\mu_d(\varnothing) = 0$; $\mu_d(E) \leqslant \mu_d(F)$, $\forall E \subseteq F$ 为 H 中的紧集; 设 $\{F_i\}$ 为 H 中的可数个两两不相交 Borel 集, 成立

$$\mu_d\left(\bigcup_{i=1}^{\infty} F_i\right) = \sum_{i=1}^{\infty} \mu_d(F_i).$$

定义 A.1 H 中的紧集 A 的 Hausdorff 维数 $d_H(A)$ 定义如下:

$$d_H(A) = \inf\{d > 0;\ \mu_d(A) = 0\} = \sup\{d > 0;\ \mu_d(A) = +\infty\}. \tag{A.1}$$

从而

$$\mu_d(A) = \begin{cases} +\infty, & d < d_H(A), \\ 0, & d > d_H(A). \end{cases}$$

如果 $d = d_H(A)$, 则 $0 \leqslant \mu_d(A) \leqslant +\infty$.

下面列出 $\mathbb{R}^n$ 空间中集合的 Hausdorff 维数的一些性质.

(1) (**开集**) 设 $F \subset \mathbb{R}^n$ 是开集, 则 $d_H(F) = n$.

(2) (**光滑集**) 设 F 是 $\mathbb{R}^n$ 中光滑 m 维子流形 (即 m 维曲面), 则 $d_H(F) = m$. 特别地, 若 F 是 $\mathbb{R}^n$ 中一条光滑曲线, 则 $d_H(F) = 1$; 若 F 是二维光滑曲面, 则 $d_H(F) = 2$.

(3) (**单调性**) 设 $E \subset F \subset \mathbb{R}^n$, 则 $d_H(E) \leqslant d_H(F)$.

(4) (**可数稳定性**) 设 $F_1, F_2, \cdots$ 为 $\mathbb{R}^n$ 中的一可数列集合, 则

$$d_H\left(\bigcup_{i=1}^{\infty} F_i\right) = \sup_{1 \leqslant i \leqslant \infty} d_H(F_i). \tag{A.2}$$

事实上, 利用单调性可知

$$d_H\left(\bigcup_{i=1}^{\infty} F_i\right) \geqslant d_H(F_i), \quad \forall i = 1, 2, \cdots.$$

从而

$$d_H\left(\bigcup_{i=1}^{\infty} F_i\right) \geqslant \sup_{1\leqslant i\leqslant\infty} d_H(F_i). \tag{A.3}$$

记 $G_k = \bigcup\limits_{i=1}^{k} F_i$, 则 $G_1 \subset G_2 \subset \cdots$.

令 $K_1 = G_1$, $K_m = G_m \backslash G_{m-1}, m \geqslant 2$. 则

$$K_m = \bigcup_{i=1}^{m} F_i \Big\backslash \bigcup_{i=1}^{m-1} F_i = F_m \Big\backslash \bigcup_{i=1}^{m-1} F_i, \quad m \geqslant 2.$$

可知

$$K_m \cap K_n = \varnothing, \ \forall m \neq n;$$

并且

$$\bigcup_{m=1}^{\infty} K_m = \bigcup_{m=2}^{\infty} (G_m \backslash G_{m-1}) \cup G_1 = \bigcup_{m=1}^{\infty} F_m.$$

对任意的 $\epsilon > 0$, 取 $s = \sup\limits_{1\leqslant i<\infty} d_H(F_i) + \epsilon$, 这里假设 $\sup\limits_{1\leqslant i<\infty} d_H(F_i) < +\infty$. 则

$$s > \sup_{1\leqslant i<\infty} d_H(F_i) \geqslant d_H(F_i), \quad i = 1, 2, \cdots.$$

故由 Hausdorff 维数定义 (A.1), 可知

$$\mu_s(F_i) = 0, \quad i = 1, 2, \cdots.$$

从而

$$\begin{aligned} \mu_s\left(\bigcup_{i=1}^{\infty} F_i\right) &= \mu_s\left(\bigcup_{m=1}^{\infty} K_m\right) = \sum_{m=1}^{\infty} \mu_s(K_m) \\ &= \sum_{m=2}^{\infty} \mu_s\left(F_m \Big\backslash \bigcup_{i=1}^{m-1} F_i\right) + \mu_s(F_1) \\ &\leqslant \sum_{m=2}^{\infty} \mu_s(F_m) + \mu_s(F_1) = 0. \end{aligned}$$

再利用 Hausdorff 维数的定义, 可得

$$d_H\left(\bigcup_{i=1}^{\infty} F_i\right) \leqslant s = \sup_{1\leqslant i<\infty} d_H(F_i) + \epsilon.$$

由 ϵ 的任意性, 成立

$$d_H\left(\bigcup_{i=1}^{\infty} F_i\right) \leqslant \sup_{1\leqslant i<\infty} d_H(F_i). \tag{A.4}$$

在 (A.4) 的证明过程中, 假定 $\sup\limits_{1\leqslant i<\infty} d_H(F_i) < \infty$. 若 $\sup\limits_{1\leqslant i<\infty} d_H(F_i) = \infty$, 则理解 (A.4) 自然成立. 故由 (A.3), (A.4), 可知 (A.2) 成立.

(5) (**可数集**) 设 F 是可数点集合, 成立 $d_H(F) = 0$.

事实上, 记 $A = \{x\}$ 为单点集合. 则

$$\forall d > 0, \quad \mu_{d,\epsilon}(A) = \inf\{r^d;\ r \leqslant \epsilon,\ A \subset B_r(x)\} \leqslant \epsilon^d.$$

由定义 (A.1), 知

$$\mu_d(A) = \lim_{\epsilon\to 0} \mu_{d,\epsilon}(A) = 0, \quad \forall d > 0.$$

从而

$$\mu_0(A) = \lim_{d\to 0^+} \mu_d(A) = 0.$$

进一步成立

$$d_H(A) = \inf\{d > 0;\ \mu_d(A) = 0\} = 0.$$

设 $F = \{x_i \in \mathbb{R}^n;\ i = 1, 2, \cdots\}$ 为可列个点组成的集合. 利用可数稳定性, 知

$$d_H(F) = d_H\left(\bigcup_{i=1}^{\infty} \{x_i\}\right) = \sup_{1\leqslant i\leqslant\infty} d_H(\{x_i\}) = 0.$$

此外还有

$$\mu_0(F) = \mu_0\left(\bigcup_{i=1}^{\infty} \{x_i\}\right) = \bigcup_{i=1}^{\infty} \mu_0(\{x_i\}) = 0.$$

下面是关于 Hausdorff 维数在映射下的变换性质.

命题 A.2　设 $F \subset \mathbb{R}^n$, $f : F \longrightarrow \mathbb{R}^m$ 满足 Hölder 条件:

$$|f(x) - f(y)| \leqslant C|x - y|^\alpha, \quad \forall x, y \in F,$$

其中 $\alpha > 0$. 则

$$d_H(f(F)) \leqslant \frac{1}{\alpha} d_H(F).$$

在命题 A.2 中, 令 $\alpha = 1$, 有下述结论.

推论 A.3 (a) 设 $f: F \to \mathbb{R}^m$ 是 Lipschitz 映射, 即

$$|f(x)-f(y)| \leqslant C|x-y|, \quad \forall x, y \in F.$$

则

$$d_H(f(F)) \leqslant d_H(F).$$

(b) 若 $f: F \longrightarrow \mathbb{R}^m$ 是双 Lipschitz 映射, 即

$$C_1|x-y| \leqslant |f(x)-f(y)| \leqslant C_2|x-y|, \quad \forall x, y \in F,$$

其中 $0 < C_1 \leqslant C_2 < \infty$. 则

$$d_H(f(F)) = d_H(F).$$

注 上述性质对可分的 Hilbert 空间 H 中的任一紧集也成立.

B. 分形维数和盒子计数维数

盒子计数维数是最广泛使用的维数之一, 主要原因在于相对容易的数学计算和以试验为依据的估计.

设 F 是 $\mathbb{R}^n$ 中任一非空的有界集或是可分的 Hilbert 空间 H 中的任一紧集.

定义 B.1 设 $N_\delta(F)$ 为覆盖 F 的直径不超过 δ 的集合最小数. F 的下盒子和上盒子计数维数定义如下:

$$\underline{\dim}_B F = \varliminf_{\delta \to 0} \frac{\log N_\delta(F)}{\log \dfrac{1}{\delta}},$$

$$\overline{\dim}_B F = \varlimsup_{\delta \to 0} \frac{\log N_\delta(F)}{\log \dfrac{1}{\delta}}.$$

如果 $\underline{\dim}_B F = \overline{\dim}_B F$, 则 F 的盒子计数维数 (或称盒子维数) $\dim_B F$ 定义如下:

$$\dim_B F = \lim_{\delta \to 0} \frac{\log N_\delta(F)}{\log \dfrac{1}{\delta}}.$$

定义 B.2 设 A 是 H 中的任一紧集, 称 A 的上盒子计数维数为 A 的分形维数 $d_F(A)$, 即

$$d_F(A) = \overline{\dim}_B A = \varlimsup_{\delta \to 0} \frac{\log N_\delta(A)}{\log \dfrac{1}{\delta}}.$$

注 A 的分形维数 $d_F(A)$ 也可以用球覆盖来定义, 即记 $N_\epsilon(A)$ 为半径不超过 ϵ 的, 覆盖集合 A 的球的最小数. 则 A 的分形维数 $d_F(A)$ 定义如下:

$$d_F(A) = \overline{\dim}_B A = \overline{\lim_{\epsilon \to 0}} \frac{\log N_\epsilon(A)}{\log \dfrac{1}{\epsilon}}.$$

下面的定理给出了分形维数的一个有用等价公式.

定理 B.3 记

$$\mu_{d,F}(A) = \overline{\lim_{\epsilon \to 0}} \epsilon^d N_\epsilon(A),$$

则

$$d_F(A) = \inf\{d > 0;\ \mu_{d,F}(A) = 0\}.$$

证明 设 $D = \inf\{d > 0;\ \mu_{d,F}(A) = 0\}$. 设 $e > d > d_F(A)$, 例如, $e = d_F(A) + 2\epsilon, d = d_F(A) + \epsilon$, 其中 $\epsilon > 0$ 为任意数. 利用分形维数的定义, 可知存在 $r_0 > 0$, 使得对任一 $r < r_0$, 成立

$$\log N_r(A) < d \log \frac{1}{r}.$$

因此, 对任意 $r < r_0$, 成立

$$N_r(A) < \frac{1}{r^d}.$$

结合 $\mu_{e,F}(A)$ 定义, 成立

$$\mu_{e,F}(A) = \overline{\lim_{r \to 0}} r^e N_r(A) \leqslant \lim_{r \to 0} r^e \frac{1}{r^d} = 0.$$

因此, $D \leqslant e$. 由 $e > d_F(A)$ 的任意性可知, $D \leqslant d_F(A)$.

设 $d < d_F(A)$. 利用

$$d_F(A) = \overline{\lim_{r \to 0}} \frac{\log N_r(A)}{\log \dfrac{1}{r}}$$

可知, 存在序列 $r_i > 0 : \lim\limits_{i \to \infty} r_i = 0$, 使得

$$\log N_{r_i}(A) > d \log \frac{1}{r_i},$$

即 $r_i^d N_{r_i}(A) > 1$.

因此

$$\mu_{d,F}(A) = \overline{\lim_{r\to 0}}\, r^d N_r(A) \geqslant \lim_{i\to\infty} r_i^d N_{r_i}(A) \geqslant 1. \tag{B.1}$$

利用 D 的定义: $D = \inf\{d > 0;\ \mu_{d,F}(A) = 0\}$, 存在 $\widetilde{d} = \widetilde{d}(\epsilon) > 0:\ \mu_{\widetilde{d},F}(A) = 0$, 使得

$$D > \widetilde{d} - \epsilon. \tag{B.2}$$

由于 $\mu_{d,F}(A)$ 关于 $d > 0$ 是非增的, 即设 $d_1 < d_2$, 有

$$\mu_{d_1,F}(A) \geqslant \mu_{d_2,F}(A).$$

这由 $\mu_{d,F}(A)$ 的定义即可得出. 由 (B.1) 知, $\mu_{d,F}(A) \geqslant 1 > 0 = \mu_{\widetilde{d},F}(A)$. 故 $d \leqslant \widetilde{d}$. 再由 (B.2) 知, $d < D + \epsilon$, 又因为 $d < d_F(A)$ 是任意的, 可得 $d_F(A) \leqslant D + \epsilon$. 再由 $\epsilon > 0$ 的任意性, 成立 $d_F(A) \leqslant D$. 至此, 我们证明了 $d_F(A) = D$. □

注 由 $N_\epsilon(A)$ 的定义知

$$A \subseteq \bigcup_{i=1}^{N_\epsilon(A)} B_{r_i},\ \ r_i \leqslant \epsilon.$$

从而

$$\sum_{i=1}^{N_\epsilon(A)} r_i^d \leqslant \epsilon^d N_\epsilon(A).$$

由 $\mu_{d,\epsilon}(A)$ 的定义, 可得

$$\mu_{d,\epsilon}(A) \leqslant \epsilon^d N_\epsilon(A).$$

再由 $\mu_d(A), \mu_{d,F}(A)$ 定义, 结合上式, 成立

$$\mu_d(A) = \lim_{\epsilon\to 0} \mu_{d,\epsilon}(A) \leqslant \overline{\lim_{\epsilon\to 0}}\, \epsilon^d N_\epsilon(A) = \mu_{d,F}(A). \tag{B.3}$$

利用定理 B.3 知, $\forall \epsilon > 0$, 存在 $d = d(\epsilon) > 0 : \mu_{d,F}(A) = 0$, 使得

$$d_F(A) > d - \epsilon. \tag{B.4}$$

利用 (B.3) 式知 $\mu_d(A) \leqslant \mu_{d,F}(A) = 0$.

由 $d_H(A)$ 的定义以及 (B.4) 式, 成立

$$d_H(A) \leqslant d < d_F(A) + \epsilon.$$

由 ϵ 的任意性, 可得

$$d_H(A) \leqslant d_F(A). \tag{B.5}$$

已知可数集合的 Hausdorff 维数总是 0, 但由 (B.5) 式导不出可数集合的分形维数也是 0 的结论. 事实上, 可数集合的分形维数甚至不一定是有限的, 见下述例子.

例 1 设 H 是无限维可分的 Hilbert 空间, $\{e_n\}_{n=1}^{\infty}$ 是 H 的一组标准正交基, 即 $(e_i, e_j) = \delta_{ij}$. 考虑集合

$$A = \left\{ \frac{e_n}{\log n};\ n = 2, 3, \cdots \right\} \cup \{0\}.$$

记 $r_m = \dfrac{1}{\sqrt{2}\log m}$, $m \geqslant 2$. 对任意的 $n > k \geqslant 2$, 成立

$$\begin{aligned} \left| \frac{e_n}{\log n} - \frac{e_k}{\log k} \right|^2 &= \left| \frac{e_n}{\log n} \right|^2 - 2\left(\frac{e_n}{\log n}, \frac{e_k}{\log k} \right) + \left| \frac{e_k}{\log k} \right|^2 \\ &= \frac{1}{(\log n)^2} + \frac{1}{(\log k)^2} > \frac{2}{(\log n)^2}. \end{aligned}$$

从而

$$d\left(\frac{e_n}{\log n}, \frac{e_k}{\log k} \right) = \left| \frac{e_n}{\log n} - \frac{e_k}{\log k} \right| > \frac{\sqrt{2}}{\log n} \geqslant \frac{\sqrt{2}}{\log m} = 2r_m,\quad \forall 2 \leqslant k < n \leqslant m,$$

即

$$B_{r_m}\left(\frac{e_n}{\log n} \right) \cap B_{r_m}\left(\frac{e_k}{\log k} \right) = \varnothing,\quad \forall 2 \leqslant k < n \leqslant m.$$

说明 A 中前 $m-1$ 个元素 $\left\{ \dfrac{e_k}{\log k} \right\}_{k=2}^{m}$ 一定属于 $m-1$ 个半径为 r_m 的不相交的球 $\left\{ B_{r_m}\left(\dfrac{e_k}{\log k} \right) \right\}_{k=2}^{m}$. 因此, $N_{r_m}(A) \geqslant m-1$. 从而

$$d_F(A) \geqslant \varlimsup_{m\to\infty} \frac{\log N_{r_m}(A)}{\log \dfrac{1}{r_m}} \geqslant \varlimsup_{m\to\infty} \frac{\log(m-1)}{\log(\sqrt{2}\log m)} = +\infty,$$

即 $d_F(A) = +\infty$, 但是, 由于 A 是可数集合, 故 $d_H(A) = 0$.

例 2 设 $\mathcal{E}_0$ 是 $\mathbb{R}^1$ 中一个集合, 定义如下:

$$\mathcal{E}_0 = \left\{ \frac{k}{2^m};\ m = 0, 1, 2, \cdots, k \text{ 是自然数且 } k \leqslant \frac{2^m}{m} \right\}.$$

则 $d_F(\mathcal{E}_0) = 1$, $d_H(\mathcal{E}_0) = 0$.

证明 由于 $\mathcal{E}_0$ 是可数点集, 故 $d_H(\mathcal{E}_0)=0$. 又因为 $\mathcal{E}_0\subset\mathbb{R}^1$, 可知

$$d_F(\mathcal{E}_0)\leqslant d_F(\mathbb{R}^1)=1.$$

下面验证: $d_F(\mathcal{E}_0)\geqslant 1$.

事实上, 由于 $\left(0,\dfrac{1}{2}\right)=\bigcup\limits_{m=1}^{\infty}\left[\dfrac{1}{2^{m+1}},\dfrac{1}{2^m}\right)$, 故对任意的充分小 $\epsilon>0$, 可选取整数 $m_0=m_0(\epsilon)>0$, 使得

$$\frac{1}{2^{m_0+1}}<2\epsilon<\frac{1}{2^{m_0}}.$$

由于 $\mathcal{E}_0$ 中任一元素 $\dfrac{k}{2^m}\leqslant\dfrac{1}{2^m}\dfrac{2^m}{m}=\dfrac{1}{m}\longrightarrow 0$, 当 $m\longrightarrow\infty$ 时. 故 0 是 $\mathcal{E}_0$ 的唯一极限点. 考虑 $\mathcal{E}_0$ 的一个 ϵ-覆盖 $\{B\}$. 记 $B_0=B_r$, $r\leqslant\epsilon$ 是包含极限点 0 的一个半径为 r 的球, 利用 ϵ 的选取, 可知 $2^{-m_0}\notin B_0$.

记 $F=\left\{\dfrac{k}{2^{m_0}},\ k\ \text{为自然数且}\ k\leqslant\dfrac{2^{m_0}}{m_0}\right\}$. 则

$$F_0=F\cup\{0\}\subset\mathcal{E}_0.$$

当 $\dfrac{2^{m_0}}{m_0}$ 为整数时, 如图 1 所示.

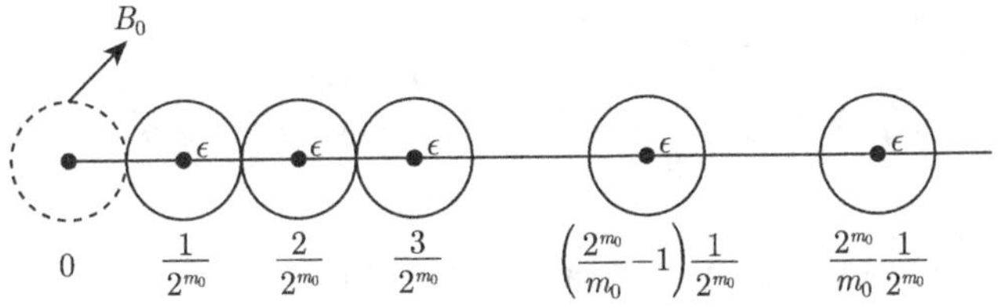

图 1

因此, F_0 中所有 $\dfrac{2^{m_0}}{m_0}$ 个点 $\left\{\dfrac{k}{2^{m_0}}\right\}$, 可以作为以 ϵ 为半径的球的球心, 即 $B_\epsilon\left(\dfrac{k}{2^{m_0}}\right)$ 且这些球互不相交, 说明 F_0 可以为 B_0 和 $\dfrac{2^{m_0}}{m_0}$ 个球 $B_\epsilon\left(\dfrac{k}{2^{m_0}}\right)$ 的覆盖, 即

$$F_0\subset\bigcup_{k=1}^{\frac{2^{m_0}}{m_0}}B_\epsilon\left(\frac{k}{2^{m_0}}\right)\cup B_0.$$

从而, $N_\epsilon(F_0)=1+\dfrac{2^{m_0}}{m_0}$.

若 $\dfrac{2^{m_0}}{m_0}$ 不是整数时, 成立

$$\text{card}(F_0)=\text{card}\left\{k;\ k\leqslant\frac{2^{m_0}}{m_0}\right\}=\left[\frac{2^{m_0}}{m_0}\right].$$

从而

$$N_\epsilon(F_0)=\left[\frac{2^{m_0}}{m_0}\right]+1>\frac{2^{m_0}}{m_0}.$$

上述讨论表明

$$N_\epsilon(F_0)>\frac{2^{m_0}}{m_0}.$$

由于 $F_0\subseteq\mathcal{E}_0$, 可知

$$N_\epsilon(\mathcal{E}_0)\geqslant N_\epsilon(F_0)>\frac{2^{m_0}}{m_0}.$$

从而

$$\frac{\log N_\epsilon(\mathcal{E}_0)}{\log\dfrac{1}{\epsilon}}\geqslant\frac{\log\dfrac{2^{m_0}}{m_0}}{\log 2^{m_0+2}}=\frac{m_0\log 2-\log m_0}{(m_0+2)\log 2}.$$

注意到, 当 $\epsilon\longrightarrow 0$ 时, $m_0=m_0(\epsilon)\longrightarrow\infty$. 因此可得

$$d_F(\mathcal{E}_0)=\varlimsup_{\epsilon\to 0}\frac{N_\epsilon(\mathcal{E}_0)}{\log\dfrac{1}{\epsilon}}\geqslant\lim_{m_0\to\infty}\frac{m_0\log 2-\log m_0}{(m_0+2)\log 2}=1,$$

即 $d_F(\mathcal{E}_0)\geqslant 1$. 又已知 $d_F(\mathcal{E}_0)\leqslant 1$. 故 $d_F(\mathcal{E}_0)=1$. □

下面介绍盒子计数维数的一些性质.

(1) 设 F 是 $\mathbb{R}^n$ 中一个光滑的 m 维子流形, 则 $\dim_B F=m$.

(2) $\underline{\dim}_B,\overline{\dim}_B$ 均是单调的, 即设 $E\subseteq F$, 成立

$$\underline{\dim}_B E\leqslant\underline{\dim}_B F;\quad \overline{\dim}_B E\leqslant\overline{\dim}_B F.$$

(3) $\overline{\dim}_B$ 是有限稳定的, 即

$$\overline{\dim}_B\left(\bigcup_{i=1}^m E_i\right)=\max_{1\leqslant i\leqslant m}\overline{\dim}_B E_i,$$

其中 $1\leqslant m<\infty$, 但是 $\underline{\dim}_B$ 不是有限稳定的.

(4) $\underline{\dim}_B, \overline{\dim}_B$ 是 Lipschitz 不变的, 即设

$$|f(x) - f(y)| \leqslant c|x - y|, \quad \forall x, y \in F.$$

则

$$\underline{\dim}_B f(F) \leqslant \underline{\dim}_B F, \quad \overline{\dim}_B f(F) \leqslant \overline{\dim}_B F.$$

证明 设 $F \subseteq \bigcup_{i=1}^{N_\epsilon(F)} B_{r_i}$, 其中 $r_i \leqslant \epsilon$, B_{r_i} 为半径 r_i 的球, $N_\epsilon(F)$ 是覆盖 F 的 B_{r_i} 球的最小数. 对于 Lipschitz 常数为 c 的映射 f, 成立

$$f(B_{r_i}) \subseteq B_{cr_i}.$$

事实上, 设 $B_{r_i} = B_{r_i}(x_i)$, $\forall y \in f(B_{r_i})$, 存在 $x \in B_{r_i}$, 使得 $y = f(x)$. 从而

$$|y - f(x_i)| = |f(x) - f(x_i)| \leqslant c|x - x_i| < cr_i,$$

即

$$y \in B_{cr_i}(f(x_i)), \quad f(B_{r_i}) \subseteq B_{cr_i}(f(x_i)) := B_{cr_i}.$$

进一步有

$$f(F) \subseteq f\left(\bigcup_{i=1}^{N_\epsilon(F)} B_{r_i}\right) = \bigcup_{i=1}^{N_\epsilon(F)} f(B_{r_i}) \subseteq \bigcup_{i=1}^{N_\epsilon(F)} B_{cr_i}.$$

因此

$$N_{c\epsilon}(f(F)) \leqslant N_\epsilon(F).$$

$$\overline{\dim}_B f(F) = \overline{\lim_{\epsilon \to 0}} \frac{N_{c\epsilon} f(F)}{\log \frac{1}{c\epsilon}} \leqslant \overline{\lim_{\epsilon \to 0}} \frac{N_\epsilon(F)}{\log \frac{1}{c} + \log \frac{1}{\epsilon}} = \overline{\dim}_B F.$$

即

$$\overline{\dim}_B f(F) \leqslant \overline{\dim}_B F.$$

同理

$$\underline{\dim}_B f(F) \leqslant \underline{\dim}_B F.$$

□

类似于 Hausdorff 维数的性质 (见命题 A.2、推论 A.3), 盒子维数也有如下性质.

设 $F \subset \mathbb{R}^n, f : F \longrightarrow \mathbb{R}^m$ 满足如下 Hölder 性质:

$$|f(x) - f(y)| \leqslant C|x - y|^\alpha, \quad \forall x, y \in F,$$

其中 $\alpha > 0$. 则

$$\dim_B f(F) \leqslant \frac{1}{\alpha} \dim_B F.$$

若 $f: F \longrightarrow \mathbb{R}^m$ 是双 Lipschitz 映射, 即

$$C_1|x-y| \leqslant |f(x)-f(y)| \leqslant C_2|x-y|, \quad \forall x, y \in F,$$

其中 $0 < C_1 \leqslant C_2 < \infty$. 则

$$\dim_B f(F) = \dim_B F.$$

注 盒子维数不是可列稳定的, 上盒子 (分形) 维数自然也不具有可列稳定性, 即

$$\dim_B \left(\bigcup_{i=1}^{\infty} E_i \right) \neq \max_{1 \leqslant i < m} \dim_B E_i.$$

这是与 Hausdorff 维数完全不同的性质, 见下面例子.

例 3 记 $A = \left\{0, 1, \frac{1}{2}, \frac{1}{3}, \cdots \right\}$. 则 A 是 $\mathbb{R}^1$ 中一个紧集且 $\dim_B A = \frac{1}{2}$.

证明 令 $A_0 = \{0\}, A_k = \left\{\frac{1}{k}\right\}, k = 1, 2, \cdots$. 则由盒子维数的定义, 可知

$$\dim_B A_k = 0 \ (k = 1, 2, \cdots), \quad \dim_B A_0 = 0.$$

从而

$$\dim_B A = \frac{1}{2} \neq 0 = \max_{1 \leqslant k < \infty} \{\dim_B A_0, \dim_B A_k\}.$$

下面验证 $\dim_B A = \frac{1}{2}$.

令 $0 < \epsilon < \frac{1}{2}$. 由于 $\left(0, \frac{1}{2}\right) = \bigcup_{k=2}^{\infty} \left[\frac{1}{k(k+1)}, \frac{1}{k(k-1)}\right)$. 故存在整数 $k = k(\epsilon) \geqslant 2$, 使得

$$\frac{1}{k(k+1)} \leqslant \epsilon < \frac{1}{k(k-1)}.$$

第一步 $\underline{\dim}_B A \geqslant \frac{1}{2}$.

取单连通区间 $U : |U| < \epsilon$. 则 U 不能同时覆盖 $\left\{1, \frac{1}{2}, \cdots \right\}$ 中的两个点及以上, 这是因为 $\left\{1, \frac{1}{2}, \cdots \right\}$ 中任意两个相邻点 $\frac{1}{k-1}, \frac{1}{k}$ 距离为 $\frac{1}{k-1} - \frac{1}{k} =$

$\frac{1}{k(k-1)}$. 再把 A 中的 0 点考虑进来, 可得

$$N_\epsilon(A) \geqslant k+1.$$

由于当 $\epsilon \longrightarrow 0$ 时, $k=k(\epsilon) \longrightarrow \infty$. 从而

$$\underline{\dim}_B A = \underline{\lim}_{\epsilon \to 0} \frac{\log N_\epsilon(A)}{\log \frac{1}{\epsilon}} \geqslant \underline{\lim}_{k \to \infty} \frac{\log(k+1)}{\log k(k+1)} = \lim_{k \to \infty} \frac{\log(k+1)}{2\log k + \log\left(1+\frac{1}{k}\right)} = \frac{1}{2}.$$

第二步 $\overline{\dim}_B A \leqslant \frac{1}{2}$.

记单连通区间 $U: |U| = \delta$. 由于 $(k+1)\delta \geqslant (k+1)\frac{1}{k(k+1)} = \frac{1}{k}$, 可知 $(k+1)$ 个这样的 U 就可以覆盖区间 $\left[0, \frac{1}{k}\right]$. 对于点集合 $\left\{\frac{1}{k-1}, \frac{1}{k-2}, \cdots, 1\right\}$, 可以用互不相交的单连通区间 $V: |V| < \epsilon$ 去覆盖每一个点, 共有 $k-1$ 个这样的 V, 故

$$N_\epsilon(A) \leqslant (k-1) + (k+1) = 2k.$$

由于 $\epsilon \longrightarrow 0$ 时, $k = k(\epsilon) \longrightarrow \infty$. 从而成立

$$\begin{aligned}
\overline{\dim}_B A &= \overline{\lim}_{\epsilon \to 0} \frac{N_\epsilon(A)}{\log \frac{1}{\epsilon}} \\
&\leqslant \overline{\lim}_{k \to 0} \frac{\log(2k)}{\log k(k+1)} \\
&= \overline{\lim}_{k \to \infty} \frac{\log 2 + \log k}{\log k + \log(k+1)} \\
&\leqslant \overline{\lim}_{k \to \infty} \frac{\log 2 + \log k}{2\log k} = \frac{1}{2}.
\end{aligned}$$

由第一步和第二步结论知

$$\dim_B A = \frac{1}{2}.$$ □

C. 拓 扑 熵

拓扑熵是用于度量拓扑动力系统复杂度的一个实数, 这个概念最早由 Adler, Konheim 和 McAndrew 在 1965 年引入. 拓扑熵的计算涉及开覆盖, 包括公共加细、

开覆盖的逆以及加细等运算. 公共加细是指两个开覆盖的交集, 而开覆盖的逆是指通过连续映射将开覆盖中的每个元素映射回原空间的开覆盖; 加细则是指一个开覆盖中的每个元素都能被另一个开覆盖中的某个元素包含. 通过这些定义, 拓扑熵能够量化系统的复杂性, 帮助人们理解系统的动态行为和结构. 在实际应用中, 拓扑熵有助于分析系统的混沌程度、敏感依赖性和其他动力学特性.

设 $(B, ||\cdot||)$ 是一个赋范向量空间, X 是 B 中的一个紧集, 以及 $\{S(t)\}_{t\geqslant 0}$ 是一簇连续的映射: $X \longrightarrow X$. 令

$$\hat{X}_t = \{\hat{u} \in C([0,T];X);\ \hat{u}(s) = S(s)u,\ s \in [0,t], u \in X\}.$$

定义 $\hat{X}_t$ 上的一致距离 d_t, 即

$$d_t(\hat{u},\hat{v}) = \sup\{||S(s)u - S(s)v||;\ s \in [0,t]\},$$

或写为

$$d_t(\hat{u},\hat{v}) = ||\hat{u} - \hat{v}||_{C([0,t])}.$$

$\{S(t)\}_{t\geqslant 0}$ 在 X 上的拓扑熵定义如下:

$$h(S) = h(\{S(t)\}_{t\geqslant 0}) \triangleq \lim_{\epsilon\to 0}\lim_{t\to\infty} t^{-1}\log n_\epsilon(\hat{X}_t),$$

其中 $n_\epsilon(\hat{X}_t)$ 是覆盖 $\hat{X}_t$ 的 ϵ-球的最小个数, 即

$$n_\epsilon(\hat{X}_t) = \inf\left\{N;\ \hat{X}_t \subseteq \bigcup_{i=1}^{N} B_{r_i}\right\},$$

其中 $B_{r_i} = B_{r_i}(\hat{x}_i) = \left\{\hat{x} \in \hat{X}_t;\ d_t(\hat{x},\hat{x}_i) < r_i\right\}$.

进一步, 对任意的 $t > 0$, 定义

$$k(t) = \sup_{s\in[0,t]}\ \sup_{u,v\in X,\ u\neq v} \frac{||S(s)u - S(s)v||}{||u-v||}. \tag{C.1}$$

从而

$$||S(s)u - S(s)v|| \leqslant k(t)||u-v||, \quad \forall s \in [0,t],\ \forall u,v \in X. \tag{C.2}$$

对于 (C.1) 中定义的 k, 成立

$$k(t_1+t_2) \leqslant k(t_1)k(t_2), \quad \forall t_1,t_2 > 0. \tag{C.3}$$

事实上, 设 $t_1, t_2 > 0$, $s \in [0, t_1+t_2]$. 令 $z = \dfrac{s}{t_1+t_2}$. 则

$$s = zt_1 + zt_2 = z' + z'', \quad z' = zt_1 \in [0,t_1], \quad z'' = zt_2 \in [0,t_2].$$

从而利用 (C.2), 成立

$$
\begin{aligned}
||S(s)u - S(s)v|| &= ||S(z' + z'')u - S(z' + z'')v|| \\
&= ||S(z')S(z'')u - S(z')S(z'')v|| \\
&\leqslant k(t_1)|||S(z'')u - S(z'')v| \\
&\leqslant k(t_1)(t_2)||u - v||, \quad \forall u, v \in X.
\end{aligned}
$$

由 (C.1), 并结合上式, 可得

$$
k(t_1 + t_2) = \sup_{s\in[0,t]} \sup_{u,v\in X, u\neq v} \frac{||S(s)u - S(s)v||}{u - v} \leqslant k(t_1)k(t_2).
$$

即此为 (C.2) 式. 由 (C.2), 成立

$$
\log k(t_1 + t_2) \leqslant \log k(t_1) + \log k(t_2), \quad \forall t_1, t_2 > 0.
$$

记 $f(t) = \log k(t), t > 0$. 上式可改为

$$
f(t_1 + t_2) \leqslant f(t_1) + f(t_2), \quad \forall t_1, t_2 > 0. \tag{C.4}
$$

因此, $\forall t > 0$, 成立

$$
f(t) = f\left(\frac{t}{2} + \frac{t}{2}\right) \leqslant f\left(\frac{t}{2}\right) + f\left(\frac{t}{2}\right) = 2f\left(\frac{t}{2}\right) = 2f\left(\frac{t}{4} + \frac{t}{4}\right) \leqslant 2^2 f\left(\frac{t}{2^2}\right).
$$

重复运用 (C.4) 式, 利用归纳法证明, 可知对任意正整数 m, 成立

$$
f(t) \leqslant 2^m f\left(\frac{t}{2^m}\right).
$$

由于 $(1, \infty) = \bigcup_{m=1}^{\infty} (2^{m-1}, 2^m]$, 故对任意 $t > 1$, 存在整数 $m = m(t) \geqslant 1$, 使得

$$
2^{m-1} < t \leqslant 2^m.
$$

因此, 对于上述 $t > 1$ 及 $m = m(t)$, 成立

$$
\frac{\log k(t)}{t} = \frac{f(t)}{t} \leqslant \frac{2^m f\left(\frac{t}{2^m}\right)}{t} \leqslant 2f\left(\frac{t}{2^m}\right) = 2\log k\left(\frac{t}{2^m}\right). \tag{C.5}
$$

注意到, 在 (C.5) 式中, $\dfrac{t}{2^m} \leqslant 1$. 故如果假设 $k(\bar{t}) \leqslant M, \forall \bar{t} \in [0,1]$. 则由 (C.3) 式, 可知

$$\frac{\log k(t)}{t} \leqslant 2\log M, \quad \forall t > 1.$$

因此, 在假定 $k(\bar{t}) \leqslant M, \forall \bar{t} \in [0,1]$ 条件下, 下述定义

$$\lambda \triangleq \varlimsup_{t\to\infty} \frac{\log k(t)}{t}$$

是有意义的.

在上述这些假设条件下, 有如下估计.

命题 C $h(s) \leqslant \lambda d_F(X)$.

证明 令 $r > \lambda, d > d_F(X)$. 利用 $\lambda, d_F(X)$ 的定义, 当 t 充分大和 ϵ 充分小时, 成立

$$t^{-1}\log k(t) \leqslant r, \quad \log n_\epsilon(X) \leqslant d\log\frac{1}{\epsilon},$$

即

$$k(t) \leqslant e^{rt}, \ \ n_\epsilon(X) \leqslant \epsilon^{-d}. \tag{C.6}$$

记 $N = n_{\epsilon e^{-rt}}(X)$, 则

$$X \subseteq \bigcup_{i=1}^{N} B_{r_i}(x_i), \ \ r_i \leqslant \epsilon e^{-rt}, \ \ x_i \in X.$$

对任意的 $\hat{u} \in \hat{X}_t$, 由 $\hat{X}_t$ 的定义知, $\hat{u}(s) = S(s)u, \ s \in [0,t], \ u \in X$. 从而存在 $1 \leqslant i \leqslant N$, 使得 $u \in B_{r_i}(x_i)$, 即 $||u - x_i|| < r_i$. 记 $\hat{x}_i = S(s)x_i, \ s \in [0,t]$. 利用 (C.2) 式, 成立

$$||\hat{u} - \hat{x}_i|| = ||S(s)u - S(s)x_i|| \leqslant k(t)||u - x_i|| < r_i e^{rt}.$$

即 $\hat{u} \in B_{R_i}(\hat{x}_i)$, 其中 $R_i = r_i e^{rt} \leqslant \epsilon e^{-rt}e^{rt} = \epsilon$.

说明: $\hat{X}_t \subseteq \bigcup\limits_{i=1}^{N} B_{R_i}(\hat{X}_t)$. 从而利用 (C.6) 式, 可知

$$n_\epsilon(\hat{X}_t) \leqslant N = n_{\epsilon e^{-rt}}(X) \leqslant (\epsilon e^{-rt})^{-d},$$

其中 t 充分大, ϵ 充分小.

因此

$$\log n_\epsilon(\hat{X}_t) \leqslant -d\log(\epsilon e^{-rt}) = -d(\log\epsilon - rt) = drt - d\log\epsilon.$$

从而

$$\overline{\lim_{t\to\infty}}[t^{-1}\log n_\epsilon(\hat{X}_t)] \leqslant dr,$$

$$h(s) = \lim_{\epsilon\to 0}\overline{\lim_{t\to\infty}}[t^{-1}\log n_\epsilon(\hat{X}_t)] \leqslant rd.$$

由于 $r > \lambda$, $d > d_F(X)$ 是任意的, 故可得 $h(s) \leqslant \lambda d_F(X)$. □

注 考虑如下耗散的演化方程:

$$\partial_t u + Au + R(u) = 0.$$

在一系列假设条件下, 第 3 章中已证上述演化方程存在指数吸引子 $\mathcal{M}$. 由于 $S(t)\mathcal{M} \subseteq \mathcal{M}, \forall t \geqslant 0$. 当把 $\{S(t)\}_{t\geqslant 0}$ 限制在 $\mathcal{M}$ 上时, 其拓扑熵 $h(s)$ 是有限的, 且有如下估计:

$$h(s) = h(\{S(t)\}_{t\geqslant 0}) \leqslant k(\beta, c_0, N_0), \tag{C.7}$$

其中 $\beta \in \left(0, \dfrac{1}{2}\right]$, c_0 均来自线性项 R 的假设条件: $|R(u) - R(v)| \leqslant c_0|A^\beta(u-v)|$.

利用命题 C 知, 为了建立 (C.7) 的估计, 只需估计 λ 和分形维数 $d_F(\mathcal{M})$. $d_F(\mathcal{M})$ 的估计已在第 3 章中给出, 只需验证 $d_F(\mathcal{M})$ 估计过程中的相关常数 $c_1, c_2, c_3, \cdots$ 即可. 下面简要说明 λ 的估计, 因为 λ 是一个新引入的量.

在第 3 章中已证: 对任意的 $s > 0$, 成立

$$|S(s)u - S(s)v| \leqslant e^{c_1 s}|u - v|, \quad \forall u, v \in X.$$

设 $t > 0$, 则

$$\sup_{1\leqslant s\leqslant t}|S(s)u - S(s)v| \leqslant e^{c_1 t}|u - v|, \quad \forall u, v \in X.$$

由于 $\mathcal{M} \subseteq X$, 故上式对任意的 $u, v \in \mathcal{M}$ 也成立.

由 $k(t)$ 的定义知,

$$k(t) \leqslant e^{c_1 t}, \quad t > 0,$$

这里的 $k(t)$ 是将 $S(t)$ 限制在 $\mathcal{M}$ 上定义的, 即

$$k(t) = \sup_{0\leqslant s\leqslant t}\sup_{u,v\in\mathcal{M}, u\neq v}\frac{||S(s)u - S(s)v||}{||u - v||}.$$

从而

$$\lambda = \overline{\lim_{t\to\infty}}\, t^{-1}\log k(t) \leqslant \overline{\lim_{t\to\infty}}\, t^{-1}\log e^{c_1 t} = c_1.$$

D. Gronwall 不等式

Gronwall 不等式在演化和随机微分方程理论中扮演着不可或缺的角色, 是获得各种关键估计的重要工具. 特别地, 它提供了可以用于证明微分方程解初始值问题的唯一性的比较定理. Gronwall 不等式有如下几种变体形式.

定理 D.1 (一致 Gronwall 不等式)　设 g, h, y 是 (t_0, ∞) 上非负可积函数, y' 在 (t_0, ∞) 上是可积函数, 并且成立

$$\frac{dy}{dt} \leqslant gy + h, \quad \forall t \geqslant t_0; \tag{D.1}$$

$$\int_t^{t+r} g(s)ds \leqslant a_1, \quad \int_t^{t+r} h(s)ds \leqslant a_2, \quad \int_t^{t+r} y(s)ds \leqslant a_3, \quad \forall t \geqslant t_0, \tag{D.2}$$

其中 r, a_1, a_2, a_3 是正的常数. 则

$$y(t+r) \leqslant \left(\frac{a_3}{r} + a_2\right)e^{a_1}, \quad \forall t \geqslant t_0. \tag{D.3}$$

证明　设 $t_0 \leqslant t \leqslant s \leqslant t+r$. 在 (D.1) 中用 s 代替 t, 并在两边同乘以 $e^{-\int_t^s g(\tau)d\tau}$, 可得

$$\frac{d}{ds}\left(y(s)e^{-\int_t^s g(\tau)d\tau}\right) \leqslant h(s)e^{-\int_t^s g(\tau)d\tau} \leqslant h(s).$$

令 $t \leqslant t_1 \leqslant t+r$. 在上式两边关于 s 从 t_1 到 $t+r$ 进行积分, 可知

$$y(t+r)e^{-\int_t^{t+r} g(\tau)d\tau} \leqslant y(t_1)e^{-\int_t^{t_1} g(\tau)d\tau} + \int_{t_1}^{t+r} h(s)ds.$$

利用 (D.2), 由上式可得

$$\begin{aligned}
y(t+r) &\leqslant y(t_1)e^{\int_{t_1}^{t+r} g(\tau)d\tau} + \int_{t_1}^{t+r} h(s)ds\, e^{\int_t^{t+r} g(\tau)d\tau} \\
&\leqslant \left(y(t_1) + \int_t^{t+r} h(s)ds\right)e^{\int_t^{t+r} g(\tau)d\tau} \\
&\leqslant (y(t_1) + a_2)e^{a_1}.
\end{aligned}$$

在上式两边关于 t_1 从 t 到 $t+r$ 进行积分, 可知

$$y(t+r) \leqslant \frac{1}{r}\int_t^{t+r} (y(t_1) + a_2)e^{a_1}dt_1$$

$$\leqslant \frac{1}{r}(a_3 + ra_2)e^{a_1}$$
$$= \left(\frac{a_3}{r} + a_2\right)e^{a_1},$$

此即为 (D.3). □

定理 D.2 设 $y \in C^1([0,T))$, $y \geqslant 0$ 并且对任意的 $0 < T \leqslant \infty$, 满足

$$y' + w(t) \leqslant g(t)y + h(t), \tag{D.4}$$

其中 $w, g, h \in C([0,T))$, $w, g, h \geqslant 0$. 则成立

$$y(t) + \int_0^t w(s)ds \leqslant \left(y(0) + \int_0^t h(s)ds\right)e^{\int_0^t g(s)ds}.$$

证明 将 (D.4) 式两边同时乘以 $e^{-\int_0^t g(\tau)d\tau}$, 可得

$$\frac{d}{dt}\left(y(t)e^{-\int_0^t g(\tau)d\tau}\right) + w(t)e^{-\int_0^t g(\tau)d\tau} \leqslant h(t)e^{-\int_0^t g(\tau)d\tau}.$$

两边关于 t 积分, 可得

$$y(t)e^{-\int_0^t g(\tau)d\tau} + \int_0^t w(s)e^{-\int_0^s g(\tau)d\tau}ds \leqslant y(0) + \int_0^t h(s)e^{-\int_0^s g(\tau)d\tau}ds.$$

将上式两边同时乘以 $e^{\int_0^t g(\tau)d\tau}$, 得到

$$y(t) + \int_0^t w(s)e^{\int_s^t g(\tau)d\tau}ds \leqslant y(0)e^{\int_0^t g(\tau)d\tau} + \int_0^t h(s)e^{\int_s^t g(\tau)d\tau}ds$$
$$\leqslant \left(y(0) + \int_0^t h(s)ds\right)e^{\int_0^t g(\tau)d\tau}.$$

从而

$$y(t) + \int_0^t w(s)ds \leqslant y(t) + \int_0^t w(s)e^{\int_s^t g(\tau)d\tau}ds \leqslant \left(y(0) + \int_0^t h(s)ds\right)e^{\int_0^t g(s)ds}.$$

□

索　引

“现代数学基础丛书”已出版书目

（按出版时间排序）

1　数理逻辑基础(上册)　1981.1　胡世华　陆钟万　著
2　紧黎曼曲面引论　1981.3　伍鸿熙　吕以辇　陈志华　著
3　组合论(上册)　1981.10　柯　召　魏万迪　著
4　数理统计引论　1981.11　陈希孺　著
5　多元统计分析引论　1982.6　张尧庭　方开泰　著
6　概率论基础　1982.8　严士健　王隽骧　刘秀芳　著
7　数理逻辑基础(下册)　1982.8　胡世华　陆钟万　著
8　有限群构造(上册)　1982.11　张远达　著
9　有限群构造(下册)　1982.12　张远达　著
10　环与代数　1983.3　刘绍学　著
11　测度论基础　1983.9　朱成熹　著
12　分析概率论　1984.4　胡迪鹤　著
13　巴拿赫空间引论　1984.8　定光桂　著
14　微分方程定性理论　1985.5　张芷芬　丁同仁　黄文灶　董镇喜　著
15　傅里叶积分算子理论及其应用　1985.9　仇庆久等　编
16　辛几何引论　1986.3　J. 柯歇尔　邹异明　著
17　概率论基础和随机过程　1986.6　王寿仁　著
18　算子代数　1986.6　李炳仁　著
19　线性偏微分算子引论(上册)　1986.8　齐民友　著
20　实用微分几何引论　1986.11　苏步青等　著
21　微分动力系统原理　1987.2　张筑生　著
22　线性代数群表示导论(上册)　1987.2　曹锡华等　著
23　模型论基础　1987.8　王世强　著
24　递归论　1987.11　莫绍揆　著
25　有限群导引(上册)　1987.12　徐明曜　著
26　组合论(下册)　1987.12　柯　召　魏万迪　著
27　拟共形映射及其在黎曼曲面论中的应用　1988.1　李　忠　著
28　代数体函数与常微分方程　1988.2　何育赞　著

29　同调代数　1988.2　周伯壎　著
30　近代调和分析方法及其应用　1988.6　韩永生　著
31　带有时滞的动力系统的稳定性　1989.10　秦元勋等　编著
32　代数拓扑与示性类　1989.11　马德森著　吴英青　段海豹译
33　非线性发展方程　1989.12　李大潜　陈韵梅　著
34　反应扩散方程引论　1990.2　叶其孝等　著
35　仿微分算子引论　1990.2　陈恕行等　编
36　公理集合论导引　1991.1　张锦文　著
37　解析数论基础　1991.2　潘承洞等　著
38　拓扑群引论　1991.3　黎景辉　冯绪宁　著
39　二阶椭圆型方程与椭圆型方程组　1991.4　陈亚浙　吴兰成　著
40　黎曼曲面　1991.4　吕以辇　张学莲　著
41　线性偏微分算子引论(下册)　1992.1　齐民友　徐超江　编著
42　复变函数逼近论　1992.3　沈燮昌　著
43　Banach 代数　1992.11　李炳仁　著
44　随机点过程及其应用　1992.12　邓永录等　著
45　丢番图逼近引论　1993.4　朱尧辰等　著
46　线性微分方程的非线性扰动　1994.2　徐登洲　马如云　著
47　广义哈密顿系统理论及其应用　1994.12　李继彬　赵晓华　刘正荣　著
48　线性整数规划的数学基础　1995.2　马仲蕃　著
49　单复变函数论中的几个论题　1995.8　庄圻泰　著
50　复解析动力系统　1995.10　吕以辇　著
51　组合矩阵论　1996.3　柳柏濂　著
52　Banach 空间中的非线性逼近理论　1997.5　徐士英　李　冲　杨文善　著
53　有限典型群子空间轨道生成的格　1997.6　万哲先　霍元极　著
54　实分析导论　1998.2　丁传松等　著
55　对称性分岔理论基础　1998.3　唐　云　著
56　Gelfond-Baker 方法在丢番图方程中的应用　1998.10　乐茂华　著
57　半群的 S-系理论　1999.2　刘仲奎　著
58　有限群导引(下册)　1999.5　徐明曜等　著
59　随机模型的密度演化方法　1999.6　史定华　著
60　非线性偏微分复方程　1999.6　闻国椿　著
61　复合算子理论　1999.8　徐宪民　著
62　离散鞅及其应用　1999.9　史及民　编著

63 调和分析及其在偏微分方程中的应用 1999.10 苗长兴 著
64 惯性流形与近似惯性流形 2000.1 戴正德 郭柏灵 著
65 数学规划导论 2000.6 徐增堃 著
66 拓扑空间中的反例 2000.6 汪 林 杨富春 编著
67 拓扑空间论 2000.7 高国士 著
68 非经典数理逻辑与近似推理 2000.9 王国俊 著
69 序半群引论 2001.1 谢祥云 著
70 动力系统的定性与分支理论 2001.2 罗定军 张 祥 董梅芳 编著
71 随机分析学基础(第二版) 2001.3 黄志远 著
72 非线性动力系统分析引论 2001.9 盛昭瀚 马军海 著
73 高斯过程的样本轨道性质 2001.11 林正炎 陆传荣 张立新 著
74 数组合地图论 2001.11 刘彦佩 著
75 光滑映射的奇点理论 2002.1 李养成 著
76 动力系统的周期解与分支理论 2002.4 韩茂安 著
77 神经动力学模型方法和应用 2002.4 阮炯 顾凡及 蔡志杰 编著
78 同调论—— 代数拓扑之一 2002.7 沈信耀 著
79 金兹堡-朗道方程 2002.8 郭柏灵等 著
80 排队论基础 2002.10 孙荣恒 李建平 著
81 算子代数上线性映射引论 2002.12 侯晋川 崔建莲 著
82 微分方法中的变分方法 2003.2 陆文端 著
83 周期小波及其应用 2003.3 彭思龙 李登峰 谌秋辉 著
84 集值分析 2003.8 李 雷 吴从炘 著
85 数理逻辑引论与归结原理 2003.8 王国俊 著
86 强偏差定理与分析方法 2003.8 刘 文 著
87 椭圆与抛物型方程引论 2003.9 伍卓群 尹景学 王春朋 著
88 有限典型群子空间轨道生成的格(第二版) 2003.10 万哲先 霍元极 著
89 调和分析及其在偏微分方程中的应用(第二版) 2004.3 苗长兴 著
90 稳定性和单纯性理论 2004.6 史念东 著
91 发展方程数值计算方法 2004.6 黄明游 编著
92 传染病动力学的数学建模与研究 2004.8 马知恩 周义仓 王稳地 靳 祯 著
93 模李超代数 2004.9 张永正 刘文德 著
94 巴拿赫空间中算子广义逆理论及其应用 2005.1 王玉文 著
95 巴拿赫空间结构和算子理想 2005.3 钟怀杰 著
96 脉冲微分系统引论 2005.3 傅希林 闫宝强 刘衍胜 著

97 代数学中的Frobenius结构 2005.7 汪明义 著
98 生存数据统计分析 2005.12 王启华 著
99 数理逻辑引论与归结原理(第二版) 2006.3 王国俊 著
100 数据包络分析 2006.3 魏权龄 著
101 代数群引论 2006.9 黎景辉 陈志杰 赵春来 著
102 矩阵结合方案 2006.9 王仰贤 霍元极 麻常利 著
103 椭圆曲线公钥密码导引 2006.10 祝跃飞 张亚娟 著
104 椭圆与超椭圆曲线公钥密码的理论与实现 2006.12 王学理 裴定一 著
105 散乱数据拟合的模型方法和理论 2007.1 吴宗敏 著
106 非线性演化方程的稳定性与分歧 2007.4 马 天 汪守宏 著
107 正规族理论及其应用 2007.4 顾永兴 庞学诚 方明亮 著
108 组合网络理论 2007.5 徐俊明 著
109 矩阵的半张量积:理论与应用 2007.5 程代展 齐洪胜 著
110 鞅与Banach空间几何学 2007.5 刘培德 著
111 戴维-斯特瓦尔松方程 2007.5 戴正德 蒋慕蓉 李栋龙 著
112 非线性常微分方程边值问题 2007.6 葛渭高 著
113 广义哈密顿系统理论及其应用 2007.7 李继彬 赵晓华 刘正荣 著
114 Adams 谱序列和球面稳定同伦群 2007.7 林金坤 著
115 矩阵理论及其应用 2007.8 陈公宁 著
116 集值随机过程引论 2007.8 张文修 李寿梅 汪振鹏 高 勇 著
117 偏微分方程的调和分析方法 2008.1 苗长兴 张 波 著
118 拓扑动力系统概论 2008.1 叶向东 黄 文 邵 松 著
119 线性微分方程的非线性扰动(第二版) 2008.3 徐登洲 马如云 著
120 数组合地图论(第二版) 2008.3 刘彦佩 著
121 半群的S-系理论(第二版) 2008.3 刘仲奎 乔虎生 著
122 巴拿赫空间引论(第二版) 2008.4 定光桂 著
123 拓扑空间论(第二版) 2008.4 高国士 著
124 非经典数理逻辑与近似推理(第二版) 2008.5 王国俊 著
125 非参数蒙特卡罗检验及其应用 2008.8 朱力行 许王莉 著
126 Camassa-Holm 方程 2008.8 郭柏灵 田立新 杨灵娥 殷朝阳 著
127 环与代数(第二版) 2009.1 刘绍学 郭晋云 朱 彬 韩 阳 著
128 泛函微分方程的相空间理论及应用 2009.4 王 克 范 猛 著
129 概率论基础(第二版) 2009.8 严士健 王隽骧 刘秀芳 著
130 自相似集的结构 2010.1 周作领 瞿成勤 朱智伟 著

131　现代统计研究基础　2010.3　王启华　史宁中　耿　直　主编
132　图的可嵌入性理论(第二版)　2010.3　刘彦佩　著
133　非线性波动方程的现代方法(第二版)　2010.4　苗长兴　著
134　算子代数与非交换 L^p 空间引论　2010.5　许全华　吐尔德别克　陈泽乾　著
135　非线性椭圆型方程　2010.7　王明新　著
136　流形拓扑学　2010.8　马　天　著
137　局部域上的调和分析与分形分析及其应用　2011.6　苏维宜　著
138　Zakharov 方程及其孤立波解　2011.6　郭柏灵　甘在会　张景军　著
139　反应扩散方程引论(第二版)　2011.9　叶其孝　李正元　王明新　吴雅萍　著
140　代数模型论引论　2011.10　史念东　著
141　拓扑动力系统——从拓扑方法到遍历理论方法　2011.12　周作领　尹建东　许绍元　著
142　Littlewood-Paley 理论及其在流体动力学方程中的应用　2012.3　苗长兴　吴家宏　章志飞　著
143　有约束条件的统计推断及其应用　2012.3　王金德　著
144　混沌、Mel'nikov 方法及新发展　2012.6　李继彬　陈凤娟　著
145　现代统计模型　2012.6　薛留根　著
146　金融数学引论　2012.7　严加安　著
147　零过多数据的统计分析及其应用　2013.1　解锋昌　韦博成　林金官　编著
148　分形分析引论　2013.6　胡家信　著
149　索伯列夫空间导论　2013.8　陈国旺　编著
150　广义估计方程估计方法　2013.8　周　勇　著
151　统计质量控制图理论与方法　2013.8　王兆军　邹长亮　李忠华　著
152　有限群初步　2014.1　徐明曜　著
153　拓扑群引论(第二版)　2014.3　黎景辉　冯绪宁　著
154　现代非参数统计　2015.1　薛留根　著
155　三角范畴与导出范畴　2015.5　章　璞　著
156　线性算子的谱分析(第二版)　2015.6　孙　炯　王　忠　王万义　编著
157　双周期弹性断裂理论　2015.6　李　星　路见可　著
158　电磁流体动力学方程与奇异摄动理论　2015.8　王　术　冯跃红　著
159　算法数论(第二版)　2015.9　裴定一　祝跃飞　编著
160　有限集上的映射与动态过程——矩阵半张量积方法　2015.11　程代展　齐洪胜　贺风华　著
161　偏微分方程现代理论引论　2016.1　崔尚斌　著
162　现代测量误差模型　2016.3　李高荣　张　君　冯三营　著

163 偏微分方程引论 2016.3 韩丕功 刘朝霞 著
164 半导体偏微分方程引论 2016.4 张凯军 胡海丰 著
165 散乱数据拟合的模型、方法和理论(第二版) 2016.6 吴宗敏 著
166 交换代数与同调代数(第二版) 2016.12 李克正 著
167 Lipschitz 边界上的奇异积分与 Fourier 理论 2017.3 钱 涛 李澎涛 著
168 有限 p 群构造(上册) 2017.5 张勤海 安立坚 著
169 有限 p 群构造(下册) 2017.5 张勤海 安立坚 著
170 自然边界积分方法及其应用 2017.6 余德浩 著
171 非线性高阶发展方程 2017.6 陈国旺 陈翔英 著
172 数理逻辑导引 2017.9 冯 琦 编著
173 简明李群 2017.12 孟道骥 史毅茜 著
174 代数 K 理论 2018.6 黎景辉 著
175 线性代数导引 2018.9 冯 琦 编著
176 基于框架理论的图像融合 2019.6 杨小远 石 岩 王敬凯 著
177 均匀试验设计的理论和应用 2019.10 方开泰 刘民千 覃 红 周永道 著
178 集合论导引(第一卷：基本理论) 2019.12 冯 琦 著
179 集合论导引(第二卷：集论模型) 2019.12 冯 琦 著
180 集合论导引(第三卷：高阶无穷) 2019.12 冯 琦 著
181 半单李代数与 BGG 范畴 $\mathcal{O}$ 2020.2 胡 峻 周 凯 著
182 无穷维线性系统控制理论(第二版) 2020.5 郭宝珠 柴树根 著
183 模形式初步 2020.6 李文威 著
184 微分方程的李群方法 2021.3 蒋耀林 陈 诚 著
185 拓扑与变分方法及应用 2021.4 李树杰 张志涛 编著
186 完美数与斐波那契序列 2021.10 蔡天新 著
187 李群与李代数基础 2021.10 李克正 著
188 混沌、Melnikov 方法及新发展(第二版) 2021.10 李继彬 陈凤娟 著
189 一个大跳准则——重尾分布的理论和应用 2022.1 王岳宝 著
190 Cauchy-Riemann 方程的 L^2 理论 2022.3 陈伯勇 著
191 变分法与常微分方程边值问题 2022.4 葛渭高 王宏洲 庞慧慧 著
192 可积系统、正交多项式和随机矩阵——Riemann-Hilbert 方法 2022.5 范恩贵 著
193 三维流形组合拓扑基础 2022.6 雷逢春 李风玲 编著
194 随机过程教程 2022.9 任佳刚 著
195 现代保险风险理论 2022.10 郭军义 王过京 吴 荣 尹传存 著
196 代数数论及其通信应用 2023.3 冯克勤 刘凤梅 杨 晶 著

197　临界非线性色散方程　2023.3　苗长兴　徐桂香　郑继强　著
198　金融数学引论(第二版)　2023.3　严加安　著
199　丛代数理论导引　2023.3　李 方　黄 敏　著
200　$\mathcal{PT}$ 对称非线性波方程的理论与应用　2023.12　闫振亚　陈　勇　沈雨佳　温子超　李　昕　著
201　随机分析与控制简明教程　2024.3　熊 捷　张帅琪　著
202　动力系统中的小除数理论及应用　2024.3　司建国　司 文　著
203　凸分析　2024.3　刘 歆　刘亚锋　著
204　周期系统和随机系统的分支理论　2024.3　任景莉　唐点点　著
205　多变量基本超几何级数理论　2024.9　张之正　著
206　广义函数与函数空间导论　2025.1　张 平　邵瑞杰　编著
207　凸分析基础　2025.3　杨新民　孟志青　编著
208　不可压缩 Navier-Stokes 方程的吸引子问题　2025.3　韩丕功　刘朝霞　著